KUHMINSA

한 발 앞서나가는 출판사, **구민사**

독자분들도 **구민사**와 함께
한 발 앞서나가길 바랍니다.

구민사는
항상 여러분의 참여를 기다립니다.
www.kuhminsa.co.kr

[수험서 계열]

전국 도서 판매처

KYOBO 교보문고   YP BOOKS 영풍문고
BANDI & LUNI'S BOOKSTORE   INTERPARK
YES24.COM   알라딘   영광도서

- 일산남부서점   - 마포검정서적   - 인천대한서림
- 안산대동서적   - 대전계룡서점   - 목동검정서적
- 대구북앤북스   - 대구하나도서   - 포항학원사
- 울산처용서림   - 부산영광도서   - 부산브레인박스
- 창원그랜드문고   - 순천중앙서점   - 광주조은서림

전문가를 위한 첫걸음, 구민사는 그 이상을 봅니다!

구민사
www.kuhminsa.co.kr

: 자격검정 CBT(컴퓨터 기반 시험) 응시 안내 :

1) 상시시험 안내

- 접수기간은 회별 원서접수 첫날 10:00부터 마지막날 18:00까지임(토요일, 일요일 접수 불가)
- 상시시험 원서접수는 정기시험과 같이 공고한 기간에만 접수 가능하며, 선착순 방식이므로 회별 접수기간 종료 전에 마감될 수도 있음

● 필기(CBT) 부별 시험시간 ●

시행 구분	수험자 교육(입실시간)	시험 시간	비고
1 부	08:40~09:00(08:40)	09:00~10:00	입실시간 (시험시작 20분전)
2 부	10:10~10:30(10:10)	10:30~11:30	
3 부	12:10~12:30(12:10)	12:30~13:30	
4 부	13:40~14:00(13:40)	14:00~15:00	
5 부	15:10~15:30(15:10)	15:30~16:30	
6 부	16:40~17:00(16:40)	17:00~18:00	
7 부	18:10~18:30(18:10)	18:30~19:30	
8 부	19:40~20:00(19:40)	20:00~21:00	

2) 원서접수 방법

- 원서접수 및 시행
  - **원서접수 방법** : 인터넷접수(t.q-net.or.kr)
    정해진 회별 접수기간 동안 접수하며 년단 시행계획을 기준으로 자체 실정에 맞게 시행

3) 실시지역

- 시행지역 : 24개 지역
  - 서울, 서울동부, 서울남부, 경기북부, 부산, 부산남부, 울산, 경남, 경인, 경기, 성남, 대구, 경북, 포항, 광주, 전북, 전남, 목포, 대전, 충북, 충남, 강원, 강릉, 제주

4) 합격자 발표

- CBT 필기시험 : 수험자 답안 제출과 동시에 합격여부 확인(별도 ARS 없음)

www.kuhminsa.co.kr

합격 | 한 발 앞서나가는 출판사,
구민사에서 시작하세요!

5 CBT 필기시험 미리보기

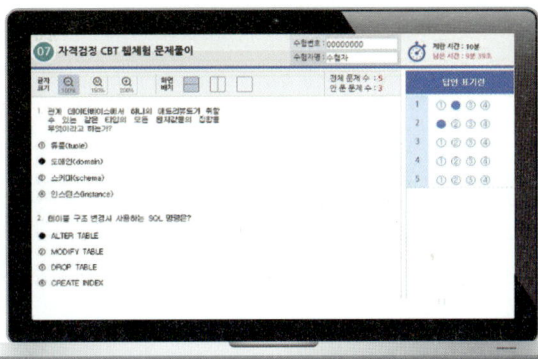

① http://www.q-net.or.kr
큐넷에 접속한 후, 메인화면 하단의
《CBT 체험하기》 버튼을 클릭한다.

① http://www.q-net.or.kr
/cbt/index.html
《CBT 웹 체험 서비스》를 시행한다.

시험장 가기전에 TIP!

Q : 계산기를 따로 가져가야 하나요?
A : 시험을 치루는 PC에 설치된 계산기를 이용하실 수 있습니다.(개인 계산기 지참 가능)

Q : PC로 시험을 치루면 종이는 못쓰나요?
A : 시험장에서 필요한 사람에 한해 종이를 제공합니다. 시험장마다 상황이 다를 수 있으니 전화로 해당 시험장
의 상황을 파악해보시길 권장합니다. 이때, 시험 끝나고 종이 반납은 필수 입니다.

CBT 2000제 문제은행을 출간하며

2016년 5회 기능사 필기시험을 시작으로 전면시행 된 CBT시험은 기존의 종이 시험지와 OMR 카드에 정답을 마킹하는 시험방식에서 컴퓨터 화면의 문제를 보며 정답을 체크하고 시험 종료 후 바로 결과를 확인할 수 있도록 변경된 시험방식입니다.

이에 시험 주관사인 한국산업인력공단에서는 보다 간편하게 기능사 시험을 시행할 수 있게 되었으며, 수검자 또한 연 4회 시험에서 연 70여 회로 많은 응시 기회를 갖게 되었습니다.

기능사 한 종목의 문제은행은 2,000~3,600여 문제로 매 시험마다 60문제씩 무작위로 출제됩니다.

CBT 시행에 따라 기능사 시험에 기출되는 문제들을 뜻함

본서는 지금까지 공개된 8개년 이상의 과년도 기출문제를 재구성 했으며, 앞으로 CBT 기능사 시험에 출제될 2,000~3,600여 문제 또한 여기서 크게 벗어나지 않을 것으로 사료됩니다.
(주의! 똑같은 문제가 나올 것이라 생각하여 답만 외우지 말 것!!)

본서의 기획의도대로 2000제 문제를 충분히 공부한다면 기능사 합격점인 60점을 넘길 수 있으리라 생각됩니다.

앞으로도 CBT시행에 따른 출제문제를 분석하여 적중률을 높이기 위한 노력을 멈추지 않겠습니다.

감사합니다.

2000제 문제은행 나의 합격 다이어리

📢 공략한 문제를 체크하여 나의 스케줄을 만들어 보세요!

📢 내가 푼 문제수

◎ 2008년 2월   3일 시행   3   ☐
◎ 2008년 3월 30일 시행   15   ☐
◎ 2008년 7월 31일 시행   27   ☐
◎ 2008년 10월   5일 시행   38   ☐

🏷 240

◎ 2009년 1월 18일 시행   49   ☐
◎ 2009년 3월 29일 시행   59   ☐
◎ 2009년 7월 12일 시행   70   ☐
◎ 2009년 9월 27일 시행   81   ☐

🏷 480

◎ 2010년 1월 31일 시행   93   ☐
◎ 2010년 3월 28일 시행   104   ☐
◎ 2010년 7월 11일 시행   117   ☐
◎ 2010년 10월   3일 시행   129   ☐

🏷 720

예상문제를 다 통과하셨나요? 지금부터는 점수 관리를 해보세요!

	점수	pass	fail
◎ 2011년 2월 13일 시행 114			
◎ 2011년 4월 17일 시행 153			
◎ 2011년 7월 31일 시행 165			
◎ 2011년 10월 9일 시행 177			

🏷 960

📢 걱정마세요! 벌써 이만큼 왔어요~

해설을 최대한 활용하여 점수를 높여 보세요!

📢 **내가 푼 문제수**

		점수	pass	fail
◎ 2012년 2월 12일 시행	191			
◎ 2012년 4월 8일 시행	203			
◎ 2012년 7월 22일 시행	217			
◎ 2012년 10월 20일 시행	229			

🏷 1200

		점수	pass	fail
◎ 2013년 1월 27일 시행	242			
◎ 2013년 4월 14일 시행	254			
◎ 2013년 7월 21일 시행	267			
◎ 2013년 10월 12일 시행	278			

🏷 1440

		점수	pass	fail
◎ 2014년 1월 26일 시행	290			
◎ 2014년 4월 6일 시행	304			
◎ 2014년 7월 20일 시행	318			
◎ 2014년 10월 11일 시행	330			

🏷 1680

		점수	pass	fail
◎ 2015년 1월 25일 시행	343			
◎ 2015년 4월 4일 시행	355			
◎ 2015년 7월 19일 시행	367			
◎ 2015년 10월 10일 시행	380			

🏷 1920

		점수	pass	fail
◎ 2016년 1월 24일 시행	395			
◎ 2016년 4월 2일 시행	409			
◎ 2016년 7월 10일 시행	423			
◎ 2016년 CBT 5회 기출복원 문제	436			

🏷 2160

• **기출복원 문제란?**
2016년 5회부터 반영되는 CBT시행에 따라 저자께서 수검자들의 도움으로 최대한 유형에 가깝게 복원한 문제입니다. 앞으로도 높은 적중률을 위해 노력하겠습니다.

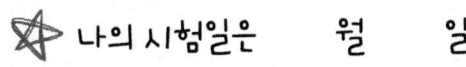
여기까지 오시느라 고생많으셨습니다! 해설과 정답이 따로 있는 문제로 마무리 해보세요!

✦ 나의 시험일은   월   일

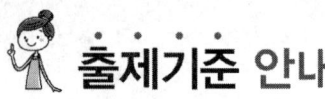

출제기준 안내

직무분야	화학	중직무분야	위험물
자격종목	위험물기능사	적용기간	2015.1.1 ~ 2019.12.31
직무내용	위험물을 저장·취급·제조하는 제조소등에서 위험물을 안전하게 저장·취급·제조하고 일반 작업자를 지시 감독하며, 각 설비에 대한 점검과 재해 발생시 응급조치 등의 안전 관리 업무를 수행하는 직무		
필기검정방법	객관식	문제수	60	시험시간	1시간

필기과목명	문제수	주요항목	세부항목	세세항목
화재 예방과 소화방법, 위험물의 화학적 성질 및 취급	60	1. 화재 예방 및 소화 방법	1. 일반화학	1. 일반화학의 기초
			2. 화재 및 소화	1. 연소이론 2. 소화이론 3. 폭발의 종류 및 특성 4. 화재의 분류 및 특성
			3. 화재 예방 및 소화 방법	1. 위험물의 화재 예방 2. 위험물의 화재 발생 시 조치 방법
		2. 소화약제 및 소화기	1. 소화약제	1. 소화약제의 종류 2. 소화약제별 소화원리 및 효과
			2. 소화기	1. 소화기의 종류 및 특성 2. 소화기별 원리 및 사용법
		3. 소방시설의 설치 및 운영	1. 소화설비의 설치 및 운영	1. 소화설비의 종류 및 특성 2. 소화설비 설치 기준 3. 위험물별 소화설비의 적응성 4. 소화설비 사용법
			2. 경보 및 피난설비의 설치 기준	1. 경보설비 종류 및 특징 2. 경보설비 설치 기준 3. 피난설비의 설치기준
		4. 위험물의 종류 및 성질	1. 제1류 위험물	1. 제1류 위험물의 종류 2. 제1류 위험물의 성질 3. 제1류 위험물의 위험성 4. 제1류 위험물의 화재 예방 및 진압 대책
			2. 제2류 위험물	1. 제2류 위험물의 종류 2. 제2류 위험물의 성질 3. 제2류 위험물의 위험성 4. 제2류 위험물의 화재 예방 및 진압 대책

guidelines for making questions

		3. 제3류 위험물	1. 제3류 위험물의 종류 2. 제3류 위험물의 성질 3. 제3류 위험물의 위험성 4. 제3류 위험물의 화재 예방 및 진압 대책
		4. 제4류 위험물	1. 제4류 위험물의 종류 2. 제4류 위험물의 성질 3. 제4류 위험물의 위험성 4. 제4류 위험물의 화재 예방 및 진압 대책
		5. 제5류 위험물	1. 제5류 위험물의 종류 2. 제5류 위험물의 성질 3. 제5류 위험물의 위험성 4. 제5류 위험물의 화재 예방 및 진압 대책
		6. 제6류 위험물	1. 제6류 위험물의 종류 2. 제6류 위험물의 성질 3. 제6류 위험물의 위험성 4. 제6류 위험물의 화재예방 및 진압 대책
	5. 위험물안전 관리 기준	1. 위험물 저장·취급·운반·운송기준	1. 위험물의 저장기준 2. 위험물의 취급기준 3. 위험물의 운반기준 4. 위험물의 운송기준
	6. 기술기준	1. 제조소등의 위치구조설비 기준	1. 제조소의 위치구조설비 기준 2. 옥내저장소의 위치구조 설비 기준 3. 옥외탱크저장소의 위치 구조설비 기준 4. 옥내탱크저장소의 위치 구조설비 기준 5. 지하탱크저장소의 위치 구조설비 기준 6. 간이탱크저장소의 위치 구조설비 기준 7. 이동탱크저장소의 위치 구조설비 기준 8. 옥외저장소의 위치 구조설비 기준 9. 암반탱크저장소의 위치 구조설비 기준 10. 주유취급소의 위치 구조설비 기준 11. 판매취급소의 위치 구조설비 기준 12. 이송취급소의 위치 구조설비 기준 13. 일반취급소의 위치 구조설비 기준

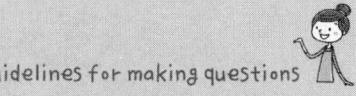

		2. 제조소등의 소화설비, 경보 설비 및 피난설비기준	1. 제조소등의 소화난이도등급 및 그에 따른 소화설비 2. 위험물의 성질에 따른 소화설비의 적응성 3. 소요단위 및 능력단위 산정법 4. 옥내소화전의 설치기준 5. 옥외소화전의 설치기준 6. 스프링클러의 설치기준 7. 물분무소화설비의 설치기준 8. 포소화설비의 설치기준 9. 이산화탄소소화설비의 설치기준 10. 할로겐화합물소화설비의 설치기준 11. 분말소화설비의 설치기준 12. 수동식소화기의 설치기준 13. 경보설비의 설치기준 14. 피난설비의 설치기준
	7. 위험물안전 관리법상 행정사항	1. 제조소등 설치 및 후속절차	1. 제조소등 허가 2. 제조소등 완공검사 3. 탱크안전성능검사 4. 제조소등 지위승계 5. 제조소등 용도폐지
		2. 행정처분	1. 제조소등 사용정지, 허가취소 2. 과징금처분
		3. 안전관리 사항	1. 유자관리 2. 예방규정 3. 정기점검 4. 정기검사 5. 자체소방대
		4. 행정감독	1. 출입 검사 2. 각종 행정명령 3. 벌칙 및 과태료

guidelines for making questions

문제 2000

CBT 시험대비

위험물기능사 2000제 문제은행

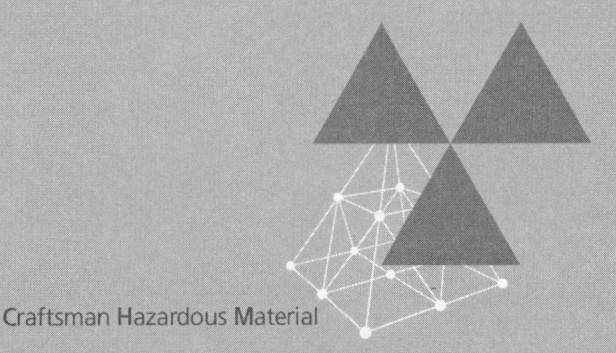

Craftsman Hazardous Material

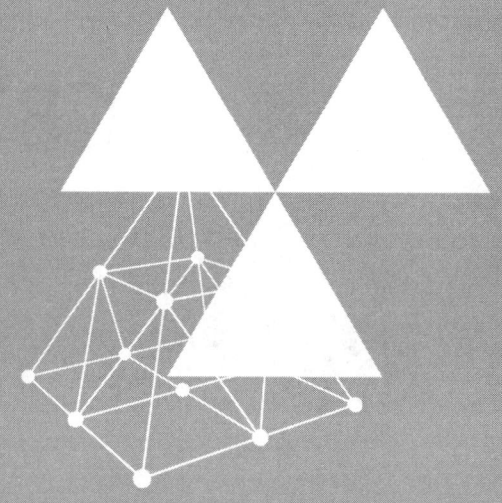

위험물기능사 2000제 문제은행

위험물기능사 2000제 문제은행

CBT 시험대비
● 2008년 2월 3일 시행

---

01 착화온도가 낮아지는 경우가 아닌 것은?
① 압력이 높을 때
② 습도가 높을 때
③ 발열량이 클 때
④ 산소와 친화력이 좋을 때

해설 착화점이 낮아지는 경우
① 압력이 클 때
② 발열량이 클 때
③ 화학적 활성도가 클 때
④ 산소와 친화력이 좋을 때
⑤ 분자구조가 복잡할 때
⑥ 접촉금속의 열전도율이 좋을 때
⑦ 습도 및 가스압이 낮을 때

02 위험물의 운반용기 및 적재방법에 대한 기준으로 틀린 것은?
① 운반용기의 재질은 나무도 가능하다.
② 고체 위험물은 운반용기 내용적의 90% 이하의 수납율로 수납한다.
③ 액체 위험물은 운반용기 내용적의 98% 이하의 수납율로 수납하되 55℃의 온도에서 누설되지 아니하도록 충분한 공간용적을 유지한다.
④ 알킬알루미늄은 운반용기 내용적의 90% 이하의 수납율로 수납하되 50℃의 온도에서 5% 이상의 공간용적을 유지하도록 한다.

해설 고체 위험물 수납율
운반용기 내용적의 95% 이하

03 다음 물질 중 화재 발생시 주수소화를 하면 오히려 위험성이 증가하는 것은?
① 염소산칼륨
② 과산화나트륨
③ 과산화수소
④ 질산나트륨

해설 과산화나트륨은 알칼리 금속의 과산화물로 물과 접촉을 피하여야 한다.

04 다음 중 위험물 안전관리법에 따른 소화설비의 구분에서 "물 분무 등 소화설비"에 속하지 않는 것은?
① 이산화탄소 소화설비
② 포소화설비
③ 스프링클러 설비
④ 분말소화설비

해설 물분무등 소화설비 : 물분무, 포, 분말, 이산화탄소, 할로겐화합물, 청정소화약제 소화설비

Answer 1. ② 2. ② 3. ② 4. ③

05 인화점이 21℃ 미만인 액체 위험물의 옥외저장 탱크 주입구에 설치하는 "옥외저장 탱크 주입구"라고 표시한 게시판의 바탕 및 문자색을 옳게 나타낸 것은?

① 백색바탕 – 적색문자
② 적색바탕 – 백색문자
③ 백색바탕 – 흑색문자
④ 흑색바탕 – 백색문자

해설 주입구 표지판 : 백색바탕에 흑색문사

06 Halon 1301 소화약제에 대한 설명으로 틀린 것은?

① 저장 용기에 액체상으로 충전한다.
② 화학식은 CF_3Br이다.
③ 비점이 낮아서 기화가 용이하다.
④ 공기보다 가볍다.

해설 H-1301(CF_3Br) : 분자량이 149로써 공기보다 5.13배 무겁다.

07 탄화칼슘은 물과 반응시 위험성이 증가하는 물질이다. 주수 소화시 물과 반응하면 어떤 가스가 발생하는가?

① 수소
② 메탄
③ 에탄
④ 아세틸렌

해설 $CaC_2 + 2H_2O \rightarrow C_2H_2$ (아세틸렌) $+ Ca(OH)_2$ (수산화칼슘)

08 다음 위험물 중 물에 의한 냉각소화가 가능한 것은?

① 유황
② 인화 칼슘
③ 황화린
④ 칼슘

해설 황은 물에 녹지 않아 물에 의한 주수소화가 가능하다.

09 다음 소화약제의 반응을 완결시키려 할 때 ( )안에 옳은 것은?

$$6NaHCO_3 + Al_2(SO_4)_3 \cdot 18H_2O \rightarrow 2Al(OH)_3 + 3Na_2SO_4 + (\quad) + 18H_2O$$

① 6CO
② 6NaOH
③ $2CO_2$
④ $6CO_2$

해설 화학포 소화약제
① 외약제(A제) : $NaHCO_3$
② 내약제(B제) : $Al_2(SO_4)_3$
③ 반응식 $6NaHCO_3 + Al_2(SO_4)_3 \cdot 18H_2O \rightarrow 2Al(OH)_3 + 3Na_2SO_4 + 6CO_2 + 18H_2O$

10 화학포 소화기에서 화학포를 만들 때 안정제로 사용되는 물질은?

① 인산염류
② 중탄산 나트륨
③ 수용성 단백질
④ 황산알루미늄

해설
• 화학포 소화약제 : A제 – 중탄산 나트륨, B제 – 황산알루미늄
• 기포안정제 : 가수분해 단백질, 계면 활성제, 사포닝, 소다회

Answer 5. ③ 6. ④ 7. ④ 8. ① 9. ④ 10. ③

11 다음 중 화재의 종류와 분류를 옳게 나타낸 것은?

① A급화재 – 유류 화재
② B급화재 – 전기 화재
③ C급화재 – 목재 화재
④ D급화재 – 금속화재

해설 A급화재 : 일반화재
B급화재 : 유류화재
C급화재 : 전기화재
D급화재 : 금속화재

12 제3류 위험물에서 금수성 물질의 화재시 적응성 있는 소화 설비를 옳게 나타낸 것은?

① 탄산수소염류 등 분말소화설비
② 이산화탄소 소화설비
③ 인산염류 등 분말소화설비
④ 할로겐 화합물 소화설비

해설 3류 위험물은 자연발화성 및 금수성 물질로 소화방법은 마른모래, 팽창질석 팽창진주암 및 탄화수소염류의 분말소화약제가 효과적이다.

13 이산화탄소 소화설비의 저장용기 설치에 대한 설명 중 틀린 것은?

① 방호구역 내의 장소에 설치할 것
② 온도가 40℃ 이하이고 온도변화가 적은 곳에 설치할 것
③ 직사일광 및 빗물이 침투할 우려가 적은 곳에 설치할 것
④ 저장용기에는 안전장치를 설치할 것

해설 CO_2 소화설비 설치
① 방호구역외의 장소에 설치할 것
② 직사광선 및 빗물침투의 우려가 없는 곳에 설치
③ 주위온도가 40℃ 이하이고 온도변화가 적은 곳에 설치

14 분말소화설비의 기준에서 가압용 가스용기에 사용되는 가스로 옳은 것은?

① N_2, O_2 ② CO_2, O_2
③ N_2, CO_2 ④ He, O_2

해설 분말소화설비에서 가압용으로 사용하는 가스 질소(N_2), 이산화탄소(CO_2)

15 다음 중 일반적으로 표면 연소를 하는 것은?

① 양초   ② 코크스
③ 목재   ④ 유황

해설 표면연소 : 코크스, 목탄(숯), 금속분

16 $NaHCO_3$와 $Al_2(SO_4)_3$로 되어 있는 것은?

① 산·알칼리 소화기
② 드라이케미컬 소화기
③ 이산화탄소 소화기
④ 포말 소화기

해설 화학포 소화약제
① 외약제(A제) : $NaHCO_3$, 기포안정제
② 내약제(B제) : $Al_2(SO_4)$

Answer 11. ④ 12. ① 13. ① 14. ③ 15. ② 16. ④

17 자동화재탐지설비의 설치기준에서 하나의 경계구역의 면적은 얼마 이하로 하는가? (단, 당해 건축물 그 밖의 공작물의 주요한 출입구에서 그 내부의 전체를 볼 수 없는 경우이다.)

① 500m²
② 600m²
③ 800m²
④ 1000m²

해설 자동화재 탐지설비 설치기준(경계구역)
① 하나의 경계구역이 2개 이상의 건축물 및 층에 미치지 아니할 것
② 500m² 이하의 범위 안에서 2개 층을 하나의 경계구역으로 할 수 있다.
③ 하나의 경계구역 면적은 600m² 이하로 하고 한 변의 길이는 50m 이하로 할 것
④ 하나의 경계구역의 주된 출입구에서 그 내부 전체가 보이는 것에 있어서는 1000m² 이하로 할 수 있다.

18 옥내탱크저장소의 기준에서 옥내저장탱크 상호 간에는 몇 m 이상의 간격을 유지하여야 하는가?

① 0.3
② 0.5
③ 0.7
④ 1.0

해설 옥내 탱크 저장소 탱크 상호 간 이격거리 0.5m 이상

19 위험물의 자연발화를 방지하는 방법으로 적당하지 않는 것은?

① 통풍을 잘 시킬 것
② 저장실의 온도를 낮출 것
③ 습도가 높은 곳에서 저장할 것
④ 정촉매 작용을 하는 물질과는 접촉을 피할 것

해설 자연발화 방지법
① 습도가 높은 것을 피할 것
② 저장실의 온도를 낮출 것
③ 통풍을 잘 시킬 것
④ 퇴적 및 수납시에 열이 퇴적되지 않도록 할 것

20 소화설비의 설치기준에서 유기과산화물 2000kg은 몇 소요단위에 해당하는가?

① 10
② 20
③ 30
④ 40

해설 유기과산화물 지정수량 : 10kg
① 위험물 : 지정수량의 10배(소요 1단위)
② 소요단위 : $\frac{2000\text{kg}}{10\text{kg}} \times 10 = 20$ 단위

21 다음 품명 중 제5류 위험물과 관계가 없는 것은?

① 질산염류
② 질산 에스테르류
③ 유기과산화물
④ 히드라진 유도체

해설
• 제5류 위험물(자기 반응성 물질)
① 질산 에스테르류
② 유기과산화물
③ 히드라진 유도체
④ 니트로 화합물
• 제1류 위험물 : 질산염류

Answer 17. ② 18. ② 19. ③ 20. ② 21. ①

22 초산 에틸의 성질에 대한 설명 중 틀린 것은?

① 적갈색의 휘발성 물질이다.
② 비중이 약 0.9 정도로 물보다 가볍다.
③ 증기비중은 약 3 정도로 공기보다 무겁다.
④ 인화점은 0℃ 보다 낮다.

해설 초산 에틸($CH_3COOC_2H_5$) : 아세트산 에틸
① 과일 에센스향 사용,
② 인화점 −4℃
   수용성이 비교적 적은편이다.
③ 무색의 휘발성 액체

23 다음 중 가연성 증기의 증발을 방지하기 위하여 물 속에 저장하는 것은?

① K_2O_2
② CS_2
③ C_2H_5OH
④ CH_3COCH_3

해설 이황화탄소(CS_2)는 물과 반응하지 않고 물보다 무거워 수조에 저장한다.

24 위험물 안전관리법에서 규정하는 질산은 그 비중이 최소 얼마 이상인 것을 말하는가?

① 1.29
② 1.39
③ 1.49
④ 1.59

해설 질산(HNO_3)은 비중이 1.49 이상인 것을 제6류 위험물로 취급한다.

25 제2류 위험물의 일반적 성질에 대한 설명 중 틀린 것은?

① 대표적인 성질은 가연성 고체이다.
② 대부분이 무기화합물이다.
③ 대부분이 강력한 환원제이다.
④ 모두 물에 의해 냉각소화가 가능하다.

해설 ① 제2류 위험물은 가연성 고체이다.
② 산화제와의 접촉을 피한다.
③ 철분, 마그네슘, 금속분류는 물과 산의 접촉으로 발열한다.

26 에틸렌글리콜의 성질로 옳지 않은 것은?

① 갈색의 액체로 방향성이 있고 쓴맛이 난다.
② 물, 알콜 등에 잘 녹는다.
③ 분자량은 약 62이고 비중은 1.1이다.
④ 부동액의 원료로 사용된다.

해설 에틸렌글리콜($C_2H_4(OH)_2$)
① 무색, 무취의 끈끈하고 흡습성이 있는 수용성 액체
② 2가 알콜로 독성이 있으며 단맛이 있다.
③ 자동차 부동액 원료로 사용
④ 인화점 111℃, 착화점 413℃, 비점 197℃, 비중 1.1

Answer 22. ① 23. ② 24. ③ 25. ④ 26. ①

27 다음 중 각 석유류의 분류가 잘못된 것은?
① 제1석유류 : 초산 에틸, 휘발유
② 제2석유류 : 등유, 경유
③ 제3석유류 : 포름산, 테레핀유
④ 제4석유류 : 기어유, DOA(가소제)

해설
- 제3석유류 : 중유, 클레오소트유, 에틸렌글리콜, 니트로벤젠, 아닐린, 글리세린
- 제1석유류 : 포름산
- 제2석유류 : 테레핀유

28 다음 중 제3류 위험물이 아닌 것은?
① 적린
② 칼슘
③ 탄화 알루미늄
④ 알킬리듐

해설 제3류 위험물 : 칼륨, 나트륨, 알킬리듐, 황린, 칼슘, 탄화 칼슘, 탄화 알루미늄
※ 적린 : 2류 위험물

29 다음 중 가연성 고체 위험물인 제2류 위험물은 어느 것인가?
① 질산염류
② 마그네슘
③ 나트륨
④ 칼륨

해설 질산염류 : 1류 위험물
나트륨, 칼륨 : 3류 위험물

30 다음 중 황산과 반응하여 이산화염소를 발생시키는 물질은?
① 아염소산 나트륨
② 브롬산 나트륨
③ 옥소산 나트륨
④ 중크롬산 나트륨

해설 아염소산 나트륨에 산을 가할 경우 유독가스인 이산화염소가 발생한다.

31 상온에서 CaC_2를 장기간 보관할 때 사용하는 물질로 다음 중 가장 적당한 것은?
① 물
② 알콜
③ 질소가스
④ 아세틸렌가스

해설 CaC_2는 공기중 수분과 반응해서 C_2H_2 가스를 발생한다. 장기간 보관시 질소 가스를 봉입하면 좋다.

32 다음 물질 중 물보다 비중이 작은 것으로만 이루어진 것은?
① 에테르, 이황화탄소
② 벤젠, 글리세린
③ 가솔린, 메탄올
④ 글리세린, 아닐린

해설 가솔린 비중 : 0.65~0.8
메탄올 비중 : 0.79

Answer 27. ③ 28. ① 29. ② 30. ① 31. ③ 32. ③

33 옥내저장소 저장창고의 바닥은 물이 스며 나오거나 스며들지 아니하는 구조로 하여야 한다. 다음 중 반드시 이 구조로 하지 않아도 되는 위험물은?

① 제1류 위험물 중 알칼리 금속의 과산화물
② 제4류 위험물
③ 제5류 위험물
④ 제2류 위험물 중 철분

해설 물이 침투하지 않는 구조로 해야 할 위험물
① 제1류 위험물 중 알칼리 금속의 과산화물
② 제2류 위험물 중 철분, 금속분, 마그네슘
③ 제3류 위험물 중 금수성 물질
④ 제4류 위험물

34 무수 크롬산에 관한 설명으로 틀린 것은?

① 물에 잘 녹는다.
② 강력한 산화작용을 나타낸다.
③ 알콜, 벤젠 등과 접촉하면 혼촉 발화의 위험이 있다.
④ 상온에서 분해하여 산소를 방출하므로 냉장 보관한다.

해설 무수 크롬산(CrO_3) : 강산화제로 독성이 강한 짙은 붉은색 침상결정이다.
① 물, 에테르, 알콜, 황산에 잘 녹는다.
② 200~250℃에서 분해하여 산소를 방출한다.
③ 알콜, 벤젠 등과 접촉시 혼촉발화 한다.

35 벤조일 퍼옥사이드의 일반적인 성질에 대한 설명 중 틀린 것은?

① 상온에서 안정하다.
② 물에 잘 녹는다.
③ 강한 산화성 물질이다.
④ 가열, 충격, 마찰에 의해 폭발의 위험이 있다.

해설 벤조일 퍼옥사이드(($C_6H_5CO)_2)O_2$)
① 무색 무취의 백색분말
② 물에 녹지 않는다.
③ 산화성 물질이다.
④ 가열하면 100℃에서 심하게 분해한다.

36 제6류 위험물의 일반적인 성질에 대한 설명 중 틀린 것은?

① 연소가 되기 쉬운 가연성 물질이다.
② 산화성 액체이다.
③ 일반적으로 물과 접촉하면 발열한다.
④ 산소를 함유하고 있다.

해설 ① 산소를 많이 포함하여 다른 가연물의 연소를 돕는다.
② 강산화제이다.
③ 물과 반응하여 발열한다.

Answer 33. ③ 34. ④ 35. ② 36. ①

37 제2류 위험물인 황화린에 대한 설명 중 틀린 것은?

① 지정수량이 100kg이다.
② 삼황화린은 CS_2에 용해된다.
③ 오황화린은 공기 중의 습기를 흡수하여 황화수소를 발생한다.
④ 칠황화린은 습기를 흡수하여 인화수소 가스를 주로 발생한다.

해설 ① 황화린 지정수량 100kg
② 삼황화린은 질산, 알칼리, 이황화탄소에 녹는다.
③ 오황화린은 물, 알칼리와 분해하여 H_2S, H_3PO_4을 생성한다.
④ 칠황화린은 냉수에서는 천천히 온수에서는 급격히 분해하여 H_2S, H_3PO_4을 생성한다.

38 다음 물질 중 인화점이 가장 낮은 것은?

① 경유   ② 아세톤
③ 톨루엔   ④ 메틸 알콜

해설 인화점
① 경유 : 50~70℃
② 아세톤 : -18℃
③ 톨루엔 : 4℃
④ 메틸 알콜 : 11℃

39 다음 물질 중 제4류 위험물에 속하지 않는 것은?

① 아세톤   ② 실린더유
③ 과산화 벤조일 ④ 클레오소트유

해설 과산화 벤조일[$(C_6H_5CO)_2O_2$] : 제5류 위험물

40 아염소산염류의 운반용기 중 적응성이 있는 내장용기의 종류와 최대 용적이나 중량을 옳게 나타낸 것은? (단, 외장용기의 종류는 나무상자 또는 플라스틱 상자이고, 외장용기의 최대 중량은 125kg으로 한다.)

① 금속제 용기 : 20ℓ
② 종이포대 : 55kg
③ 플라스틱 필름 포대 : 60kg
④ 유리 용기 : 10ℓ

해설 아염소산 염류는 제1류 위험물로 위험등급 I등급이므로 금속용제용기 30ℓ, 유리 용기 또는 플라스틱 용기 : 10ℓ

41 과망간산 칼륨의 취급시 주의사항에 대한 설명 중 틀린 것은?

① 알콜, 에테르 등과의 접촉을 피한다.
② 일광을 차단하고 냉암소에 보관한다.
③ 목탄, 황 등과는 격리하여 저장한다.
④ 유리와의 반응성 때문에 유리 용기의 사용을 피한다.

해설 과망간산 칼륨($KMnO_4$)
① 흑자색 결정
② 알콜, 에테르, 글리세린 등과 접촉하면 분해 폭발한다.
③ 물에 녹아 진한 보라색을 나타낸다.
④ 황산, 가연성 가스 접촉시 폭발한다.

Answer 37. ④ 38. ② 39. ③ 40. ④ 41. ④

42 메틸에틸 케톤 퍼옥사이드의 위험성에 대한 설명으로 옳은 것은?
① 상온 이하의 온도에서도 매우 불안정하다.
② 20℃에서 분해하여 50℃에서 가스를 심하게 발생한다.
③ 30℃ 이상에서 무명, 탈지면 등과 접촉하면 발화의 위험이 있다.
④ 대량 연소시에 폭발할 위험은 없다.

해설 ① 분해온도 40℃
② 헝겊, 탈지면, 산화철, 규조토 등과 접촉으로 30℃에서 분해
③ 무색의 독특한 냄새나는 기름형태의 액체

43 다음 중 질산의 위험성에 관한 설명으로 옳은 것은?
① 피부에 닿아도 위험하지 않다.
② 공기 중에서 단독으로 자연발화한다.
③ 인화점이 낮고 발화하기 쉽다.
④ 환원성 물질과 혼합시 위험하다.

해설 ① 질산의 액체나 증기는 유독성이 있다.
② 탄화수소, 황화수소, 아민류 등 환원성 물질과 혼합하면 발화, 폭발한다.
③ 톱밥, 종이, 섬유 등 유기물질과 혼합시 폭발한다.

44 다음 중 마그네슘분과 혼합했을 때 발화의 위험이 있기 때문에 접촉을 피해야 하는 것은?
① 건조사 ② 헬륨 가스
③ 아르곤 가스 ④ 염소 가스

해설 마그네슘분과 산화제 및 할로겐 원소와의 접촉을 피한다.
※ 할로겐 원소 : 플루오르, 염소, 브롬, 요오드

45 다음 중 분진폭발의 위험성이 없는 것은?
① 밀가루 ② 아연분
③ 설탕 ④ 염화아세틸

해설 분진폭발 물질
① 농산물 : 밀가루, 전분, 솜가루, 담배가루, 커피가루
② 광물질 : 마그네슘분, 알루미늄분, 아연분, 철분

46 적린에 대한 설명 중 틀린 것은?
① 황린과 성분원소가 같다.
② 빌화온도가 황린보다 낮다.
③ 물, 이황화탄소에 녹지 않는다.
④ 브롬화인에 녹는다.

해설 ① 적린 착화점 : 260℃
② 황린 착화점 : 50℃

47 과염소산의 성질에 대한 설명 중 옳은 것은?
① 흡습성이 강한 고체이다.
② 순수한 것은 분해의 위험이 있다.
③ 물보다 가볍다.
④ 환원력이 매우 강하다.

해설 과염소산 염류
① 물에 잘 녹지 않는 것도 있다.
② 결정체로 비중이 물보다 크다.

Answer 42. ③ 43. ④ 44. ④ 45. ④ 46. ② 47. ②

48 니트로셀룰로스의 위험성에 대해 옳게 설명한 것은?

① 물과 혼합하면 위험성이 감소된다.
② 공기 중에서 산화되지만 자연발화의 위험은 없다.
③ 건조할수록 발화의 위험성이 낮다.
④ 알콜과 반응하여 발화한다.

해설 ① 저장 수송 중에 물이나 알콜로 습면 시킨다.
② 분해온도 130℃
③ 자연발화온도 180℃
④ 직사일광 및 산의 존재하에서 자연발화한다.

49 염소산나트륨의 저장 및 취급시 주의할 사항으로 틀린 것은?

① 철제용기에 저장할 수 없다.
② 분해방지를 위해 암모니아를 넣어 저장한다.
③ 조해성이 있으므로 방습에 유의한다.
④ 용기에 밀전(密栓)하여 보관한다.

해설 ① 철을 부식하므로 철제용기 저장을 금한다.
② 알콜, 에테르, 물에 잘 녹으며 조해성이 크다.
③ 조해성이 강해서 취급시 방습에 주의할 것

50 인화 칼슘을 저장한 창고에 비가 스며든 상태에서 근로자가 작업을 하다가 독성의 가스가 발생하여 질식하였다면 발생한 독성의 가스는 다음 중 어느 것으로 예상되는가?

① 질소   ② 메탄
③ 포스핀   ④ 아세틸렌

해설 $Ca_3P_2 + 6H_2O \rightarrow 2PH_3 + 3Ca(OH)_2$
인화칼슘   포스핀

51 에테르가 공기와 장시간 접촉시 생성되는 것으로 불안정한 폭발성 물질에 해당하는 것은?

① 수산화물
② 과산화물
③ 질소화합물
④ 황화합물

해설 에테르는 공기와 장시간 접촉하거나 직사일광에서 분해하여 과산화물을 생성하므로 갈색병에 저장하여야 한다.

52 등유의 성질에 대한 설명 중 틀린 것은?

① 증기는 공기보다 가볍다.
② 인화점이 상온보다 높다.
③ 전기에 대해 불량도체이다.
④ 물보다 가볍다.

해설 등유의 증기 비중 : 4.5

Answer 48. ① 49. ② 50. ③ 51. ② 52. ①

53 제3류 위험물인 칼륨의 지정수량은?

① 10kg   ② 20kg
③ 50kg   ④ 100kg

해설 칼륨 지정수량 : 10kg

54 다음 중 발화점이 가장 낮은 것은?

① 황   ② 삼황화린
③ 황린   ④ 아세톤

해설 발화점
① 황 : 232℃
② 삼황화린 : 100℃
③ 황린 : 50℃
④ 아세톤 : 538℃

55 다음 중 제1류 위험물이 아닌 것은?

① 요드산 염류
② 무기과산화물
③ 히드록실아민 염류
④ 과망간산 염류

해설 히드록실 아민염류 : 제5류 위험물

56 질산 에틸에 대한 설명 중 틀린 것은?

① 물에 녹지 않는다.
② 냄새가 나는 무색의 액체이다.
③ 비중은 약 1.1, 끓는점은 약 88℃이다.
④ 인화점이 상온 이상이므로 인화의 위험이 적다.

해설 질산 에틸($C_2H_5ONO_2$)
① 물에 녹지 않으며 알콜과 에테르에 녹는다.
② 무색투명한 액체로 방향을 갖는다.
③ 인화점 10℃
④ 비점 88℃
⑤ 증기비중 3.14

57 다음에서 설명하는 제5류 위험물에 해당하는 것은?

- 담황색의 고체이다.
- 강한 폭발력을 가지고 있고, 에테르에 잘 녹는다.
- 융점은 약 81℃이다.

① 질산 메틸
② 트리니트로 톨루엔
③ 니트로 글리세린
④ 질산 에틸

해설 트리니트로 톨루엔(T.N.T)
① 담황색 주상 결정이다.
② 융점 81℃, 비점 280℃, 착화점 300℃
③ 물에 녹지 않으며 아세톤, 벤젠, 알콜, 에테르에 잘 녹는다.
④ 강력한 폭약이며 가열 및 타격에 의해 폭발한다.

58 제5류 위험물 중 니트로 화합물의 지정수량을 옳게 나타낸 것은?

① 10kg   ② 100kg
③ 150kg   ④ 200kg

해설 니트로 화합물 지정수량 : 200kg

59 다음 제4류 위험물의 알콜류에 해당되지 않는 것은?

① 고형 알콜
② 메틸알콜
③ 이소프로필알콜
④ 에틸알콜

해설 ① 고형 알콜은 합성수지에 메틸알콜을 가해서 한천상으로 만든 고체로서 인화점은 30℃이다.
② 제2류 위험물 인화성 고체에 해당된다.
③ 지정수량 1000kg

60 다음 중 중크롬산 암모늄의 색상에 가장 가까운 것은?

① 청색   ② 담황색
③ 등적색 ④ 백색

해설 중크롬산 암모늄[$(NH_4)_2Cr_2O_7$]
① 적색침상의 결정체이다.
② 가열하면 분해하여 N_2 생성한다.
③ 분해온도 185℃
④ 비중 2.15

Answer 59. ① 60. ③

위험물기능사 2000제 문제은행

CBT 시험대비
● 2008년 3월 30일 시행

01 자연발화에 대한 다음 설명 중 틀린 것은?
① 열전도가 낮을 때 잘 일어난다.
② 공기와의 접촉면적이 큰 경우에 잘 일어난다.
③ 수분이 높을수록 발생을 방지할 수 있다.
④ 열의 축적을 막을수록 발생을 방지할 수 있다.

해설 자연발화 방지법
① 습도가 높은 것을 피할 것
② 통풍을 잘 시킬 것
③ 저장실의 온도를 낮출 것
④ 퇴적 및 수납시 열이 축적되지 않도록 할 것

02 다음 중 화재의 급수에 따른 화재 종류와 표시 색상이 옳게 연결된 것은?
① A급 – 일반화재, 황색
② B급 – 일반화재, 황색
③ C급 – 전기화재, 청색
④ D급 – 금속화재, 청색

해설 ① A급 – 일반화재, 백색 ② B급 – 유류화재, 황색 ④ D급 – 금속화재, 색 표시 없음

03 다음 중 화재가 발생하였을 때 물로 소화하면 위험한 것은?
① KNO_3 ② $NaClO_3$
③ $KClO_3$ ④ K

해설 주소화시 폭발적 반응(수소생성함)으로 위험하다.
$2K + 2H_2O \rightarrow 2KOH + H_2$

04 질소가 가연물이 될 수 없는 이유를 가장 옳게 설명한 것은?
① 산소와 반응하지만 반응시 열을 방출하기 때문에
② 산소와 반응하지만 반응시 열을 흡수하기 때문에
③ 산소와 반응하지 않고 열의 변화가 없기 때문에
④ 산소와 반응하지 않고 열을 방출하기 때문에

해설 질소와 산소는 상온에서는 반응하지 않고 고온에서 반응하는데 흡열 반응하기 때문이다.

Answer 1. ③ 2. ③ 3. ④ 4. ②

05 불에 대한 제거 소화 방법의 적용이 잘못된 것은?
① 유전의 화재시 다량의 물을 이용하였다.
② 가스화재시 밸브 및 콕을 잠궜다.
③ 산불화재시 벌목을 하였다.
④ 촛불을 바람으로 불어 가연성 증기를 날려 보냈다.

해설 유류화재시 물을 사용하는 주수소화는 화재면의 확대를 가져온다.

06 제5류 위험물의 화재시 소화방법에 대한 설명으로 옳은 것은?
① 가연성 물질로서 연소속도가 빠르므로 질식소화가 효과적이다.
② 할로겐 화합물 소화기가 적응성이 있다.
③ CO_2 및 분말 소화기가 적응성이 있다.
④ 다량의 주수에 의한 냉각소화가 효과적이다.

해설 5류 위험물은 자기 반응성 위험이 있으며 화재시 다량의 주수 소화가 효과적이다.

07 이산화탄소 소화기에서 수분의 중량은 일정량 이하이어야 하는데 그 이유를 가장 옳게 설명한 것은?
① 줄·톰슨 효과 때문에 수분이 동결되어 관이 막히므로
② 수분이 이산화탄소와 반응하여 폭발하기 때문에
③ 에너지 보존법칙 때문에 압력 상승으로 관이 파손되므로
④ 액화탄산가스는 승화성이 있어서 관이 팽창하여 방사 압력이 급격히 떨어지므로

해설 CO_2 소화기에서 수분 함유량은 0.05% 초과할 수 없다.
소화 액체 또는 기체가 가는 관 통과시 온도와 압력이 급강하 하여 동결 우려가 있다.

08 소화기에 표시한 "A-2", "B-3"에서 숫자가 의미하는 것은?
① 소화기의 소요 단위
② 소화기의 사용 순위
③ 소화기의 제조 번호
④ 소화기의 능력 단위

해설 A-2 : A급 화재 능력단위 2단위
B-3 : B급 화재 능력단위 3단위

Answer 5. ① 6. ④ 7. ① 8. ④

09 팽창진주암(삽 1개 포함)의 능력단위 1은 용량이 몇 ℓ 인가?

① 70　　② 100
③ 130　　④ 160

해설▶ 팽창질석, 팽창진주암 : 삽을 상비한 160ℓ 이상 1포, 능력단위 1단위

10 화학포소화약제의 반응에서 황산 알루미늄과 중탄산 나트륨의 반응 몰 비는? (단, 황산 알루미늄 : 중탄산 나트륨의 비이다.)

① 1 : 4　　② 1 : 6
③ 4 : 1　　④ 6 : 1

해설▶ $6NaHCO_3 + Al_2(SO_4)_3 \cdot 18H_2O \rightarrow 3Na_2SO_4 + 2Al(OH)_3 + 6CO_2 + 18H_2O$

11 화학포소화기에서 기포 안정제로 사용되는 것은?

① 사포닌　　② 질산
③ 황산 알루미늄　　④ 질산 칼륨

해설▶ 기포 안정제 : 사포닌, 소다회, 계면 활성제

12 다음 중 제3종 분말 소화약제를 사용할 수 있는 모든 화재의 급수를 옳게 나타낸 것은?

① A급, B급
② B급, C급
③ A급, C급
④ A급, B급, C급

해설▶ 3종 분말 소화약제 : 인산암모늄($NH_4H_2PO_4$) A, B, C급 화재적응

13 인화성 액체의 증기가 공기보다 무거운 것은 다음 중 어떤 위험성과 가장 관계가 있는가?

① 인화점이 낮다.
② 발화점이 낮다.
③ 물에 의한 소화가 어렵다.
④ 예측하지 못한 장소에서 화재가 발생할 수 있다.

해설▶ 공기보다 무거우면 낮은 곳에 체류하여 예측하지 못한 장소에서 화재의 위험성이 크다.

14 다음 위험물의 화재시 주수소화가 가능한 것은?

① 철분　　② 마그네슘
③ 나트륨　　④ 황

해설▶ 황은 물에 녹지 않으므로 주수소화 한다.

15 소화약제의 분해반응식에서 다음 ( ) 안에 알맞은 것은?

$$2NaHCO_3 \rightarrow Na_2CO_3 + H_2O + (\quad)$$

① CO　　② NH_3
③ CO_2　　④ H_2

해설▶ 제1종 분말 소화약제 분해반응
$2NaHCO_3 \rightarrow Na_2CO_3 + H_2O + CO_2$
(중조)　(탄산나트륨)　(물)　(이산화탄소)

Answer　9. ④　10. ②　11. ①　12. ④　13. ④　14. ④　15. ③

16 위험물의 착화점이 낮아지는 경우가 아닌 것은?
① 압력이 클 때
② 발열량이 클 때
③ 산소농도가 작을 때
④ 산소와 친화력이 좋을 때

해설 ▶ 착화점이 낮아지는 경우
① 산소와 친화력이 좋을 때
② 화학적 활성도가 클 때
③ 습도와 가스압이 낮을 때
④ 분자구조가 복잡할 때

17 탄산칼륨을 물에 용해시킨 강화액 소화약제의 pH에 가장 가까운 것은?
① 1
② 4
③ 7
④ 12

해설 ▶ • 강화액 소화기 : 물에 K_2CO_3를 보강시킨 소화기로서 빙점 $-30℃ \sim -25℃$까지 낮추어 겨울철이나 한랭지에서 사용한다.
• 수용액 pH : 12
• 비중 : 1.3~1.4

18 이송취급소의 소화난이도 등급에 관한 설명 중 옳은 것은?
① 모든 이송취급소는 소화난이도 등급 I에 해당한다.
② 지정수량 100배 이상을 취급하는 이송취급소만 소화난이도 등급 I에 해당한다.
③ 지정수량 200배 이상을 취급하는 이송취급소만 소화 난이도 등급 I에 해당한다.
④ 지정수량 10배 이상의 제4류 위험물을 취급하는 이송취급소만 소화 난이도 등급 I에 해당한다.

해설 ▶ 이송취급소는 소화난이도 등급 I 에 해당된다.

19 다음 중 증발연소를 하는 물질이 아닌 것은?
① 황　　　　② 석탄
③ 파라핀　　④ 나프탈렌

해설 ▶ 석탄 : 분해연소

20 다음 중 제1종, 제2종, 제3종 분말소화약제의 주성분에 해당하지 않는 것은?
① 탄산수소 나트륨
② 황산 마그네슘
③ 탄산수소 칼륨
④ 인산 암모늄

해설 ▶ 1종 분말 소화약제 : 탄산수소 나트륨
2종 분말 소화약제 : 탄산수소 칼륨
3종 분말 소화약제 : 인산암모늄

Answer 16. ③ 17. ④ 18. ① 19. ② 20. ②

21 다음 위험물 중 분자식을 C_3H_6O 로 나타내는 것은?

① 에틸알콜 ② 에틸에테르
③ 아세톤   ④ 에세트산

해설 아세톤 구조식

$$H-\underset{\underset{H}{|}}{\overset{\overset{H}{|}}{C}}-\overset{\overset{O}{\|}}{C}-\underset{\underset{H}{|}}{\overset{\overset{H}{|}}{C}}-H$$

22 다음 중 제2석유류만으로 짝지어진 것은?

① 시클로헥산 – 피리딘
② 염화 아세틸 – 휘발유
③ 시클로헥산 – 중유
④ 아크릴산 – 포름산

해설 제2석유류 : 등유, 경유, 포름산, 초산, 아크릴산

23 다음 위험물 중 인화점이 가장 낮은 것은?

① 메틸에틸케톤
② 에탄올
③ 초산
④ 클로로벤젠

해설 메틸에틸케톤 : –1℃
에탄올 : 13℃
초산 : 40℃
클로로벤젠 : 32℃

24 법령에서 정의하는 제2석유류의 1기압에서 인화점 범위를 옳게 나타낸 것은?

① 21℃ 이상 70℃ 미만
② 70℃ 이상 200℃ 미만
③ 200℃ 이상 300℃ 미만
④ 300℃ 이상 400℃ 미만

해설 제2석유류 : 1기압에서 액체로서 인화점이 21℃ 이상 70℃ 미만인 것

25 위험물의 저장방법에 대한 다음 설명 중 잘못된 것은?

① 황은 정전기 축적이 없도록 저장한다.
② 니트로 셀룰로스는 건조하면 발화 위험이 있으므로 물 또는 알콜로 습면시켜 저장한다.
③ 칼륨은 유동파라핀 속에 저장한다.
④ 마그네슘은 차고 건조하면 분진 폭발하므로 온수속에 저장한다.

해설 마그네슘(Mg)은 온수와 반응하여 수소를 발생한다.

26 다음 물질 중 물과 반응시 독성이 강한 가연성 가스가 생성되는 적갈색 고체 위험물은?

① 탄산 나트륨 ② 탄산 칼슘
③ 인화 칼슘   ④ 수산화 칼륨

해설 인화 칼슘(Ca_3P_2) : 적갈색 고체로서 물과 반응시 매우 유독한 포스핀 (PH_3) 가스를 발생한다.
$Ca_3P_2 + 6H_2O \rightarrow 2PH_3 + 3Ca(OH)_2$

Answer 21. ③ 22. ④ 23. ① 24. ① 25. ④ 26. ③

27 알루미늄 분말의 저장 방법 중 옳은 것은?
① 에틸알콜 수용액에 넣어 보관한다.
② 밀폐 용기에 넣어 건조한 곳에 저장한다.
③ 폴리에틸렌병에 넣어 수분이 많은 곳에 보관한다.
④ 염산 수용액에 넣어 보관한다.

해설 ▶ 습기와 수분에 의해 자연발화의 위험이 있다.

28 트리니트로 톨루엔에 대한 설명 중 틀린 것은?
① 피크르산에 비하여 충격·마찰에 둔감하다.
② 발화점은 약 300℃이다.
③ 자연분해의 위험성이 매우 높아 장기간 저장이 불가능하다.
④ 운반시 10%의 물을 넣어 운반하면 안전하다.

해설 ▶ 트리니트로 톨루엔(T.N.T)은 물과 반응하지 않으며 자연분해성은 없다.

29 질산 칼륨의 성질에 대한 설명 중 틀린 것은?
① 물에 잘 녹는다.
② 화약에서 산소공급제로 사용된다.
③ 열분해하면 산소를 방출한다.
④ 강력한 환원제이다.

해설 ▶ 질산 칼륨(KNO_3)은 강산화제이다.

30 이황화탄소의 성질에 대한 설명 중 틀린 것은?
① 이황화탄소의 증기는 공기보다 무겁다.
② 순수한 것은 강한 자극성 냄새가 나고 적색 액체이다.
③ 벤젠, 에테르에 녹는다.
④ 생고무를 용해시킨다.

해설 ▶ 이황화탄소는 무색투명한 액체로 물에 녹지 않고 물보다 무거워 수조에 저장한다.

31 제6류 위험물의 일반적인 성질에 대한 설명으로 옳은 것은?
① 강한 환원성 액체이다.
② 물과 접촉하면 흡열반응을 한다.
③ 가연성 액체이다.
④ 과산화수소를 제외하고 강산이다.

해설 ▶ 제6류 위험물은 부식성이 있고 유독성이 강한 강산화제이다. 과산화수소는 강산화제이며 환원제로도 사용한다.

32 다음 위험물 중 발화점이 가장 낮은 것은?
① 가솔린
② 이황화탄소
③ 에테르
④ 황린

해설 ▶ ① 가솔린 : 300℃
② 이황화탄소 : 100℃
③ 에테르 : 180℃
④ 황린 : 50℃

Answer 27. ② 28. ③ 29. ④ 30. ② 31. ④ 32. ④

33 위험물의 취급소를 구분할 때 제조 이외의 목적에 따른 구분으로 볼 수 없는 것은?

① 판매취급소
② 이송취급소
③ 옥외취급소
④ 일반취급소

해설> 위험물 취급소 : 주유취급소, 판매취급소, 이송취급소, 저장취급소, 일반취급소

34 과염소산의 성질에 대한 설명으로 옳은 것은?

① 무색의 산화성 물질이다.
② 점화원에 의해 쉽게 단독으로 연소한다.
③ 흡습성이 강한 고체이다.
④ 증기는 공기보다 가볍다.

해설> 무색, 무취의 결정이며 산화성 물질이다.

35 탄화 칼슘의 안전한 저장 및 취급 방법으로 가장 거리가 먼 것은?

① 습기와 접촉을 피한다.
② 석유 속에 저장해 둔다.
③ 장기 저장할 때는 질소가스를 충전한다.
④ 화기로부터 격리하여 저장한다.

해설>
① 일명 카바이트로 물과 접촉으로 아세틸렌 가스를 발생한다.
② K, Na : 석유 속에 저장

36 $C_6H_2CH_3(NO_2)_3$을 녹이는 용제가 아닌 것은?

① 물
② 벤젠
③ 에테르
④ 아세톤

해설> T.N.T로 아세톤, 벤젠, 알콜, 에테르에 잘 녹는다. 물에는 녹지 않는다.

37 과산화 칼륨에 관한 설명으로 틀린 것은?

① 융점은 약 490℃이다.
② 가연성 물질이며 가열하면 격렬히 연소한다.
③ 비중은 약 2.9로 물보다 무겁다.
④ 물과 접촉하면 수산화칼륨과 산소가 발생한다.

해설> 가열하면 분해하여 산소를 발생하며 가연물과 혼합되어 있을 경우 마찰 또는 약간의 물과 접촉하여 발화한다.

38 제5류 위험물의 일반적인 성질에 대한 설명으로 가장 거리가 먼 것은?

① 가연성 물질이다.
② 대부분 유기 화합물이다.
③ 점화원의 접근은 위험하다.
④ 대부분 오래 저장할수록 안정하게 된다.

해설> 제5류 위험물은 자기연소성 물질로서 시간경과에 따라 자연발화의 위험성이 있다.

Answer 33. ③ 34. ① 35. ② 36. ① 37. ② 38. ④

39 다음 중 황린이 완전 연소할 때 발생하는 가스는?

① PH_3
② SO_2
③ CO_2
④ P_2O_5

해설 $P_4 + 5O_2 \rightarrow 2P_2O_5$

40 다음 물질 중 제1류 위험물이 아닌 것은?

① Na_2O_2
② $NaClO_3$
③ NH_4ClO_4
④ $HClO_4$

해설 제1류 위험물 중 과염소산 염류는 $HClO_4$의 수소 대신 금속 또는 암모늄기(NH_4^+)와 같은 양이온으로 치환된 화합물이다.

41 황화린에 대한 설명 중 옳지 않은 것은?

① 삼황화린은 황색 결정으로 공기 중 약 100℃에서 발화할 수 있다.
② 오황화린은 담황색 결정으로 조해성이 있다.
③ 오황화린의 화재시에는 물에 의한 냉각소화가 가장 좋다.
④ 삼황화린은 통풍이 잘되는 냉암소에 저장한다.

해설 오황화린은 조해성 및 흡습성이 있어서 습기가 있는 공기 중 분해하여 H_2S를 발생한다.

42 다음 위험물 중 질산 에스테르류에 속하지 않는 것은?

① 니트롤 셀룰로스
② 질산 메틸
③ 트리니트로 페놀
④ 펜트리트

해설 트리니트로 페놀은 니트로 화합물류이다.

43 제1석유류의 일반적인 성질로 틀린 것은?

① 물보다 가볍다.
② 가연성이다.
③ 증기는 공기보다 가볍다.
④ 인화점이 21℃ 미만이다.

해설 증기는 인화성이 강하고 공기보다 무거워 낮은 곳에 체류하여 위험하다.

44 다음 위험물에 대한 설명 중 틀린 것은?

① $NaClO_3$은 조해성, 흡수성이 있다.
② H_2O_2는 알칼리 용액에서 안정화되어 분해가 어렵다.
③ $NaNO_3$의 분해온도는 약 380℃이다.
④ $KClO_3$은 화약류 제조에 쓰인다.

해설 H_2O_2는 알칼리에 의해 격렬히 분해하여 폭발한다.

Answer 39. ④ 40. ④ 41. ③ 42. ③ 43. ③ 44. ②

45 가연성 고체 위험물의 저장 및 취급법으로 옳지 않은 것은?

① 환원성 물질이므로 산화제와 혼합하여 저장할 것
② 점화원으로부터 멀리하고 가열을 피할 것
③ 금속분은 물과 접촉을 피할 것
④ 용기 파손으로 인한 위험물의 누설에 주의할 것

해설 가연성 고체 물질은 산화제와의 접촉을 피하여야 한다.

46 클레오소트유에 대한 설명으로 틀린 것은?

① 제3석유류에 속한다.
② 무취이고 증기는 독성이 없다.
③ 상온에서 액체이다.
④ 물보다 무겁고 물에 녹지 않는다.

해설 클레오소트유(타르유)는 물보다 무겁고 독성이 있다.

47 황린을 취급할 때의 주의사항으로 틀린 것은?

① 피부에 닿지 않도록 주의할 것
② 산화제와의 접촉을 피할 것
③ 물의 접촉을 피할 것
④ 화기의 접근을 피할 것

해설 황린(P_4)은 독성이 강하며 물에 녹지 않으므로 물속에 저장한다.

48 위험물 안전관리법상 제3석유류의 액체상태의 판단 기준은?

① 1기압과 섭씨 20도에서 액상인 것
② 1기압과 섭씨 25도에서 액상인 것
③ 기압과 무관하게 섭씨 20도에서 액상인 것
④ 기압과 무관하게 섭씨 25도에서 액상인 것

해설 3석유류 : 1기압 섭씨 20도에서 액체로서 인화점 70℃ 이상 200℃ 미만인 것

49 과망간산 칼륨의 위험성에 대한 설명 중 틀린 것은?

① 진한 황산과 접촉하면 폭발적으로 반응한다.
② 알콜, 에테르, 글리세린 등 유기물과 접촉을 금한다.
③ 가열하면 약 60℃에서 분해하여 수소를 방출한다.
④ 목탄, 황과 접촉시 충격에 의해 폭발할 위험성이 있다.

해설 과망간산 칼륨($KMnO_4$)의 분해온도는 240℃이며 산소를 방출한다.

Answer 45. ① 46. ② 47. ③ 48. ① 49. ③

50 위험물에 물이 접촉하여 주로 발생되는 가스의 연결이 틀린 것은?

① 나트륨 – 수소
② 탄화 칼슘 – 포스핀
③ 칼륨 – 수소
④ 인화석회 – 인화수소

해설) 탄화 칼슘(CaC_2)에 물이 접촉하면 아세틸렌(C_2H_2) 가스가 발생된다.

51 고속도로 주유취급소의 특례기준에 따르면 고속국도 도로변에 설치된 주유취급소에 있어서 고정주유설비에 직접 접속하는 탱크의 용량은 몇 리터까지 할 수 있는가?

① 1만 ② 5만
③ 6만 ④ 8만

해설) ① 고속도로 주유취급소 탱크 용량 : 6만ℓ 이하
② 자동차 정비 폐유 및 윤활유 탱크 : 2천ℓ 이하
③ 보일러용 탱크 : 1만ℓ 이하
④ 자동차 주유설비 탱크 : 5만ℓ 이하

52 다음 위험물 품명 중 지정수량이 나머지 셋과 다른 것은?

① 염소산염류 ② 질산염류
③ 무기과산화물 ④ 과염소산염류

해설) ① 염소산염류 : 50kg
② 질산염류 : 300kg
③ 무기과산화물 : 50kg
④ 과염소산염류 : 50kg

53 위험물 취급 중 폐기에 관한 기준으로 옳은 것은?

① 위험물의 성질에 따라 안전한 장소에서 실시하면 매몰할 수 있다.
② 재해의 발생을 방지하기 위한 적당한 조치를 강구한 때라도 절대로 바다에 유출시키거나 투하할 수 없다.
③ 안전한 장소에서 타인에게 위해를 미칠 우려가 없는 방법으로 소각할 경우는 감시원을 배치할 필요가 없다.
④ 위험물제조소에서 지정수량 미만을 폐기하는 경우에는 장소에 상관없이 임의로 폐기할 수 있다.

해설) 위험물 폐기
① 소각할 경우 : 안전한 장소에서 감시원 입회하에 할 것이며 연소 또는 폭발에 의해 타인에게 위해나 손해를 주지 않는 방법으로 할 것
② 매몰할 경우 : 위험물 성질에 따라 안전한 장소에서 할 것
③ 바다, 강, 호수에 투하 : 해중, 수중에는 유출시키거나 투하해서는 안 된다. 다만, 타인에게 유해나 손해를 주지 않거나 재해방지를 위하여 적당한 조치를 할 때는 무관하다.

Answer 50. ② 51. ③ 52. ② 53. ①

54 비스코스레이온 원료로서, 비중이 약 1.3, 인화점이 약 −30℃이고, 연소시 유독한 아황산가스를 발생시키는 위험물은?

① 황린
② 이황화탄소
③ 테레핀유
④ 장뇌유

해설 이황화탄소(CS_2)
① 착화점 100℃
② 연소범위 1~44%
③ 물보다 무겁고 물과 반응하지 않아 수조에 저장한다.

55 다음 물질 중 상온에서 고체인 것은?

① 질산 메틸
② 질산 에틸
③ 니트로 글리세린
④ 디니트로 톨루엔

해설
① 질산 메틸 : 무색투명한 액체
② 질산 에틸 : 무색투명한 액체
③ 니트로 글리세린 : 무색 투명한 기름형태의 액체(공업용 : 담황색)
④ 디니트로 톨루엔 : 고체 물질

56 다음 물질 중 분진폭발의 위험이 없는 것은?

① 황
② 알루미늄분
③ 과산화수소
④ 마그네슘분

해설 과산화수소(H_2O_2)는 액체 상태이다.

57 다음 제4류 위험물 중 특수인화물에 해당하고 물에 잘 녹지 않으며 비중이 0.71, 비점이 약 34℃인 위험물은?

① 아세트 알데히드
② 산화 프로필렌
③ 디에틸에테르
④ 니트로 벤젠

해설 디에틸에테르($C_2H_5OC_2H_5$)
① 인화점 : −45℃
② 착화점 : 180℃
③ 비점 : 34.6℃
④ 연소범위 : 1.9~48%

58 위험물의 성질에 관한 다음 설명 중 틀린 것은?

① 초산 메틸은 유기화합물이다.
② 피리딘은 물에 녹지 않는다.
③ 초산 에틸은 무색 투명한 액체이다.
④ 이소프로필 알콜은 물에 녹는다.

해설 피리딘(C_5H_5N) : 수용성이며 독성이 있고 악취가 난다.

59 위험물 옥내저장소에서 지정수량의 몇 배 이상의 저장창고에는 피뢰침을 설치해야 하는가? (단, 제6류 위험물의 저장창고는 제외한다.)

① 10   ② 20
③ 50   ④ 100

해설 지정수량의 10배 이상의 위험물 저장·취급하는 곳에는 피뢰설비를 하여야 한다.(단 6류 위험물은 제외)

Answer 54. ② 55. ④ 56. ③ 57. ③ 58. ② 59. ①

60 알킬리튬 10kg, 황린 100kg 및 탄화칼슘 300kg을 저장할 때 각 위험물의 지정수량 배수의 총합은 얼마인가?

① 5
② 7
③ 8
④ 10

해설 환산지정수량
알킬리튬 : 10kg
황린 : 20kg
탄화칼슘 : 300kg
∴ $\frac{10}{10} + \frac{100}{20} + \frac{300}{300} = 7$

Answer 60. ②

위험물기능사 2000제 문제은행

CBT 시험대비
● 2008년 7월 13일 시행

01 다음 중 분진폭발의 위험이 가장 낮은 것은?
① 아연분 ② 석회분
③ 알루미늄분 ④ 밀가루

해설 카바이트와 물이 반응해서 아세틸렌과 석회분이 생성되며 석회분은 분진 폭발의 위험이 낮다.

02 제1종 분말소화약제의 주성분으로 사용되는 것은?
① $NaHCO_3$ ② $KHCO_3$
③ CCl_4 ④ $NH_4H_2PO_4$

해설
• 제1종 분말 : 탄산수소나트륨($NaHCO_3$) : 백색
• 제2종 분말 : 탄산수소칼륨($KHCO_3$) : 보라색
• 제3종 분말 : 인산암모늄($NH_4H_2PO_4$) : 담홍색

03 위험물안전관리법에서 정한 정전기를 유효하게 제거할 수 있는 방법에 해당하지 않는 것은?
① 위험물 이송시 배관 내 유속을 빠르게 하는 방법
② 공기를 이온화하는 방법
③ 접지에 의한 방법
④ 공기 중의 상대습도를 70% 이상으로 하는 방법

해설 • 정전기 제거법 : ②, ③, ④

04 대형수동식소화기의 설치기준은 방호대상물의 각 부분으로부터 하나의 대형수동식소화기의 보행 거리가 몇 m 이하가 되도록 설치하여야 하는가?
① 10
② 20
③ 30
④ 40

해설 • 대형수동식소화기의 설치거리 : 30m 이하

05 우리나라에서 C급 화재에 부여된 표시 색상은?
① 황색
② 백색
③ 청색
④ 무색

해설 • C급 화재(전기 화재) : 청색

Answer 1. ② 2. ① 3. ① 4. ③ 5. ③

06 착화 온도가 낮아지는 원인과 가장 관계가 있는 것은?

① 발열량이 적을 때
② 압력이 높을 때
③ 습도가 높을 때
④ 산소와 결합력이 나쁠 때

해설 • 착화온도가 낮아지는 조건
① 압력이 클 때
② 발열량이 클 때
③ 화학적 활성도가 클 때
④ 산소와 친화력이 좋을 때
⑤ 분자구조가 복잡할 때
⑥ 접촉금속의 열전도율이 좋을 때
⑦ 습도 및 가스압이 낮을 때

07 위험물안전관리법상 전기설비에 적응성이 없는 소화설비는?

① 포소화설비
② 이산화탄소소화설비
③ 할로겐화합물소화설비
④ 물분무소화설비

해설 • 포소화설비 : 특수가연물 저장 취급하는 곳에 적당하고 소화설비는 물분무 질식 작용으로 전기설비에는 적응성이 없다.

08 유류화재시 물을 사용한 소화가 오히려 위험할 수 있는 이유를 가장 옳게 설명한 것은?

① 화재면이 확대되기 때문이다.
② 유독가스가 발생하기 때문이다.
③ 착화온도가 낮아지기 때문이다.
④ 폭발하기 때문이다.

해설 유류는 물보다 비중이 가볍고 물에 녹지 않으므로 주수소화하면 화재면이 확대된다.

09 어떤 물질을 비커에 넣고 알콜 램프로 가열하였더니 어느 순간 비커 안에 있는 물질에 불이 붙었다. 이 때의 온도를 무엇이라고 하는가?

① 인화점
② 발화점
③ 연소점
④ 확산점

해설 • 발화점(착화점) : 점화원 없이 가열된 열만을 가지고 스스로 연소가 시작되는 최저온도

10 이산화탄소 소화약제에 관한 설명 중 틀린 것은?

① 소화약제에 의한 오손이 없다.
② 소화약제 중 증발잠열이 가장 크다.
③ 전기 절연성이 있다.
④ 장기간 저장이 가능하다.

해설 CO_2 소화약제는 질식소화의 특성을 갖고 물 소화는 증발잠열을 이용한 냉각소화이다.

Answer 6. ② 7. ① 8. ① 9. ② 10. ②

11 분말 소화약제에 관한 일반적인 특성에 대한 설명으로 틀린 것은?

① 분말 소화약제 자체는 독성이 없다.
② 질식효과에 의한 소화효과가 있다.
③ 이산화탄소와는 달리 별도의 추진 가스가 필요하다.
④ 칼륨, 나트륨 등에 대해서는 인산 염류 소화기의 효과가 우수하다.

해설 ▶ 칼륨, 나트륨 화재에는 마른모래 팽창질석, 팽창진주암 및 금속화재용 분말소화약제(탄산수소 염류)등을 사용한다.

12 물의 소화능력을 강화시키기 위해 개발된 것으로, 한냉지 또는 겨울철에 사용하는 소화기에 해당하는 것은?

① 산·알칼리 소화기
② 강화액 소화기
③ 포 소화기
④ 할로겐소화물 소화기

해설 ▶ • 강화액 소화기 : 물에 K_2CO_3(탄산칼륨)을 강화하여 빙점을 $-25℃ \sim 30℃$까지 낮추어 겨울철이나 한냉지방에서 사용 가능하도록 한 소화기

13 다음 중 소화기의 사용방법으로 잘못된 것은?

① 적응화재에 따라 사용할 것
② 성능에 따라 방출거리 내에서 사용할 것
③ 바람을 마주보며 소화할 것
④ 양옆으로 비로 쓸듯이 방사할 것

해설 ▶ 소화기 사용시에는 바람을 등지고 사용한다.

14 탄화알루미늄이 물과 반응하면 폭발의 위험이 있다. 어떤 가스 때문인가?

① 수소
② 메탄
③ 아세틸렌
④ 암모니아

해설 ▶ Al_4C_3 + $12H_2O$ → $4Al(OH)_3$ + $3CH_4$
(탄산알루미늄) (물) (수산화나트륨) (메탄)

15 다음 중 화학포소화제의 구성 성분이 아닌 것은?

① 탄산수소나트륨
② 황산알루미늄
③ 수용성단백질
④ 제1인산암모늄

해설 ▶ • 화학포소화약제
① 외약제 : 중탄산나트륨
② 내약제 : 황산알루미늄
③ 기포안정제 : 가수분해 단백질, 계면활성제, 사포닝, 소다회 등

Answer 11. ④ 12. ② 13. ③ 14. ② 15. ④

16 니트로셀룰로오스의 저장·취급방법으로 틀린 것은?

① 직사광선을 피해 저장한다.
② 되도록 장기간 보관하여 안정화된 후에 사용한다.
③ 유기과산화물류, 강산화제와의 접촉을 피한다.
④ 건조상태에 이르면 위험하므로 습한 상태를 유지한다.

[해설] 니트로셀룰로오스는 질화도가 클수록 폭발 위험성이 크며 저장 중에는 함수 알코올로 습면시켜 저장하므로 되도록 단기간 보관하도록 한다.

17 다음 중 "물분무등소화설비"의 종류에 속하지 않는 것은?

① 스프링클러설비
② 포소화설비
③ 분말소화설비
④ 이산화탄소소화설비

[해설] • 물분무소화설비 종류
  ① 포소화설비
  ② 이산화탄소소화설비
  ③ 할로겐화합물소화설비
  ④ 청정소화약제소화설비
  ⑤ 분말소화설비

18 피크르산의 위험성과 소화방법에 대한 설명으로 틀린 것은?

① 피크르산의 금속염은 위험하다.
② 운반시 건조한 것보다는 물에 젖게 하는 것이 안전하다.
③ 알콜과 혼합된 것은 충격에 의한 폭발 위험이 있다.
④ 화재시에는 질식소화가 효과적이다.

[해설] • 피크르산(트리니트로 페놀) : 찬물에 극히 적게 녹으나 화재시 물을 대량으로 주수하여 소화하는 냉각소화가 효과적이다.

19 화학포소화약제의 주된 소화효과에 해당하는 것은?

① 희석소화   ② 질식소화
③ 억제소화   ④ 제거소화

[해설] • 질식소화
  ① 포말소화기(화학포소화 포함)
  ② 분말소화기
  ③ 이산화탄소소화기
  ④ 간이소화제

20 산·알칼리 소화기는 탄산수소나트륨과 황산의 화학반응을 이용한 소화기이다. 이 때 탄산수소나트륨과 황산이 반응하여 나오는 물질이 아닌 것은?

① Na_2SO_4 ② Na_2O_2
③ CO_2 ④ H_2O

[해설] $2NaHCO_3 + H_2SO_4 \rightarrow Na_2SO_4 + 2CO_2 + 2H_2O$
(탄산수소나트륨) (황산) (황산나트륨) (이산화탄소) (물)

Answer 16. ② 17. ① 18. ④ 19. ② 20. ②

21 질산에틸의 성질 및 취급방법에 대한 설명으로 틀린 것은?

① 통풍이 잘되는 찬 곳에 저장한다.
② 물에 녹지 않으나 알콜에 녹는 무색 액체이다.
③ 인화점이 30℃이므로 여름에 특히 조심해야 한다.
④ 액체는 물보다 무겁고 증기도 공기보다 무겁다.

해설 질산에틸 ($C_2H_5ONO_2$)은 인화점 10℃이다.

22 질산의 성상에 대한 설명 중 틀린 것은?

① 톱밥, 솜뭉치 등과 혼합하면 발화의 위험이 있다.
② 부식성이 강한 산성이다.
③ 백금, 금을 부식시키지 못한다.
④ 햇빛에 의해 분해하여 유독한 일산화탄소를 만든다.

해설 질산(HNO_3)은 햇빛에 의해 분해하여 유독한 갈색증기 일산화질소(NO_2)를 발생하므로 갈색병에 보관하여 냉암소에 저장한다.

23 제2류 위험물 중 철분 운반용기 외부에 표시하여야 하는 주의사항을 옳게 나타낸 것은?

① 화기주의 및 물기엄금
② 화기엄금 및 물기엄금
③ 화기주의 및 물기주의
④ 화기엄금 및 물기엄금

해설 철분은 53 마이크로미터 표준체를 통과하는 것이 50중량% 이상인 것을 위험물로 분류하며 화기와 습기로부터 주의해야 한다.

24 다음 위험물 중 끓는점이 가장 높은 것은?

① 벤젠
② 에테르
③ 메탄올
④ 아세트알데히드

해설
① 벤젠 : 80℃
② 에테르 : 35℃
③ 메탄올 : 64℃
④ 아세트알데히드 : 21℃

25 다음 위험물 중 산, 알칼리 수용액에 모두 반응해 수소를 발생하는 양쪽성 원소는?

① Pt
② Au
③ Al
④ Na

해설 알루미늄(Al)은 진한질산을 제외한 대부분의 산과 반응하여 수소를 생성한다. 또한 알칼리수용액과도 반응하여 수소를 생성한다.

26 메틸알콜은 몇 가 알콜인가?

① 1가　　② 2가
③ 3가　　④ 4가

해설 메틸알콜(CH_3OH)은 1가 알콜이다.

Answer 21. ③　22. ④　23. ①　24. ①　25. ③　26. ①

27 제1류 위험물 제조소의 게시판에 "물기엄금"이라고 쓰여 있다. 다음 중 어떤 위험물의 제조소인가?

① 염소산나트륨
② 요오드산나트륨
③ 중크롬산나트륨
④ 과산화나트륨

해설 알칼리금속과산화물(과산화나트륨)위험물 제조소에는 청색바탕에 백색문자로 "물기엄금" 주의 게시판을 설치한다.

28 칼륨에 물을 가했을 때 일어나는 반응은?

① 발열반응 ② 에스테르화반응
③ 흡열반응 ④ 부가반응

해설 칼륨은 물과 격렬히 반응하여 발열하고 수소를 발생한다.
$2K + 2H_2O \rightarrow 2KOH + H_2 + 92.4kcal$

29 제5류 위험물의 연소에 관한 설명 중 틀린 것은?

① 연소 속도가 빠르다.
② CO_2 소화기에 의한 소화가 적응성이 있다.
③ 가열, 충격, 마찰 등에 의해 발화할 위험이 있는 물질이 있다.
④ 연소시 유독성 가스가 발생할 수 있다.

해설 산소가 함유된 자기연소성 물질에는 질식소화인 CO_2 소화기로는 화재적응성이 없다.

30 이황화탄소에 대한 설명 중 틀린 것은?

① 이황화탄소의 증기는 공기보다 무겁다.
② 액체상태이고 물보다 무겁다.
③ 증기는 유독하여 신경에 장애를 줄 수 있다.
④ 비점이 물의 비점과 같다.

해설 이황화탄소의 비점은 46℃이다.

31 다음의 제1류 위험물 중 과염소산염류에 속하는 것은?

① K_2O_2
② $NaClO_3$
③ $NaClO_2$
④ NH_4ClO_4

해설 ① 과산화칼륨
② 염소산나트륨
③ 아염소산나트륨
④ 과염소산암모늄

32 제6류 위험물의 공통된 특성으로 옳지 않은 것은?

① 산화성 액체이다.
② 무기화합물이며 물보다 무겁다.
③ 불연성 물질이다.
④ 물에 녹지 않는다.

해설 제6류 위험물은 산화성 액체로 모두 무기화합물이며 물보다 무겁고 물에 녹기 쉽다.

Answer 27. ④ 28. ① 29. ② 30. ④ 31. ④ 32. ④

33 수소화리튬이 물과 반응할 때 생성되는 것은?

① LiOH 과 H_2
② LiOH 과 O_2
③ Li 과 H_2
④ Li 과 O_2

해설 $LiH + H_2O \rightarrow LiOH + H_2$
　　　　　　　　　(수산화리튬)

34 다음 위험물 중 혼재 가능한 것끼리 연결된 것은?

① 제1류 – 제6류
② 제2류 – 제3류
③ 제3류 – 제5류
④ 제5류 – 제1류

해설 제1류 위험물(산화성고체)은 제6류 위험물(산화성액체)과 혼재가 가능하다.

35 다음은 각 위험물의 인화점을 나타낸 것이다. 인화점을 틀리게 나타낸 것은?

① CH_3COCH_3 : $-18℃$
② C_6H_6 : $-11℃$
③ CS_2 : $-30℃$
④ C_5H_5N : $-20℃$

해설 • C_5H_5N(피리딘) 인화점 : $20℃$

36 다음 중 자기반응성 물질로만 나열된 것이 아닌 것은?

① 과산화벤조일, 질산메틸
② 숙신산퍼옥사이드, 디니트로벤젠
③ 아조디카본아미드, 니트로글리콜
④ 아세트니트릴, 트리니트로톨루엔

해설 아세트니트릴은 제1류 석유류로서 무색투명한 에테르 냄새가 나는 가연성 액체이다.

37 메틸에틸케톤에 대한 설명 중 틀린 것은?

① 냄새가 있는 휘발성 무색 액체이다.
② 연소범위는 약 12~46%이다.
③ 탈지작용이 있으므로 피부 접촉을 금해야 한다.
④ 인화점은 0℃보다 낮으므로 주의하여야 한다.

해설 메틸에틸케톤($CH_3COC_2H_5$)은 제1석유류이며 연소범위는 1.4~11.4%이다.

38 다음 중 제2류 위험물의 공통적인 성질은?

① 가연성 고체이다.
② 물에 용해된다.
③ 융점이 상온 이하로 낮다.
④ 유기화합물이다.

해설 제2류 위험물은 가연성고체이다.

Answer　33. ①　34. ①　35. ④　36. ④　37. ②　38. ①

39 다음 물과 반응하여 발열하고 산소를 방출하는 위험물은?

① 과산화칼륨
② 과망간산칼륨
③ 과산화수소
④ 염소산칼륨

해설 $2K_2O_2 + 2H_2O \rightarrow 4KOH + 3O_2$ 과산화칼륨은 물과 급격히 반응하고 산소를 방출한다.

40 질화면을 강질화면과 약질화면으로 구분할 때 어떤 차이를 기준으로 하는가?

① 분자의 크기에 의한 차이
② 질소함유량에 의한 차이
③ 질화할 때의 온도에 의한 차이
④ 입자의 모양에 의한 차이

해설
- 질화도 : 질화면 중의 질소함유율(%)
- 강면약 : 질화도 N > 12.76%
- 약면약 : 질화도 N < 10.18∼12.76%

41 과산화수소가 이산화망간 촉매하에서 분해가 촉진될 때 발생하는 가스는?

① 수소
② 산소
③ 아세틸렌
④ 질소

해설 과산화수소(H_2O_2)의 분해시 생성가스는 산소(O_2)이다.

42 피크르산(picric acid)의 성질에 대한 설명 중 틀린 것은?

① 착화온도는 약 300℃이고 비중은 약 1.8이다.
② 페놀을 원료로 제조할 수 있다.
③ 찬물에는 잘 녹지 않으나 온수, 에테르에는 잘 녹는다.
④ 단독으로 충격 마찰에 매우 민감하여 폭발한다.

해설 피크르산(트리니트로 페놀)은 단독으로는 마찰 충격에 안정하다.

43 마그네슘분의 성질에 대한 설명 중 틀린 것은?

① 산이나 염류에 침식당한다.
② 염산과 작용하여 산소를 발생한다.
③ 연소할 때 열이 발생한다.
④ 미분상태의 경우 공기 중 습기와 반응하여 자연발화 할 수 있다.

해설 마그네슘은 산과 더운물 등과 반응하여 수소를 발생한다.

44 제4류 위험물의 일반적 성질에 대한 설명 중 틀린 것은?

① 물보다 무거운 것이 많으며 대부분 물에 용해된다.
② 상온에서 액체로 존재한다.
③ 가연성 물질이다.
④ 증기는 대부분 공기보다 무겁다.

해설 제4류 위험물(인화성 액체) 대부분은 공기보다 증기가 무겁고 물보다는 가볍다.

Answer 39. ① 40. ② 41. ② 42. ④ 43. ② 44. ①

45 금속나트륨, 금속칼륨 등을 보호액 속에 저장하는 이유를 가장 옳게 설명한 것은?

① 온도를 낮추기 위하여
② 승화하는 것을 막기 위하여
③ 공기와의 접촉을 막기 위하여
④ 운반시 충격을 적게 하기 위하여

해설 나트륨, 칼륨 등은 공기 중 수분과 반응하여 수소를 발생한다.
- 보호액 : 파라핀, 경유, 등유 속에 저장하여 공기와의 접촉을 막는다.

46 TNT의 성질에 대한 설명 중 틀린 것은?

① 담황색의 결정이다.
② 폭약으로 사용된다.
③ 자연분해의 위험성이 적어 장기간 저장이 가능하다.
④ 조해성과 흡습성이 매우 크다.

해설 T.N.T는 물에 녹지 않으므로 조해성, 흡습성이 없다.

47 황의 특성 및 위험성에 대한 설명 중 틀린 것은?

① 산화력이 강하므로 되도록 산화성 물질과 혼합하여 저장한다.
② 전기의 부도체이므로 전기 절연체로 쓰인다.
③ 공기 중 연소시 유해가스를 발생한다.
④ 분말상태인 경우 분진폭발의 위험성이 있다.

해설 황은 산화제, 목탄가루 등과 혼합시 약간의 가열, 충격 등으로 착화 폭발한다.

48 위험물 제조소에서 게시판에 기재할 사항이 아닌 것은?

① 저장 최대수량 또는 취급 최대수량
② 위험물의 성분·함량
③ 위험물의 유별·품명
④ 안전관리자의 성명 또는 직명

해설 위험물 제조소 게시판에 성분이나 함량은 기재하지 않는다.

49 염소산칼륨의 물리·화학적 위험성에 관한 설명으로 옳은 것은?

① 가연성 물질로 상온에서도 단독으로 연소한다.
② 강력한 환원제로 다른 물질을 환원시킨다.
③ 열에 의해 분해되어 수소를 발생한다.
④ 유기물과 접촉시 충격이나 열을 가하면 연소 또는 폭발의 위험이 있다.

해설 염소산칼륨($KClO_3$)은 가연물과 혼재시에는 약간의 충격으로 폭발의 우려가 크다.

50 위험물안전관리법에서 정의하는 제2석유류의 인화점 범위에 해당하는 것은?
(단, 1기압이다.)

① -20℃ 이하
② 20℃ 미만
③ 21℃ 이상 70℃ 미만
④ 70℃ 이상 200℃ 미만

해설 • 제2석유류 : 1기압에서 액체로서 인화점이 21℃ 이상 70℃ 미만인 것

Answer 45. ③ 46. ④ 47. ① 48. ② 49. ④ 50. ③

51 다음 중 제3석유류에 속하는 것은?
① 벤즈알데히드   ② 등유
③ 글리세린   ④ 염화아세틸

해설 ① 벤즈알데히드(제2석유류)
② 등유(제2석유류)
③ 글리세린(제3석유류)
④ 염화아세틸(제1석유류)

52 다음과 같은 성상을 갖는 물질은?

- 은백색 광택의 무른 경금속으로 포타슘이라고도 부른다.
- 공기 중에서 수분과 반응하여 수소가 발생한다.
- 융점이 약 63.5℃이고, 비중은 약 0.86이다.

① 칼륨
② 나트륨
③ 부틸리튬
④ 트리메틸알루미늄

해설 칼륨(potassium : 포타슘)위의 성상과 함께 알콜과 반응하여 알콜라이드를 생성한다.

53 과염소산에 대한 설명 중 틀린 것은?
① 비중은 물보다 크다.
② 부식성이 있어서 피부에 닿으면 위험하다.
③ 가열하면 분해될 위험이 있다.
④ 비휘발성 액체이고 에탈올에 저장하면 안전하다.

해설 과염소산(HClO₄)은 무색의 액체로 공기중에서 연기를 낸다. 제6류 위험물(산화성 액체)

54 다음 위험물 중에서 물에 가장 잘 녹는 것은?
① 디에틸에테르   ② 가솔린
③ 톨루엔   ④ 아세트알데히드

해설 아세트알데히드(CH₃CHO)는 물에 잘 녹는 무색투명한 액체이다.

55 과염소산칼륨의 성질에 관한 설명 중 틀린 것은?
① 무색, 무취의 결정이다.
② 알콜, 에테르에 잘 녹는다.
③ 진한 황산과 접촉하면 폭발할 위험이 있다.
④ 400℃이상으로 가열하면 분해하여 산소가 발생한다.

해설 과염소산칼륨(KClO₄)은 물에 녹기 어렵고 알콜, 에테르에도 녹지 않는다.

56 다음 중 위험물과 그 저장액(또는 보호액)의 연결이 틀린 것은?
① 황린 – 물
② 인화석회 – 물
③ 금속나트륨 – 경유
④ 니트로셀룰로오스 – 함수알콜

해설 인화석회(Ca₃P₂)는 물 또는 약산과 반응하여 유독한 포스핀(PH₃)을 발생한다.

Answer 51. ③ 52. ① 53. ④ 54. ④ 55. ② 56. ②

57 다음 중 요드 값이 가장 낮은 것은?
① 해바라기유   ② 오동유
③ 아마인유   ④ 낙화생유

해설 ① 해바라기유(요오드값 : 125~136)
② 오동유(요오드값 : 145~176)
③ 아마인유(요오드값 : 170~204)
④ 낙화생유(요오드값 : 84~102)

58 다음 중 니트로화합물은 어느 것인가?
① 트리니트로톨루엔
② 니트로글리세린
③ 니트로글리콜
④ 니트로셀룰로오스

해설 니트로화합물
• 트리니트로톨루엔
• 트리니트로페놀

59 철과 아연분이 염산과 반응하여 공통적으로 발생하는 기체는?
① 산소   ② 질소
③ 수소   ④ 메탄

해설 철, 마그네슘, 알루미늄, 아연 등은 산과 반응하여 수소를 발생한다.

60 다음 위험물 중 품명이 나머지 셋과 다른 하나는?
① 스티렌
② 산화프로필렌
③ 황화디메틸
④ 이소프로필아민

해설 ① 스티렌(비닐벤젠) : 제2석유류
② 산화프로필렌 : 특수 인화물
③ 황화디메틸(디메틸황산) : 특수 인화물
④ 이소프로필아민 : 특수 인화물

Answer 57. ④ 58. ① 59. ③ 60. ①

위험물기능사 2000제 문제은행

○ 2008년 10월 5일 시행

01 소화기에 "A-2"라고 표시되어 있다면 숫자 "2"가 의미하는 것은?
① 사용순위
② 능력단위
③ 소요단위
④ 화재등급

해설 • A-2 : A급화재 능력단위 2단위

02 제1종 분말소화약제의 적응 화재 급수는?
① A급
② BC급
③ AB급
④ ABC급

해설 • 제1종 분말약제 : $NaHCO_3$, B, C화재 적응

03 지정수량 10배의 위험물을 저장 또는 취급하는 제조소에 있어서 연면적이 최소 몇 제곱미터 이면 자동 화재탐지 설비를 설치해야 하는가?
① 100
② 300
③ 500
④ 1000

해설 • 자동 화재 탐지설비 : 연면적 $500m^2$ 이상 제조 취급하는 곳에 설치한다.

04 소화난이도등급 I의 옥내탱크저장소에 유황만을 저장할 경우 설치하여야 하는 소화설비는?
① 물분무소화설비
② 스프링클러설비
③ 포소화설비
④ 이산화탄소소화설비

해설 • 유황(s)
① 제2류 위험물, 지정수량 100kg
② 소화난이도 등급 I의 옥내탱크저장소에 유황만을 저장 취급시 물분무 소화설비를 갖춘다.

05 인화성액체 위험물 옥외탱크저장소의 탱크 주위에 방유제를 설치할 때 방유제 내의 면적은 몇 제곱미터 이하로 하여야 하는가?
① 20000
② 40000
③ 60000
④ 80000

해설 방유제 1개의 면적 $80000m^2$ 이하 일 것

Answer 1. ② 2. ② 3. ③ 4. ① 5. ④

06 소화에 대한 설명 중 틀린 것은?

① 소화작용을 기준으로 크게 물리적 소화와 화학적 소화로 나눌 수 있다.
② 주수소화의 주된 소화효과는 냉각효과이다.
③ 공기 차단에 의한 소화는 제거소화이다.
④ 불연성가스에 의한 소화는 질식소화이다.

해설 • 질식소화 : 공기(산소공급원)차단

07 다음 중 제5류 위험물에 적응성 있는 소화설비는?

① 분말 소화설비
② 이산화탄소 소화설비
③ 할로겐화합물 소화설비
④ 스프링클러설비

해설 제5류 위험물은 자기연소성 물질로 소화방법은 주수소화(스프링클러설비)로 진화한다.

08 화재의 종류와 급수의 분류가 잘못 연결된 것은?

① 일반화재 - A급 화재
② 유류화재 - B급 화재
③ 전기화재 - C급 화재
④ 가스화재 - D급 화재

해설 ① D급 화재 : 금속화재
② 가스화재는 B급 화재에 속한다.

09 인화점에 대한 설명으로 가장 옳은 것은?

① 가연성 물질을 산소 중에서 가열할 때 점화원 없이 연소하기 위한 최저 온도
② 가연성 물질이 산소 없이 연소하기 위한 최저 온도
③ 가연성 물질을 공기 중에서 가열할 때 가연성 증기가 연소범위 하한에 도달하는 최저온도
④ 가연성 물질이 공기 중 가압하에서 연소하기 위한 최저온도

해설 ① 인화점 : 가연성 물질의 가열로 가연성 증기가 연소범위 하한에 닿히는 최저온도
② 착화점 : 가연물 가열시 점화원 없이 가열된 열만으로 연소가 시작되는 최저온도

10 물질의 일반적인 연소형태에 대한 설명으로 틀린 것은?

① 파라핀의 연소는 표면연소이다.
② 산소공급원을 가진 물질이 연소하는 것을 자기연소라고 한다.
③ 목재의 연소는 분해연소이다.
④ 공기와 접촉하는 표면에서 연소가 일어나는 것을 표면연소라고 한다.

해설 ① 파라핀(양초)의 연소는 증발연소이다.
② 황, 나프탈린도 증발연소 한다.

Answer 6. ③ 7. ④ 8. ④ 9. ③ 10. ①

11 가연물이 되기 쉬운 조건이 아닌 것은?
① 산소와 친화력이 클 것
② 열전도율이 클 것
③ 발열량이 클 것
④ 활성화 에너지가 작을 것

해설 • 가연물이 될 수 있는 조건
① 산소와 친화력이 좋고 표면적이 넓을 것
② 산화할 때 열전도율이 작을 것
③ 산화시 발열량이 클 것
④ 산화할 때 필요한 활성에너지가 작을 것

12 자연발화의 방지대책으로 틀린 것은?
① 통풍을 잘되게 한다.
② 저장실의 온도를 낮게 한다.
③ 습도를 낮게 유지한다.
④ 열을 축적시킨다.

해설 • 자연발화 방지법
① 습도가 높은 것을 피할 것
② 저장실의 온도를 낮출 것
③ 통풍을 잘 시킬 것
④ 퇴적, 수납시 열이 축적되지 않도록 할 것

13 소화약제의 종별구분 중 인산염류를 주성분으로 한 분말소화약제는 제 몇 종 분말이라 하는가?
① 제1종 분말   ② 제2종 분말
③ 제3종 분말   ④ 제4종 분말

해설 • 제3종 분말 : 인산염류($NH_4H_2PO_4$)

14 소화전용 물통 8리터의 능력단위는 얼마인가?
① 0.1   ② 0.3
③ 0.5   ④ 1.0

해설 ① 소화전용 물통 8l : 0.3단위
② 수조(소화전용 물통 3개 포함) 80l : 1.5단위
③ 수조(소화전용 물통 6개 포함) 190l : 2.5단위
④ 마른 모래(삽 1개 포함) 5l : 0.5단위
⑤ 팽창질석 또는 팽창 진주암(삽 1개 포함) 160l : 1.0단위

15 저장소의 건축물 중 외벽이 내화구조인 것은 연면적 몇 제곱미터를 1 소요단위로 하는가?
① 50   ② 75
③ 100   ④ 150

해설 • 소요단위(1단위) 규정
저장소용 외벽이 내화구조는 연면적 $150m^2$를 1소요단위라 한다.

16 다음 중 자연발화의 형태가 아닌 것은?
① 산화열에 의한 발화
② 분해열에 의한 발화
③ 흡착열에 의한 발화
④ 잠열에 의한 발화

해설 • 자연발화 형태
① 산화열에 의한 발화
② 분해열에 의한 발화
③ 흡착열에 의한 발화
④ 미생물에 의한 발화

Answer 11. ② 12. ④ 13. ③ 14. ② 15. ④ 16. ④

17 포소화약제의 혼합장치에서 펌프의 토출관에 압입기를 설치하여 포소화약제 압입용 펌프로 포소화약제를 압입시켜 혼합하는 방식은?

① 라인프로포셔너방식
② 프레셔프로포셔너방식
③ 프레셔사이드프로포셔너방식
④ 펌프프로포셔너방식

해설 • 프레셔사이드프로포셔너방식
펌프의 토출관에 압입기를 설치하여 포소화약제압입용펌프로 포소화약제를 압입하여 혼합하는 방식

18 위험물 제조소에 설치하는 표지 및 게시판에 관한 설명으로 옳은 것은?

① 표지나 게시판은 잘 보이게만 설치한다면 그 크기는 제한이 없다.
② 표지에는 위험물의 유별, 품명의 내용 외의 다른 기재 사항은 제한하지 않는다.
③ 바탕과 문자의 명도대비가 클 경우에는 색상은 제한하지 않는다.
④ 표지나 게시판을 보기 쉬운 곳에 설치하여야 하는 것 외에 위치에 대해 다른 규정은 두고 있지 않다.

해설 ① 표지판 및 게시판은 한 변의 길이 0.3m 이상 다른 한 변의 길이 0.6m 이상
② 표지판 및 게시판에 지정된 색상의 문자 색상, 바탕색상을 사용한다.
③ 표지판 및 게시판은 보기 쉬운 장소에 설치한다.

19 유류나 전기설비 화재에 적합하지 않은 소화기는?

① 이산화탄소소화기
② 분말소화기
③ 봉상수소화기
④ 할로겐화합물소화기

해설 유류화재(B급) 전기화재(C급)에는 봉상의 물을 사용하는 소화기는 사용할 수 없다.

20 이산화탄소 소화약제의 주된 소화 원리는?

① 가연물 제거
② 부촉매 작용
③ 산소공급 차단
④ 점화원 파괴

해설 • CO_2소화기 : 질식소화(산소공급 차단)이다. 산소의 농도를 15% 이하로 낮춘다.

21 브롬산칼륨과 요오드산아연의 공통적인 성질에 해당하는 것은?

① 갈색의 결정이고 물에 잘 녹는다.
② 융점이 섭씨 600도 이상이다.
③ 열분해하면 산소를 방출한다.
④ 비중이 5보다 크고 알콜에 잘 녹는다.

해설 브롬산 염류와 요오드산 염류는 제1류 위험물로서 가열시 분해하여 산소를 발생한다.

Answer 17. ③ 18. ④ 19. ③ 20. ③ 21. ③

22 다음 물질 중 위험물 유별에 따른 구분이 나머지 셋과 다른 하나는?

① 질산은
② 질산메틸
③ 무수크롬산
④ 질산암모늄

해설 ① 질산메틸 : 제5류 위험물
② 질산은, 질산암모늄, 무수크롬산 : 제1류 위험물

23 금속칼륨의 저장 및 취급상 주의사항에 대한 설명으로 틀린 것은?

① 물과의 접촉을 피한다.
② 피부에 닿지 않도록 한다.
③ 알콜 속에 저장한다.
④ 가급적 소량으로 나누어 저장한다.

해설 칼륨은 알콜과 반응하여 알콜라이드를 형성한다.

$2K + 2C_2H_5OH \rightarrow 2C_2H_5OK + H_2$
(칼륨) (에틸알콜) (칼륨에틸라이드) (수소)

24 다음 중 제2류 위험물이 아닌 것은?

① 적린
② 황린
③ 유황
④ 황화린

해설 • 황린 : 제3류 위험물

25 적린의 일반적인 성질에 대한 설명으로 틀린 것은?

① 비금속 원소이다.
② 암적색의 분말이다.
③ 승화온도가 약 섭씨 260도이다.
④ 이황화탄소에 녹지 않는다.

해설 적린은 ① 착화점 260℃ ② 융점 600℃ ③ 승화온도 400℃

26 니트로셀룰로오스의 안전한 저장을 위해 사용되는 물질은?

① 페놀
② 황산
③ 에탄올
④ 아닐린

해설 니트로셀룰로오스는 저장 중 함수 알콜로 습면 시킬 것

27 다음 중 증기의 밀도가 가장 큰 것은?

① 디에틸에테르
② 벤젠
③ 가솔린(옥탄 100%)
④ 에틸알콜

해설 증기밀도 $\left(\dfrac{분자량(g)}{22.4(l)}\right)$

① $C_2H_5OC_2H_5 \left(\dfrac{74}{22.4} = 3.3g/l\right)$
② $C_6H_6 \left(\dfrac{78}{22.4} = 3.48g/l\right)$
③ $C_8H_{18} \left(\dfrac{114}{22.4} = 5.09g/l\right)$
④ $C_2H_5OH \left(\dfrac{46}{22.4} = 2.54g/l\right)$

Answer 22. ② 23. ③ 24. ② 25. ③ 26. ③ 27. ③

28 이황화탄소가 완전연소 하였을 때 발생하는 물질은?

① CO_2, O_2
② CO_2, SO_2
③ CO, S
④ CO_2, H_2O

해설 $CS_2 + 3O_2 \rightarrow CO_2 + 2SO_2$

29 인화칼슘이 물과 반응하였을 때 발생하는 가스에 대한 설명으로 옳은 것은?

① 폭발성인 수소를 발생한다.
② 유독한 인화수소를 발생한다.
③ 조연성인 산소를 발생한다.
④ 가연성인 아세틸렌을 발생한다.

해설 $Ca_3P_2 + 6H_2O \rightarrow 2PH_3 + 3Ca(OH)_2$
(인화칼슘) (물)   (인화수소) (수산화칼슘)

30 과염소산암모늄에 대한 설명으로 옳은 것은?

① 물에 용해되지 않는다.
② 청녹색의 침상결정이다.
③ 섭씨 130도에서 분해하기 시작하여 CO_2 가스를 방출한다.
④ 아세톤, 알콜에 용해된다.

해설 백색결정으로 물, 알콜, 아세톤에 용해된다.

31 질산칼륨의 저장 및 취급시 주의사항에 대한 설명 중 틀린 것은?

① 공기와의 접촉을 피하기 위하여 석유 속에 보관한다.
② 직사광선을 차단하고 가열, 충격, 마찰을 피한다.
③ 목탄분, 유황 등과 격리하여 보관한다.
④ 강산류와의 접촉을 피한다.

해설 질산칼륨(KNO_3)은 물에 잘 녹으나 흡습성, 조해성물질은 아니다.

32 분자량이 약 106.5이며, 조해성과 흡습성이 크고 산과 반응하여 유독한 ClO_2를 발생시키는 것은?

① $KClO_4$
② $NaClO_3$
③ NH_4ClO_4
④ $AgClO_3$

해설 염소산나트륨($NaClO_3$)
분자량 : 106.46
조해성 : 흡습성이 강하다.
산과 반응하면 유독하고 폭발성, 유독성의 ClO_2를 발생한다.

33 질산에틸의 성질에 대한 설명 중 틀린 것은?

① 물에 녹지 않는다.
② 상온에서 인화하기 어렵다.
③ 증기는 공기보다 무겁다.
④ 무색, 투명한 액체이다.

해설 • 질산에틸($C_2H_5ONO_2$) : 휘발하기 쉽고 인화점이 낮아(-10℃) 인화하기 쉽다.

Answer 28. ② 29. ② 30. ④ 31. ① 32. ② 33. ②

34 다음 위험물 중 저장할 때 보호액으로 물을 사용하는 것은?
① 삼산화크롬   ② 아연
③ 나트륨   ④ 황린

해설 황린은 물에 녹지 않으므로 물속에 저장한다.

35 질산에 대한 설명 중 틀린 것은?
① 불연성이지만 산화력을 가지고 있다.
② 순수한 것은 갈색의 액체이나 보관 중 청색으로 변한다.
③ 부식성이 강하다.
④ 물과 접촉하면 발열한다.

해설 질산은 무색액체이나 햇빛에 의해 일부분해하여 자극성의 과산화질소를 만들기 때문에 황색을 나타낸다.

36 다음 중 제3류 위험물의 품명이 아닌 것은?
① 금속의 수소화물
② 유기금속화합물
③ 황린
④ 금속분

해설 • 금속분 : 제2류 위험물

37 제1류 위험물의 일반적인 성질이 아닌 것은?
① 강산화제이다.
② 불연성 물질이다.
③ 유기화합물에 속한다.
④ 비중이 1보다 크다.

해설 제1류 위험물은 모두 무기화합물이다.

38 다음 위험물 중 제3석유류에 속하고 지정수량이 2000l 인 것은?
① 아세트산
② 글리세린
③ 에틸렌글리콜
④ 니트로벤젠

해설 • 제3석유류 지정수량 : 니트로톨루엔, 니트로벤젠, 중유, 클레오소오트유, 아닐린, 글리세린 등
① 아세트산 : 제2석유류, 2000l
② 글리세린 : 제3석유류, 4000l
③ 에틸렌글리콜 : 제3석유류, 4000l

39 위험물안전관리법에서 정한 제6류 위험물의 성질은?
① 자기반응성 물질
② 금수성 물질
③ 산화성 액체
④ 인화성 액체

해설 • 제6류 위험물 : 산화성액체
과염소산, 과산화수소, 질산 등

Answer 34. ④ 35. ② 36. ④ 37. ③ 38. ④ 39. ③

40 특수인화물의 일반적인 성질에 대한 설명으로 가장 거리가 먼 것은?

① 비점이 높다.
② 인화점이 낮다.
③ 연소 하한값이 낮다.
④ 증기압이 높다.

해설 • 특수인화물 : 1기압 20℃에서 액체로서 발화점이 100℃ 이하인 것과 동일조건에서 인화점이 -20℃ 이하이고 비점이 40℃ 이하인 것으로 디에틸에테르 이황화탄소, 아세트알데히드 등

41 순수한 것은 무색이지만 공업용은 휘황색의 침상 결정으로 마찰, 충격에 비교적 둔감하며 공기 중에서 자연분해하지 않기 때문에 장기간 저장할 수 있고 쓴 맛과 독성이 있는 것은?

① 피크르산
② 니트로글리콜
③ 니트로셀룰로오스
④ 니트로글리세린

해설 • 제5류 위험물 : 트리니트로페놀(피크르산) 특성을 설명함.

42 과염소산칼륨의 성질에 관한 설명 중 틀린 것은?

① 무색, 무취의 결정이다.
② 비중은 1보다 크다.
③ 섭씨 400도 이상으로 가열하면 분해하여 산소를 발생한다.
④ 알콜 및 에테르에 잘 녹는다.

해설 • 과염소산칼륨($NaClO_4$)은 무색무취 결정으로 에탄올, 에테르에 녹지 않는다.

43 가솔린의 연소범위는 약 몇 vol%인가?

① 1.4~7.6
② 8.3~11.4
③ 12.5~19.7
④ 22.3~32.8

해설 • 가솔린 연소범위 : 1.4~7.6(vol)%

44 유별을 달리하는 위험물에서 다음 중 혼재할 수 없는 것은? (단, 지정수량의 1/5 이상이다.)

① 제2류와 제4류
② 제1류와 제6류
③ 제3류와 제4류
④ 제1류와 제5류

해설 • 혼재 가능한 위험물
① 제1류와 제6류 위험물
② 제4류와 제2류, 제3류 위험물
③ 제5류와 제2류, 제4류 위험물

Answer 40. ① 41. ① 42. ④ 43. ① 44. ④

45 지정과산화물 옥내저장소의 저장창고 출입구 및 창의 설치기준으로 틀린 것은?

① 창은 바닥면으로부터 2m 이상의 높이에 설치한다.
② 하나의 창의 면적을 0.4 제곱미터 이내로 한다.
③ 하나의 벽면에 두는 창의 면적의 합계를 당해 벽면의 면적의 80분의 1이 초과되도록 한다.
④ 출입구에는 갑종방화문을 설치한다.

해설 창문의 면적은 창이 있는 벽면적의 1/80 이내일 것

46 다음 중 인화점이 가장 낮은 것은?

① 톨루엔 ② 테레핀유
③ 에틸렌글리콜 ④ 아닐린

해설 • 인화점
톨루엔 : 4℃
테레핀유 : 35℃
에틸렌글리콜 : 111℃
아닐린 : 70℃

47 분자량은 227, 발화점이 약 (섭씨)330℃, 비점이 약 (섭씨)240℃이며, 햇빛에 의해 다갈색으로 변하고 물에 녹지 않으나 벤젠에는 녹는 물질은?

① 니트로글리세린
② 니트로셀룰로오스
③ 트리니트로톨루엔
④ 트리니트로페놀

해설 트리니트로톨루엔(T.N.T)에 대한 설명이다.

48 과산화수소의 성질에 대한 설명 중 틀린 것은?

① 열, 햇빛에 의해서 분해가 촉진된다.
② 불연성 물질이다.
③ 물, 석유, 벤젠에 잘 녹는다.
④ 농도가 진한 것은 피부에 닿으면 수종을 일으킨다.

해설 과산화수소는 물, 알콜, 에테르와 반응하고 벤젠과 석유에는 녹지 않는다.

49 다음 중 특수인화물에 해당하는 위험물은?

① 벤젠 ② 염화아세틸
③ 이소프로필아민 ④ 아세토니트릴

해설 • 특수인화물 : 이소프로필아민, 아세트알데히드, 디에틸에티르 이황화탄소 등

50 $KClO_3$의 일반적인 성질에 관한 설명으로 옳은 것은?

① 비중은 약 3.74이다.
② 황색이고 향기가 있는 결정이다.
③ 글리세린에 잘 용해된다.
④ 인화점이 약 -17도인 가연성 물질이다.

해설 • 염소산칼륨($KClO_3$)
① 비중 : 2.32
② 무색무취의 결정
③ 인화점 : 불연성 물질

Answer 45. ③ 46. ① 47. ③ 48. ③ 49. ③ 50. ③

51 알칼리금속의 성질에 대한 설명 중 틀린 것은?

① 칼륨은 물보다 가볍고 공기 중에서 산화되어 금속광택을 잃는다.
② 나트륨은 매우 단단한 금속이므로 다른 금속에 비해 몰 용해열이 큰 편이다.
③ 리튬은 고온으로 가열하면 적색 불꽃을 내며 연소한다.
④ 루비듐은 물과 반응하여 수소를 발생한다.

해설 ▶ 나트륨(Na)은 은백색 경금속으로 칼로 잘리는 연하고 무른 금속이다.

52 다음 중 자기반응성 물질인 제5류 위험물에 해당하는 것은?

① $CH_3(C_6H_4)NO_2$
② CH_3COCH_3
③ $C_6H_2(NO_2)_3OH$
④ $C_6H_5NO_2$

해설 ▶ 제5류 위험물 : $C_6H_2(NO_2)_3OH$: 트리니트로 페놀(피크린산, 피크르산)

53 다음 중 방수성이 있는 피복으로 덮어야 하는 위험물로만 구성된 것은?

① 과염소산염류, 삼산화크롬, 황린
② 무기과산화물, 과산화수소, 마그네슘
③ 철분, 금속분, 마그네슘
④ 염소산염류, 과산화수소, 금속분

해설 ▶ • 방수덮개 운반 위험물
① 제1류 위험물 중 알칼리금속의 과산화물 또는 이를 함유한 것
② 제2류 위험물 중 철분, 금속분, 마그네슘 또는 이를 함유한 것
③ 제3류 위험물 중 금수성물품

54 다음 물질 중 품명이 니트로화합물로 분류되는 것은?

① 니트로셀룰로오스
② 니트로벤젠
③ 니트로글리세린
④ 트리니트로톨루엔

해설 ▶ • 제5류 화합물 중 니트로 화합물
① 트리니트로톨루엔(T.N.T)
② 트리니트로 페놀(피크린산)

55 과산화나트륨에 대한 설명으로 틀린 것은?

① 수증기와 반응하여 금속나트륨과 수소, 산소를 발생한다.
② 순수한 것은 백색이다.
③ 융점은 약 섭씨 460도이다.
④ 아세트산과 반응하여 과산화수소를 발생한다.

해설 ▶ ① 과산화나트륨(Na_2O_2)은 흡습성이 강하고 조해성이 있다.
② 물과 반응시 산소를 발생한다.
③ 물이 차고 다량인 경우는 과산화수소를 발생한다.

Answer 51. ② 52. ③ 53. ③ 54. ④ 55. ①

56 위험등급 I의 위험물에 해당하지 않는 것은?
① 아염소산칼륨
② 황화린
③ 황린
④ 과염소산

해설 • 황화린 : 제2류 위험물 지정수량 100kg, 위험등급 II등급

57 벤조일퍼옥사이드의 성질에 대한 설명으로 옳은 것은?
① 건조 상태의 것은 마찰, 충격에 의한 폭발의 위험이 있다.
② 유기물과 접촉하면 화재 및 폭발의 위험성이 감소한다.
③ 수분을 함유하면 폭발이 더욱 용이하다.
④ 강력한 환원제이다.

해설 벤조일퍼옥사이드는 물, 불활성 용매 등의 희석제를 혼합하면 폭발성이 줄어든다.

58 알루미늄 분말이 NaOH 수용액과 반응 하였을때 발생하는 것은?
① CO_2
② Na_2O
③ H_2
④ Al_2O_3

해설 산이나 알칼리 수용액에서 알루미늄은 H_2를 발생한다.

59 산화프로필렌을 용기에 저장할 때 인화폭발의 위험을 막기 위하여 충전시키는 가스로 다음 중 가장 적합한 것은?
① N_2
② H_2
③ O_2
④ CO

해설 산화프로필렌 저장시 불연성가스를 봉입
불연성가스 : CO_2, N_2 등

60 옥내저장탱크의 상호 간에는 특별한 경우를 제외하고 최소 몇 m 이상의 간격을 유지하여야 하는가?
① 0.1
② 0.2
③ 0.3
④ 0.5

해설 • 옥내저장탱크 간 상호 이격거리 : 0.5m 이상

Answer 56. ② 57. ① 58. ③ 59. ① 60. ④

위험물기능사 2000제 문제은행

CBT 시험대비
● 2009년 1월 18일 시행

01 물의 증발잠열은 약 몇 cal/g인가?
① 329
② 439
③ 539
④ 639

해설 물 1g 증발시 539의 열량이 필요하다.

02 탄산수소칼륨과 반응생성물로 된 것은 제 몇 종 분말소화제인가?
① 제1종
② 제2종
③ 제3종
④ 제4종

해설 분말소화약제
① 제1종 분말소화제 : 탄산수소나트륨 ($NaHCO_3$)
② 제2종 분말소화제 : 탄산수소칼륨 ($KHCO_3$)
③ 제3종 분말소화제 : 인산암모늄 ($NH_4H_2PO_4$)
④ 제4종 분말소화제 : 탄산수소칼륨 + 요소 [$KHCO_3 + (NH_2)_2CO$]

03 일반적 성질이 산소공급원이 되는 위험물로 내부연소를 하는 것은?
① 제1류 위험물 ② 제2류 위험물
③ 제5류 위험물 ④ 제6류 위험물

해설 자기 연소성물질(내부연소) : 제5류 위험물

04 메틸알콜 8000리터에 대한 소화능력으로 삽을 포함한 마른 모래를 몇 리터 설치하여야 하는가?
① 100   ② 200
③ 300   ④ 400

해설
• 메틸알콜의 소요단위 : $\frac{8000l}{400l \times 10배} = 2$단위
• 마른 모래 능력단위 : 삽을 상비한 $50l$ 이상의 것 1포 : 0.5단위
∴ $\frac{2}{0.5} = 44 \times 0.5 = 200l$

05 건조사와 같은 고체로 가연물을 덮는 것은 어떤 소화에 해당하는가?
① 제거소화   ② 질식소화
③ 냉각소화   ④ 억제소화

해설 가연물을 덮어 산소를 차단하여 소화하는 방식은 질식소화

Answer 1. ③ 2. ④ 3. ③ 4. ② 5. ②

06 탄화알루미늄이 물과 반응하면 폭발의 위험이 있는 것은 어떤 가스가 발생하기 때문인가?

① 수소
② 메탄
③ 아세틸렌
④ 암모니아

해설 Al_4C_3 + $12H_2O$ → $4Al(OH)_3$ + $3CH_4$
(탄화알루미늄) (물)   (수산화알루미늄)   (메탄)

07 소화약제에 대한 설명으로 틀린 것은?

① 물은 기화잠열이 크고 구하기 쉽다.
② 화학포소화약제는 물에 탄산칼슘을 보강시킨 소화약제를 말한다.
③ 산·알칼리소화약제는 황산이 사용된다.
④ 탄산가스는 전기화재에 효과적이다.

해설 강화액소화기 : 물에 탄산칼슘(K_2CO_3)을 보강시킨 소화기
화학포소화약제
$6NaHCO_3$ + $Al_2(SO_4)_3$ + $18H_2O$ →
(탄산수소나트륨)(황산알루미늄)
$3Na_2SO_4$ + $2Al(OH)_3$ + $6CO_2$ + $18H_2O$
(황산나트륨) (수산화알루미늄) (이산화탄소) (물)

08 과염소산에 화재가 발생했을 때 조치 방법으로 적합하지 않은 것은?

① 환원성 물질로 중화한다.
② 물과 반응하여 발열하므로 주의한다.
③ 마른 모래로 소화한다.
④ 인산염류 분말로 소화한다.

해설 제6류 위험물 과염소산($HClO_4$)의 특징
① 무색의 액체로 공기중에서 세게 연기를 낸다.
② 종이, 나무조각 등과 접촉하면 연소한다.
③ 물과 접촉하여 심하게 발열한다.
④ 질식소화가 적합하다.

09 다음 B급 화재에 속하는 것은?

① 일반화재   ② 유류화재
③ 전기화재   ④ 금속화재

해설 A급 화재 : 일반화재
B급 화재 : 유류화재
C급 화재 : 전기화재
D급 화재 : 금속화재

10 화염의 전파속도가 음속보다 빠르며, 연소 시 충격파가 발생하여 파괴효과가 증대되는 현상을 무엇이라 하는가?

① 폭연   ② 폭압
③ 폭굉   ④ 폭명

해설 폭굉 : 음속이상의 속도를 가지며 화염진행 선단에 충격파라는 직진성 압축파가 형성되어 큰 파괴력을 갖는다.

11 다음 중 주수소화를 하면 위험이 증가하는 것은?

① 과산화칼륨   ② 과망간산칼륨
③ 과염소산칼륨 ④ 브롬산칼륨

해설 무기과산화물류인 과산화칼륨이 물과 반응하면 산소를 발생하여 주수소화는 적합하지 않다.

Answer 6. ② 7. ② 8. ① 9. ② 10. ③ 11. ①

12 화학포를 만들 때 사용되는 기포안정제가 아닌 것은?

① 사포닝
② 암분
③ 가수분해 단백질
④ 계면활성제

해설 화학포소화약제에서 기포안정제로 사용되는 물질
① 가수분해 단백질 ② 계면 활성제
③ 사포닝 ④ 소다회

13 위험물 중 위험등급 Ⅰ에 속하지 않는 것은?

① 제6류 위험물
② 제5류 위험물 중 니트로화합물
③ 제4류 위험물 중 특수인화물
④ 제3류 위험물 중 나트륨

해설 위험등급 Ⅱ등급 : 제5류 위험물 중 니트로화합물

14 소화기에 대한 설명 중 틀린 것은?

① 화학포, 기계포, 소화기는 포소화기에 속한다.
② 탄산가스소화기는 질식 및 냉각소화 작용이 있다.
③ 분말소화기는 가압가스가 필요없다.
④ 화학포소화기에는 탄산수소나트륨과 황산알루미늄이 사용된다.

해설 분말소화기는 소화약제를 가압가스에 의해 분출하게 된다.

15 자기반응성물질의 화재예방에 대한 설명으로 옳지 않은 것은?

① 가열 및 충격을 피한다.
② 할로겐화합물 소화기를 구비한다.
③ 가급적 소분하여 저장한다.
④ 차고 어두운 곳에 저장하여야 한다.

해설 제5류 위험물인 자기반응성물질 화재에는 분말약제, CO_2, 할로겐 화합물 소화약제는 화재에 적응성이 없으므로 사용해서는 안 된다.

16 피난설비를 설치하여야 하는 위험물제조소 등에 해당하는 것은?

① 건축물의 2층 부분을 자동차 정비소로 사용하는 주유취급소
② 건축물의 2층 부분을 전시장으로 사용하는 주유취급소
③ 건축물의 2층 부분을 주유사무소로 사용하는 주유취급소
④ 건축물의 2층 부분을 관계자의 주거시설로 사용하는 주유취급소

해설 주유취급소 중 건축물의 2층 부분을 점포, 휴게음식점 또는 전시장 용도로 사용시 피난설비를 설치하여야 한다.

17 고체의 연소 형태에 해당하지 않는 것은?

① 증발연소   ② 확산연소
③ 분해연소   ④ 표면연소

해설 확산연소는 기체연소 형태이다.

Answer 12. ② 13. ② 14. ③ 15. ② 16. ② 17. ②

18 화재시 이산화탄소를 방출하여 산소의 농도를 12.5%로 낮추어 소화하려면 공기 중의 이산화탄소의 농도는 약 몇 vol%로 해야 하는가?

① 30.7   ② 32.8
③ 40.5   ④ 68.0

해설 $CO_2 = \dfrac{21-12.5}{21} \times 100 = 40.476$

19 할론 1301의 증기 비중은? (단, 불소의 원자량은 19, 브롬의 원자량은 80, 염소의 원자량은 35.5이고 공기의 분자량은 29이다.)

① 2.14   ② 4.15
③ 5.14   ④ 6.15

해설 $H-1301 : CF_3Br$ (분자량 $= 12+19\times 3+80 = 149$)

증기비중 $= \dfrac{\text{분자량}}{29} = \dfrac{149}{29} = 5.14$

20 제5류 위험물의 일반적인 화재 예방 및 소화법에 대한 설명으로 옳지 않은 것은?

① 불꽃, 고온체의 접근을 피한다.
② 할로겐화합물소화기는 소화에 적응성이 없으므로 사용해서는 안된다.
③ 위험물제조소에는 "화기엄금" 주의사항 게시판을 설치한다.
④ 화재발생시 팽창질석에 의한 질식소화를 한다.

해설 제5류 위험물은 대부분 물에 잘 녹지 않고 물과 직접적인 반응 위험성은 적다. 화재발생시 다량의 주수에 의한 냉각소화가 적응성이 좋다.

21 피크르산의 성질에 대한 설명 중 틀린 것은?

① 황색의 액체이다.
② 쓴맛이 있으며 독성이 있다.
③ 납과 반응하여 예민하고 폭발 위험이 있는 물질을 형성한다.
④ 에테르, 알콜에 녹는다.

해설 트리니트로페놀(피크린산, 피크르산)은 휘황색 침상 결정이다.

22 증기압이 높고 액체가 피부에 닿으면 동상과 같은 증상을 나타내며 Cu, Ag, Hg 등과 반응하여 폭발성 화합물을 만드는 것은?

① 메탄올
② 가솔린
③ 톨루엔
④ 산화프로필렌

해설 산화프로필렌은 증기흡입으로 폐부종이 생기며 피부접촉으로 동상과 같은 증상이 나타난다. 구리, 은, 수은 등과 반응으로 폭발성 화합물을 생성한다.

23 $(C_2H_5)_3Al$ 이 공기 중에 노출되어 연소할 때 발생하는 물질은?

① Al_2O_3 ② CH_4
③ $Al(OH)_3$ ④ C_2H_6

해설 $2(C_2H_5)_3Al + 21O_2 \rightarrow 12CO_2 + Al_2O_3 + 15H_2O$
(트리에틸알루미늄) (산소) (이산화탄소) (산화알루미늄) (물)

Answer 18. ③ 19. ③ 20. ④ 21. ① 22. ④ 23. ①

24 황(사방황)의 성질을 옳게 설명한 것은?
① 황색의 고체로서 물에 녹는다.
② 이황화탄소에 녹는다.
③ 전기 양도체이다.
④ 연소시 붉은색 불꽃을 내며 탄다.

해설 사방황은 물에 녹지 않으며 이황화탄소에 녹는다.

25 과염소산이 물과 접촉한 경우 일어나는 반응은?
① 중합반응
② 연소반응
③ 흡열반응
④ 발열반응

해설 제6류 위험물인 과염소산($HClO_4$)은 물과 반응하면 심하게 발열하며 고체수화물을 만들며 강한 산화력을 갖는다.

26 다음 중 증기비중이 가장 큰 것은?
① 벤젠
② 등유
③ 메틸알콜
④ 에테르

해설 등유는 제2석유류이며 지정수량 1000ℓ이다. 주성분은 탄소수 $C_9 \sim C_{18}$까지 되는 포화, 불포화수소의 혼합물로 증기비중 4.5
증기비중 = $\dfrac{분자량}{29}$ 이므로 분자량이 클수록 증기비중이 크다.

27 디에틸에테르의 성질이 아닌 것은?
① 유동성
② 마취성
③ 인화성
④ 비휘발성

해설 디에틸에테르($C_2H_5OC_2H_5$) : 무색투명한 액체로 유동성이 있고 증기는 마취성이 있다. 인화점은 $-45℃$이며, 휘발성을 띤다.

28 디에틸에테르와 벤젠의 공통성질에 대한 설명으로 옳은 것은?
① 증기비중은 1보다 크다.
② 인화점은 $-10℃$보다 높다.
③ 착화온도는 $200℃$보다 낮다.
④ 연소범위의 상한이 60%보다 크다.

해설 디에틸에테르($C_2H_5OC_2H_5$) : $\dfrac{74}{29} = 2.55$
벤젠 C_6H_6 : $\dfrac{78}{29} = 2.69$
증기비중이 모두 1보다 크다.

29 지정수량의 $\dfrac{1}{10}$을 초과하는 위험물을 혼재할 수 없는 경우는?
① 제1류 위험물과 제6류 위험물
② 제2류 위험물과 제4류 위험물
③ 제4류 위험물과 제5류 위험물
④ 제5류 위험물과 제3류 위험물

해설 혼재가능 위험물
① 제1류와 제6류 위험물
② 제4류와 제2류 위험물
③ 제5류와 제2류, 제4류 위험물

Answer 24. ② 25. ④ 26. ② 27. ④ 28. ① 29. ④

30 다음 중 착화온도가 가장 낮은 것은?
① 피크르산
② 적린
③ 에틸알콜
④ 트리니트로톨루엔

해설 착화점
피크르산(트리니트로페놀) : 300℃
적린 : 260℃
에틸알콜 : 363℃
트리트로톨루엔 : 300℃

31 다음 중 제1류 위험물로서 물과 반응하여 발열하면서 산소를 발생하는 것은?
① 염소산나트륨
② 탄화칼슘
③ 질산암모늄
④ 과산화나트륨

해설 $2Na_2O_2 + 4H_2O \rightarrow 4NaOH + 2H_2O + O_2$
(과산화나트륨)

32 과산화수소의 위험성에 대한 설명 중 틀린 것은?
① 오래 저장하면 자연발화의 위험이 있다.
② 햇빛에 의해 분해되므로 햇빛을 차단하여 보관한다.
③ 고농도의 것은 분해 위험이 있으므로 인산 등을 넣어 분해를 억제 시킨다.
④ 농도가 진한 것은 피부와 접촉하면 수종을 일으킨다.

해설 과산화수소는 강력한 산화제이나 가연성물질이 아니므로 자연발화는 발생하지 않는다.

33 제3류 위험물에 대한 설명으로 옳은 것은?
① 대부분 물과 접촉하면 안정하게 된다.
② 일반적으로 불연성 물질이고 강산화제이다.
③ 대부분 산과 접촉하면 흡열반응을 한다.
④ 물에 저장하는 위험물도 있다.

해설 제3류 위험물은 금수성 물질로 물과 반응시 위험하지만 황린(P_4)은 물속에 저장한다.

34 질산에스테르류에 속하지 않는 것은?
① 트리니트로톨루엔
② 질산에틸
③ 니트로글리세린
④ 니트로셀룰로오스

해설 트리니트로톨루엔은 니트로화합물에 속한다.

35 위험물의 이동탱크저장소 차량에 "위험물" 이라고 표시한 표지를 설치할 때 표지의 바탕색은?
① 흰색
② 적색
③ 흑색
④ 황색

해설 위험물 표지판은 흑색바탕에 황색반사도로 "위험물"이라 표지

Answer 30. ② 31. ④ 32. ① 33. ④ 34. ① 35. ③

36 질산의 성질에 대한 설명으로 틀린 것은?
① 연소성이 있다.
② 물과 혼합하면 발열한다.
③ 부식성이 있다.
④ 강한 산화제이다.

해설) 질산(HNO_3)은 가연물질이 아니어서 연소성이 없다.

37 다음 중 물에 녹지 않는 인화성 액체는?
① 벤젠　② 아세톤
③ 메틸알콜　④ 아세트알데히드

해설) 벤젠은 물과 반응하지 않는다.

38 마그네슘은 제 몇 류 위험물인가?
① 제1류 위험물
② 제2류 위험물
③ 제3류 위험물
④ 제5류 위험물

해설) 마그네슘(Mg)은 제2류 위험물로 지정수량 500kg이다.

39 니트로셀룰로오스에 대한 설명 중 틀린 것은?
① 약 130℃에서 서서히 분해된다.
② 셀룰로오스를 진한 질산과 진한 황산의 혼산으로 반응시켜 제조한다.
③ 수분과의 접촉을 피하기 위해 석유 속에 저장한다.
④ 발화점은 약 160~170℃이다.

해설) 니트로셀룰로오스는 물에 녹지 않고 저장 중에는 함수 알콜로 습면시킨 것

40 지정수량 이상의 위험물을 소방서장의 승인을 받아 제조소등이 아닌 장소에서 임시로 저장 또는 취급할 수 있는 기간은 얼마 이내인가? (단, 군부대가 군사목적으로 임시로 저장 또는 취급하는 경우는 제외한다.)
① 30일　② 60일
③ 90일　④ 180일

해설) 위험물 임시 저장 취급 기간은 90일

41 유기과산화물에 대한 설명으로 옳은 것은?
① 제1류 위험물이다.
② 화재발생시 질식소화가 가장 효과적이다.
③ 산화제 또는 환원제와 같이 보관하여 화재에 대비한다.
④ 지정수량은 10kg이다.

해설) 제5류 위험물인 유기과산화물의 지정수량은 10kg이다.

42 제6류 위험물에 해당하지 않는 것은?
① 염산
② 질산
③ 과염소산
④ 과산화수소

해설) 염산(HCl)은 위험물에 해당되지 않는다.

Answer　36. ①　37. ①　38. ②　39. ③　40. ③　41. ④　42. ①

43 제2류 위험물의 화재예방 및 진압대책이 틀린 것은?

① 산화제와의 접촉을 금지한다.
② 화기 및 고온체와의 접촉을 피한다.
③ 저장용기의 파손과 누출에 주의한다.
④ 금속분은 냉각소화하고 그 외는 마른모래를 이용하여 소화한다.

해설 금속분은 산 또는 물과의 접촉을 금한다.

44 다음 중 탄화칼슘을 대량으로 저장하는 용기에 봉입하는 가스로 가장 적합한 것은?

① 포스겐
② 인화수소
③ 질소가스
④ 아황산가스

해설 탄화칼슘(CaC_2) 저장용기에 봉입하는 가스는 질소와 같은 불연성 가스를 주입한다.

45 휘발유의 일반적인 성상에 대한 설명으로 틀린 것은?

① 물에 녹지 않는다.
② 전기전도성이 뛰어나다.
③ 물보다 가볍다.
④ 주성분은 알칸 또는 알칸계 탄화수소이다.

해설 휘발유(가솔린)는 비전도성으로 정전기를 발생 축척시키므로 대전을 일으키기 쉽다.

46 질산칼륨은 약 400℃에서 가열하여 열분해 시킬 때 주로 생성되는 물질은?

① 질산과 산소
② 질산과 칼륨
③ 아질산칼륨과 산소
④ 아질산칼륨과 질소

해설 질산칼륨(KNO_3)의 분해온도는 400℃이다.
$2KNO_3 \rightarrow 2KNO_2 + O_2$
(질산칼륨) (아질산칼륨) (산소)

47 TNT가 폭발했을 때 발생하는 유독기체는?

① N_2 ② CO_2
③ H_2 ④ CO

해설 $2C_6H_2CH_3(NO_2)_3 \rightarrow 12CO + 2C + 3N_2 + 5H_2$

48 그림과 같은 타원형 위험물 탱크의 내용적을 구하는 식을 옳게 나타낸 것은?

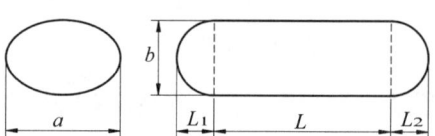

① $\dfrac{\pi ab}{4}\left(L + \dfrac{L_1 + L_2}{3}\right)$

② $\dfrac{\pi ab}{4}\left(L + \dfrac{L_1 - L_2}{3}\right)$

③ $\pi ab\left(L + \dfrac{L_1 + L_2}{3}\right)$

④ $\pi ab L^2$

해설 타원형 탱크 내용적
용량 = $\dfrac{\pi ab}{4}\left(L + \dfrac{L_1 + L_2}{3}\right)$

Answer 43. ④ 44. ③ 45. ② 46. ③ 47. ④ 48. ①

49 제4류 위험물에 대한 설명 중 틀린 것은?

① 이황화탄소는 물보다 무겁다.
② 아세톤은 물에 녹지 않는다.
③ 톨루엔 증기는 공기보다 무겁다.
④ 디에틸에테르의 연소범위 하한은 약 1.9%이다.

해설 제4류 위험물 중 제1석유류인 아세톤은 물에 잘 녹는 무색투명하고 독특한 냄새가 나는 휘발성 액체이다.

50 가솔린의 위험성에 대한 설명 중 틀린 것은?

① 인화점이 낮아 인화하기 쉽다.
② 증기는 공기보다 가벼우며 쉽게 착화한다.
③ 사에틸납이 혼합된 가솔린은 유독하다.
④ 정전기 발생에 주의하여야 한다.

해설 가솔린의 증기 비중은 3~4 정도로 공기보다 무겁다.

51 제6류 위험물의 공통적 성질이 아닌 것은?

① 산화성 액체이다.
② 지정수량이 300kg이다.
③ 무기화합물이다.
④ 물보다 가볍다.

해설 제6류 위험물은 비중이 1보다 크며 물에 잘 녹는다.

52 탄화칼슘의 성질에 대한 설명 중 틀린 것은?

① 질소 중에서 고온으로 가열하면 석회질소가 된다.
② 융점은 약 300℃이다.
③ 비중은 약 2.2이다.
④ 물질의 상태는 고체이다.

해설 탄화칼슘(CaC_2)의 융점은 2300℃이며 카바이트라고도 명칭한다.

53 벤조일퍼옥사이드의 성질 및 저장에 관한 설명으로 틀린 것은?

① 직사일광을 피하고 찬 곳에 저장한다.
② 산화제이므로 유기물, 환원성 물질과 접촉을 피한다.
③ 발화점이 상온 이하이므로 냉장보관해야 한다.
④ 건조방지를 위해 물 등의 희석제를 사용해야 한다.

해설 벤조일퍼옥사이드는 발화점은 125℃이며 상온에서 안정된 물질

54 적린의 성질 및 취급방법에 대한 설명으로 틀린 것은?

① 화재발생시 냉각소화가 가능하다.
② 공기 중에 방치하면 자연발화한다.
③ 산화제와 격리하여 저장한다.
④ 비금속 원소이다.

해설 적린은 착화점이 260℃이며 황린에 비해 대단히 안정하며 자연발화하지 않는다.

Answer 49. ② 50. ② 51. ④ 52. ② 53. ③ 54. ②

55 질산이 직사일광에 노출될 때 어떻게 되는가?
① 분해되지는 않으나 붉은 색으로 변한다.
② 분해되지는 않으나 녹색으로 변한다.
③ 분해되어 질소를 발생한다.
④ 분해되어 이산화질소를 발생한다.

해설▶ 질산(HNO_3)는 직사광선하에서 분해되어 유독한 이산화질소(NO_2)를 발생하므로 갈색병에 담아 냉암소에 저장한다.

56 마그네슘분에 대한 설명으로 옳은 것은?
① 물보다 가벼운 금속이다.
② 분진폭발이 없는 물질이다.
③ 황산과 반응하면 수소가스를 발생한다.
④ 소화방법으로 직접적인 주수소화가 가장 좋다.

해설▶ 마그네슘(Mg)은 산 또는 더운물과 반응하게 되면 수소(H_2)를 발생한다.

57 아세트산과 일반적 성질에 대한 설명 중 틀린 것은?
① 무색투명한 액체이다.
② 수용성이다.
③ 증기비중은 등유보다 크다.
④ 겨울철에 고화될 수 있다.

해설▶ 아세트산(CH_3COOH) 또는 초산이라고 하며 증기비중은 2 정도로 증기비중 4.5인 등유보다 작다.
등유는 탄소수 $C_9 \sim C_{18}$ 정도가 되는 포화, 불포화탄화수소의 혼합물이다.

58 일반적인 제5류 위험물 취급시 주의사항으로 가장 거리가 먼 것은?
① 화기의 접근을 피한다.
② 물과 격리하여 저장한다.
③ 마찰과 충격을 피한다.
④ 통풍이 잘되는 냉암소에 저장한다.

해설▶ 제5류 위험물은 대부분 물에 잘 녹지 않으며 물과 직접적인 반응 위험성은 적다.

59 이소프로필 알콜에 대한 설명으로 옳지 않은 것은?
① 탈수하면 프로필렌이 된다.
② 탈수하면 아세톤이 된다.
③ 물에 녹지 않는다.
④ 무색투명한 액체이다.

해설▶ 이소프로필 알콜은 흡습성은 없으나 물, 알콜, 에테르에 잘 녹는다.

60 트리니트로톨루엔의 성상으로 틀린 것은?
① 물에 잘 녹는다.
② 담황색의 결정이다.
③ 폭약으로 사용된다.
④ 착화점은 약 300℃이다.

해설▶ 트리니트로톨루엔(TNT)은 물에 녹지 않고 알콜, 벤젠, 아세톤에 잘 녹는다. 흡습성은 없으며 공기 중 자연분해하지 않는다.

Answer 55. ④ 56. ③ 57. ③ 58. ② 59. ③ 60. ①

위험물기능사 2000제 문제은행

CBT 시험대비
● 2009년 3월 29일 시행

01 다량의 주수에 의한 냉각소화가 효과적인 위험물은?
① CH_3ONO_2 ② Al_4C_3
③ Na_2O_2 ④ Mg

해설 질산메틸(CH_3ONO_2)은 제5류 위험물로 물에 녹지 않아서 물에 의한 냉각소화가 효과적이다.

02 알콜류 20000ℓ에 대한 소화설비 설치 시 소요단위는?
① 5   ② 10
③ 15   ④ 20

해설 알콜지정수량 : $400l$
1소요단위 지정수량의 10배 = $\frac{20000}{400 \times 10}$ = 5단위

03 정전기 발생의 예방방법이 아닌 것은?
① 접지에 의한 방법
② 공기를 이온화시키는 방법
③ 전기의 도체를 사용하는 방법
④ 공기 중의 상대습도를 낮추는 방법

해설 공기 중의 상대습도를 70% 이상으로 할 것

04 탄산수소나트륨의 분말소화약제에서 분말에 습기가 침투하는 것을 방지하기 위해서 사용하는 물질은?
① 스테아린산아연
② 수산화나트륨
③ 황산마그네슘
④ 인산

해설 • 방습제 : 실리콘수지, 스테아린산아연

05 옥내주유취급소에 있어서는 당해 사무소 등의 출입구 및 피난구와 당해 피난구로 통하는 통로·계단 및 출입구에 무엇을 설치해야 하는가?
① 화재감지기
② 스프링클러
③ 자동화재탐지설비
④ 유도등

해설 옥내주유취급소의 출입구, 피난구 통로 계단에 유도등을 설치

Answer 1. ① 2. ① 3. ④ 4. ① 5. ④

06 화재가 발생한 후 실내온도는 급격히 상승하고 축적된 가연성가스가 착화하면 실내 전체가 화염에 휩싸이는 화재현상은?
① 보일오버 ② 슬롭오버
③ 플래쉬 오버 ④ 화이어블

해설) 플래쉬 오버 : 실내 화재발생시 시간경과 후 축적된 열과 가연성 가스가 일순간 폭발하여 화염에 휩싸이는 현상

07 스프링클러설비의 장점이 아닌 것은?
① 화재의 초기 진압에 효율적이다.
② 사용 약제를 쉽게 구할 수 있다.
③ 자동으로 화재를 감지하고 소화할 수 있다.
④ 다른 소화 설비보다 구조가 간단하고 시설비가 적다.

해설) 스프링클러는 초기시설비가 높다.

08 인화점이 낮은 것부터 높은 순서로 나열 된 것은?
① 톨루엔-아세톤-벤젠
② 아세톤-톨루엔-벤젠
③ 톨루엔-벤젠-아세톤
④ 아세톤-벤젠-톨루엔

해설) 인화점
아세톤 : -18℃, 벤젠 : -11℃,
톨루엔 : 4℃

09 다음 중 발화점이 가장 낮은 물질은?
① 메틸알콜 ② 등유
③ 아세트산 ④ 아세톤

해설) • 발화점
메틸알콜 : 464℃, 등유 : 220℃,
아세트산 : 427℃, 아세톤 : 538℃

10 옥외소화전설비의 기준에서 옥외소화전함은 옥외소화전으로부터 보행거리 몇 m 이하의 장소에 설치하여야 하는가?
① 1.5 ② 5
③ 7.5 ④ 10

해설) 옥외소화전과 옥외소화전함과의 거리 5m

11 다음 중 연소의 3요소를 모두 갖춘 것은?
① 휘발유 + 공기 + 수소
② 적린 + 수소 + 성냥불
③ 성냥불 + 황 + 산소
④ 알콜 + 수소 + 산소

해설) 연소의 3요소 : 점화원(성냥), 가연물(황), 산소원(산소)

12 다음 중 화재시 사용하면 독성의 $COCl_2$ 가스를 발생시킬 위험이 가장 높은 소화약제는?
① 액화이산화탄소 ② 제1종 분말
③ 사염화탄소 ④ 공기포

해설) 사염화탄소는 화재시 소화제로 사용하면 산소, 수분, 이산화탄소, 산화철 등과 반응하여 독성가스인 포스겐($COCl_2$)을 발생한다.

Answer 6. ③ 7. ④ 8. ④ 9. ② 10. ② 11. ③ 12. ③

13 포소화약제의 주된 소화효과에 해당하는 것은?

① 부촉매효과
② 질식효과
③ 억제효과
④ 제거효과

해설 포소화기, 분말소화기, 탄산가스 소화기, 간이소화제는 질식소화 효과이다.

14 산·알칼리 소화기에서 소화약을 방출하는데 방사 압력원으로 이용되는 것은?

① 공기
② 질소
③ 아르곤
④ 탄산가스

해설 산알칼리 소화기는 중탄산나트륨과 황산의 화학반응에서 생성된 CO_2 압력으로 방출한다.

$2NaHCO_3 + H_2SO_4 \rightarrow Na_2SO_4 + 2CO_2 + 2H_2O$
(탄산수소나트륨) (황산)   (황산나트륨) (탄산가스) (물)

15 BCF 소화기의 약제를 화학식으로 옳게 나타낸 것은?

① CCl_4
② CH_2ClBr
③ CF_3Br
④ CF_2ClBr

해설 CF_2ClBr(하론 1211) : A, B, C급 화재에 적응
CTC(하론 1040) : CCl_4
CB(하론 1011) : CH_2ClBr
MTB(하론 1301) : CF_3Br

16 위험물 제조소등별로 설치하여야 하는 경보설비의 종류에 해당하지 않는 것은?

① 비상방송설비
② 비상조명등설비
③ 자동화재탐지설비
④ 비상경보설비

해설 위험물 제조소 경보설비 종류 : 자동화재탐지설비, 비상경보설비, 휴대용메가폰, 방송설비

17 다음 소화설비의 설치기준으로 틀린 것은?

① 능력단위는 소요단위에 대응하는 소화설비의 소화능력의 기준단위이다.
② 소요단위는 소화설비의 설치대상이 되는 건축물 그 밖의 공작물 규모 또는 위험물의 양의 기준단위이다.
③ 취급소의 외벽이 내화구조인 건축물의 연면적 $50m^2$를 1소요단위로 한다.
④ 저장소의 외벽이 내화구조인 건축물의 연면적 $150m^2$를 1소요단위로 한다.

해설 제조소 또는 취급소 외벽이 내화구조인 것은 건축물 연면적 $100m^2$를 1소요단위로 한다.

Answer 13. ② 14. ④ 15. ④ 16. ② 17. ③

18 제1류 위험물에 충분한 에너지를 가하면 공통적으로 발생하는 가스는?

① 염소 ② 질소
③ 수소 ④ 산소

해설 제1류 위험물은 일반적으로 불연성이며 산소를 많이 함유하고 있는 강산화제이다.

19 8ℓ 용량의 소화전용 물통의 능력단위는?

① 0.3 ② 0.5
③ 1.0 ④ 1.5

해설

소화설비	용량(ℓ)	능력단위
소화전용 물통	8	0.3
마른 모래 (삽1개)	50	0.5
팽창질석, 진주암(삽1개)	160	1

20 다음 ( ) 안에 알맞은 용어는?

( )이란 불을 끌어당기는 온도라는 뜻으로 액체 표면의 근처에서 불이 붙는데 충분한 농도의 증기를 발생하는 최저 온도를 말한다.

① 연소점 ② 발화점
③ 인화점 ④ 착화점

해설 인화점 : 점화원이 있는 상태에서 불이 붙을 수 있는 농도의 증기를 발생하는 최저온도

21 물에 녹지 않고 알콜에 녹으며 비점이 약 87℃, 분자량 약 91인 무색투명한 액체로서 제5류 위험물에 해당하는 물질의 지정수량은?

① 10kg ② 20kg
③ 100kg ④ 200kg

해설 • 질산에틸($C_2H_5ONO_2$) : 비점 87℃, 분자량 91, 무색투명한 액체로 물에 녹지 않고 알콜, 에테르에 녹는다.

22 위험물안전관리법상 제6류 위험물에 해당하지 않는 것은?

① HNO_3 ② H_2SO_4
③ H_2O_2 ④ $HClO_4$

해설 황산(H_2SO_4)은 제6류 위험물에 해당되지 않는다.

23 자연발화성 물질 및 금수성 물질에 해당되지 않는 것은?

① 칼륨
② 황화린
③ 탄화칼슘
④ 수소화나트륨

해설 황화린은 삼황화린, 오황화린, 칠황화린 등 3종이 있으며 자연발화성은 없다.
삼황화린 : 물에 녹지 않는다.
오황화린 : 물에 분해되어 황화수소, 인산이 된다.
칠황화린 : 냉수는 서서히, 온수는 급격히 반응한다.

Answer 18. ④ 19. ① 20. ③ 21. ① 22. ② 23. ②

24 제6류 위험물과 혼재가 가능한 위험물은?
(단, 지정수량의 10배를 초과하는 경우이다.)

① 제1류 위험물
② 제2류 위험물
③ 제3류 위험물
④ 제5류 위험물

해설 ▶ 제6류 위험물(산화성 액체)과 제1류 위험물(산화성 고체)은 혼재가 가능하다.

25 제3류 위험물 중 금수성 물질을 제외한 위험물에 적응성이 있는 소화설비가 아닌 것은?

① 분말소화설비
② 스프링클러설비
③ 팽창질석 중 금수성
④ 포소화설비

해설 ▶ 제3류 위험물 중 금수성 화재에는 팽창질석, 마른 모래, 탄산수소염류의 분말소화약제가 적응성이 있고 자연발화성 화재의 경우 탄산수소염의 분말소화 약제는 적응성이 없다.

26 다음 중 방향족 탄화수소에 해당하는 것은?

① 톨루엔
② 아세트알데히드
③ 아세톤
④ 디에틸에테르

해설 ▶ 방향족 탄화수소 : 벤젠, 톨루엔, 크실렌, 나프탈렌

27 위험물의 운반에 관한 기준에 따라 다음의 (①)과 (②)에 적합한 것은?

> 액체위험물은 운반용기의 내용적의 (①) 이하의 수납율로 수납하되 (②)의 온도에서 누설되지 않도록 충분한 공간용적을 두어야 한다.

① ① 98%   ② 40℃
② ① 98%   ② 55℃
③ ① 95%   ② 40℃
④ ① 95%   ② 55℃

해설 ▶ 액체위험물은 운반용기의 내용적의 90% 이하의 수납율로 수납하되 55℃의 온도에서 누설되지 않도록 충분한 공간용적을 두어야 한다.

28 다음 중 제3석유류로만 나열된 것은?

① 아세트산, 테레핀유
② 글리세린, 아세트산
③ 글리세린, 에틸렌글리콜
④ 아크릴산, 에틸렌글리콜

해설 ▶ 제3석유류 : 중유, 클레오소오트유, 니트로벤젠, 아닐린, 에틸렌글리콜, 글리세린

Answer 24. ① 25. ① 26. ① 27. ② 28. ③

29 다음 품명 중 위험물의 유별 구분이 나머지 셋과 다른 것은?

① 질산에스테르류
② 아염소산염류
③ 질산염류
④ 무기과산화물

해설 질산에스테르류 : 제5류 위험물
아염소산염류 : 제1류 위험물
질산염류 : 제1류 위험물
무기과산화물 : 제1류 위험물

30 물에 의한 냉각소화가 가능한 것은?

① 유황   ② 철분
③ 부틸리튬   ④ 마그네슘

해설 유황은 제2류 위험물 지정수량 100kg : 물에 녹지 않으므로 화재시 물에 의한 냉각소화가 적응성이 좋다.

31 위험물의 성질에 대한 설명으로 틀린 것은?

① 인화칼슘은 물과 반응하여 유독한 가스를 발생한다.
② 금속나트륨은 물과 반응하여 산소를 발생시키고 발열한다.
③ 칼륨은 물과 반응하여 수소 가스를 발생한다.
④ 탄화칼슘은 물과 작용하여 발열하고 아세틸렌가스를 발생한다.

해설 $2Na + 2H_2O \rightarrow 2NaOH + H_2$
(나트륨) (물) (수산화나트륨) (수소)

32 질산의 위험성에 대한 설명으로 틀린 것은?

① 햇빛에 의해 분해된다.
② 금속을 부식시킨다.
③ 물을 가하면 발열한다.
④ 충격에 의해 쉽게 연소와 폭발을 한다.

해설 질산(HNO_3)은 부식성이 심한 강산이다. 강산화제이나 가연물질이 아니므로 연소와 폭발은 하지 않는다.

33 트리니트로페놀의 성상 및 위험성에 관한 설명 중 옳은 것은?

① 운반시 에탄올을 첨가하면 안전하다.
② 강한 쓴맛이 있고 공업용은 휘황색의 침상결정이다.
③ 폭발성 물질이므로 철로 만든 용기에 저장한다.
④ 물, 아세톤, 벤젠 등에는 녹지 않는다.

해설 트리니트로페놀(피크린산, 피크르산)은 제5류 위험물로 휘황색의 침상결정으로 쓴맛이 있으며 독성이 있다.

Answer 29. ① 30. ① 31. ② 32. ④ 33. ②

34 과산화수소의 저장 및 취급 방법으로 옳지 않은 것은?

① 갈색 용기를 사용한다.
② 직사광선을 피하고 냉암소에 보관한다.
③ 농도가 클수록 위험이 높아지므로 분해방지 안정제를 넣어 분해를 억제시킨다.
④ 장기간 보관 시 철분을 넣어 유리 용기에 보관한다.

해설 과산화수소(H_2O_2)는 제6류 위험물로 금속미립자 또는 알칼리성 용액에 의해 분해하며 용기는 밀전하지 않고 구멍 뚫린 마개를 사용한다.

35 위험물의 위험등급을 구분할 때 위험등급 Ⅱ에 해당하는 것은?

① 적린   ② 철분
③ 마그네슘   ④ 인화성 고체

해설 적린 : 제2류 위험물 위험등급 Ⅱ
철분 : 제2류 위험물 위험등급 Ⅲ
마그네슘 : 제2류 위험물 위험등급 Ⅲ
인화성 고체 : 제2류 위험물 위험등급 Ⅲ

36 니트로셀룰로오스에 대한 설명 중 틀린 것은?

① 천연 셀룰로오스를 염기와 반응시켜 만든다.
② 질화도가 클수록 위험성이 크다.
③ 질화도에 따라 크게 강면약과 약면약으로 구분할 수 있다.
④ 약 130℃에서 분해한다.

해설 니트로셀룰로오스는 제5류 위험물이다. 셀룰로오스(섬유소)를 진한 질산과 진한 황산에 혼합시켜 제조한다.

37 알루미늄분의 성질에 대한 설명으로 옳은 것은?

① 금속 중에서 연소열량이 가장 작다.
② 끓는 물과 반응해서 수소를 발생한다.
③ 수산화나트륨 수용액과 반응해서 산소를 발생한다.
④ 안전한 저장을 위해 할로겐 원소와 혼합한다.

해설 알루미늄분은 찬물과는 반응이 매우 느리지만 뜨거운 물과는 격렬히 반응해서 수소를 발생한다.
$2Al + 6H_2O \rightarrow 2Al(OH)_3 + 3H_2$

38 아세트알데히드의 저장·취급시 주의사항으로 틀린 것은?

① 강산화제와의 접촉을 피한다.
② 취급설비에는 구리합금의 사용을 피한다.
③ 수용성이기 때문에 화재시 물로 희석 소화가 가능하다.
④ 옥외저장탱크에 저장시 조연성 가스를 주입한다.

해설 아세트알데히드는 탱크 저장시에 불연성가스 또는 수증기를 봉입시키고 냉각장치를 설치한다.

Answer 34. ④ 35. ① 36. ① 37. ② 38. ④

39 위험물안전관리법상 위험물을 분류할 때 니트로화합물에 해당하는 것은?

① 니트로셀룰로오스
② 히드라진
③ 질산메틸
④ 피크린산

해설 니트로화합물 : 트리니트로 톨루엔, 트리니트로페놀(피크린산), 디니트로벤젠
질산에스테르류 : 니트로셀룰로오스, 니트로글리세린, 질산에틸, 질산메틸

40 위험물제조소등에 전기배선, 조명기구 등은 제외한 전기 설비가 설치되어 있는 경우에는 당해 장소의 면적 몇 m^2 마다 소형 수동식 소화기를 1개 이상 설치하여야 하는가?

① 100　　② 150
③ 200　　④ 300

해설 위험물제조소 100m^2마다 소형수동식 소화기 1개 이상 설치

41 위험물의 운반에 관한 기준에서 규정한 운반용기의 재질에 해당하지 않는 것은?

① 금속판
② 양철판
③ 짚
④ 도자기

해설 운반용기 재질 : 금속판, 강판, 삼, 합성섬유, 고무류, 양철판, 짚, 알루미늄판, 종이, 유리, 나무, 플라스틱, 섬유판

42 벤젠의 위험성에 대한 설명으로 틀린 것은?

① 휘발성이 있다.
② 인화점이 0℃ 보다 낮다.
③ 증기는 유독하여 흡입하면 위험하다.
④ 이황화탄소보다 착화온도가 낮다.

해설 착화온도 : 벤젠 562℃, 이황화탄소 100℃

43 금속칼륨과 금속나트륨의 공통성질이 아닌 것은?

① 비중이 1보다 작다.
② 융융점이 100℃ 보다 낮다.
③ 열전도도가 크다.
④ 강하고 단단한 금속이다.

해설 칼륨과 나트륨은 은백색 광택의 무른 경금속으로 물과 반응하여 수소를 생성한다.

44 분자량이 약 110인 무기과산화물로 물과 접촉하여 발열하는 것은?

① 과산화마그네슘
② 과산화벤젠
③ 과산화칼슘
④ 과산화칼륨

해설 K_2O_2(과산화칼륨)은 분자량은 110이고, 물과 반응하여 산소를 생성하며 양이 많을 경우 주수에 의해 폭발의 위험이 있다.

Answer　39. ④　40. ①　41. ④　42. ④　43. ④　44. ④

45 제6류 위험물의 일반적 성질에 대한 설명 중 틀린 것은?

① 물에 잘 녹는다.
② 산화제이다.
③ 물보다 무겁다.
④ 쉽게 연소한다.

해설 제6류 위험물 산화성 액체로 연소하지 않는다.

46 제4류 위험물의 일반적이 화재 예방방법이나 진압대책과 관련한 설명 중 틀린 것은?

① 인화점이 높은 석유류일수록 불연성가스를 봉입하여 혼합기체의 형성을 억제하여야 한다.
② 메틸알콜 화재에는 내알콜 포를 사용하여 소화하는 것이 효과적이다.
③ 물에 의한 냉각소화보다는 이산화탄소, 분말, 포에 의한 질식소화를 시도하는 것이 좋다
④ 중유탱크 화재의 경우 boil over 현상이 일어나 위험한 상황이 발생할 수 있다.

해설 인화점이 높은 석유류는 인화점이 낮은 것에 비해 안전한 편이다. 위험물의 척도는 인화점이다.

47 벤조일퍼옥사이드 10kg, 니트로글리세린 50kg, TNT 400kg 저장하려 할 때 각 위험물의 지정수량 배수의 총 합은?

① 5 ② 7 ③ 8 ④ 10

해설 지정수량 : 벤조일퍼옥사이드 - 10kg,
니트로글리세린 - 10kg,
트리니트로톨루엔(TNT) - 200kg
$\frac{10}{10} + \frac{50}{10} + \frac{400}{200} = 8$

48 칼륨의 저장시 사용하는 보호물질로 가장 적당한 것은?

① 에탄올 ② 이황화탄소
③ 석유   ④ 이산화탄소

해설 칼륨 저장보호액 : 석유, 경유, 유동파라핀

49 지하저장탱크에 경보음을 울리는 방법으로 과충전 방지 장치를 설치하고자 한다. 탱크 용량의 최소 몇 %가 찰 때 경보음이 울리도록 하여야 하는가?

① 80 ② 85 ③ 90 ④ 98

해설 지하저장탱크 과충전방지장치 : 용량의 90%에서 작동

50 다음 중 모두 고체로만 이루어진 위험물은?

① 제1류 위험물, 제2류 위험물
② 제2류 위험물, 제3류 위험물
③ 제3류 위험물, 제5류 위험물
④ 제1류 위험물, 제5류 위험물

해설 제1류 위험물 : 산화성고체
제2류 위험물 : 가연성고체

Answer 45. ④ 46. ① 47. ③ 48. ③ 49. ③ 50. ①

51
탄소 80%, 수소 14%, 황 6%인 물질 1kg이 완전 연소하기 위해 필요한 이론 공기량은 약 몇 kg인가? (단, 공기 중의 산소는 중량 23%이다.)

① 3.31　② 7.05　③ 11.62　④ 14.41

해설
C : 1kg 중 탄소 80% : $1 \times \frac{8}{100} = 0.8$kg,
$C + O_2 \rightarrow CO_2$
12kg : 32kg
0.8kg : x
$x = \frac{32 \times 0.8}{12} = 2.133$kg

H : 1kg 중 수소 14% : $1 \times \frac{4}{100} = 0.14$kg
$H_2 + \frac{1}{2}O_2 \rightarrow H_2O$
2kg : 16kg
0.14kg : x
$x = \frac{16 \times 0.14}{2} = 1.12$kg

S : 1kg 중 황 6% : $1 \times \frac{6}{100} = 0.06$kg
$S + O_2 \rightarrow SO_2$
32kg : 32kg
0.06kg : x
$x = \frac{32 \times 0.06}{32} = 0.06$kg

산소량 : $2.133 + 1.12 + 0.06 = 3.313$kg
이론공기량 : $3.31 \times \frac{100}{23} = 14.4$kg

52
과산화벤조일 취급시 주의사항에 대한 설명 중 틀린 것은?

① 수분을 포함하고 있으면 폭발하기 쉽다.
② 가열, 충격, 마찰을 피해야 한다.
③ 저장용기는 차고 어두운 곳에 보관한다.
④ 희석제를 첨가하여 폭발성을 낮출 수 있다.

해설 과산화벤조일은 건조상태에서 마찰, 충격으로 폭발의 위험이 있다.

53
과염소산칼륨에 황린이나 마그네슘을 혼합하면 위험한 이유를 가장 옳게 설명한 것은?

① 외부의 충격에 의해 폭발할 수 있으므로
② 전지가 형성되어 열이 발생하므로
③ 발화점이 높아지므로
④ 용융하므로

해설 과염소산칼륨($KClO_4$)은 인, 황, 탄소유기물 등과 혼합시 가열, 마찰, 충격으로 폭발한다.

54
다음 반응식과 같이 벤젠 1kg이 연소할 때 발생되는 CO_2의 양은 약 몇 m^3인가? (단, 27℃, 750mmHg 기준이다.)

$$C_6H_6 + 7.5O_2 \rightarrow 6CO_2 + 3H_2O$$

① 0.72　② 1.22
③ 1.92　④ 2.42

해설 P : 750mmHg, V : xm^3, M : 78kg, W : 1kg,
R : 0.082ℓ · atm/mol · K, T : 273+27

$PV = \frac{w}{M}RT$,

$V = \left(\frac{\frac{w}{M}RT}{P}\right) \times 6 = \left(\frac{\left(\frac{1}{78}\right) \times 0.082 \times 300}{\left(\frac{750}{760}\right)atm}\right) \times 6 = 1.917$

Answer 51. ④　52. ①　53. ①　54. ③

55 다음 중 황 분말과 혼합했을 때 가열 또는 충격에 의해서 폭발할 위험이 가장 높은 것은?

① 질산암모늄   ② 물
③ 이산화탄소   ④ 마른 모래

해설) 황은 산화제(질산암모늄), 목탄가루 등과 혼합시 약간의 가열 충격으로 착화 폭발한다. 질산암모늄 : 제1류 위험물 산화성 고체에 속한다.

56 제4류 위험물 중 특수인화물에 해당하지 않는 것은?

① 이소프로필아민
② 황화디메틸
③ 메틸에틸케톤
④ 아세트알데히드

해설) M.E.K(메틸에틸케톤)은 제4류 위험물 중 제1석유류이다.

57 위험물의 지하저장탱크 중 압력탱크 외의 탱크에 대해 수압시험을 실시할 때 몇 kPa의 압력으로 하여야 하는가? (단, 소방방재청장이 정하여 고시하는 기밀시험과 비파괴 시험을 동시에 실시하는 방법으로 대신하는 경우는 제외한다.)

① 40   ② 50
③ 60   ④ 70

해설) 위험물 지하저장탱크 중 압력탱크 외의 탱크 수압시험 : 70kPa 압력으로 10분간 실시

58 다음 중 지정수량이 나머지 셋과 다른 것은?

① 염소산나트륨
② 과산화칼슘
③ 질산칼륨
④ 아염소산나트륨

해설) 지정수량
염소산나트륨 : 50kg, 과산화칼슘 : 50kg,
질산칼륨 : 300kg, 아염소산나트륨 : 50kg

59 운송책임자의 감독·지원을 받아 운송하여야 하는 것으로 대통령령이 정하는 위험물에 해당하는 것은?

① 알킬리튬
② 디에틸에테르
③ 과산화나트륨
④ 과염소산

해설) 위험물 운송기준 중 운송책임자가 동승해야 하는 대통령령이 정하는 위험물류는 알킬리튬

60 위험물안전관리법에서 정의하는 "제조소 등"에 해당되지 않는 것은?

① 제조소   ② 저장소
③ 판매소   ④ 취급소

해설) 제조소등 : 제조소, 저장소, 취급소

Answer 55.① 56.③ 57.④ 58.③ 59.① 60.③

위험물기능사 2000제 문제은행

CBT 시험대비
● 2009년 7월 12일 시행

01 위험물의 저장·취급에 관한 법적 규제를 설명하는 것으로 옳은 것은?
① 지정수량 이상 위험물의 저장은 제조소, 저장소 또는 취급소에서 하여야 한다.
② 지정수량 이상 위험물의 취급은 제조소, 저장소 또는 취급소에서 하여야 한다.
③ 제조소 또는 취급소에는 지정수량 미만의 위험물은 저장 할 수 없다.
④ 지정수량 이상 위험물의 저장·취급기준은 모두 중요 기준이므로 위반시에는 벌칙이 따른다.

해설 지정수량이상의 위험물은 저장소가 아닌 장소에서 저장하거나 제조소 등이 아닌 장소에서 취급해서는 안된다.

02 화재시 이산화탄소를 사용하여 공기 중 산소의 농도를 21 vol%에서 13 vol%로 낮추려면 공기 중 이산화탄소의 농도는 약 몇 vol%가 되어야 하는가?
① 34.3   ② 38.1
③ 42.5   ④ 45.8

해설 $\frac{21-13}{21} \times 100 = 38.095\%$

03 요오드값에 관한 설명 중 틀린 것은?
① 기름 100g에 흡수되는 요오드의 g수를 말한다.
② 요오드값은 유지에 함유된 지방산의 불포화 정도를 나타낸다.
③ 불포화결합이 많이 포함되어 있는 것이 건성유이다.
④ 불포화 정도가 클수록 반응성이 작다.

해설 건성유는 불포화도와 요오드값이 높고 자연발화 위험성이 높으며 반응성이 크다.

04 위험물안전관리법령상 제3류 위험물 중 금수성 물질에 적응성이 있는 것은?
① 스프링클러설비
② 포 소화설비
③ 탄산수소염류 분말소화설비
④ 할로겐화합물소화기

해설 제3류 위험물 중 금수성 물질에 적응성이 있는 소화설비는 탄산수소염류 등 금속화재용 분말소화약제에 의한 질식소화가 효과적이다.

Answer 1. ② 2. ② 3. ④ 4. ③

05 제5류 위험물의 위험성에 대한 설명으로 옳은 것은?
① 유기질소화합물에는 자연발화의 위험성을 갖는 것도 있다.
② 연소시 주로 열을 흡수하는 성질이 있다.
③ 니트로화합물은 니트로기가 적을수록 분해가 용이하고, 분해발열량도 크다.
④ 연소시 발생하는 연소 가스가 없으나 폭발력이 매우 강하다.

해설 ▶ 제5류 위험물은 자기반응성 물질로 가열, 마찰, 충격 등에 의한 폭발 및 자연발화의 위험성이 있다.

06 제3종 분말소화약제의 소화효과로 가장 거리가 먼 것은?
① 질식효과   ② 냉각효과
③ 제거효과   ④ 부촉매효과

해설 ▶ 제3종 분말소화약제 : $NH_4H_2PO_4$ (인산암모늄)은 질식효과, 냉각효과, 부촉매 효과가 있다.

07 다음 중 전기화재의 표시색상은?
① 백색   ② 황색
③ 무색   ④ 청색

해설 ▶ A화재 (일반화재) 백색
B화재 (유류화재) 황색
C화재 (전기화재) 청색
D화재 (금속화재) 색상없음

08 소화설비의 소요단위 산정방법에 대한 설명 중 옳은 것은?
① 위험물은 지정수량의 100배를 1 소요 단위로 함
② 저장소용 건축물로 외벽이 내화구조인 것은 연면적 $100m^2$를 1 소요단위로 함
③ 제조소용 건축물로 외벽이 내화구조가 아닌 것은 연면적 $50m^2$를 1 소요 단위로 함
④ 저장소용 건축물로 외벽이 내화구조가 아닌 것은 연면적 $20m^2$를 1 소요 단위로 함

해설 ▶ 소요단위(1단위)규정
• 제조소 또는 취급소용 건축물로 외벽이 내화구조인 것 : 연면적 $100m^2$
• 제조소 또는 취급소용 건축물로 외벽이 내화구조 이외의 것 : 연면적 $50m^2$
• 저장소용 건축물로 외벽이 내화구조인 것 : 연면적 $150m^2$
• 저장소용 건축물로 외벽이 내화구조 이외의 것 : 연면적 $75m^2$
• 위험물 : 지정수량 10배

09 폭발시 연소파의 전파속도 범위에 가장 가까운 것은?
① 0.1~10m/s
② 100~1000m/s
③ 2000~3500m/s
④ 5000~10000m/s

해설 ▶ 폭발의 연소속도 : 0.1~10m/sec
폭굉의 연소속도 : 1000~3500m/sec

Answer 5. ① 6. ③ 7. ④ 8. ③ 9. ①

10 화학포 소화약제에 사용되는 약제가 아닌 것은?

① 황산알루미늄
② 과산화수소수
③ 탄산수소나트륨
④ 사포닝

해설
- 외약제(A제) : 탄산수소나트륨, 기포안정제 (사포닝, 계면활성제, 가수분해단백질, 소다회)
- 내약제(B제) : 황산알루미늄

11 연소 중인 가연물의 온도를 떨어뜨려 연소 반응을 정지시키는 소화의 방법은?

① 냉각소화
② 질식소화
③ 제거소화
④ 억제소화

해설 냉각소화란 연소물로부터 열을 빼앗아 발화점 이하로 온도를 낮추어 소화한다.

12 정전기의 제거 방법으로 가장 거리가 먼 것은?

① 제전기를 설치한다.
② 공기를 이온화한다.
③ 습도를 낮춘다.
④ 접지를 한다.

해설 정전기 제거방법
- 접지할 것
- 공기를 이온화 시킬 것
- 공기 중 상대습도를 70 % 이상으로 할 것

13 가연물이 될 수 있는 조건이 아닌 것은?

① 열전달이 잘되는 물질이어야 한다.
② 반응에 필요한 에너지가 작아야 한다.
③ 산화반응시 발열량이 커야한다.
④ 산소와 친화력이 좋아야 한다.

해설 가연물은 산화할 때 열전도율이 작아야 한다.

14 위험물안전관리법령상 제5류 자기반응성 물질로 분류함에 있어 폭발성에 의한 위험도를 판단하기 위한 시험방법은?

① 열분석시험
② 철관파열시험
③ 낙구시험
④ 연속속도측정시험

15 화학포 소화약제로 사용하여 만들어진 소화기를 사용할 때 다음 중 가장 주된 소화효과에 해당하는 것은?

① 제거소화와 질식소화
② 냉각소화와 제거소화
③ 제거소화와 억제소화
④ 냉각소화와 질식소화

해설 화학포 소화약제 소화효과는 냉각소화와 질식소화이다.
$6NaHCO_3 + Al_2(SO_4)_3 \cdot 18H_2O \rightarrow 3Na_2SO_4 + 2Al(OH)_3 + 6CO_2 + 18H_2O$
(질식) (냉각)

Answer 10. ② 11. ① 12. ③ 13. ① 14. ① 15. ④

16 이동탱크저장소에 의한 위험물의 운송에 있어서 운송책임자의 감독 또는 지원을 받아야 하는 위험물은?

① 금수성 물질
② 알킬알루미늄 등
③ 아세트알데히드 등
④ 히드록실아민 등

해설 ▶ 알킬알루미늄 이동탱크저장소는 위험물 운송 책임자의 감독하에 안전하게 운송하여야 한다.

17 이산화탄소 소화설비의 기준에서 전역방출방식의 분사헤드의 방사 압력은 저압식의 것에 있어서는 1.05 MPa 이상이어야 한다고 규정하고 있다. 이 때 저압식의 것은 소화약제가 몇 ℃ 이하의 온도로 용기에 저장되어 있는 것을 말하는가?

① -18℃   ② 0℃
③ 10℃   ④ 25℃

해설 ▶ CO_2 소화설비에서 저압식은 용기 내부의 온도가 -18℃ 이하의 온도일 것

18 분말 약제의 식별 색을 옳게 나타낸 것은?

① $KHCO_3$: 백색
② $NH_4H_2PO_4$: 담홍색
③ $NaHCO_3$: 보라색
④ $KHCO_3$ + $(NH_2)_2CO$: 초록색

해설 ▶ 분말 약제 식별색상
제1종 분말 : $NaHCO_3$: 백색
제2종 분말 : $KHCO_3$: 보라색
제3종 분말 : $NH_4H_2PO_3$: 담홍색
제4종 분말 : $KHCO_3$ + $(NH_2)_2CO$: 회색

19 할로겐화물 소화설비가 적응성이 있는 대상물은?

① 제1류 위험물
② 제3류 위험물
③ 제4류 위험물
④ 제5류 위험물

해설 ▶ 제4류 위험물은 인화성 액체로서 질식소화 및 할로겐 화합물 소화기가 적응성이 있다.

20 소화전용 물통 3개를 포함한 수조 80l의 능력단위는?

① 0.3   ② 0.5
③ 1.0   ④ 1.5

해설 ▶ 수소(소화전용 물통 3개) 80$ℓ$: 1.5단위

21 질산에 대한 설명으로 옳은 것은?

① 산화력은 없고 강한 환원력이 있다.
② 자체 연소성이 있다.
③ 구리와 반응을 한다.
④ 조연성과 부식성이 없다.

해설 ▶ 질산(HNO_3)은 제6류 위험물로(산화성액체)금속과 작용하여 질산염을 만든다.

Answer 16. ② 17. ① 18. ② 19. ③ 20. ④ 21. ③

22 제6류 위험물인 질산은 비중이 최소 얼마 이상 되어야 위험물로 볼 수 있는가?
① 1.29　② 1.39
③ 1.49　④ 1.59

해설 ▶ 질산(HNO_3)비중은 1.49 이상을 위험물로 적용한다.

23 제조소등의 용도를 폐지한 경우 제조소등의 관계인은 용도를 폐지한 날로부터 며칠 이내에 용도폐지 신고를 하여야 하는가?
① 3일　② 7일
③ 14일　④ 30일

해설 ▶ 제조소용도 폐지 신고는 14일 이내에 한다.

24 니트로글리세린에 대한 설명으로 옳은 것은?
① 물에 매우 잘 녹는다.
② 공기 중에서 점화하면 연소하나 폭발의 위험은 없다.
③ 충격에 대하여 민감하여 폭발을 일으키기 쉽다.
④ 제5류 위험물의 니트로화합물에 속한다.

해설 ▶ 니트로글리세린은 충격에 민감한 폭발성 물질로 규조토에 흡수시켜 다이너마이트로 사용한다.

25 제4류 위험물 운반용기 외부에 표시하여야 하는 주의사항은?
① 화기·충격주의
② 화기엄금
③ 물기엄금
④ 화기주의

해설 ▶ 제4류 위험물은 인화성 액체로 운반용기 외부표시는 "화기엄금"으로 한다.

26 제2류 위험물에 대한 설명 중 틀린 것은?
① 아연분은 염산과 반응하여 수소를 발생한다.
② 적린은 연소하여 P_2O_5를 생성한다.
③ P_2S_5은 물에 녹아 주로 이산화황을 발생한다.
④ 제2류 위험물은 가연성 고체이다.

해설 ▶ P_2S_5(오황화린)은 물과 반응하여 H_2S(황화수소)와 H_3PO_4(인산)을 발생한다.
반응식 $P_2S_5 + 8H_2O \rightarrow 5H_2S + 2H_3PO_4$

27 다음 중 제4류 위험물과 혼재할 수 없는 위험물은? (단, 지정수량의 10배 위험물인 경우이다.)
① 제1류 위험물
② 제2류 위험물
③ 제3류 위험물
④ 제5류 위험물

해설 ▶ 제4류 위험물은 인화성 액체로 제1류 위험물인 산화성 고체와 혼재할 수 없다.

Answer 22. ③ 23. ③ 24. ③ 25. ② 26. ③ 27. ①

28 다음 물질을 과산화수소에 혼합했을 때 위험성이 가장 낮은 것은?

① 산화제이수은 ② 물
③ 이산화망간   ④ 탄소분말

해설) 제6류 위험물인 과산화수소는 물에 잘 녹는다. (위험성 감소)

29 위험물에 관한 설명 중 틀린 것은?

① 할로겐간 화합물은 제6류 위험물이다.
② 할로겐간 화합물의 지정수량은 200kg 이다.
③ 과염소산은 불연성이나 산화성이 강하다
④ 과염소산은 산소를 함유하고 있으며 물보다 무겁다.

해설) 제6류 위험물인 할로겐간 화합물의 지정수량은 300kg이다.

30 염소산나트륨의 저장 및 취급에 관한 설명으로 틀린 것은?

① 건조하고 환기가 잘 되는 곳에 저장한다.
② 방습에 유의하여 용기를 밀전시킨다.
③ 유리용기는 부식되므로 철제용기를 사용한다.
④ 금속분류의 혼입을 방지한다.

해설) 염소산나트륨($NaClO_3$)은 제1류 위험물로서 조해성이 크다. 철은 부식시키므로 철제용기는 피한다.

31 다음 중 위험등급 Ⅰ의 위험물이 아닌 것은?

① 무기과산화물 ② 적린
③ 나트륨   ④ 과산화수소

해설) 적린은 위험등급 Ⅱ이다.

32 포름산에 대한 설명으로 옳은 것은?

① 환원성이 있다.
② 초산 또는 빙초산이라고도 한다.
③ 독성은 거의 없고 물에 녹지 않는다.
④ 비중은 약 0.6이다.

해설) HCOOH (포름산, 의산)은 제4류 위험물의 제1석유류이며, 환원성이 있다.

33 다음 중 피크린산과 반응하여 피크린산염을 형성하는 것은?

① 물   ② 수소
③ 구리 ④ 산소

해설) 피크린산(트리니트로페놀 T.N.P)은 구리, 납, 아연과 작용하여 피크린산염을 형성한다.

34 제4류 위험물을 취급하는 제조소가 있는 사업소에서 지정수량 몇 배 이상의 위험물을 취급하는 경우 자체소방대를 설치해야 하는가?

① 2000 ② 2500
③ 3000 ④ 3500

해설) 자체소방대 설치하는 제4류 위험물 취급 제조소는 지정수량 3000배 이상이다.

Answer   28. ②   29. ②   30. ③   31. ②   32. ①   33. ③   34. ③

35 제조소의 건축물 구조기준 중 연소의 우려가 있는 외벽은 개구부가 없는 내화구조의 벽으로 하여야 한다. 이때 연소의 우려가 있는 외벽은 제조소가 설치된 부지의 경계선에서 몇 m 이내에 있는 외벽을 말하는가? (단, 단층 건물일 경우이다.)
① 3 ② 4
③ 5 ④ 6

36 다음 위험물 중 지정수량이 나머지 셋과 다른 것은?
① 적린 ② 유황
③ 황화린 ④ 철분

해설 지정수량 : 적린 : 100 kg
유황 : 100 kg
황화린 : 100 kg
철분 : 500 kg

37 다음 중 금속칼륨의 보호액으로 가장 적당한 것은?
① 물 ② 아세트산
③ 등유 ④ 에틸알콜

해설 칼륨 보호액 : 등유, 경유, 유동파라핀유

38 다음 위험물 중 인화점이 가장 낮은 것은?
① 산화프로필렌
② 벤젠
③ 디에틸에테르
④ 이황화탄소

해설
• 디에틸에테르 −45 ℃
• 벤젠 −11 ℃
• 산화프로필렌 −37 ℃
• 이황화탄소 −30 ℃

39 물과 반응하여 포스핀 가스를 발생하는 것은?
① Ca_3P_2 ② CaC_2
③ LiH ④ P_4

해설 $Ca_3P_2 + 6H_2O \rightarrow 3Ca(OH)_2 + 2PH_3$
(인화석회)   (포스핀)

40 지정수량 20배 이상의 제1류 위험물을 저장하는 옥내저장소에서 내화구조로 하지 않아도 되는 것은? (단, 원칙적인 경우에 한한다.)
① 바닥
② 보
③ 기둥
④ 벽

41 위험물안전관리법령상 자연발화성 물질 및 금수성 물질은 제 몇 류 위험물로 지정되어 있는가?
① 제1류
② 제2류
③ 제3류
④ 제4류

해설 제3류 위험물은 자연발화성 물질 및 금수성 물질로 고체와 액체가 있다.

Answer 35. ① 36. ④ 37. ③ 38. ③ 39. ① 40. ② 41. ③

42 황가루가 공기 중에 떠 있을 때의 주된 위험성에 해당하는 것은?

① 수증기 발생 ② 감전
③ 분진폭발 ④ 흡열반응

해설 황(S)분이 공기중에 부유시 분진 폭발의 위험이 있다.

43 위험물이 2가지 이상의 성상을 나타내는 복수성상 물품일 경우 유별(類別) 분류기준으로 틀린 것은?

① 산화성고체의 성상 및 가연성고체의 성상을 가지는 경우 : 제1류 위험물
② 산화성고체의 성상 및 자기반응물질의 성상을 가지는 경우 : 제5류 위험물
③ 자연발화성물질의 성상, 금수성물질의 성상 및 인화성액체의 성상을 가지는 경우 : 제3류 위험물
④ 가연성고체의 성상과 자연발화성물질의 성상 및 금수성물질의 성상을 가지는 경우 : 제3류 위험물

해설 산화성고체의 성상 및 가연성고체의 성상을 가지는 경우 : 제2류 위험물

44 위험물안전관리법령상 제조소등에 대한 긴급 사용정지 명령 등을 할 수 있는 권한이 없는 자는?

① 시·도지사
② 소방본부장
③ 소방서장
④ 소방방재청장

해설 소방방재청장은 위험물 제조소 긴급 사용정지 명령권자가 아니다.

45 다음 중 물과 작용하여 분자량이 26인 가연성 가스를 발생시키고 발생한 가스가 구리와 작용하면 폭발성 물질을 생성하는 것은?

① 칼슘
② 인화석회
③ 탄화칼슘
④ 금속나트륨

해설 $CaC_2 + 2H_2O \rightarrow Ca(OH)_2 + C_2H_2$
(탄화칼슘) (물) (수산화칼슘) (아세틸렌)
아세틸렌가스는 동과 반응해서 폭발성 물질을 생성한다.

46 나트륨 20kg과 칼슘 100kg을 저장하고자 할 때 각 위험물의 지정수량 배수의 합은 얼마인가?

① 2 ② 4
③ 5 ④ 12

해설 Na 지정수량 10kg, Ca 지정수량 50kg
$\frac{20}{10} + \frac{100}{50} = 4$

47 질산기의 수에 따라서 강면약과 약면약으로 나눌수 있는 위험물로서 함수 알콜로 습면하여 저장 및 취급하는 것은?

① 니트로글리세린
② 니트로셀룰로오스
③ 트리니트로톨루엔
④ 질산에틸

해설 니트로셀룰로오스(질화면)는 저장 수송 중에 물이나 알콜로 습면 시킨다.
강면약 질화도 N > 12.76
약면약 질화도 N < 10.18~12.76

48 제1류 위험물이 위험을 내포하고 있는 이유를 옳게 설명한 것은?

① 산소를 함유하고 있는 강산화제이기 때문에
② 수소를 함유하고 있는 강환원제이기 때문에
③ 염소를 함유하고 있는 독성물이기 때문에
④ 이산화탄소를 함유하고 있는 질식제이기 때문에

해설 제1류 위험물은 산화성 고체를 과열, 마찰, 충격에 의해서 다량의 산소를 발생한다.

49 다음 중 벤젠 증기의 비중에 가장 가까운 값은?

① 0.7   ② 0.9
③ 2.7   ④ 3.9

해설
- 증기비중 = $\dfrac{벤젠분자량}{공기평균분자량}$
- $\dfrac{78}{29} = 2.68$

50 염소산칼륨의 위험성에 관한 설명 중 옳은 것은?

① 요오드, 알콜류와 접촉하면 심하게 반응한다.
② 인화점이 낮은 가연성 물질이다.
③ 물에 접촉하면 가연성 가스를 발생한다.
④ 물을 가하면 발열하고 폭발한다.

해설 제1류 위험물인 염소산칼륨($KClO_3$)은 가연물이 혼재되면 약간의 자극으로 폭발한다.

51 지하탱크저장소 탱크전용실의 안쪽과 지하저장탱크와의 사이는 몇 m 이상의 간격을 유지하여야 하는가?

① 0.1   ② 0.2
③ 0.3   ④ 0.5

해설 지하저장탱크와 탱크전용실 이격거리는 0.1m 이다.

Answer 47. ② 48. ① 49. ③ 50. ① 51. ①

52 황린에 대한 설명 중 옳은 것은?
① 공기 중에서 안정한 물질이다.
② 물, 이황화탄소, 벤젠에 잘 녹는다.
③ KOH 수용액과 반응하여 유독한 포스핀 가스가 발생한다.
④ 담황색 또는 백색의 액체로 일광에 노출하면 색이 짙어 지면서 적린으로 변한다.

53 다음 중 물과 접촉하면 발열하면서 산소를 방출하는 것은?
① 과산화칼륨   ② 염소산암모늄
③ 염소산칼륨   ④ 과망간산칼륨

해설 과산화칼륨(K_2O_2)은 물과 접촉시 발열하면서 산소를 발생한다.

54 자동화재 탐지설비의 설치기준으로 옳지 않은 것은?
① 경계구역은 건축물의 최소 2개 이상의 층에 걸치도록 할 것
② 하나의 경계구역은 면적은 $600m^2$ 이하로 할 것
③ 감지기는 지붕 또는 벽의 옥내에 면한 부분에 유효하게 화재의 발생을 감지할 수 있도록 설치할 것
④ 비상전원을 설치할 것

해설 자동화재 탐지설비 하나의 경계구역은 2개 이상의 층에 미치지 않도록 한다.

55 다음 중 특수인화물에 해당하는 것은?
① 헥산
② 아세톤
③ 가솔린
④ 이황화탄소

해설 특수인화물 : 디에틸에테르, 이황화탄소, 콜로디온, 아세트알데히드, 산화프로필렌

56 비중이 0.8인 메틸알콜의 지정수량을 kg으로 환산하면 얼마인가?
① 200   ② 320
③ 460   ④ 500

해설 메틸알콜 지정수량 400ℓ
$400\ell \times 0.8 kg/\ell = 320 kg$

57 위험물안전관리법령에서 농도를 기준으로 위험물을 정의하고 있는 것은?
① 아세톤
② 마그네슘
③ 질산
④ 과산화수소

해설 과산화수소의 농도는 36중량% 이상인 것을 위험물로 적용한다.

58 염소산칼륨의 지정수량을 옳게 나타낸 것은?
① 10kg   ② 50kg
③ 500kg   ④ 100kg

해설 염소산칼륨($KClO_3$)은 지정수량 50kg이다.

Answer 52. ③ 53. ① 54. ① 55. ④ 56. ② 57. ④ 58. ②

59 산화성 고체 위험물에 속하지 않는 것은?

① KClO₃ ② NaClO₄
③ KNO₃ ④ HClO₄

해설 과염소산(HClO₄)은 제6류인 산화성 액체 위험물에 속한다.

60 그림과 같은 위험물 저장탱크의 내용적은 약 몇 m³인가?

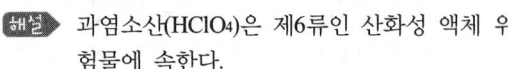

① 4681 ② 5482
③ 6283 ④ 7080

해설
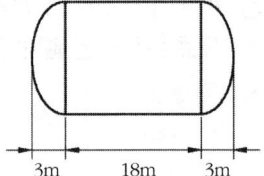

Answer 59. ④ 60. ③

01 소화기에 "A-2"로 표기되어 있었다면 숫자 "2"가 의미하는 것은 무엇인가?
① 소화기의 제조번호
② 소화기의 소요단위
③ 소화기의 능력단위
④ 소화기의 사용순위

해설 ▶ A-2 : 일반화재 적응하는 소화기의 능력단위

02 다음 중 B급 화재로 볼 수 있는 것은?
① 목재, 종이 등의 화재
② 휘발유, 알콜 등의 화재
③ 누전, 과부하 등의 화재
④ 마그네슘, 알루미늄 등의 화재

해설 ▶ B급 화재 : 유류화재

03 Halon 1211에 해당하는 물질의 분자식은?
① CBr_2FCl　　② CF_2ClBr
③ CCl_2FBr　　④ FC_2BrCl

해설 ▶ Halon 1 2 1 1 → CF_2ClBr
　　　　탄소수 ┬→ 브롬수
　　　　　　　└→ 염소수
　　　　　불소수

04 다음 중 물이 소화약제로 이용되는 주된 이유로 가장 적합한 것은?
① 물의 기화열로 가연물을 냉각하기 때문이다.
② 물이 산소를 공급하기 때문이다.
③ 물은 환원성이 있기 때문이다.
④ 물이 가연물을 제거하기 때문이다.

해설 ▶ 물 : 냉각효과로 소화하며 물 1kg이 기화할 때 539 kcal의 열량이 필요하므로 가연물을 냉각시킨다.

05 다음 중 자기반응성 물질이면서 산소공급원의 역할을 하는 것은?
① 황화린
② 탄산칼슘
③ 이황화탄소
④ 트리니트로톨루엔

해설 ▶ 자기반응성물질은 제5류 위험물로 트리니트로톨루엔이 해당된다.

Answer　1. ③　2. ②　3. ②　4. ①　5. ④

06 보일 오버(boil over)현상과 가장 거리가 먼 것은?
① 기름이 열의 공급을 받지 아니하고 온도가 상승하는 현상
② 기름의 표면부에서 조용히 연소하다 탱크 내의 기름이 갑자기 분출하는 현상
③ 탱크바닥에 물 또는 물과 기름의 에멀젼 층이 있는 경우 발생하는 현상
④ 열유층이 탱크 아래로 이동하여 발생하는 현상

해설 보일오버 : 유류탱크에 화재가 발생시 온도 상승으로 유류밑의 물이 비등하여 기름과 함께 넘쳐흐르는 현상

07 질소가 가연물이 될 수 없는 이유를 가장 옳게 설명한 것은?
① 산소와 산화반응을 하지 않기 때문이다.
② 산소와 산화반응을 하지만 흡열반응을 하기 때문이다.
③ 산소와 환원반응을 하지 않기 때문이다.
④ 산소와 환원반응을 하지만 발열반응을 하기 때문이다.

해설 질소는 고온 고압하에서 반응이 일어나지만 흡열화합물이기 때문에 가연물은 아니다.

08 고정식의 포소화설비의 기준에서 포헤드방식의 포헤드는 방호대상물의 표면적 몇 m^2당 1개 이상의 헤드를 설치하여야 하는가?
① 3   ② 9
③ 15 ④ 30

해설 포헤드는 방호대상물 표면적 $9m^2$당 1개 이상으로 하여 방호대상물의 화재를 유효하게 소화할 수 있도록 한다.

09 다음 중 주된 연소형태가 분해연소인 것은?
① 목탄
② 나트륨
③ 석탄
④ 에테르

해설 분해연소 : 목재, 종이, 석탄 등이 열분해 할 때 발생한 가연성 기체가 연소하는 형태

10 이산화탄소소화기가 제6류 위험물의 화재에 대하여 적응성이 인정되는 장소의 기준은?
① 습도의 정도
② 밀폐성 유무
③ 폭발위험성의 유무
④ 건축물의 층수

해설 CO_2소화기는 제6류 위험물에 적응성이 없으나 폭발의 위험성에 따라 제한적으로 사용한다.

Answer 6. ① 7. ② 8. ② 9. ③ 10. ③

11 제3종 분말소화약제의 주성분에 해당되는 것은?

① 탄산수소칼륨
② 인산암모늄
③ 탄산수소나트륨
④ 탄산수소칼륨과 요소의 반응생성물

해설 1종분말 : $NaHCO_3$, 탄산수소나트륨, 백색
2종분말 : $KHCO_3$, 탄산수소칼륨, 보라색
3종분말 : $NH_4H_2PO_4$, 인산암모늄, 담홍색
4종분말 : $KHCO_3 + (NH_2)_2CO$(요소), 회백색

12 옥내주유취급소는 소화난이도 등급 얼마에 해당하는가?

① 소화난이도등급 Ⅰ
② 소화난이도등급 Ⅱ
③ 소화난이도등급 Ⅲ
④ 소화난이도등급 Ⅳ

해설 소화난이도등급 Ⅰ: 연면적 $1000m^2$ 이상, 지정수량 100배 이상인 제조소, 일반취급소
소화난이도등급 Ⅱ : ① 연면적 $600m^2$ 이상, 지정수량 10배 이상인 제조소, 일반취급소
② 옥내 주유 취급소, 제2종 판매 취급소

13 위험물안전관리법령에서 다음의 위험물시설 중 안전거리에 대한 기준이 없는 것은?

① 옥내저장소
② 옥내탱크저장소
③ 충전하는 일반취급소
④ 지하에 매설된 이송취급소 배관

해설 옥내탱크저장소, 간이탱크저장소, 이동탱크저장소 등은 안전거리에 관한 기준이 없다.

14 화재예방 시 자연발화를 방지하기 위한 일반적인 방법으로 옳지 않은 것은?

① 통풍을 막는다.
② 저장실의 온도를 낮춘다.
③ 습도가 높은 장소를 피한다.
④ 열의 축적을 막는다.

해설 자연발화를 방지하기 위해서는 통풍을 잘 시켜주어야 한다.

15 분말소화설비의 약제방출 후 클리닝 장치로 배관 내를 청소하지 않을 때 발생하는 주된 문제점은?

① 배관 내에서 약제가 굳어져 차후에 사용시 약제방출에 장애를 초래한다.
② 배관 내 남아있는 약제를 재사용할 수 없다.
③ 가압용 가스가 외부로 누출된다.
④ 선택밸브의 작동이 불능이 된다.

해설 약제가 굳어져서 배관 내를 막으면 약제 방출시 장애가 될 수 있으므로 청소해준다.

Answer 11. ② 12. ② 13. ② 14. ① 15. ①

16 높이 15m, 지름 20m인 옥외저장탱크에 보유공지의 단축을 위해서 물분무설비로 방호조치를 하는 경우 수원의 양은 약 몇 l 이상으로 하여야 하는가?

① 46496   ② 58090
③ 70259   ④ 95880

해설 $20\,m \times \pi \times 37\,l/min \times 20\,min = 46459.57\,l$
옥외저장탱크 표면에 방사하는 물의 양은 탱크높이 15m 이하 마다 원주길이 1m에 대해 분당 37l 이상으로 할 것
수원의 양은 탱크표면에 방사하는 수량으로 20분간 방사할 수 있는 량으로 한다.

17 자동화재탐지설비 설치기준에 따르면 하나의 경계구역의 면적은 몇 m^2 이하로 하여야 하는가? (단, 원칙적인 경우에 한한다.)

① 150   ② 450
③ 600   ④ 1000

해설 ① 하나의 경계구역의 면적은 $600\,m^2$ 이하로 한다.
② $500\,m^2$ 이하의 범위 안에서는 2개 층을 하나의 경계구역으로 할 수 있다.

18 제3류 위험물 중 금수성물질에 적응성이 있는 소화설비는?

① 할로겐화합물소화설비
② 포소화설비
③ 이산화탄소소화설비
④ 탄산수소염류 등 분말소화설비

해설 제3류 금수성물질의 소화는 금속화재용 분말소화약제인 탄산수소염류 및 마른모래, 팽창질석, 팽창진주암 등을 사용한다.

19 다음 [보기]에서 올바른 정전기 방지방법을 모두 나열한 것은?

보기
㉠ 접지할 것
㉡ 공기를 이온화할 것
㉢ 공지 중의 상대습도를 70% 미만으로 할 것

① ㉠, ㉡
② ㉠, ㉢
③ ㉡, ㉢
④ ㉠, ㉡, ㉢

해설 정전기 방지를 위해서는 공기 중의 상대습도를 70% 이상으로 한다.

20 줄-톰슨효과에 의하여 드라이아이스를 방출하는 소화기로 질식 및 냉각효과가 있는 것은?

① 산·알카리소화기
② 강화액소화기
③ 이산화탄소소화기
④ 할로겐화합물소화기

해설 이산화탄소소화기는 CO_2를 작은 노즐로 단열팽창 시키면 온도가 강화되어 드라이아이스를 방출하고 화재면을 덮는 질식효과와 냉각효과가 있다.

Answer 16. ① 17. ③ 18. ④ 19. ① 20. ③

21 탄화칼슘의 성질에 대한 설명으로 틀린 것은?

① 물보다 무겁다.
② 시판용 회색 또는 회흑색의 고체이다.
③ 물과 반응해서 수산화칼슘과 아세틸렌이 생성된다.
④ 질소와 저온에서 작용하여 흡열반응을 한다.

해설 탄화칼슘(CaC_2) : 카바이드, 제3류 위험물의 금수성물품, 질소와 약 700℃에서 질화되어 칼슘시안아미드 생성되고 발열반응을 한다.

22 다음 중 제5류 위험물이 아닌 것은?

① 질산에틸
② 니트로글리세린
③ 니트로벤젠
④ 니트로글리콜

해설 니트로벤젠($C_6H_5NO_2$) : 제4류 위험물의 제3석유류, 지정수량 2000ℓ

23 벤조일퍼옥사이드에 대한 설명 중 틀린 것은?

① 물과 반응하여 가연성 가스가 발생하므로 주수소화는 위험하다.
② 상온에서 고체이다.
③ 진한 황산과 접촉하면 분해폭발의 위험이 있다.
④ 발화점은 약 125℃이고 비중은 약 1.33이다.

해설 과산화벤조일(벤조일퍼옥사이드) : 제5류 위험물의 유기과산화물류(10kg), 물에 불용이며 수분 및 희석제를 첨가하면 분해폭발을 억제할 수 있다.

24 제1류 위험물의 일반적인 공통성질에 대한 설명 중 틀린 것은?

① 대부분 유기물이며 무기물도 포함되어 있다.
② 산화성 고체이다.
③ 가연물과 혼합하면 연소 또는 폭발의 위험이 크다.
④ 가열, 충격, 마찰 등에 의해 분해될 수 있다.

해설 제1류 위험물은 산화성고체로 아염소산염류, 무기과산화물, 브롬산염류 등 대부분 무기물이다.

25 다음 중 제1석유류에 속하지 않는 위험물은?

① 아세톤
② 시안화수소
③ 클로로벤젠
④ 벤젠

해설 클로로벤젠(C_6H_5Cl) : 제2석유류, 지정수량 1000ℓ

Answer 21. ④ 22. ③ 23. ① 24. ① 25. ③

26 제3류 위험물의 위험성에 대한 설명으로 틀린 것은?

① 칼륨은 피부에 접촉하면 화상을 입을 위험이 있다.
② 수소화나트륨은 물과 반응하여 수소를 발생한다.
③ 트리에틸알루미늄은 자연발화 하므로 물속에 넣어 밀봉 저장한다.
④ 황린은 독성 물질이고 증기는 공기보다 무겁다.

해설 트리에틸알루미늄(TEAL) : 제3류 알킬알루미늄류, 공기 또는 물과 접촉하여 자연발화 하므로 완전밀봉하고 공기 및 물과의 접촉을 피한다.

27 다음 중 위험물안전관리법령에서 정한 지정수량이 50킬로그램이 아닌 위험물은?

① 염소산나트륨
② 금속리튬
③ 과산화나트륨
④ 디에틸에테르

해설 ① 염소산염류(염소산나트륨, 염소산칼륨, 염소산암모늄) : 50kg, 제1류
② 알카리금속(금속리튬, 금속칼슘) : 50kg, 제3류
③ 무기과산화물(과산화나트륨, 과산화칼륨) : 50kg, 제1류
④ 디에틸에테르 : 제4류 특수인화물, 50ℓ

28 위험물의 성질에 대한 설명 중 틀린 것은?

① 황린은 공기 중에서 산화할 수 있다.
② 적린은 $KClO_3$와 혼합하면 위험하다.
③ 황은 물에 매우 잘 녹는다.
④ 황은 가연성 고체이다.

해설 황 : 제2류 위험물, 100kg 사방정계, 단사정계, 비정계 등의 동소체가 있으며 물에 녹지 않는다.

29 다음 중 나트륨 또는 칼륨을 석유 속에 보관하는 이유로 가장 적합한 것은?

① 석유에서 질소를 발생하므로
② 기화를 방지하기 위하여
③ 공기 중 질소와 반응하여 폭발하므로
④ 공기 중 수분 또는 산소와의 접촉을 막기 위하여

해설 나트륨, 칼륨 : 제3류 위험물의 금수성물질로 수분과 접촉하면 발화한다.

Answer 26. ③ 27. ④ 28. ③ 29. ④

30 이송취급소의 교체밸브, 제어밸브 등의 설치기준으로 틀린 것은?

① 밸브는 원칙적으로 이송기지 또는 전용부지내에 설치할 것
② 밸브는 그 개폐상태가 당해 밸브의 설치장소에서 쉽게 확인할 수 있도록 할 것
③ 밸브를 지하에 설치하는 경우에는 점검상자 안에 설치할 것
④ 밸브는 당해 밸브의 관리에 관계하는 자가 아니면 수동으로만 개폐할 수 있도록 할 것

해설) 밸브는 당해밸브의 관리에 관계하는 자가 아니면 수동으로 개폐할 수 없도록 할 것

31 다음 중 위험물의 유별 구분이 나머지 셋과 다른 하나는?

① 황린   ② 부틸리튬
③ 칼슘   ④ 유황

해설) ① ①, ②, ③ : 제3류 위험물
② 유황 : 제2류 위험물

32 오황화린이 물과 반응하여 발생하는 유독한 가스는?

① 황화수소   ② 이산화황
③ 이산화탄소   ④ 이산화질소

해설) $P_2S_5 + 8H_2O \rightarrow 5H_2S + 2H_3PO_4$
(오황화린)   (황화수소)   (인산)

33 위험물 운송책임자의 감독 또는 지원의 방법으로 운송의 감독 또는 지원을 위하여 마련한 별도의 사무실에 운송책임자가 대기하면서 이행하는 사항에 해당하지 않는 것은?

① 운송 후에 운송경로를 파악하여 관할 경찰관서에 신고하는 것
② 이동탱크저장소의 운전자에 대하여 수시로 안전확보 상황을 확인하는 것
③ 비상시의 응급처치에 관하여 조언을 하는 것
④ 위험물의 운송 중 안전확보에 관하여 필요한 정보를 제공하고 감독 또는 지원하는 것

해설) ① 운송경로를 미리 파악하고 관할소방서 또는 관련 업체에 대한 연락체계를 갖출 것

34 이산화탄소소화설비의 기준에서 저장용기 설치 기준에 관한 내용으로 틀린 것은?

① 방호구역 외의 장소에 설치할 것
② 온도가 50℃ 이하이고 온도 변화가 적은 장소에 설치할 것
③ 직사일광 및 빗물이 침투할 우려가 적은 장소에 설치할 것
④ 저장용기에는 안전장치를 설치 할 것

해설) 주위온도가 40℃ 이하이고 온도변화가 적은 곳에 설치할 것

35 다음 위험물 중 착화온도가 가장 낮은 것은?
① 이황화탄소
② 디에틸에테르
③ 아세톤
④ 아세트알데히드

해설 ① 100℃, 제4류, 특수인화물
② 180℃, 제4류, 특수인화물
③ 538℃, 제4류, 제1석유류
④ 183℃, 제4류, 특수인화물

36 아세톤의 성질에 대한 설명 중 틀린 것은?
① 무색의 액체로서 인화성이 있다.
② 증기는 공기보다 무겁다.
③ 물에 잘 녹는다.
④ 무취이며 휘발성이 없다.

해설 아세톤(CH_3COCH_3) : 디메틸케톤 제1석유류, 지정 400ℓ 독특한 냄새가 있는 휘발성액체로 일광하에 황색의 과산화물 생성

37 다음 중 제5류 위험물로서 화약류 제조에 사용되는 것은?
① 중크롬산나트륨
② 클로로벤젠
③ 과산화수소
④ 니트로셀룰로오스

해설 니트로셀룰로오스(NC) : 질화면, 면화약, 제5류, 질산에스테르류, 무연화약류 제조에 사용하며 질화도가 클수록 위험하다.

38 지정수량의 얼마 이하의 위험물에 대하여는 위험물안전관리법령에서 정한 유별을 달리하는 위험물의 혼재기준을 적용하지 아니하여도 되는가?
① 1/2
② 1/3
③ 1/5
④ 1/10

해설 지정수량의 1/10 이하의 위험물은 혼재기준을 적용하지 않는다.

39 다음 ( )안에 알맞은 수치를 차례대로 옳게 나열한 것은?

"위험물 암반 탱크의 공간 용적은 당해 탱크 내에 용출하는 ( )일간의 지하수 양에 상당하는 용적과 당해 탱크 내용적의 100분의 ( )의 용적 중에서 보다 큰 용적을 공간 용적으로 한다."

① 1, 7
② 3, 5
③ 5, 3
④ 7, 1

40 질산나트륨의 성상에 대한 설명 중 틀린 것은?
① 조해성이 있다.
② 강력한 환원제이며 물보다 가볍다.
③ 열분해하여 산소를 방출한다.
④ 가연물과 혼합하면 충격에 의해 발화할 수 있다.

해설 질산나트륨($NaNO_3$) : 칠레초석 제1류 위험물, 지정수량 300kg 강산화제로서 물보다 무겁다.

Answer 35. ① 36. ④ 37. ④ 38. ④ 39. ④ 40. ②

41 마그네슘에 대한 설명으로 옳은 것은?
① 수소와 반응성이 매우 높아 접촉하면 폭발한다.
② 브롬과 혼합하여 보관하면 안전하다.
③ 화재시 CO_2 소화약제의 사용이 가장 효과적이다.
④ 무기과산화물과 혼합한 것은 마찰에 의해 발화할 수 있다.

해설 마그네슘(Mg) : 제2류 위험물, 지정수량 500kg
① 무기과산화물 등의 강산화제와 반응 마찰 등에 의해 발화
② 마그네슘은 CO_2 속에서도 연소
③ 산이나 더운 물과 반응하여 수소가스를 발생

42 알루미늄의 성질에 대한 설명 중 틀린 것은?
① 묽은 질산보다는 진한 질산에 훨씬 잘 녹는다.
② 열전도율, 전기전도도가 크다.
③ 할로겐 원소와의 접촉은 위험하다.
④ 실온의 공기 중에서 표면에 치밀한 산화피막이 형성되어 내부를 보호하므로 부식성이 적다.

해설 알루미늄(Al) : 제2류 위험물의 금속분, 지정수량 500kg 묽은산(질산, 염산)에 침식되고 진한 질산에는 부동태가 되어 Al보호

43 다음 위험물에 대한 설명 중 틀린 것은?
① 아세트산은 약 16℃ 정도에서 응고한다.
② 아세트산의 분자량은 약 60이다.
③ 피리딘은 물에 용해되지 않는다.
④ 크실렌은 3가지 이성질체를 가진다.

해설 ① 아세트산(CH_3COOH) : 제2석유류, 수용성 2000ℓ, 융점 16.7℃, 분자량 60
② 피리딘(C_5H_5N) : 제1석유류, 수용성
③ 크실렌($C_6H_4(CH_3)_2$) : 제2석유류, 비수용성 1000ℓ, O-, P-, m-의 3개 이성질체가 있다.

44 과염소산의 성질에 대한 설명이 아닌 것은?
① 가연성 물질이다.
② 산화성이 있다.
③ 물과 반응하여 발열한다.
④ Fe와 반응하여 산화물을 만든다.

해설 과염소산($HClO_4$) : 제6류 위험물, 산화성액체로 가연성물질과 반응시 발화하는 조연성 물질이다.

45 질산칼륨에 대한 설명 중 틀린 것은?
① 물에 녹는다.
② 흑색화약의 원료로 사용된다.
③ 가열하면 분해하여 산소를 방출한다.
④ 단독 폭발 방지를 위해 유기물 중에 보관한다.

해설 질산칼륨(KNO_3) : 초석, 제1류 위험물, 지정수량 300kg, 산화성고체로 유기물, 가연성물질과 접촉하면 발화위험이 있다.

Answer 41. ④ 42. ① 43. ③ 44. ① 45. ④

46 다음 중 물과 반응하여 메탄을 발생시키는 것은?

① 탄화알루미늄 ② 금속칼슘
③ 금속리튬   ④ 수소화나트륨

해설> 탄화알루미늄(Al_4C_3) : 제3류 위험물
$Al_4C_3 + 12H_2O \rightarrow 4Al(OH)_3 + 3CH_4$
　　　　　　　　(수산화알루미늄)　(메탄)

47 제5류 위험물에 대한 설명으로 옳지 않은 것은?

① 대표적인 성질은 자기반응성 물질이다.
② 피크린산은 니트로화합물이다.
③ 모두 산소를 포함하고 있다.
④ 니트로화합물은 니트로기가 많을수록 폭발력이 커진다.

해설> 제5류 위험물 : 자기반응성 물질로 대부분 유기물이며 자체 내에 산소를 포함한 물질이 대부분이다.

48 다음 위험물 중 지정수량이 나머지 셋과 다른 것은?

① C_4H_9Li ② K
③ Na   ④ LiH

해설> ① 지정수량 : 10kg
C_4H_9Li(알킬리튬), K(칼륨), Na(나트륨), $(R)_3Al$(알킬리튬)
② 지정수량 : 300kg
KH(수소화칼륨), NaH(수소화나트륨), LiH(수소화리튬)

49 과망간산칼륨에 대한 설명으로 틀린 것은?

① 분자식은 $KMnO_4$이며 분자량은 약 158이다.
② 수용액은 보라색이며 산화력이 강하다.
③ 가열하면 분해하여 산소를 방출한다.
④ 에탄올과 아세톤에는 불용이므로 보호액으로 사용한다.

해설> 과망간산칼륨($KMnO_4$) : 카멜레온
제1류 위험물, 지정수량 1000kg
유기물인 에탄올, 아세톤 등과 접촉시 발화한다.

50 옥내소화전설비의 설치기준에서 옥내소화전은 제조소등의 건축물의 층마다 당해 층의 각 부분에서 하나의 호스 접속구까지의 수평거리가 몇 m 이하가 되도록 설치하여야 하는가?

① 5   ② 10
③ 15   ④ 25

해설> 1. 제조소등의 각층에서 호스 접속구까지 수평거리 25m 이하
2. 방수구(호스)구경은 40mm, 호스릴은 25mm

51 적린의 성상 및 취급에 대한 설명 중 틀린 것은?

① 황린에 비하여 화학적으로 안정하다.
② 연소시 오산화인이 발생한다.
③ 화재시 냉각소화가 가능하다.
④ 안전을 위해 산화제와 혼합하여 저장한다.

해설> 적린(P) : 제2류 위험물, 지정수량 100kg, 가연성고체로 산화제와 혼합하면 발화한다.

Answer 46. ① 47. ③ 48. ④ 49. ④ 50. ④ 51. ④

52 가연성고체에 대한 착화의 위험성 시험방법에 관한 설명으로 옳은 것은?

① 시험장소는 온도 20℃, 습도 50%, 1기압, 무풍장소로 한다.
② 두께 5mm 이상의 무기질 단열판 위에 시험물품 30cm³를 둔다.
③ 시험물품에 30초간 액화석유가스의 불꽃을 접촉시킨다.
④ 시험을 2번 반복하여 착화할 때까지의 평균시간을 측정한다.

해설 가연성고체의 시험방법
① 시험장소는 온도 20℃, 습도 50%, 1기압, 무풍장소로 한다.
② 두께 10mm 이상의 무기질 단열판 위에 시험물품 3cm² 정도 둘 것
③ 액화석유가스 불꽃은 시험물품에 10초간 접촉시킬 것

53 다음 중 물과 접촉할 때 열과 산소를 발생하는 것은?

① 과산화칼륨 ② 과망간산칼륨
③ 과산화수소 ④ 과염소산칼륨

해설 알칼리금속의 과산화물(K_2O_2, Na_2O_2)은 물과 반응하여 산소를 발생한다.

54 2몰의 브롬산칼륨이 모두 열분해 되어 생긴 산소의 양은 2기압 27℃에서 약 몇 l인가?

① 32.42 ② 36.92
③ 41.34 ④ 45.64

해설 $2KBrO_3 \rightarrow 2KBr + 3O_2$
2 mole : $2 \times 22.4(l)$: $3 \times 22.4(l)$
∴ 0℃, 1atm에서 2mole이 분해되면 산소 $3 \times 22.4(l)$가 생성되므로 27℃, 2atm에서 생성되는 부피는?

$$\frac{P_1V_1}{T_1} = \frac{P_2V_2}{T_2}, \quad \frac{1 \times 3 \times 22.4}{273} = \frac{2 \times V_2}{27+273}$$

$$V_2 = \frac{1 \times 3 \times 22.4 \times (27+273)}{273 \times 2} = 36.92l$$

55 시약(고체)의 명칭이 불분명한 시약병의 내용물을 확인하려고 뚜껑을 열어 시계접시에 소량을 담아 놓고 공기중에서 햇빛을 받는 곳에 방치하던 중 시계접시에서 갑자기 연소현상이 일어났다. 다음 물질 중 이 시약의 명칭으로 예상할 수 있는 것은?

① 황   ② 황린
③ 적린   ④ 질산암모늄

해설 황린 : 제3류 위험물, 지정수량 20kg, 착화점 50℃ 자연발화성물질로 상온에서 공기와 반응하여 약 40~50℃에서 자연발화한다.

56 과산화수소의 성질에 대한 설명 중 틀린 것은?

① 알칼리성 용액에 의해 분해될 수 있다.
② 산화제이다.
③ 농도가 높을수록 안정하다.
④ 열, 햇빛에 의해 분해될 수 있다.

해설 과산화수소(H_2O_2) : 제6류 위험물, 산화성 액체농도 60% 이상시 충격에 의하여 단독 폭발우려가 있다.

Answer 52. ① 53. ① 54. ② 55. ② 56. ③

57 A~D에 분류된 위험물의 지정수량을 각각 합하였을 때 다음 중 그 값이 가장 큰 것은?

> A. 이황화탄소+아닐린
> B. 아세톤 + 피리딘 + 경유
> C. 벤젠 + 클로로벤젠
> D. 중유

① A 위험물의 지정수량 합
② B 위험물의 지정수량 합
③ C 위험물의 지정수량 합
④ D 위험물의 지정수량

해설 지정수량
A : 500ℓ + 2000ℓ
B : 400ℓ + 400ℓ + 1000ℓ
C : 200ℓ + 1000ℓ
D : 2000ℓ

58 적갈색 고체로 융점이 1600℃이며, 물 또는 산과 반응하여 유독한 포스핀가스를 발생하는 제3류 위험물의 지정수량은 몇 kg인가?

① 10
② 20
③ 50
④ 300

해설 인화석회(Ca_3P_2) : 제3류 위험물, 지정수량 300kg 물 또는 산과 반응하여 포스핀가스 발생
$Ca_3P_2 + 6H_2O \rightarrow 3Ca(OH)_2 + 2PH_3$ (포스핀)
※ PH_3 : 포스핀, 인화수소

59 과염소산 300kg, 과산화수소 450kg, 질산 900kg을 보관하는 경우 각각의 지정수량 배수의 합은 얼마인가?

① 1.5 ② 3
③ 5.5 ④ 7

해설 지정수량
과염소산($HClO_4$) : 300kg
과산화수소(H_2O_2) : 300kg
질산(HNO_3) : 300kg
※ 환산지정수량 $= \frac{300}{300} + \frac{450}{300} + \frac{900}{300} = 5.5$

60 과염소산의 저장 및 취급방법이 잘못된 것은?

① 가열, 충격을 피한다.
② 화기를 멀리한다.
③ 저온의 통풍이 잘되는 곳에 저장한다.
④ 누설하면 종이, 톱밥으로 제거한다.

해설 과염소산($HClO_4$) : 제6류 위험물, 지정수량 300kg, 누설시 종이, 톱밥을 사용하면 연소의 우려가 있다.

Answer 57. ① 58. ④ 59. ③ 60. ④

위험물기능사 2000제 문제은행

CBT 시험대비
● 2010년 1월 31일 시행

01 위험물제조소를 설치하고자 하는 경우, 제조소와 초등학교 사이에는 몇 미터 이상의 안전거리를 두어야 하는가?

① 50
② 40
③ 30
④ 20

해설 위험물 제조소와 학교 사이 안전거리는 30m

02 제조소의 옥외에 모두 3기의 휘발유 취급탱크를 설치하고 그 주위에 방유제를 설치하고자 한다. 방유제 안에 설치하는 각 취급탱크의 용량이 6만l, 2만l, 1만l일 때 필요한 방유제의 용량은 몇 l인가?

① 66000
② 60000
③ 33000
④ 30000

해설 $60000l \times 1.1$배$(110\%) = 66000l$
탱크 2기 이상 설치시 용량 최대인 것의 110% 이상 방유제 설치

03 제5류 위험물의 화재 예방상 주의사항으로 가장 거리가 먼 것은?

① 점화원의 접근을 피한다.
② 통풍이 양호한 찬 곳에 저장한다.
③ 소화설비는 질식효과가 있는 것을 위주로 준비한다.
④ 가급적 소분하여 저장한다.

해설 제5류 위험물은 자연발화성 물질이며 자체 내에 산소원이 함유되어 있으므로 다량의 물로 냉각소화 한다.

04 옥내소화전설비의 기준에서 "시동표시등"을 옥내소화전함의 내부에 설치할 경우 그 색상으로 옳은 것은?

① 적색
② 황색
③ 백색
④ 녹색

해설 가압송수장치의 시동표시등은 적색으로 할 것

Answer 1. ③ 2. ① 3. ③ 4. ①

05 전기불꽃에 의한 에너지식을 옳게 나타낸 것은? (단, E는 전기불꽃 에너지, C는 전기용량, Q는 전기량, V는 방전전압이다.)

① $E = \dfrac{1}{2}QV$ ② $E = \dfrac{1}{2}QV^2$
③ $E = \dfrac{1}{2}CV$ ④ $E = \dfrac{1}{2}VQ^2$

해설) $E = \dfrac{1}{2}QV = \dfrac{1}{2}CV^2$

06 이송취급소에 설치하는 경보설비의 기준에 따라 이송기지에 설치하여야 하는 경보설비로만 이루어진 것은?

① 확성장치, 비상벨장치
② 비상방송설비, 비상경보설비
③ 확성장치, 비상방송설비
④ 비상방송설비, 자동화탐지설비

해설) 이송취급소의 경보설비
① 이송기지에는 비상벨장치 및 확성장치설치
② 가연성 증기를 발생하는 위험물을 취급하는 펌프실 등에는 가연성증기경보설비

07 액화 이산화탄소 1kg이 25℃, 2atm의 공기 중으로 방출되었을 때 방출된 기체상의 이산화탄소의 부피는 약 몇 ℓ가 되는가?

① 278   ② 556
③ 1111 ④ 1985

해설) $PV = \dfrac{W}{M}RT$

$V = \dfrac{\dfrac{1000}{44} \times 0.082 \times (273+25)}{2} = 277.68\ell$

08 다음 중 위험물 화재시 주수소화가 오히려 위험한 것은?

① 과염소산칼륨
② 적린
③ 황
④ 마그네슘분

해설) 마그네슘 화재시 주수소화하면 물과 반응하여 수소를 발생한다.

09 다음 중 소화약제가 아닌 것은?

① CF_3Br
② $NaHCO_3$
③ $Al_2(SO_4)_3$
④ $KClO_4$

해설) $KClO_4$ (과염소산 칼륨)은 제1류 위험물에 속한다.

10 소화작용에 대한 설명으로 옳지 않은 것은?

① 냉각소화 : 물을 뿌려서 온도를 저하시키는 방법
② 질식소화 : 불연성 포말로 연소물을 덮어 씌우는 방법
③ 제거소화 : 가연물을 제거하여 소화시키는 방법
④ 희석소화 : 산·알칼리를 중화시켜 연쇄반응을 억제 시키는 방법

해설) 억제소화 : 연쇄반응을 억제시켜 소화하는 방법은 부촉매 효과이다.

Answer 5. ① 6. ① 7. ① 8. ④ 9. ④ 10. ④

11 다음 중 주된 연소형태가 표면연소인 것은?
① 숯 ② 목재
③ 플라스틱 ④ 나프탈렌

해설> 표면연소 : 숯, 코크스

12 위험물안전관리법령상 피난설비에 해당하는 것은?
① 자동화재탐지설비
② 비상방송설비
③ 자동식사이렌설비
④ 유도등

해설> 피난설비
① 피난기구
② 인명구조기구
③ 유도표시 및 유도등
④ 비상조명등 및 휴대용 비상조명등

13 한국소방산업기술원이 시·도지사로부터 위탁받아 수행하는 탱크안전성능검사 업무와 관계없는 액체 위험물탱크는?
① 암반탱크
② 지하탱크저장소의 이중벽탱크
③ 100만리터 용량의 지하저장탱크
④ 옥외에 있는 50만리터 용량의 취급탱크

14 착화온도가 낮아지는 경우가 아닌 것은?
① 압력이 높을 때
② 습도가 높을 때
③ 발열량이 클 때
④ 산소와 친화력이 좋을 때

해설> 착화온도가 낮아지는 경우는 습도가 낮을때이다.

15 위험물을 취급함에 있어서 정전기를 유효하게 제거하기 위한 설비를 설치하고자 한다. 공기 중의 상대 습도를 몇 % 이상 되게 하는가?
① 50
② 60
③ 70
④ 80

해설> 정전기 발생방지는 공기 중 상대습도 70% 이상일 때

16 이산화탄소 소화약제의 주된 소화효과 2가지에 가장 가까운 것은?
① 부촉매효과, 제거효과
② 질식효과, 냉각효과
③ 억제효과, 부촉매효과
④ 제거효과, 억제효과

해설> 이산화탄소 소화기는 불연성가스로 질식효과와 냉각효과도 있다.

Answer 11. ① 12. ④ 13. ④ 14. ② 15. ③ 16. ②

17 공기포 소화약제의 혼합방식 중 펌프의 토출관과 흡입관 사이의 배관 도중에 설치된 흡입기에 펌프에서 토출된 물의 일부를 보내고 농도조절밸브에서 조정된 포 소화약제의 필요량을 포 소화약제 탱크에서 펌프 흡입 측으로 보내어 이를 혼합하는 방식은?

① 프레져 푸로포셔너 방식
② 펌프 푸로포셔너 방식
③ 프레져 사이드 푸로포셔너 방식
④ 라인 푸로포셔너 방식

[해설] 펌프 푸로포셔너 방식은 농도조절밸브를 사용한다.

18 산·알칼리 소화기에 있어서 탄산수소나트륨과 황산의 반응시 생성되는 물질을 모두 옳게 나타낸 것은?

① 황산나트륨, 탄산가스, 질소
② 염화나트륨, 탄산가스, 질소
③ 황산나트륨, 탄산가스, 물
④ 염화나트륨, 탄산가스, 물

[해설] $2NaHCO_3 + H_2SO_4 \rightarrow Na_2SO_4 + 2CO_2 + 2H_2O$
(탄산수소나트륨) (황산) (황산나트륨) (탄산가스) (물)

19 마그네슘을 저장 및 취급하는 장소에 설치해야 할 소화기는?

① 포소화기
② 이산화탄소소화기
③ 할로겐화합물소화기
④ 탄산수소염류분말소화기

[해설] 마그네슘 소화에는 탄산수소염류 등 금속화재용 분말소화약제로 질식소화가 효과적이다.

20 위험물제조소에서 국소방식의 배출설비 배출능력은 1시간당 배출장소 용적의 몇 배 이상인 것으로 하여야 하는가?

① 5   ② 10
③ 15 ④ 20

[해설] 배출설비의 배출능력은 1시간당 배출장소 용적의 20배 이상으로 한다.

21 탄화알루미늄이 물과 반응하여 생기는 현상이 아닌 것은?

① 산소가 발생한다.
② 수산화알루미늄이 생성된다.
③ 열이 발생한다.
④ 메탄가스가 발생한다.

[해설] $Al_4C_3 + 12H_2O \rightarrow 4Al(OH)_3 + 3CH_4$
(탄산수소나트륨) (물) (수산화알루미늄) (메탄)

22 다음 중 물과 반응하여 산소를 발생하는 것은?

① $KClO_3$
② $NaNO_3$
③ Na_2O_2
④ $KMnO_4$

[해설] Na_2O_2 (과산화나트륨)은 물과 반응하여 산소를 발생한다.

Answer 17. ② 18. ③ 19. ④ 20. ④ 21. ① 22. ③

23 황의 성상에 관한 설명으로 틀린 것은?

① 연소할 때 발생하는 가스는 냄새를 갖고 있으나 인체에 무해하다.
② 미분이 공기중에 떠 있을때 분진폭발의 우려가 있다.
③ 용융된 황을 물에서 급냉하면 고무상황을 얻을 수 있다.
④ 연소할 때 아황산가스를 발생한다.

해설 황이 연소할 때 발생되는 가스는 독성가스로 인체에 유독하다.

24 염소산칼륨의 성질에 대한 설명으로 옳은 것은?

① 가연성 액체이다.
② 강력한 산화제이다.
③ 물보다 가볍다.
④ 열분해하면 수소를 발생한다.

해설 염소산칼륨(kClO₃)은 제1류 위험물로 강력한 산화제이다.

25 등유에 대한 설명으로 틀린 것은?

① 휘발유보다 착화온도가 높다.
② 증기는 공기보다 무겁다.
③ 인화점은 상온(25℃)보다 높다.
④ 물보다 가볍고 비수용성이다.

해설 가솔린 착화온도 : 300℃
등유 착화온도 : 220℃ 전후

26 촉매 존재하에서 일산화탄소와 수소를 고온, 고압에서 합성시켜 제조하는 물질로 산화하면 포름알데히드가 되는 것은?

① 메탄올
② 벤젠
③ 휘발유
④ 등유

해설

$$CH_3OH \xrightarrow{C_uO} HCHO + H_2O$$

(메탄올)　　　　　　(포름알데히드)

27 다음 중 제5류 위험물이 아닌 것은?

① 니트로글리세린
② 니트로톨루엔
③ 니트롤글리콜
④ 트리니트로톨루엔

해설 니트로톨루엔은 제4류 위험물 중 제3석유류이다.

28 인화칼슘이 물과 반응하였을 때 발생하는 가스는?

① PH₃
② H₂
③ CO₂
④ N₂

해설
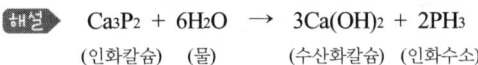
(인화칼슘)　(물)　　　(수산화칼슘)　(인화수소)

29 다이너마이트의 원료로 사용되며 건조한 상태에서는 타격, 마찰에 의하여 폭발의 위험이 있으므로 운반시 물 또는 알콜을 첨가하여 습윤시키는 위험물은?

① 벤조일퍼옥사이드
② 트리니트로톨루엔
③ 니트로셀룰로오스
④ 디니트로나프탈렌

해설 니트로셀룰로오스는 건조한 상태에서는 폭발위험이 있어 물 또는 알콜에 습윤시킨다.

30 다음 물질 중 인화점이 가장 낮은 것은?

① CH_3COCH_3 ② $C_2H_5OC_2H_5$
③ $CH_3(CH_2)_3OH$ ④ CH_3OH

해설 인화점
CH_3COCH_3 (아세톤) : $-18℃$
$C_2H_5OC_2H_5$ (디에틸에테르) : $-45℃$
$CH_3(CH_2)_3OH$ (부틸알콜) : $37℃$
CH_3OH (메틸알콜) : $11℃$

31 질산암모늄에 대한 설명으로 틀린 것은?

① 열분해하여 산소와 질소가 발생한다.
② 폭약 제조시 산소공급제로 사용된다.
③ 물에 녹을 때 많은 열을 발생한다.
④ 무취의 결정이다.

해설 질산암모늄(NH_4NO_3)은 물에 녹을 때 흡열반응을 한다.(한제로 쓰임)

32 다음 위험물 중 물에 대한 용해도가 가장 낮은 것은?

① 아크릴산
② 아세트알데히드
③ 벤젠
④ 글리세린

해설 벤젠은 물에 녹지 않는다.

33 다음 위험물 중 발화점이 가장 낮은 것은?

① 황
② 삼황화린
③ 황린
④ 아세톤

해설 발화점
황 : 232℃, 삼황화린 : 110℃, 황린 : 50℃, 아세톤 : 538℃

34 아세톤에 관한 설명 중 틀린 것은?

① 무색 휘발성이 강한 액체이다.
② 조해성이 있으며 물과 반응시 발열한다.
③ 겨울철에도 인화의 위험성이 있다.
④ 증기는 공기보다 무거우며 액체는 물보다 가볍다.

해설 아세톤은 액상을 조해성은 없고 물에 잘 녹으나 발열하지는 않는다.

Answer 29. ③ 30. ② 31. ③ 32. ③ 33. ③ 34. ②

35 아세트알데히드의 일반적 성질에 대한 설명 중 틀린 것은?

① 은거울 반응을 한다.
② 물에 잘 녹는다.
③ 구리, 마그네슘의 합금과 반응한다.
④ 무색·무취의 액체이다.

해설 ▶ 아세트알데히드는 무색의 액체로 취기(냄새)가 있다.

36 트리에틸알루미늄의 안전관리에 관한 설명 중 틀린 것은?

① 물과의 접촉을 피한다.
② 냉암소에 저장한다.
③ 화재발생시 팽창질석을 사용한다.
④ I_2 또는 Cl_2 가스의 분위기에서 저장한다.

해설 ▶ 트리에틸알루미늄은 할로겐(I_2, Cl_2)과 반응하여 가연성 가스를 발생한다.

37 과산화바륨에 대한 설명 중 틀린 것은?

① 약 840℃의 고온에서 분해하여 산소를 발생한다.
② 알칼리금속의 과산화물에 해당된다.
③ 비중은 1보다 크다.
④ 유기물과의 접촉을 피한다.

해설 ▶ 과산화바륨은 무기과산화물류 중 알칼리토금속 과산화물에 해당된다.

38 다음 중 분자량이 약 74, 비중이 약 0.71인 물질로서 에탄올 두 분자에서 물이 빠지면서 축합반응이 일어나 생성되는 물질은?

① $C_2H_5OC_2H_5$ ② C_2H_5OH
③ C_6H_5Cl ④ CS_2

해설 ▶ 디에틸에테르($C_2H_5OC_2H_5$)는 분자량 74 비중 0.71로 에탄올 축합반응으로 생성된다.

39 과산화나트륨에 의해 화재가 발생하였다. 진화작업 과정이 잘못된 것은?

① 공기호흡기를 착용한다.
② 가능한 한 주수소화를 한다.
③ 건조사나 암분으로 피복소화한다.
④ 가능한 한 과산화나트륨과의 접촉을 피한다.

해설 ▶ 과산화나트륨(Na_2O_2)은 화재시 주수소화는 엄금하고 다량의 건조사나 암분 등으로 질식소화 한다.

40 금속나트륨의 저장방법으로 옳은 것은?

① 에탄올 속에 넣어 저장한다.
② 물 속에 넣어 저장한다.
③ 젖은 모래 속에 넣어 저장한다.
④ 경유 속에 넣어 저장한다.

해설 ▶ 나트륨은 석유, 경유, 유동파라핀 등의 보호액에 저장한다.

Answer   35. ④   36. ④   37. ②   38. ①   39. ②   40. ④

41 다음 위험물에 대한 설명 중 옳은 것은?
① 벤조일퍼옥사이드는 건조할수록 안전도가 높다.
② 테트릴은 충격과 마찰에 민감하다.
③ 트리니트로페놀은 공기 중 분해하므로 장기간 저장이 불가능하다.
④ 디니트로톨루엔은 액체상의 물질이다.

해설 테트릴은 제5류 위험물의 니트로화합물로 충격과 마찰에 예민하다.

42 무색의 액체로 융점이 -112℃ 이고 물과 접촉하면 심하게 발열하는 제6류 위험물은?
① 과산화수소 ② 과염소산
③ 질산 ④ 오불화요오드

해설 과염소산($HClO_4$)은 제6류 위험물로 융점이 -112℃이며 무색 무취의 액체로 흡습성이 강하다.

43 염소산칼륨과 염소산나트륨의 공통성질에 대한 설명으로 적합한 것은?
① 물과 작용하여 발열 또는 발화한다.
② 가연물과 혼합시 가열, 충격에 의해 연소위험이 있다.
③ 독성이 없으나 연소생성물은 유독하다.
④ 상온에서 발화하기 쉽다.

해설 염소산칼륨과 염소산나트륨은 강한 산화제로 가연물과 혼합시 가열·충격에 의해 연소의 위험이 있다.

44 과산화수소의 운반용기 외부에 표시하여야 하는 주의사항은?
① 화기주의
② 충격주의
③ 물기엄금
④ 가연물접촉주의

해설 과산화수소는 제6류 위험물로 산화성 액체이다. 운반용기 외부 표시는 "가연물 접촉주의"를 표시한다.

45 알칼리금속 과산화물에 관한 일반적인 설명으로 옳은 것은?
① 안정한 물질이다.
② 물을 가하면 발열한다.
③ 주로 환원제로 사용된다.
④ 더 이상 분해되지 않는다.

해설 알칼리금속 과산화물은 물과 접촉하면 발열과 함께 산소를 방출한다.

46 황린의 취급에 관한 설명으로 옳은 것은?
① 보호액의 pH를 측정한다.
② 1기압, 25℃의 공기 중에 보관한다.
③ 주수에 의한 소화는 절대 금한다.
④ 취급시 보호구는 착용하지 않는다.

해설 황린은 물에 녹지 않으므로 pH 9의 약알칼리성인 물속에 보관한다.

Answer 41. ② 42. ② 43. ② 44. ④ 45. ② 46. ①

47 트리에틸알루미늄이 물과 반응하였을 때 발생하는 가스는?

① 메탄 ② 에탄
③ 프로판 ④ 부탄

해설) $(C_2H_5)_3Al + 3H_2O \rightarrow Al(OH)_3 + 3C_2H_6$
(트리에틸알루미늄) (물)　(수산화알루미늄) (에탄)

48 과산화수소에 대한 설명으로 옳은 것은?

① 강산화제이지만 환원제로도 사용한다.
② 알콜, 에테르에는 용해되지 않는다.
③ 20~30% 용액을 옥시돌(oxydol)이라고도 한다.
④ 알칼리성 용액에서는 분해가 안된다.

해설) 과산화수소는 산화제로도 작용하지만 환원제로도 사용한다.

49 위험물시설에 설치하는 소화설비와 관련한 소요단위의 산출방법에 관한 설명 중 옳은 것은?

① 제조소등의 옥외에 설치된 공작물은 외벽이 내화구조인 것으로 간주한다.
② 위험물은 지정수량의 20배를 1소요단위로 한다.
③ 취급소의 건축물은 외벽이 내화구조인 것은 연면적 75m²를 1소요단위로 한다.
④ 제조소의 건축물은 외벽이 내화구조인 것은 연면적 150m²를 1소요단위로 한다.

50 다음 중 위험물의 분류가 옳은 것은?

① 유기과산화물 – 제1류 위험물
② 황화린 – 제2류 위험물
③ 금속분 – 제3류 위험물
④ 무기과산화물 – 제5류 위험물

해설) 무기과산화물 – 제1류 위험물
금속분 – 제2류 위험물
유기과산화물 – 제5류 위험물

51 탄화칼슘 취급시 주의해야 할 사항으로 옳은 것은?

① 산화성 물질과 혼합하여 저장할 것
② 물의 접촉을 피할 것
③ 은, 구리 등의 금속용기에 저장할 것
④ 화재발생시 이산화탄소 소화약제를 사용할 것

해설) 탄화칼슘(CaC_2)은 물과 반응해서 가연성 가스인 아세틸렌을 발생시킨다.

52 다음 중 일반적으로 알려진 황화린 3종류에 속하지 않는 것은?

① P_4S_3
② P_2S_5
③ P_4S_7
④ P_2S_9

해설) 황화린
삼황화린 : P_4S_3
오황화린 : P_2S_5
칠황화린 : P_4S_7

Answer 47. ② 48. ① 49. ① 50. ② 51. ② 52. ④

53 질산칼륨에 대한 설명으로 옳은 것은?
① 조해성과 흡습성이 강하다.
② 칠레초석이라고도 한다.
③ 물에 녹지 않는다.
④ 흑색 화약의 원료이다.

해설 흑색화약 : 숯가루 + 황가루 + 질산칼륨

54 니트로셀룰로오스에 관한 설명으로 옳은 것은?
① 용제에는 전혀 녹지 않는다.
② 질화도가 클수록 위험성이 증가한다.
③ 물과 작용하여 수소를 발생한다.
④ 화재발생시 질식소화가 가장 적합하다.

해설 니트로셀룰로오스는 질화도가 12.76보다 크면 강면약, 질화도가 10.18~12.76 범위는 약면약이라고 한다.

55 과산화칼륨에 대한 설명 중 틀린 것은?
① 융점은 약 490℃이다.
② 무색 또는 오렌지색의 분말이다.
③ 물과 반응하여 주로 수소를 발생한다.
④ 물보다 무겁다.

해설 과산화칼륨은 물과 반응하여 산소를 발생한다.

56 벤젠의 성질에 대한 설명 중 틀린 것은?
① 무색의 액체로서 휘발성이 있다.
② 불을 붙이면 그을음이 나며 탄다.
③ 증기는 공기보다 무겁다.
④ 물에 잘 녹는다.

해설 벤젠은 물에 녹지 않는다.

57 질산에 대한 설명 중 틀린 것은?
① 환원성 물질과 혼합하면 발화할 수 있다.
② 분자량은 약 63이다.
③ 위험물안전관리법령상 비중이 1.82 이상이 되어야 위험물로 취급된다.
④ 분해하면 인체에 해로운 가스가 발생한다.

해설 질산의 비중이 1.49 이상일 것

58 염소산나트륨을 가열하여 분해시킬 때 발생하는 기체는?
① 산소
② 질소
③ 나트륨
④ 수소

해설 $2NaClO_3 \rightarrow 2NaCl + 3O_2$
(염소산나트륨)   (염화나트륨) (산소)

Answer 53. ④ 54. ② 55. ③ 56. ④ 57. ③ 58. ①

59 다음 물질 중 과염소산칼륨과 혼합했을 때 발화폭발의 위험이 가장 높은 것은?
  ① 석면   ② 금
  ③ 유리   ④ 목탄

해설) 과염소산칼륨($KClO_4$)과 목탄은 상온상압에서 습기 및 일광으로 인하여 발화한다.

60 다음 중 제6류 위험물에 해당하는 것은?
  ① 과산화수소
  ② 과산화나트륨
  ③ 과산화칼륨
  ④ 과산화벤조일

해설) 과산화수소(H_2O_2)는 제6류 위험물에 속한다.

Answer 59. ④ 60. ①

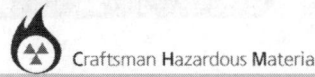

위험물기능사 2000제 문제은행

CBT 시험대비
▶ 2010년 3월 28일 시행

01 다음 위험물의 화재시 소화방법으로 물을 사용하는 것이 적합하지 않은 것은?
① $NaClO_3$ ② P_4
③ Ca_3P_2 ④ S

해설 인화석회(Ca_3P_2)는 제3류 위험물(지정수량 300kg)로 물 또는 약산과 반응하여 PH_3(포스핀)가스를 발생시키므로 소화기로 물을 사용하지 않는다.

02 아세톤의 물리·화학적 특성과 화재 예방 방법에 대한 설명으로 틀린 것은?
① 물에 잘 녹는다
② 증기가 공기보다 가벼우므로 확산에 주의한다.
③ 화재 발생시 물 분무에 의한 소화가 가능하다.
④ 휘발성이 있는 가연성 액체이다.

해설 CH_3COH_3(아세톤) : 제4류, 제1석유류 증기는 공기보다 무겁다.

03 위험물안전관리자의 선임 등에 대한 설명으로 옳은 것은?
① 안전관리자는 국가기술자격 취득자 중에서만 선임하여야 한다.
② 안전관리자를 해임한 때에는 14일 이내에 다시 선임하여야 한다.
③ 제조소등의 관계인은 안전관리자가 일시적으로 직무를 수행할 수 없는 경우에는 14일 이내의 범위에서 안전관리자의 대리자를 지정하여 직무를 대행하게 하여야 한다.
④ 안전관리자를 선임 또는 해임한 때는 14일 이내에 신고하여야 한다.

해설 안전관리자 해임 퇴직시 3일 이내 재선임, 안전관리자 직무대행기간 30일

Answer 1. ③ 2. ② 3. ④

04 인화성액체 위험물에 대한 소화방법에 대한 설명으로 틀린 것은?

① 탄산수소염류 소화기는 적응성이 있다.
② 포소화기는 적응성이 있다.
③ 이산화탄소소화기에 의한 질식소화가 효과적이다.
④ 물통 또는 수조를 이용한 냉각효과가 효과적이다.

해설 인화성액체(제4류)위험물은 대부분 물보다 가볍고 불용성이 많으므로 소화시 물을 사용하면 화재가 확대될 위험성이 있다.

05 옥내소화전설비를 설치하였을 때 그 대상으로 옳지 않은 것은?

① 제2류 위험물 중 인화성 고체
② 제3류 위험물 중 금수성 물품
③ 제5류 위험물
④ 제6류 위험물

해설 옥내소화전설비의 적응성
제1류(알칼리금속의 과산화물 제외)
제2류(철분, 금속분, 마그네슘 제외)
제3류(금수성 물품 제외)
제5류
제6류

06 다음 중 물과 반응하여 조연성 가스를 발생하는 것은?

① 과염소나트륨
② 질산나트륨
③ 중크롬산나트륨
④ 과산화나트륨

해설 무기과산화물의 알칼리 금속은 물과 반응하여 조연성(O_2)가스를 발생한다.
$Na_2O_2 + H_2O \rightarrow 2NaOH + \frac{1}{2}O_2$

07 옥외저장소에 덩어리 상태의 유황만을 지반면에 설치한 경계표시의 안쪽에서 저장할 경우 하나의 경계표시의 내부면적은 몇 m^2 이하이어야 하는가?

① 75
② 100
③ 300
④ 500

해설 ① 제5류 하나의 경계표시 내부 면적 : $100m^2$ 이하
② 2이상의 경계표시할 경우 각각의 경계표시 내부의 면적을 합산한 면적 : $1000m^2$ 이하

08 화학포의 소화약제인 탄산수소나트륨 6몰이 반응하여 생성되는 이산화탄소는 표준상태에서 최대 몇 l인가?

① 22.4
② 44.8
③ 89.6
④ 134.4

해설 $6NaHCO_3 + Al_2(SO_4)_3 \cdot 18H_2O \rightarrow 3Na_2SO_4 + 2Al(OH)_3 + 6CO_2 + 18H_2O$
$NaHCO_3$ 6mole 반응하면 CO_2 $6 \times 22.4\ l$가 생성된다.

Answer 4.④ 5.② 6.④ 7.② 8.④

09 포소화제의 조건에 해당되지 않는 것은?
① 부착성이 있을 것
② 쉽게 분해하여 증발될 것
③ 바람에 견디는 응집성을 가질 것
④ 유동성이 있을 것

해설 포소화약제의 조건 : ①, ③, ④ 외에 기름보다 가볍고, 열에 대한 센막을 가질 것

10 다음 중 위험물안전관리법에 따른 소화설비의 구분에서 "물분무등 소화설비"에 속하지 않는 것은?
① 이산화탄소소화설비
② 포소화설비
③ 스프링클러설비
④ 분말소화설비

해설 물분무 소화설비 : ①, ②, ④ 외에 물분무 소화설비, 할로겐화합물 소화설비

11 다음 중 B급 화재에 해당하는 것은?
① 유류 화재
② 목재 화재
③ 금속분 화재
④ 전기 화재

해설 ① B급
② A급
③ D급
④ C급

12 금속분, 나트륨, 코크스 같은 물질이 공기 중에서 점화원을 제공받아 연소할 때의 주된 연소 형태는?
① 표면연소
② 확산연소
③ 분해연소
④ 증발연소

해설 ② 가연성 기체의 연소
③ 목재, 석탄의 연소
④ 황, 나프탈렌의 연소

13 그림과 같이 횡으로 설치한 원통형 위험물 탱크에 대하여 탱크 용적을 구하면 약 몇 m³인가? (단, 공간용적은 탱크 내용적의 100분의 5로 한다.)

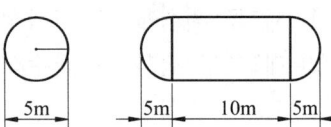

① 196.25   ② 261.60
③ 785.00   ④ 994.84

해설 $\pi r^2 \left(l + \dfrac{l_1 + l_2}{3} \right)$
$= 3.14 \times 5^2 \times \left(10 + \dfrac{5+5}{3} \right) = 1,046.67 \text{mm}^3$
∴ 공간용적이 95%이므로 $1,046.67 \times 0.95 = 994\text{m}^3$

Answer   9. ② 10. ③ 11. ① 12. ① 13. ④

14 다음 중 연소에 필요한 산소의 공급원을 단절하는 것은?

① 제거작용   ② 질식작용
③ 희석작용   ④ 억제작용

해설 질식작용 : 산소 농도 21%를 15% 이하로 산소공급원을 단절시키는 작용이다.

15 다음 물질 중 분진폭발 위험성이 가장 낮은 것은?

① 밀가루
② 알루미늄분말
③ 모래
④ 석탄

해설 분진폭발 : 밀가루, 전분, 솜, 담배가루, 마그네슘

16 주유취급소 중 건축물의 2층에 휴게음식점의 용도로 사용하는 것에 있어 당해 건축물의 2층으로부터 직접 주유취급소의 부지 밖으로 통하는 출입구와 당해 출입구로 통하는 통로계단에 설치하여야 하는 것은?

① 비상경보설비   ② 유도등
③ 비상조명등   ④ 확성장치

해설 피난설비
① 주유 취급소 중 건축물의 2층 이상의 부분을 점포·휴게음식점 또는 전시장의 용도로 사용하는 경우 유도등을 설치할 것
② 옥내주유취급소에 있어서는 당해 사무소 등의 출입구 및 피난구와 당해피난구 통하는 통로, 계단 및 출입구에 유도등을 설치할 것

17 이동저장 탱크에 알킬알루미늄을 저장하는 경우에 불활성기체를 봉입하는데 이때의 압력은 몇 kPa 이하이어야 하는가?

① 10
② 20
③ 30
④ 40

18 위험물안전관리법령상 제4류 위험물과 제6류 위험물에 모두 적응성이 있는 소화설비는?

① 이산화탄소 소화설비
② 할로겐화합물 소화설비
③ 탄산수소염류 분말소화설비
④ 인산염류분말 소화설비

해설 ① BC급 화재
② BC급 화재
③ BC급 화재
④ $NH_4H_2PO_4$(인산염류)분말소화 설비는 ABC 화재에 적응성이 있어 제4류 인화성 액체와 제6류 산화성 액체에 적응성이 있다.

Answer 14. ② 15. ③ 16. ② 17. ② 18. ④

19 옥외탱크저장소의 제4류 위험물의 저장탱크에 설치하는 통기관에 관한 설명으로 틀린 것은?

① 제4류 위험물을 저장하는 압력탱크 외의 탱크에는 밸브 없는 통기관 또는 대기밸브부착 통기관을 설치하여야 한다.
② 밸브 없는 통기관은 직경을 30mm 미만으로 하고, 선단은 수평면보다 45° 이상 구부려 빗물 등의 침투를 막는 구조로 한다.
③ 인화점 70℃ 이상의 위험물만을 해당 위험물의 인화점 미만의 온도로 저장 또는 취급하는 탱크에 설치하는 통기관에는 인화방지장치를 설치하지 않아도 된다.
④ 옥외저장탱크 중 압력탱크란 탱크의 최대상용압력이 부압 또는 정압 5kPa을 초과하는 탱크를 말한다.

해설 밸브없는 통기관
① 직경 30mm 이상
② 수평으로부터 45° 구부려서 빗물의 침투를 막는 구조
③ 개구부로부터 1m 이상 떨어진 옥외 장소에 지면으로부터 4m 이상 높이

20 위험물제조소등에 설치하여야 하는 자동화재탐지설비의 설치기준에 대한 설명 중 틀린 것은?

① 자동화재탐지설비의 경계구역은 건축물 그 밖의 공작물의 2 이상의 층에 걸치도록 할 것
② 하나의 경계구역에서 그 한 변의 길이는 50m(광전식분리형 감지기를 설치할 경우에는 100m) 이하로 할 것
③ 자동화재탐지설비의 감지기는 지붕 또는 벽의 옥내에 면한 부분에 유효하게 화재의 발생을 감지할 수 있도록 설치할 것
④ 자동화재탐지설비에는 비상전원을 설치할 것

해설 ① 경계 구역은 건축물 그 밖에 공작물의 2 이상의 층에 걸치지 아니하도록 할 것

21 제5류 위험물의 운반용기의 외부에 표시하여야 하는 주의사항은?

① 물기주의 및 화기주의
② 물기엄금 및 화기엄금
③ 화기주의 및 충격엄금
④ 화기엄금 및 충격주의

해설 물기엄금 : 제1류의 알칼리성 금속의 과산화물
　　　　　 제3류의 금수성 물질
화기주의 : 제2류(인화성 고체 제외)
화기엄금 : 제2류의 인화성 고체
　　　　　 제3류의 자연 발화성 물질
　　　　　 제4류 위험물
　　　　　 제5류 위험물
충격주의 : 제5류 위험물

Answer 19. ② 20. ① 21. ④

22 다음 물질 중 과산화나트륨과 혼합되었을 때 수산화나트륨과 산소를 발생하는 것은?
① 온수
② 일산화탄소
③ 이산화탄소
④ 초산

해설 $Na_2O_2 + H_2O \rightarrow 2NaOH + \frac{1}{2}O_2$
과산화나트륨은 온수와 반응하여 수산화나트륨과 산소를 발생한다.

23 다음 중 지정수량이 가장 작은 것은?
① 아세톤
② 디에틸에테르
③ 크레오소트유
④ 클로로벤젠

해설 ① 400l
② 50l
③ 2000l
④ 1000l

24 다음 중 수소화나트륨의 소화약제로 적당하지 않은 것은?
① 물
② 건조사
③ 팽창질석
④ 탄산수소염류

해설 수소화나트륨(NaH) : 제3류의 금속수소화합물로 마른 모래, 팽창질석, 팽창진주암, 탄산수소염류 등이 적당하다.

25 아염소산염류의 운반용기 중 적응성 있는 내장용기의 종류와 최대 용적이나 중량을 옳게 나타낸 것은? (단, 외장용기의 종류는 나무상자 또는 플라스틱 상자이고, 외장용기의 최대중량은 125kg으로 한다.)
① 금속제 용기 : 20L
② 종이 포대 : 55kg
③ 플라스틱 필름 포대 : 60kg
④ 유리 용기 : 10L

해설 아염료산 염류(1류)의 운반용기의 최대용적
내장용기-유리용기 10L
외장용기-나무상자, 플라스틱 상자 125kg

26 제조소의 게시판 사항 중 위험물의 종류에 따른 주의 사항이 옳게 연결된 것은?
① 제2류위험물(인화성고체 제외)-화기엄금
② 제3류위험물 중 금수성물질-물기엄금
③ 제4류위험물-화기주의
④ 제5류위험물-물기엄금

해설 ① 화기주의
③ 화기엄금
④ 화기엄금, 충격주의

Answer 22. ① 23. ② 24. ① 25. ④ 26. ②

27 산화성고체 위험물의 화재예방과 소화방법에 대한 설명 중 틀린 것은?

① 무기과산화물의 화재시 물에 의한 냉각소화 원리를 이용하여 소화한다.
② 통풍이 잘되는 차가운 곳에 저장한다.
③ 분해촉매, 이물질과의 접촉을 피한다.
④ 조해성 물질은 방습하고 용기는 밀전한다.

해설 알칼리 금속의 무기과산화물은 건조사, 팽창질석, 팽창진주암 및 탄산수소염류 등에 의한 소화를 하며 물로 소화하지 않는다.

28 제조소등에서 위험물을 유출·방출 또는 확산시켜 사람을 상해에 이르게 한 경우의 벌칙에 관한 기준에 해당하는 것은?

① 3년 이상 10년 이하의 징역
② 무기 또는 10년 이하의 징역
③ 무기 또는 3년 이상의 징역
④ 무기 또는 5년 이상의 징역

해설 무기 또는 3년 이상의 징역 : 사람을 상해에 이르게 한 경우
무기 또는 5년 이상의 징역 : 사람을 사망에 이르게 한 경우

29 다음 중 알루미늄을 침식시키지 못하고 부동태화 하는 것은?

① 묽은 염산   ② 진한 질산
③ 황산   ④ 묽은 질산

해설 부동태 : 진한 질산이 Fe, Co, Ni, Al 등과 반응하여 얇은 막을 생성한다.

30 위험물안전관리법상 설치허가 및 완공검사 설치에 관한 설명으로 틀린 것은?

① 지정수량의 3천배 이상의 위험물을 취급하는 제조소는 한국소방산업기술원으로부터 당해 제조소의 구조·설비에 관한 기술검토를 받아야 한다.
② 50만리터 이상인 옥외탱크저장소는 한국소방산업기술원으로부터 당해 탱크의 기초·지반 및 탱크본체에 관한 기술검토를 받아야 한다.
③ 지정수량의 1천배 이상의 제4류 위험물을 취급하는 일반 취급소의 완공검사는 한국소방산업기술원이 실시한다.
④ 50만리터 이상인 옥외탱크저장소의 완공검사는 한국소방산업기술원이 실시한다.

해설 한국소방산업기술원의 설치허가 및 변경허가 기술검토를 받는 경우
① 지정수량 3000배 이상의 위험물을 취급하는 제조소 및 일반취급소의 구조, 설비에 관한 사항
② 옥외탱크저장소(저장용량이 50만리터 이상인) 또는 암반 탱크 저장소의 구조, 설비에 관한 사항

Answer 27. ① 28. ③ 29. ② 30. ③

31 트리에틸 알루미늄이 물과 접촉하면 폭발적으로 반응한다. 이 때 발생되는 기체는?

① 메탄　　② 에탄
③ 아세틸렌　④ 수소

해설　$(C_2H_5)_3Al + H_2O \rightarrow 3C_2H_6 + Al(OH)_3$
(트리에틸알루미늄)　　　(에탄)　(수산화알루미늄)

32 이동탱크저장소에 의한 위험물의 운송시 준수하여야 하는 기준에서 다음 중 어떤 위험물을 운송할 때 위험물 운송자는 위험물안전카드를 휴대하여야 하는가?

① 특수인화물 및 제1석유류
② 알콜류 및 제2석유류
③ 제3석유류 및 동식물류
④ 제4석유류

해설　제4류 위험물의 특수인화물 및 제1석유류를 운송하게 하는 자는 위험물안전카드를 위험물운송자로 하여금 휴대하게 해야 한다.

33 니트로글리세린에 대한 설명으로 옳은 것은?

① 품명은 니트로화합물이다.
② 물, 알콜, 벤젠에 잘 녹는다.
③ 가열, 마찰, 충격에 민감하다.
④ 상온에서 청색의 결정성 고체이다.

해설　니트로글리세린 [$C_3H_5(ONO_2)_3$]
제5류의 질산에스테르류, 무색 투명한 액체.
물에 거의 녹지 않으나 벤젠, 알콜에 잘 녹는다.

34 다음 중 위험등급이 나머지 셋과 다른 하나는?

① 니트로소화합물
② 유기과산화물
③ 아조화합물
④ 히드록실아민

해설　5류 위험등급
① Ⅰ등급 : 질산에스테르, 유기과산화물류
② Ⅱ등급 : 니트로화합물, 니트로소화합물, 아조화합물, 디아조화합물, 히드라진 유도체, 히드록실아민, 히드록실아민염류

35 벤젠의 저장 및 취급시 주의사항에 대한 설명으로 틀린 것은?

① 정전기에 주의한다.
② 피부에 닿지 않도록 주의한다.
③ 증기는 공기보다 가벼워 높은 곳에 체류하므로 환기에 주의한다.
④ 통풍이 잘되는 차고 어두운 곳에 저장한다.

해설　벤젠(C_6H_6) : 제4류의 제1석유류
분자량(78)이 공기보다 크므로 낮은 곳에 체류한다.

Answer　31. ②　32. ①　33. ③　34. ②　35. ③

36 위험물저장소에 다음과 같이 2가지 위험물을 저장하고 있다. 지정수량 이상에 해당하는 것은?

① 브롬산칼륨 80kg, 염소산칼륨 40kg
② 질산 100kg, 과산화수소 150kg
③ 질산칼륨 120kg, 중크롬산나트륨 500kg
④ 휘발유 20L, 윤활유 2000L

해설 지정수량
브롬산칼륨 : 300kg, 염소산칼륨 : 50kg
중크롬산나트륨 : 1000kg, 과산화수소 : 300kg,
질산칼륨 : 300kg, 질산 : 300kg
휘발유 : 200L, 윤활유 : 6000L
∴ $\frac{80}{300} + \frac{40}{50} = 0.27 + 0.8 = 1.07$

37 질산이 분해하여 발생하는 갈색의 유독한 기체는?

① N_2O ② NO
③ NO_2 ④ N_2O_3

해설 질산(HNO_3)은 직사일광에 의해 분해되어 유독한 이산화질소(NO_2)를 발생한다.

38 다음 수용액 중 알콜의 함유량이 60중량퍼센트 이상일 때 위험물안전관리법상 제4류 알콜류에 해당하는 물질은?

① 에틸렌글리콜($C_2H_4(OH)_2$)
② 알릴알콜($CH_2 = CHCH_2OH$)
③ 부틸알콜(C_4H_9OH)
④ 에틸알콜(CH_3CH_2OH)

해설 알콜류 : 알콜 함량 60중량% 이상인 탄소원자수가 $C_1 \sim C_3$인 포화1가 알콜로 메틸알콜(CH_3OH), 에틸알콜(C_2H_5OH), 프로필알콜 등

39 위험물안전관리법상 제4류 인화성 액체의 판정을 위한 인화점 시험방법에 관한 설명으로 틀린 것은?

① 택밀폐식인화점측정기에 의한 시험을 실시하여 측정결과가 0℃ 미만인 경우에는 당해 측정결과를 인화점으로 한다.
② 택밀폐식인화점측정기에 의한 시험을 실시하여 측정결과가 0℃ 이상 80℃ 이하인 경우에는 동점도를 측정하여 $10mm^2/s$ 미만인 경우에는 당해 측정결과를 인화점으로 한다.
③ 택밀폐식인화점측정기에 의한 시험을 실시하여 측정결과가 0℃ 이상 80℃ 이하인 경우에는 동점도를 측정하여 $10mm^2/s$ 이상인 경우에는 세타밀폐식인 화점측정기에 의한 시험을 한다.
④ 택밀폐식인화점측정기에 의한 시험을 실시하여 측정결과가 0℃ 이상 80℃를 초과하는 경우에는 동점도를 측정하여 $10mm^2/s$ 미만인 경우에는 클리브랜드개방식 인화점측정기에 의한 시험을 한다.

해설 택밀폐식인화점측정기에 의한 시험을 실시하여 측정결과가 80℃를 초과하는 경우에는 클리브랜드개방식 인화점측정기에 의한 시험을 한다.

Answer 36. ① 37. ③ 38. ④ 39. ④

40 아염소산염류 500kg과 질산염류 3000kg을 저장하는 경우 위험물의 소요단위는 얼마인가?

① 2   ② 4
③ 6   ④ 8

해설 지정수량 : 아염소산염류(50kg), 질산염류(300kg)
소요단위 : 지정수량의 10배
∴ $\dfrac{500}{50} + \dfrac{3000}{300} = 20$배 = 2배

41 다음중 위험물의 지정수량을 틀리게 나타낸 것은?

① S : 100kg
② Mg : 100kg
③ K : 10kg
④ Al : 500kg

해설
① 제2류위험물 : 100kg
② 제2류위험물 : 500kg
③ 제3류위험물 : 10kg
④ 제3류위험물 : 500kg

42 과산화수소가 이산화망간 촉매하에서 분해가 촉진될 때 발생하는 가스는?

① 수소
② 산소
③ 아세틸렌
④ 질소

해설 H_2O_2 : 제6류, 지정수량 300kg, 분해시 산소(O_2)가 발생하므로 인산(H_3PO_4), 요산($C_5H_4N_4O_3$)을 안정제로 사용한다.

43 다음 중 6류 위험물인 과염소산의 분자식은?

① $HClO_4$ ② $KClO_2$
③ $KClO_4$ ④ $KClO_3$

해설
① 과염소산
② 아염소산칼륨(1류)
③ 과염소산칼륨(1류)
④ 염소산칼륨

44 위험물 저장탱크의 내용적이 300*l*일 때, 탱크에 저장하는 위험물의 용량의 범위로 적합한 것은? (단, 원칙적인 경우에 한한다.)

① 240~270*l*   ② 270~285*l*
③ 290~295*l*   ④ 295~298*l*

해설 저장탱크에 저장하는 위험물의 용량은 90%~95%범위로 한다.

45 다음 중 제2류 위험물이 아닌 것은?

① 황화린   ② 유황
③ 마그네슘   ④ 칼륨

해설 K : 제3류 위험물

46 다음 물질이 혼합되어 있을 때 위험성이 가장 낮은 것은?

① 삼산화크롬-아닐린
② 염소산칼륨-목탄분
③ 니트로셀룰로오스-물
④ 과망간산칼륨-글리세린

해설 니트로셀룰로오스(제5류)에 물을 넣으면 소화효과가 있다.

Answer 40. ① 41. ② 42. ② 43. ① 44. ② 45. ④ 46. ③

47 과산화나트륨의 저장 및 취급시의 주의사항에 관한 설명으로 틀린 것은?

① 가열·충격을 피한다.
② 유기물질의 혼입을 막는다
③ 가연물질과의 접촉을 피한다.
④ 화재 예방을 위해 물분무 소화설비 또는 스프링클러 설비가 설치된 곳에 보관한다.

해설 과산화나트륨(Na_2O_2)에 물을 뿌리면 급속히 발열하면서 산소(O_2)가 발생한다.

48 질산에틸의 분자량은 약 얼마인가?

① 76   ② 82
③ 91   ④ 105

해설 질산에틸($C_2H_5ONO_2$)
= 12×2 + 5 + 16 + 14 + 32 = 91

49 제6류 위험물의 화재예방 및 진압대책으로 적합하지 않은 것은?

① 가연물과의 접촉을 피한다.
② 과산화수소를 장기보존 할때는 유리용기를 사용하여 밀전한다.
③ 옥내소화전설비를 사용하여 소화할 수 있다.
④ 물분무 소화설비를 사용하여 소화할 수 있다.

해설 햇빛, 열 등에 의해 분해할 수 있으므로 안정제로 인산, 요산 등을 넣고, 갈색용기에 통풍을 위하여 구멍 뚫린 마개를 사용하여 저장한다.

50 다음 중 인화점이 가장 높은 것은?

① 등유
② 벤젠
③ 아세톤
④ 아세트알데히드

해설 ① 40~70℃
② -11℃
③ -18℃
④ -38℃

51 옥내소화전의 개폐밸브 및 호스 접속구는 바닥면으로부터 몇 미터 이하의 높이에 설치하여야 하는가?

① 0.5   ② 1
③ 1.5   ④ 1.8

해설 옥내소화전 개폐밸브 및 호스 접속구 높이 : 바닥면에서 1.5m 이하

52 트리니트로페놀에 대한 설명으로 옳은 것은?

① 폭발속도가 100m/s미만이다.
② 분해하여 다량의 가스를 발생한다.
③ 표면연소를 한다.
④ 상온에서 자연발화 한다.

해설 트리니트로페놀[$C_6H_2OH(NO_2)_3$]
제5류 위험물, 200kg
$2C_6H_2OH(NO_2)_3 \rightarrow 4CO_2 + 6CO + 3N_2 + 2C + 3H_2$
분해시 다량의 가스 발생

Answer 47. ④ 48. ③ 49. ② 50. ① 51. ③ 52. ②

53 다음 중 증기비중이 가장 큰 것은?
① 벤젠 ② 등유
③ 메틸알콜 ④ 에테르

해설 분자량이 클수록 증기 비중이 크다.
등유는 $C_9 \sim C_{18}$의 탄화수소로 분자량이 C_6H_6, CH_3OH, $C_2H_5OC_2H_5$등보다 크다.

54 알루미늄의 위험성에 대한 설명 중 틀린 것은?
① 산화제와 혼합시 가열, 충격, 마찰에 의하여 발화할 수 있다.
② 할로겐 원소와 접촉하면 발화되는 경우도 있다.
③ 분진 폭발의 위험성이 있으므로 분진에 기름을 묻혀 보관한다.
④ 습기를 흡수하여 자연발화의 위험성이 있다.

해설 분진 폭발의 우려가 있는 것에 기름을 묻혀 보관하면 더 위험하다.

55 다음의 위험물 중에서 화재가 발생하였을 때, 내알콜 포소화약제를 사용하는 것이 효과가 가장 높은 것은?
① C_6H_6
② $C_6H_5CH_3$
③ $C_6H_4(CH_3)_2$
④ CH_3COOH

해설 아세트산(CH_3COOH)은 수용성 물질로 알콜폼, 소화약제가 효과적이다.

56 다음 중 에틸렌글리콜과 혼재할 수 없는 위험물은?
① 유황
② 과망간산나트륨
③ 알루미늄분
④ 트리니트로톨루엔

해설 에틸렌글리콜(4류 위험물)은 제1류, 5류, 6류 위험물과 혼재할 수 없다.
과망간산나트륨(제1류)

57 다음 위험물 중 지정수량이 나머지 셋과 다른 하나는?
① 마그네슘 ② 금속분
③ 철분 ④ 유황

해설 제2류 위험물 지정수량
①, ②, ③ : 500kg
④ 100kg

58 과산화칼륨의 위험성에 대한 설명 중 틀린 것은?
① 가연물과 혼합시 충격이 가해지면 발화할 위험이 있다.
② 접촉시 피부를 부식시킬 위험이 있다.
③ 물과 반응하여 산소를 방출한다.
④ 가연성 물질이므로 화기접촉에 주의하여야 한다.

해설 과산화칼륨(Na_2O_2) : 제1류 위험물로 산화성 고체이다.

Answer 53. ② 54. ③ 55. ④ 56. ② 57. ④ 58. ④

59 인화칼슘이 물과 반응할 경우에 대한 설명 중 틀린 것은?

① PH_3가 발생한다.
② 발생 가스는 불연성이다.
③ $Ca(OH)_2$가 생성된다.
④ 발생가스는 독성이 강하다.

해설 인화칼륨(Ca_3P_2) : 제3류 위험물, 300kg
$Ca_3P_2 + 6H_2O \rightarrow PH_3 + Ca(OH)_2$
PH_3(인화수소)는 유독한 가연성 가스이다.

60 위험물제조소의 연면적이 몇 m^2 이상이 되면 경보설비 중 자동화재 탐지설비를 설치하여야 하는가?

① 400 ② 500
③ 600 ④ 800

해설 위험물 제조소 및 일반 취급소의 자동화재설비 설치할 곳
① 연면적 $500m^2$ 이상인 것
② 옥내에서 지정수량의 100배 이상을 취급하는 것

Answer 59. ② 60. ②

위험물기능사 2000제 문제은행

CBT 시험대비
○ 2010년 7월 11일 시행

01 다음 중 휘발유에 화재가 발생하였을 경우 소화방법으로 가장 적합한 것은?
① 물을 이용하여 제거소화 한다.
② 이산화탄소를 이용하여 질식소화 한다.
③ 강산화제를 이용하여 촉매소화 한다.
④ 산소를 이용하여 희석소화 한다.

해설 ▶ 제4류 위험물인 휘발유는 이산화탄소(CO_2), 포말소화, 분말소화 등에 의한 질식소화를 한다.

02 물은 냉각소화가 주된 대표적인 소화약제이다. 물의 소화효과를 높이기 위하여 무상 주수를 함으로서 부가적으로 작용하는 소화효과로 이루어진 것은?
① 질식소화작용, 제거소화작용
② 질식소화작용, 유화소화작용
③ 타격소화작용, 유화소화작용
④ 타격소화작용, 피복소화작용

해설 ▶ 물을 무상으로 주수시 소화효과
① 질식작용 : 연소열에 의해 발생한 수증기에 의한 산소차단효과
② 유화작용 : 가연물의 표면에 엷은층의 수막을 형성하여 소화하는 소화효과
③ 기타 냉각작용, 희석작용

03 화학포소화약제의 반응에서 황산알루미늄과 탄산수소나트륨의 반응 몰비는? (단, 황산알루미늄 : 탄산수소나트륨의 비이다.)
① 1 : 4   ② 1 : 6
③ 4 : 1   ④ 6 : 1

해설 ▶ $Al_2(SO_4)_3 \cdot 18H_2O + 6NaHCO_3 \rightarrow$
　(황산알루미늄)　　　(탄산수소나트륨)
　　1mole　　　　　　6mole
$3Na_2CO_3 + 2Al(OH)_3 + CO_2 + 18H_2O$
(탄산나트륨)　(수산화나트륨)　(이산화탄소)
황산알루미늄 1몰과 탄산수소나트륨 6몰이 반응한다.

04 폭굉유도거리(DID)가 짧아지는 경우는?
① 정상 연소속도가 작은 혼합가스 일수록 짧아진다.
② 압력이 높을수록 짧아진다.
③ 관속에 방해물이 있거나 관지름이 넓을수록 짧아진다.
④ 점화원 에너지가 약할수록 짧아진다.

해설 ▶ 폭굉유도거리(DID) : 최초의 완만한 가스 폭발이 폭굉으로 발전할 때까지의 거리로, 정상 연소속도가 큰 혼합가스일수록, 관속에 방해물이 있거나 관 지름이 작을수록, 압력이 높을수록, 점화원의 에너지가 강할수록 짧아진다.

Answer 1. ② 2. ② 3. ② 4. ②

05 수소화나트륨 240g 과 충분한 물이 완전 반응하였을 때 발생하는 수소의 부피는? (단, 표준상태를 가정하며 나트륨의 원자량은 23이다.)

① 22.4L
② 224L
③ 22.4m³
④ 224m³

해설
$$NaH + H_2O \longrightarrow H_2 + NaOH$$
(수소화나트륨) (물)   (수소) (수산화나트륨)
　　24g　　　　：　　22.4L

수소화나트륨 24g이 반응시 수소 22.4L가 발생하므로 수소화나트륨 240g이 반응하면 수소 224L가 발생한다.

※ NaH : 제3류 위험물의 금속 수소화합물, 지정수량 300kg

---

06 화재별 급수에 따른 화재의 종류 및 표시색상을 모두 옳게 나타낸 것은?

① A급 : 유류화재 - 황색
② B급 : 유류화재 - 황색
③ A급 : 유류화재 - 백색
④ B급 : 유류화재 - 백색

해설
① A급화재 : 일반화재, 백색
② B급화재 : 유류화재, 황색
③ C급화재 : 전기화재, 청색
④ D급화재 : 금속화재, 색없음

---

07 이산화탄소 소화설비의 소화약제 저장용기 설치장소로 적합하지 않은 곳은?

① 방호구역 외의 장소
② 온도가 40℃ 이하이고 온도변화가 적은 장소
③ 빗물이 침투할 우려가 적은 장소
④ 직사일광이 잘 들어오는 장소

해설 설치장소
① ①, ②, ③항 외에
② 직사광선 및 빗물이 침투할 우려가 없는 곳에 설치할 것
③ 갑종방화문 또는 을종방화문으로 구획된 실에 설치할 것

---

08 인화성액체 위험물의 저장 및 취급시 화재예방상 주의사항에 대한 설명 중 틀린 것은?

① 증기가 대기 중에 누출된 경우 인화의 위험성이 크므로 증기의 누출을 예방할 것
② 액체가 누출된 경우 확대되지 않도록 주의할 것
③ 전기 전도성이 좋을수록 정전기 발생에 유의할 것
④ 다량을 저장·취급시에는 배관을 통해 입·출고할 것

해설 인화성액체(제4류 위험물)는 전기의 부도체로 정전기 발생에 주의한다.

Answer 5. ② 6. ② 7. ④ 8. ③

09 위험물안전관리법령상 특수인화물의 정의에 대해 다음 ( )안에 알맞은 수치를 차례대로 옳게 나열한 것은?

"특수인화물"이라 함은 이황화탄소, 디에틸에테르 그 밖에 1기압에서 발화점이 섭씨 ( )도 이하인 것 또는 인화점이 섭씨 영하 ( )도 이하이고 비점이 섭씨 40도 이하인 것을 말한다.

① 100, 20　　② 25, 0
③ 100,0　　　④ 25, 20

해설 • 특수인화물
　　인화점 : -20℃ 이하, 비점 : 40℃ 이하,
　　발화점 :100℃ 이하

10 위험물제조소등의 지위승계에 관한 설명으로 옳은 것은?

① 양도는 승계사유이지만 상속이나 법인의 합병은 승계사유에 해당하지 않는다.
② 지위승계의 사유가 있는 날로부터 14일 이내에 승계신고를 하여야 한다.
③ 시·도지사에게 신고하여야 하는 경우와 소방서장에게 신고하여야 하는 경우가 있다.
④ 민사집행법에 의한 경매절차에 따라 제조소 등을 인수한 경우에는 지위승계신고를 한 것으로 간주한다.

해설 ① 양도, 인수, 합병은 승계사유에 해당한다.
② 30일 이내에 신고한다.
③ 지위승계신고를 해야 한다.

11 과산화벤조일(Benzoyl Peroxide)에 대한 설명 중 옳지 않은 것은?

① 지정수량은 10kg이다.
② 저장시 희석제로 폭발의 위험성을 낮출 수 있다.
③ 알콜에는 녹지 않으나 물에 잘 녹는다.
④ 건조상태에서는 마찰·충격으로 폭발의 위험이 있다.

해설 • 과산화벤조일 : 제5류, 유기과산화물, 지정수량 10kg물에 불용, 알콜에 약간 녹고 에테르에 잘 녹음

12 다음 소화약제 중 수용성 액체의 화재시 가장 적합한 것은?

① 단백포소화약제
② 내알콜포소화약제
③ 합성계면활성제포소화약제
④ 수성막포소화약제

해설 수용성 액체의 화재시 일반 포소화약제 사용시 소포되므로 내알콜포소화약제를 사용한다.

13 다음 중 소화기의 사용방법으로 잘못된 것은?

① 적응화재에 따라 사용할 것
② 성능에 따라 방출거리 내에서 사용할 것
③ 바람을 마주보며 소화할 것
④ 양옆으로 비로 쓸 듯이 방사할 것

해설 ①,②,④ 외에 바람을 등지고 풍상에서 풍하로 사용할 것

Answer　9. ①　10. ③　11. ③　12. ②　13. ③

14 촛불의 화염을 입김으로 불어 끄는 소화방법은?

① 냉각소화
② 촉매소화
③ 제거소화
④ 억제소화

해설 • 제거소화 : 가연물을 연소구역에서 없애주는 방법으로 촛불을 입김으로 불어 가연물을 없애는 소화방법이다.

15 다음 중 화재 시 발생하는 열, 연기, 불꽃 또는 연소생성물을 자동적으로 감지하여 수신기에 발신하는 장치는?

① 중계기
② 감지기
③ 송신기
④ 발신기

해설 • 감지기 : 화재시 발생하는 열, 연기, 불꽃 또는 연소생성물을 자동적으로 감지하여 수신기에 발신하는 장치로 차동식, 정온식, 보상식, 이온화식, 광전식, 열복합형 등이 있다.

16 방호대상물의 바닥 면적이 $150m^2$ 이상인 경우에 개방형 스프링클러헤드를 이용한 스프링클러설비의 방사구역은 얼마 이상으로 하여야 하는가?

① $100m^2$
② $150m^2$
③ $200m^2$
④ $400m^2$

해설 개방형 스프링클러설비의 방사구역 $150m^2$ 이상

17 분말 소화약제 중 인산염류를 주성분으로 하는 것은 제 몇 종 분말인가?

① 제1종 분말
② 제2종 분말
③ 제3종 분말
④ 제4종 분말

해설 ① 제1종분말 : $NaHCO_3$, 탄산수소나트륨, 중조
② 제2종분말 : $KHCO_3$, 탄산수소칼륨
③ 제3종분말 : $NH_4H_2PO_4$, 인산암모늄
④ 제4종분말 : $KHCO_3 + (NH_2)_2CO$, 탄산수소칼륨+요소

18 탄화칼슘 저장소에 수분이 침투하여 반응하였을 때 발생하는 가연성 가스는?

① 메탄
② 아세틸렌
③ 에탄
④ 프로판

해설 탄화칼슘(카바이트) : 제3류, 칼슘의 탄화물, 지정수량 300kg, 물과 반응시 가연성이 아세틸렌 가스 발생

$CaC_2 + 2H_2O \longrightarrow C_2H_2 + Ca(OH)_2$
(탄화칼슘) (물)   (아세틸렌)   (소석회)

19 다음 중 위험물제조소등에 설치하는 경보설비에 해당하는 것은?

① 피난사다리
② 확성장치
③ 완강기
④ 구조대

해설 • 경보설비 : 자동화재 탐지설비, 비상경보설비, 확성장치, 비상방송설비

Answer 14. ③ 15. ② 16. ② 17. ③ 18. ② 19. ②

20 다음 중 가연물이 연소할 때 공기 중의 산소 농도를 떨어뜨려 연소를 중단시키는 소화 방법은?

① 제거소화   ② 질식소화
③ 냉각소화   ④ 억제소화

해설 • 질식소화 : 가연물이 연소할 때 공기중의 산소농도를 15% 이하로 낮추어 연소를 중단시킴

21 다음 위험물 중 끓는점이 가장 높은 것은?

① 벤젠   ② 디에틸에테르
③ 메탄올   ④ 아세트알데히드

해설 끓는점
① 벤젠(제1석유류) : 80℃
② 디에틸에테르(특수인화물) : 34.6℃
③ 메탄올(알콜류) : 65℃
④ 아세트알데히드(특수인화물) : 21℃

22 트리니트로톨루엔에 대한 설명으로 옳지 않은 것은?

① 제5류 위험물 중 니트로화합물에 속한다.
② 피크린산에 비해 충격, 마찰에 둔감하다.
③ 금속과의 반응성이 매우 커서 폴리에틸렌수지에 저장한다.
④ 일광을 쪼이면 갈색으로 변한다.

해설 트리니트로톨루엔(TNT)은 중성 물질로 금속과 반응을 하지 않으므로 가능하다.

23 제2류 위험물의 화재 발생이 소화방법 또는 주의할 점으로 적합하지 않은 것은?

① 마그네슘의 경우 이산화탄소를 이용한 질식소화는 위험하다.
② 황은 비산에 주의하여 분무주수로 냉각소화 한다.
③ 적린의 경우 물을 이용한 냉각소화는 위험하다.
④ 인화성고체는 이산화탄소로 질식소화 할 수 있다.

해설 적린은 물, 알칼리, 이황화탄소에 녹지 않으며 주수에 의한 냉각소화를 한다.

24 다음 제4류 위험물 중 품명이 나머지 셋과 다른 하나는?

① 아세트알데히드 ② 디에틸에테르
③ 니트로벤젠   ④ 이황화탄소

해설 ①, ②, ④ : 제4류, 특수인화물
③ : 제4류, 제3석유류

25 다음 중 함께 운반차량에 적재할 수 있는 유별을 옳게 연결한 것은? (단, 지정수량 이상을 적재한 경우이다.)

① 제1류 – 제2류   ② 제1류 – 제3류
③ 제1류 – 제4류   ④ 제1류 – 제6류

해설 혼재가능위험물
① 제1류와 제6류의 산화성 물질
② 제4류와 제2류, 제3류의 가연물
③ 제5류와 제2류, 제4류의 가연물

Answer 20. ② 21. ① 22. ③ 23. ③ 24. ③ 25. ④

26 과염소산에 대한 설명으로 틀린 것은?
① 가열하면 쉽게 발화한다.
② 강한 산화력을 갖고 있다.
③ 무색의 액체이다.
④ 물과 접촉하면 발열한다.

해설) 과염소산은 제1류의 산화성고체로 열분해하면 산소를 발생하여 연소를 돕지만 발화하지는 않는다.

27 과산화바륨의 성질을 설명한 내용 중 틀린 것은?
① 고온에서 열분해하여 산소를 발생한다.
② 황산과 반응하여 과산화수소를 만든다.
③ 비중은 약 4.96 이다.
④ 온수와 접촉하면 수소가스를 발생한다.

해설)
• 과산화바륨(BaO_2) : 제1류의 알칼리금속이외의 과산화물로 온수에서 분해하여 산소를 발생한다.
※ 제1류위험물은 열분해 혹은 물과 반응하여 가연성가스를 발생하지 않는다.

28 아연분이 염산과 반응할 때 발생하는 가연성 기체는?
① 아황산가스 ② 산소
③ 수소 ④ 일산화탄소

해설)
• 아연분(Zn) : 산(염산) 또는 알칼리와 반응 시 수소를 발생한다.

29 횡으로 설치한 원통형 위험물 저장탱크의 내용적이 500l일 때 공간용적은 최소 몇 l이어야 하는가? (단, 원칙적인 경우에 한한다.)
① 15 ② 25
③ 35 ④ 50

해설)
• 저장탱크의 공간용적 : 5 ~ 10%로 최소 5%이므로 500×0.05 = 25

30 질산의 성상에 대한 설명으로 옳은 것은?
① 흡습성이 강하고 부식성이 있는 무색의 액체이다.
② 햇빛에 의해 분해하여 암모니아가 생성되는 흰색을 띈다.
③ Au, Pt 와 잘 반응하여 질산염과 질소가 생성된다.
④ 비휘발성이고 정전기에 의한 발화에 주의해야 한다.

해설) 질산(HNO_3)
① 햇빛에 의해 분해되어 유독한 이산화질소(NO_2)발생
② Au, Pt 등을 녹이지 못함
③ 산화성 액체로 발화하지 않음

31 위험물제조소의 환기설비의 기준에서 급기구에 설치된 실의 바닥면적 150m^2 마다 1개 이상 설치하는 급기구의 크기는 몇 cm^2 이상이어야 하는가?
① 200 ② 400
③ 600 ④ 800

해설)
• 급기구 : 바닥면적 150m^2 마다 1개 이상 설치하며 크기는 800cm^2 이상

Answer 26. ① 27. ④ 28. ③ 29. ② 30. ① 31. ④

32 칼륨의 취급상 주의해야 할 내용을 옳게 설명한 것은?

① 석유와 접촉을 피해야 한다.
② 수분과 접촉을 피해야 한다.
③ 화재발생시 마른모래와 접촉을 피해야 한다.
④ 이산화탄소 분위기에서 보관하여야 한다.

해설 칼륨(K)과 나트륨(Na)은 금수성 물질로 물과 반응하면 수소가스가 발생한다.

33 위험물제조소에서 다음과 같이 위험물을 취급하고 있는 경우 각각의 지정수량 배수의 총합은 얼마인가?

- 브롬산나트륨 : 300kg
- 과산화나트륨 : 150kg
- 중크롬산나트륨 : 500kg

① 3.5   ② 4.0
③ 4.5   ④ 5.0

해설
- 환산지정수량 : $\frac{300}{300} + \frac{150}{50} + \frac{500}{1000} = 4.5$
- ※ 지정수량 : 브롬산나트륨 300kg, 과산화나트륨 50kg, 중크롬산나트륨 1000kg

34 위험물의 지정수량이 나머지 셋과 다른 하나는?

① 질산에스테르류 ② 니트로화합물
③ 아조화합물   ④ 히드라진유도체

해설 제5류 위험물의 지정수량
① 질산에스테르 : 10kg
② 니트로화합물 : 200kg
③ 아조화합물 : 200kg
④ 히드라진유도체 : 200kg

35 다음 중 제5류 위험물에 해당하지 않는 것은?

① 히드라진
② 히드록실아민
③ 히드라진유도체
④ 히드록실아민염류

해설 제5류 위험물
① 질산에스테르
② 유기과산화물
③ 니트로화합물
④ 니트로소화합물
⑤ 아조화합물
⑥ 디아조화합물
⑦ 히드라진유도체
⑧ 히드록실아민
⑨ 히드록실아민염류

36 제4류 위험물 운반용기의 외부에 표시해야 하는 사항이 아닌 것은?

① 규정에 의한 주의사항
② 위험물의 품명 및 위험등급
③ 위험물의 관리자 및 지정수량
④ 위험물의 화학명

해설 운반용기 외부표시 사항
① 위험물의 품명, 위험등급, 화학명 및 수용성
② 위험물의 수량
③ 수납위험물의 주의사항

Answer 32. ② 33. ③ 34. ① 35. ① 36. ③

37 고정식 포소화설비에 관한 기준에서 방유제 외측에 설치하는 보조포소화전의 상호간의 거리는?

① 보행거리 40m 이하
② 수평거리 40m 이하
③ 보행거리 75m 이하
④ 수평거리 75m 이하

38 과염소산암모늄이 300℃에서 분해되었을 때 주요 생성물이 아닌 것은?

① NO_3
② Cl_2
③ O_2
④ N_2

해설 과염소산암모늄이 300℃에서 분해하면 다량의 가스가 발생하여 분해 폭발할 위험이 있다.
$NH_4ClO_4 \rightarrow N_2 + Cl_2 + O_2 + 4H_2O$

39 위험물 운반에 관한 기준 중 위험등급 I에 해당하는 위험물은?

① 황화린
② 피크린산
③ 벤조일퍼옥사이드
④ 질산나트륨

해설
• 위험등급 II : 황화린(제2류), 피크린산(제5류), 질산나트륨(제1류)
• 위험등급 I : 벤조일퍼옥사이드

40 금속리튬이 물과 반응하였을 때 생성되는 물질은?

① 수산화리튬과 수소
② 수산화리튬과 산소
③ 수소화리튬과 물
④ 산화리튬과 물

해설
• 금속리튬(Li) : 제3류 위험물
  물과 반응하여 수산화리튬과 수소가 생성된다.
  $2Li + 2H_2O \longrightarrow 2LiOH + H_2$
  (리튬) (물)   (수산화리튬) (수소)

41 다음 중 과산화수소에 대한 설명이 틀린 것은?

① 열에 의해 분해한다.
② 농도가 높을수록 안정하다.
③ 인산, 요산과 같은 분해방지 안정제를 사용한다.
④ 강력한 산화제이다.

해설 • 과산화수소(H_2O_2) : 농도가 진하면 단독 폭발가능성이 커진다.

42 제4류 위험물의 품명 중 지정수량이 6000l인 것은?

① 제3석유류 비수용성액체
② 제3석유류 수용성액체
③ 제4석유류
④ 동식물유류

해설 지정수량
① 2,000l ② 4,000l
③ 6,000l ④ 10,000l

Answer 37. ③ 38. ① 39. ③ 40. ① 41. ② 42. ③

43 위험물의 운반에 관한 기준에서 다음 ()에 알맞은 온도는 몇 ℃인가?

> 적재하는 제5류 위험물 중 ( )℃이하의 온도에서 분해될 우려가 있는 것은 보냉 컨테이너에 수납하는 등 적절한 온도관리를 유지하여야 한다.

① 40
② 50
③ 55
④ 60

해설 제5류 위험물 중 55℃ 이하의 온도에서 분해될 우려가 있는 것은 보냉컨테이너에 수납하는 등 적정한 온도관리를 할 것

44 위험물 적재 방법 중 위험물을 수납한 운반용기를 겹쳐 쌓는 경우 높이는 몇 m 이하로 하여야 하는가?

① 2
② 3
③ 4
④ 6

해설 위험물을 수납한 운반용기를 겹쳐 쌓는 경우에는 그 높이를 3m 이하로 하고, 용기의 상부에 걸리는 하중은 당해 용기 위에 당해 용기와 동종의 용기를 겹쳐 쌓아 3m의 높이로 하였을 때에 걸리는 하중 이하로 하여야 한다.

45 다음 ( )안에 알맞은 용어를 모두 옳게 나타낸 것은?

> ( ) 또는 ( ) 은(는) 위험물의 운송에 따른 화재의 예방을 위하여 필요하다고 인정하는 경우에는 주행 중의 이동저장탱크저장소를 정지시켜 당해 이동탱크저장소에 승차하고 있는 자에 대하여 위험물의 취급에 관한 국가기술 자격증 또는 교육수료증의 제시를 요구할 수 있다.

① 지방소방공무원, 지방행정공무원
② 국가소방공무원, 국가행정공무원
③ 소방공무원, 경찰공무원
④ 국가행정공무원, 경찰공무원

46 위험물안전관리법령에서 규정하고 있는 사항으로 틀린 것은?

① 법정의 안전교육을 받아야 하는 사람은 안전 관리자로 선임된 자, 탱크시험자의 기술인력으로 종사하는 자, 위험물 운송자로 종사하는 자이다.
② 지정수량의 150배 이상의 위험물을 저장하는 옥내저장소는 관계인이 예방규정을 정하여야 하는 제조소등에 해당한다.
③ 정기검사의 대상이 되는 것은 액체위험물을 저장 또는 취급하는 10만 리터 이상의 옥외탱크저장소, 암반탱크저장소, 이송취급소이다.
④ 법정의 안전관리자교육이수자와 소방공무원으로 근무한 경력이 3년 이상인자는 제4류 위험물에 대한 위험물취급 자격자가 될 수 있다.

Answer 43. ③ 44. ② 45. ③ 46. ③

47 위험물의 화재시 소화방법에 대한 다음 설명 중 옳은 것은?

① 아연분은 주수소화가 적당하다.
② 마그네슘은 봉상주수소화가 적당하다.
③ 알루미늄은 건조사로 피복하여 소화하는 것이 좋다.
④ 황화린은 산화제로 피복하여 소화하는 것이 좋다.

해설 철분, 금속분, 마그네슘 등은 주수소화 등이 적당하지 않고 건조사, 팽창질석 등이 적당하다.

48 그림과 같이 횡으로 설치한 원형탱크의 용량은 약 몇 m³인가? (단, 공간용적은 내용적의 $\frac{10}{100}$ 이다.)

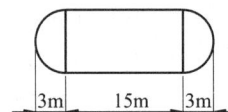

① 1690.9
② 1335.1
③ 1268.4
④ 1201.7

해설 $v = \pi r^2 \left(L + \frac{L_1 + L_2}{3} \right) = 3.14 \times 5^2 \times \left(15 + \frac{3+3}{3} \right)$
$= 1334.5 \times 0.9 = 1,201.05$
※ 공간용적이 10%인 탱크의 용량이므로 0.9를 곱한다.

49 가솔린에 대한 설명으로 옳은 것은?

① 연소범위는 15 ~ 75 vol%이다.
② 용기는 따뜻한 곳에 환기가 잘 되게 보관한다.
③ 전도성이므로 감전에 주의한다.
④ 화재 소화시 포소화약제에 의한 소화를 한다.

해설 가솔린(휘발유)
① 연소범위 1.4 ~ 7.6%
② 통풍이 잘되는 찬 곳에 저장
③ 전기 부도체로 정전기 발생에 주의 할 것
④ 포말, 분말 등의 질식 소화약제로 소화한다.

50 다음 2가지 물질이 반응하였을 때 포스핀을 발생시키는 것은?

① 사염화탄소+물 ② 황산+물
③ 오황화린+물 ④ 인화칼슘+물

해설 발생물질
① 포스겐 발생
③ 황화수소와 인산 발생
④ $Ca_3P_2 + 6H_2O \longrightarrow 2PH_3 + 3Ca(OH)_2$
   (인화석회) (물)   (포스핀) (수산화칼슘)

51 질산에틸의 성질에 대한 설명 중 틀린 것은?

① 비점은 약 88℃이다.
② 무색의 액체이다.
③ 증기는 공기보다 무겁다.
④ 물에 잘 녹는다.

해설 • 질산에틸($C_2H_5ONO_2$) : 제5류, 질산에스테르류, 지정수량 10kg물에 녹지 않고 알콜, 에테르에 녹는다.

Answer 47. ③ 48. ④ 49. ④ 50. ④ 51. ④

52 제6류 위험물 운반용기의 외부에 표시하여야 하는 주의사항은?

① 충격주의
② 가연물접촉주의
③ 화기엄금
④ 화기주의

해설
① 충격주의 : 제1류 위험물의 알칼리금속의 과산화물, 제5류 위험물
② 가연물접촉주의 : 제1류 위험물의 알칼리금속의 과산화물, 제6류 위험물
③ 화기엄금 : 인화성고체, 제3류 위험물의 자연발화성 물질, 제4류 위험물
④ 화기주의 : 제1류 위험물의 알칼리금속의 과산화물, 제2류 위험물 중 철분, 금속분, 마그네슘분

53 알콜류의 일반 성질이 아닌 것은?

① 분자량이 증가하면 증기비중이 커진다.
② 알콜은 탄화수소의 수소원자를 -OH 기로 치환한 구조를 가진다.
③ 탄소수가 적은 알콜은 저급 알콜이라고 한다.
④ 3차 알콜에는 -OH 기가 3개 있다.

해설
• 3차알콜 : -OH와 결합된 탄소가 다른 탄소 3개와 결합된 알콜
• 3가알콜 : -OH기가 3개 있는 알콜

54 위험물안전관리법령에 따른 위험물의 운송에 관한 설명 중 틀린 것은?

① 알킬리튬과 알킬알루미늄 또는 이 중 어느 하나 이상을 함유한 것은 운송책임자의 감독, 지원을 받아야 한다.
② 이동저장탱크저장소에 의하여 위험물을 운송할 때의 운송책임자에는 법정의 교육이수자도 포함된다.
③ 서울에서 부산까지 금속의 인화물 300kg을 1명의 운전자가 휴식 없이 운송해도 규정위반이 아니다.
④ 운송책임자의 감독 또는 지원의 방법에는 동승하는 방법과 별도의 사무실에서 대기하면서 규정된 사항을 이행하는 방법이 있다.

해설 위험물운송자는 장거리(고속국도에 있어서는 340km 이상, 그 밖의 도로에 있어서는 200km 이상을 말한다.)에 걸치는 운송을 하는 때에는 2명 이상의 운전자로 할 것

55 유황은 순도가 몇 중량퍼센트 이상이어야 위험물에 해당하는가?

① 40   ② 50
③ 60   ④ 70

해설 위험물순도
① 유황 : 60% 이상
② 알콜 : 60% 이상
③ 과산화수소 : 36% 이상

Answer 52. ② 53. ④ 54. ③ 55. ③

56 다음 황린의 성질에 대한 설명으로 옳은 것은?

① 분자량은 약 108이다.
② 융점은 약 120℃이다.
③ 비점은 약 120℃이다.
④ 비중은 약 1.8이다.

해설 황린(P_4)
① 제3류 위험물
② 지정수량 : 20kg
③ 분자량 : 128
④ 융점 : 44℃
⑤ 비점 : 280℃

57 다음 중 산을 가하면 이산화염소를 발생시키는 물질은?

① 아염소산나트륨 ② 브롬산나트륨
③ 옥소산칼륨   ④ 중크롬산나트륨

해설 아염소산나트륨에 산을 가하면 유독성의 이산화염소(ClO_2)가 발생한다.

58 옥외저장탱크 중 압력탱크 외의 탱크에 통기관을 설치하여야 할 때 밸브 없는 통기관인 경우 통기관의 직경은 몇 mm 이상으로 하여야 하는가?

① 10   ② 15
③ 20   ④ 30

해설 밸브 없는 통기관
① 직경 : 30mm 이상
② 선단 : 수평으로부터 45° 구부려 빗물 침투방지
③ 인화방지망 : 가는눈의 구리망

59 적린은 다음 중 어떤 물질과 혼합시 마찰, 충격, 가열에 의해 폭발할 위험이 가장 높은가?

① 염소산칼륨
② 이산화탄소
③ 공기
④ 물

해설 적린
① 제2위험물
② 지정수량 100kg
③ 황린의 동소체, 산화제인 염소산염류와 혼합하면 발화위험이 있다.

60 다음 품명에 따른 지정수량이 틀린 것은?

① 유기과산화물 : 10kg
② 황린 : 50kg
③ 알칼리금속 : 50kg
④ 알킬리튬 : 10kg

해설 황린
① 제3류 위험물
② 지정수량 20kg
③ 독성이 있고 물속에 저장

Answer 56. ④ 57. ① 58. ④ 59. ① 60. ②

위험물기능사 2000제 문제은행

CBT 시험대비
▶ 2010년 10월 3일 시행

01 다음 ( ) 안에 들어갈 수치를 순서대로 올바르게 나열한 것은? (단, 제4류 위험물에 적응성을 갖기 위한 살수밀도기준을 적용하는 경우를 제외한다.)

> 위험물제조소 등에 설치하는 폐쇄형 헤드의 스프링 클러설비는 30개의 헤드(헤드 설치수가 30 미만의 경우는 당해 설치 개수)를 동시에 사용할 경우 각 선단의 방사 압력이 ( )kPa 이상이고 방수량이 1분당 ( )L 이상이어야 한다.

① 100, 80   ② 120, 80
③ 100, 100   ④ 120, 100

해설 스프링클러 설비 중 폐쇄형 헤드는 방사압력이 100kpa 이상이고 방수량은 80 L/min 이다.

02 일반적으로 폭굉파의 전파속도는 어느 정도인가?

① 0.1 ~ 10m/s
② 100 ~ 350m/s
③ 1000 ~ 3500m/s
④ 10000 ~ 35000m/s

해설
• 정상연소 속도 : 0.1~10m/s
• 폭굉 연소 속도 : 1000~3500m/s

03 다음 소화약제 중 오존파괴지수(ODP)가 가장 큰 것은?

① IG-541   ② Halon 2402
③ Halon 1211   ④ Halon 1301

해설 오존층 파괴지수가 가장 큰 화합물은 할론 1301이다.

04 화학포소화기에서 탄산수소나트륨과 황산알루미늄이 반응하여 생성되는 기체의 주성분은?

① CO   ② CO_2
③ N_2 ④ Ar

해설
• 화학포 소화액제 반응식
$6NaHCO_3 + Al_2(SO_4)_3 \cdot 18H_2O \rightarrow 3Na_2SO_4 + 2Al(OH)_3 + 6CO_2 + 6H_2O$

05 철분, 금속분, 마그네슘에 적응성이 있는 소화설비는?

① 이산화탄소소화설비
② 할로겐화합물소화설비
③ 포소화소화설비
④ 탄산수소염류소화설비

해설 주수금지 위험물인 철분, 금속분, 마그네슘 등에 적응성 있는 소화약제는 마른모래, 팽창질석, 팽창진주암 탄산수소염류 등 금속화재용 분말소화약제로 질식 소화한다.

Answer 1. ① 2. ③ 3. ④ 4. ② 5. ④

06 물에 탄산칼륨을 보강시킨 강화액 소화약제에 대한 설명으로 틀린 것은?

① 물보다 점성이 있는 수용액이다.
② 일반적으로 약산성을 나타낸다.
③ 응고점은 약 -30 ~ -26℃이다.
④ 비중은 약 1.3~1.4정도이다.

해설 강화액 소화기는 pH 12 정도로 알칼리성이다.

07 옥외저장소에서 지정수량 200배 초과의 위험물을 저장할 경우 보유공지의 너비는 몇 m 이상으로 하여야 하는가? (단, 제4류 위험물과 제6류 위험물은 제외한다.)

① 0.5   ② 2.5
③ 10   ④ 15

해설 옥외저장소에서 지정수량 200배 초과시 보유공지 너비는 15m 이상이다.

08 위험물안전관리법령상 소화설비의 구분에서 "물분무등소화설비"의 종류가 아닌 것은?

① 스프링클러설비
② 할로겐화합물소화설비
③ 이산화탄소소화설비
④ 분말소화설비

해설 불문무등 소화설비 종류
① 분무소화설비
② 할로겐소화설비
③ CO_2 소화설비
④ 포소화설비
⑤ 분말소화설비

09 공기 중의 산소농도를 한계산소량 이하로 낮추어 연소를 중지시키는 소화방법은?

① 냉각소화
② 제거소화
③ 억제소화
④ 질식소화

해설 공기중의 산소농도를 15% 이하로 낮추어 산소공급을 차단하는 소화방법은 질식소화이다.

10 이동탱크저장소에 있어서 구조물 등의 시설을 변경하는 경우 변경허가를 득하여야 하는 경우는?

① 펌프설비를 보수하는 경우
② 동일 사업장 내에서 상치장소의 위치를 이전하는 경우
③ 직경이 200mm인 이동저장탱크의 맨홀을 신설하는 경우
④ 탱크본체를 절개하여 탱크를 보수하는 경우

해설 탱크절개보수는 변경허가를 득해야 한다.

11 유류화재의 급수 표시와 표시색상으로 옳은 것은?

① A급, 백색   ② B급, 황색
③ A급, 황색   ④ B급, 백색

해설
• A급 화재 : 일반화재, 백색
• B급 화재 : 유류화재, 황색
• C급 화재 : 전기화재, 청색
• D급 화재 : 금속화재, 색상 없음

Answer 6. ② 7. ④ 8. ① 9. ④ 10. ④ 11. ②

12 과산화리튬의 화재현장에서 주수소화가 불가능한 이유는?

① 수소가 발생하기 때문에
② 산소가 발생하기 때문에
③ 이산화탄소가 발생하기 때문에
④ 일산화탄소가 발생하기 때문에

해설 과산화리튬은 물과 반응하여 발열과 함께 산소를 발생하므로 주수소화가 적합하지 않다.

13 위험물안전관리법령에 의하면 옥외소화전이 6개 있을 경우 수원의 수량은 몇 m^3 이상이어야 하는가?

① $48m^3$ 이상   ② $54m^3$ 이상
③ $60m^3$ 이상   ④ $81m^3$ 이상

해설 옥외소화전 설치개수(최대 4개)에 $13.5m^3$를 곱한 양 이상일 것
4개 × 13.5 = $54m^3$ 이상

14 분말 소화약제의 분류가 옳게 연결된 것은?

① 제1종 분말약제 : $KHCO_3$
② 제2종 분말약제 : $KHCO_3$ + $(NH_2)_2CO$
③ 제3종 분말약제 : $NH_4H_2PO_4$
④ 제4종 분말약제 : $NaHCO_3$

해설
- 제1종 분말소화약제 : $NaHCO_3$ 백색
- 제2종 분말소화약제 : $KHCO_3$ 암자색(암회색)
- 제3종 분말소화약제 : $NH_4H_2PO_4$ 담홍색
- 제4종 분말소화약제 : $KHCO_3$ + $(NH_2)_2CO$ 회(백)색

15 마른모래(삽 1개 포함) 50리터의 소화 능력단위는?

① 0.1
② 0.5
③ 1
④ 1.5

해설
- 소화전용 8L : 0.3단위
- 마른모래(삽 1개 포함) 50L : 0.5단위
- 팽창열식, 팽창진주암(삽1개 포함) 160L : 1단위

16 그림은 포소화설비의 소화약제 혼합장치이다. 이 혼합방식의 명칭은?

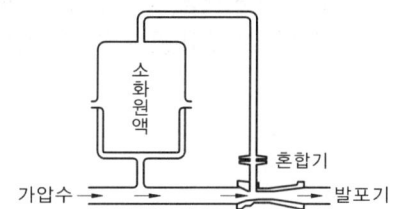

① 라인프로포셔너
② 펌프프로포셔너
③ 프레셔프로포셔너
④ 프레셔사이드프로포셔너

해설 차압혼합방식(프레셔프로포셔너)은 펌프와 발포기 중간에 설치된 벤튜리관의 벤튜리 작용과 펌프가압수의 포소화약제 저장탱크에 대한 압력에 의해 포소화약제를 흡입 및 혼합하여 포수용액을 만드는 방식

Answer 12. ② 13. ② 14. ③ 15. ② 16. ③

17 황의 화재예방 및 소화방법에 대한 설명 중 틀린 것은?

① 산화제와 혼합하여 저장한다.
② 정전기가 축적되는 것을 방지한다.
③ 화재시 분무 주수하여 소화할 수 있다.
④ 화재시 유독가스가 발생하므로 보호장구를 착용하고 소화한다.

해설 > 황(S)은 제2류위험물인 가연물로서 산화제와 혼합하여 저장하게 되면 가열, 충격, 마찰로 착화, 발화하게 되어 무척 위험하다.

18 건축물의 1층 및 2층 부분만을 방사 능력범위로 하고 지하층 및 3층 이상의 층에 대하여 다른 소화설비를 설치해야 하는 소화설비는?

① 스프링클러설비
② 포소화설비
③ 옥외소화전설비
④ 물분무소화설비

해설 > 옥외소화전설비는 건축물 화재 발생시 인접 건축물로 화재가 확산되는 것을 방지하는 목적으로 건축물 외부에 설치하여 건축물 1, 2층 부분 정도의 화재 소화에 유효하다.

19 산화열에 의해 자연발화가 발생할 위험이 높은 것은?

① 건성유
② 니트로셀룰로오스
③ 퇴비
④ 옥탄

해설 > 동식물유류 중 요오드값 130 이상인 건성유는 섬유, 종이 등에 스며든채로 방치하면 자연발화의 위험이 있다.

20 옥내에서 지정수량 100배 이상을 취급하는 일반취급소에 설치하여야 하는 경보설비는? (단, 고인화점 위험물만을 취급하는 경우는 제외한다.)

① 비상경보설비
② 자동화재탐지설비
③ 비상방송설비
④ 비상벨설비 및 확성장치

해설 > 제조소 및 일반취급소의 옥내에서 지정수량 100배 이상을 취급하는 경우에 설치하여야 하는 경보설비는 자동화재탐지설비이다.

21 트리니트로톨루엔에 관한 설명으로 옳은 것은?

① 불연성이지만 조연성 물질이다.
② 폭약류의 폭력을 비교할 때 기준 폭약으로 활용된다.
③ 인화점이 30℃보다 높으므로 여름철에 주의해야 한다.
④ 분해연소하면서 다량의 고체를 발생한다.

해설 > 제5류 위험물이 T. N. T(트리니트로톨루엔)은 강력한 폭약으로 폭발력의 표준으로 사용된다.

Answer 17. ① 18. ③ 19. ① 20. ② 21. ②

22 니트로셀룰로오스에 관한 설명으로 옳은 것은?

① 섬유소를 진한 염산과 석유의 혼합액으로 처리하여 제조한다.
② 직사광선 및 산의 존재하에 자연발화의 위험이 있다.
③ 습윤상태로 보관하면 매우 위험하다.
④ 황갈색의 액체상태이다.

해설 제5류위험물인 니트로셀룰로오스(질화면 또는 면화약)으로 셀룰로오스(섬유소)를 진한 질산과 진한황산에 혼합시켜 제조한 것으로 직사광선 및 산의 존재시 자연발화한다.

23 다음 아세톤의 완전 연소 반응식에서 ( )에 알맞은 계수를 차례대로 옳게 나타낸 것은?

$$CH_3COCH_3 + (\ )O_2 \rightarrow (\ )CO_2 + 3H_2O$$

① 3, 4   ② 4, 3
③ 6, 3   ④ 3, 6

해설 $CH_3COCH_3 + 4O_2 \rightarrow 3CO_2 + 3H_2O$

24 제1류 위험물을 취급할 때 주의사항으로서 틀린 것은?

① 환기가 잘되는 서늘한 곳에 저장한다.
② 가열, 충격, 마찰을 피한다.
③ 가연물과의 접촉을 피한다.
④ 밀폐용기는 위험하므로 개방용기를 사용해야 한다.

해설 제1류 위험물은 조해성이 있으므로 습기를 피하고 용기는 밀폐하여 보관한다.

25 유황 500kg, 인화성고체 1000kg을 저장하려 한다. 각각의 지정수량 배수의 합은 얼마인가?

① 3배   ② 4배
③ 5배   ④ 6배

해설 유황지정수량 : 100kg,
인화성 고체지정수량 : 1000kg
$\frac{500}{100} + \frac{1000}{1000} = 6$배

26 위험물의 유별( ) 구분이 나머지 셋과 다른 하나는?

① 황린   ② 금속분
③ 황화린   ④ 마그네슘

해설
• 제3류 위험물 : 황린
• 제2류 위험물 : 금속분, 황화린, 마그네슘

27 인화성액체 위험물을 저장 또는 취급하는 옥외탱크저장소의 방유제내에 용량 10만L와 5만L 인 옥외저장탱크 2기를 설치하는 경우에 확보하여야 하는 방유제의 용량은?

① 50000L 이상
② 80000L 이상
③ 100000L 이상
④ 110000L 이상

해설
• 방류제용량 : 2기를 설치할 때는 용량이 큰 저장탱크의 1.1배
10만L × 1.1배 = 110000ℓ 이상

Answer 22. ② 23. ② 24. ④ 25. ④ 26. ① 27. ④

28 내용적이 20000L 인 옥내저장탱크에 대하여 저장 또는 취급의 허가를 받을 수 있는 최대용량은? (단, 원칙적인 경우에 한한다.)
① 18000L   ② 19000L
③ 19400L   ④ 20000L

29 다음 중 공기에서 산화되어 액 표면에 피막을 만드는 경향이 가장 큰 것은?
① 올리브유   ② 낙화생유
③ 야자유   ④ 동유

해설 동식물유중 요드값 130 이상인 건성유가 공기 중 산화되어 피막형성이 큰 것으로 해바라기유, 동유, 아마인유, 들기름, 정어리유 등이 있다.

30 제2류 위험물의 화재예방 및 진압대책으로 적합하지 않은 것은?
① 강산화제와의 혼합을 피한다.
② 적린과 유황은 물에 의한 냉각소화가 가능하다.
③ 금속분은 산과의 접촉을 피한다.
④ 인화성고체를 제외한 위험물제조소에는 "화기엄금" 주의사항 게시판을 설치한다.

해설 제2류 위험물 가연성 고체로 점화원을 멀리하고 가연성 산화제와의 접촉을 피한다. 주의사항 게시판은 제2류 위험물 중 인화성고체에는 "화기엄금" 제2류 위험물에는 "화기주의"를 게시한다.

31 제5류 위험물에 관한 내용으로 틀린 것은?
① $C_2H_5ONO_2$: 상온에서 액체이다.
② $C_6H_2OH(NO_2)_3$: 공기 중 자연분해가 매우 잘 된다.
③ $C_6H_3(NO_2)_2CH_3$: 담황색의 결정이다.
④ $C_3H_5(ONO_2)_3$: 혼산 중에 글리세린을 반응시켜 제조한다.

해설 $C_6H_2OH(NO_2)_3$는 트리니트로페놀(T.N.P)또는 피크린산이라고 한다. 마찰충격에 비교적 안정하며 찬물에 극히 적게 녹고 알콜에테르벤젠에 잘 녹는다. 자연분해는 잘 진행되지 않는다.

32 알루미늄분의 성질에 대한 설명 중 틀린 것은?
① 염산과 반응하여 수소를 발생한다.
② 끓는물과 반응하면 수소화알루미늄이 생성된다.
③ 산화제와 혼합시키면 착화의 위험이 있다.
④ 은백색의 광택이 있고 물보다 무거운 금속이다.

해설 알루미늄분은 산·알칼리수용액에서 수소를 발생하며 수분 또는 할로겐 원소와 접촉시 자연발화의 위험이 있다.
(고온에서 알루미늄과 물의 반응식) : $2Al + 3H_2O \rightarrow Al_2O_3 + 3H_2$

Answer 28. ② 29. ④ 30. ④ 31. ② 32. ②

33 위험물을 저장할 때 필요한 보호물질을 옳게 연결한 것은?

① 황린 – 석유
② 금속칼륨 – 에탄올
③ 이황화탄소 – 물
④ 금속나트륨 – 산소

해설
- 금속칼륨, 나트륨 : 석유 파라핀경유속에 저장
- 황린 : pH9의 물속에 저장
- 이황화탄소 : 물속에 저장

34 지정수량의 10배의 위험물을 운반할 경우 제5류 위험물과 혼재 가능한 위험물에 해당하는 것은?

① 제1류 위험물
② 제2류 위험물
③ 제3류 위험물
④ 제6류 위험물

해설 제5류 위험물과 혼재 가능한 위험물은 제2류 위험물과 제4류 위험물이다.

35 제5류 위험물 중 지정수량이 잘못된 것은?

① 유기과산화물 : 10kg
② 히드록실아민 : 100kg
③ 질산에스테르류 : 100kg
④ 니트로화합물 : 200kg

해설 제5류 위험물 중 질산에스테르류의 지정수량은 10kg이다.

36 소화설비의 설치기준으로 옳은 것은?

① 제4류 위험물을 저장 또는 취급하는 소화난이도등급 I인 옥외탱크저장소에는 대형수동식소화기 및 소형수동식소화기 등을 각각 1개 이상 설치할 것
② 소화난이도등급 II인 옥내탱크저장소에는 소형수동식소화기 등을 2개 이상 설치할 것
③ 소화난이도등급 III인 지하탱크저장소는 능력단위의 수치가 2 이상인 소형수동식소화기 등을 2개 이상 설치할 것
④ 제조소등에 전기설비(전기배선, 조명기구 등은 제외한다)가 설치된 경우에는 당해 장소의 면적 100m² 마다 소형수동식소화기를 1개 이상 설치할 것

해설 위험물 제조소 전기설비는 면적 100m² 마다 소형수동식 소화기 1개 이상 설치한다.

Answer 33. ③ 34. ② 35. ③ 36. ④

37 종류(유별)가 다른 위험물을 동일한 옥내저장소의 동일한 실에 같이 저장하는 경우에 대한 설명으로 틀린 것은?

① 제1류 위험물과 황린은 동일한 옥내저장소에 저장할 수 있다.
② 제1류 위험물과 제6류 위험물은 동일한 옥내저장소에 저장할 수 있다.
③ 제1류 위험물 중 알칼리금속의 과산화물과 제5류 위험물은 동일한 옥내저장소에 저장할 수 있다.
④ 유별을 달리하는 위험물을 유별로 모아서 저장하는 한편 상호간에 1미터 이상의 간격을 두어야 한다.

해설
- 제1류 위험물은 산화성 고체이고 제5류 위험물은 자기반응성물질로 혼재하여 저장할 수 없다.
- 제1류 위험물은 제6류 위험물과 혼재할 수 있고, 제5류 위험물은 제2류 위험물 또는 제4류 위험물과 혼재할 수 있다.

38 가연성고체에 해당하는 물품으로서 위험등급 II에 해당하는 것은?

① P_4S_3, P
② Mg, $(CH_3CHO)_4$
③ P_4, AlP
④ NaH, Zr

해설
- 삼황화린, 적린 : 위험등급 II
- 수소화나트륨, 지르코늄 : 위험등급 III
- 마그네슘 : 위험등급 III
- 황린, 인화알루미늄 : 위험등급 I

39 다음 중 인화점이 가장 높은 물질은?

① 이황화탄소
② 디에틸에테르
③ 아세트알데히드
④ 산화프로필렌

해설 인화점
① 이황화탄소 : -30℃
② 산화프로필렌 : -37℃
③ 디에틸에테르 : -45℃
④ 아세틸알데히드 : -38℃

40 마그네슘분과 혼합했을 때 발화의 위험이 있기 때문에 접촉을 피해야 하는 것은?

① 건조사
② 팽창질석
③ 팽창진주암
④ 염소 가스

해설 마그네슘과 산화제 및 할로겐원소(염소)와 접촉시 발화의 위험이 있다.

41 금속 나트륨을 페놀프탈레인 용액이 몇 방울 섞인 물속에 넣었다. 이 때 일어나는 현상을 잘못 설명한 것은?

① 물이 붉은 색으로 변한다.
② 물이 산성으로 변하게 된다.
③ 물과 반응하여 수소를 발생한다.
④ 물과 격렬하게 반응하면서 발열한다.

해설 페놀프탈레인용액과 나트륨을 반응시키면 붉은색으로 변하고 물과 반응하여 수소기체를 발생한다.

Answer 37. ③ 38. ① 39. ① 40. ④ 41. ②

42 제3류 위험물에 해당하는 것은?
① 염소화규소화합물
② 금속의 아지화합물
③ 질산구아니딘
④ 할로겐간화합물

해설) 염소화규소화합물은 제3류 위험물로 지정수량은 300kg이다.

43 위험물을 운반용기에 수납하여 적재할 때 차광성이 있는 피복으로 가려야 하는 위험물이 아닌 것은?
① 제1류 위험물
② 제2류 위험물
③ 제5류 위험물
④ 제6류 위험물

해설) 제2류 위험물은 방수성 있는 덮개를 하여야 한다.

44 위험물안전관리법에서 정하는 위험물이 아닌 것은? (단, 지정수량은 고려하지 않는다.)
① CCl_4
② BrF_3
③ BrF_5
④ IF_5

해설) 사염화탄소(CCl_4)는 소화약제에 속한다.

45 탄화칼슘의 성질에 대하여 옳게 설명한 것은?
① 공기 중에서 아르곤과 반응하여 불연성 기체를 발생한다.
② 공기 중에서 질소와 반응하여 유독한 기체를 낸다.
③ 물과 반응하면 탄소가 생성된다.
④ 물과 반응하여 아세틸렌 가스가 생성된다.

해설) 탄화칼슘(CaC_2)은 물과 반응하여 아세틸렌 생성
$CaC_2 + 2H_2O \rightarrow Ca(OH)_2 + C_2H_2$

46 품명과 위험물의 연결이 틀린 것은?
① 제1석유류 - 아세톤
② 제2석유류 - 등유
③ 제3석유류 - 경유
④ 제4석유류 - 기어유

해설)
① 제1석유류 : 아세톤, 휘발유, 벤젠 톨루엔
② 제2석유류 : 등유, 경유, 의산 테레핀유
③ 제3석유류 : 중유, 크레오소트유, 니트로벤젠, 아닐린
④ 제4석유류 : 방청유, 담금질유, 절삭유, 윤활유

47 제5류 위험물에 해당하지 않는 것은?
① 염산히드라진
② 니트로글리세린
③ 니트로벤젠
④ 니트로셀룰로오스

해설) 니트로벤젠은 제4류 위험물 중 제3석유류이다.

Answer 42. ① 43. ② 44. ① 45. ④ 46. ③ 47. ③

48 NH₄ClO₄에 대한 설명 중 틀린 것은?

① 가연성물질과 혼합하면 위험하다.
② 폭약이나 성냥 원료로 쓰인다.
③ 에테르에 잘 녹으나 아세톤, 알콜에는 녹지 않는다.
④ 비중이 약 1.87이고 분해온도가 130℃ 정도이다.

해설 과염소산암모늄(NH₄ClO₄)은 무색 수용성 결정으로 에테르에는 녹지 않으나 아세톤과 알콜과는 반응한다.

49 질산에스테르류에 속하지 않는 것은?

① 니트로셀룰로오스
② 질산에틸
③ 니트로글리세린
④ 디니트로페놀

해설 • 질산에스테르류
① 질산메틸
② 질산에틸
③ 니트로글리세린
④ 니트로셀룰로오스

50 위험물 운송에 관한 규정으로 틀린 것은?

① 이동탱크저장소에 의하여 위험물을 운송하는 자는 당해 위험물을 취급할 수 있는 국가기술자격자 또는 안전교육을 받은 자이어야 한다.
② 안전관리자·탱크시험자·위험물운송자 등 위험물의 안전관리와 관련된 업무를 수행하는 자는 시·도지사가 실시하는 안전교육을 받아야 한다.
③ 운송책임자의 범위, 감독 또는 지원의 방법 등에 관한 구체적인 기준은 행정안전부령으로 정한다.
④ 위험물운송자는 행정안전부령이 정하는 기준을 준수하는 등 당해 위험물의 안전확보를 위해 세심한 주의를 기울여야 한다.

51 질산암모늄의 위험성에 대한 설명에 해당하는 것은?

① 폭발기와 산화기가 결합되어 있어 100℃에서 분해폭발한다.
② 인화성액체로 정전기에 주의하여야 한다.
③ 400℃에서 분해되기 시작하여 540℃에서 급격히 분해 폭발할 위험성이 있다.
④ 단독으로도 급격한 가열, 충격으로 분해하여 폭발의 위험이 있다.

해설 질산암모늄(NH₄NO₃)은 무색결정성물질로 물에 잘 녹고 가열시 폭발적으로 분해하여 폭발한다.

Answer 48. ③ 49. ④ 50. ② 51. ④

52 휘발유에 대한 설명으로 틀린 것은?
① 위험등급은 I등급이다.
② 증기는 공기보다 무거워 낮은 곳에 체류하기 쉽다.
③ 내장용기가 없는 외장플라스틱용기에 적재할 수 있는 용적은 20리터이다.
④ 이동탱크저장소로 운송하는 경우 위험물 운송자는 위험물안전카드를 휴대하여야 한다.

해설 휘발유는 제4류 위험물 중 제1석유류이다. 위험등급 II에 속한다.

53 이황화탄소 기체는 수소 기체보다 20℃ 1기압에서 몇 배 더 무거운가?
① 11
② 22
③ 32
④ 38

해설 H_2 : 2g, CS_2 : 76g
∴ $\frac{76g}{2g}$ = 38배

54 탱크안전성능검사 내용의 구분에 해당하지 않는 것은?
① 기초·지반검사
② 충수·수압검사
③ 용접부검사
④ 배관검사

해설 배관검사는 탱크안전성능검사에 해당되지 않는다.

55 금속나트륨의 일반적인 성질에 대한 설명 중 틀린 것은?
① 비중은 약 0.97이다.
② 화학적으로 활성이 크다.
③ 은백색의 가벼운 금속이다.
④ 알콜과 반응하여 질소를 발생한다.

해설 나트륨은 알콜과 반응하여 수소를 발생한다.
$2Na + 2C_2H_5OH \rightarrow 2C_2H_5ONa + H_2$

56 제4류 위험물의 옥외저장탱크에 설치하는 밸브 없는 통기관은 직경이 얼마 이상인 것으로 설치해야 되는가? (단, 압력탱크는 제외한다.)
① 10mm
② 20mm
③ 30mm
④ 40mm

해설 제4류 위험물 옥외저장탱크에 설치하는 밸브 없는 통기관 직경은 30mm 이상인 것으로 설치한다.

57 제6류 위험물의 위험물에 대한 설명으로 적합하지 않은 것은?
① 질산은 햇빛에 의해 분해되어 NO_2를 발생한다.
② 과염소산은 산화력이 강하여 유기물과 접촉시 연소 또는 폭발한다.
③ 질산은 물과 접촉하면 발열한다.
④ 과염소산은 물과 접촉하면 흡열한다.

해설 과염소산($HClO_4$)은 무색의 액체로 물과 접촉시 심하게 발열하여 6종류의 안정된 고체 수화물을 만든다.

Answer 52. ① 53. ④ 54. ④ 55. ④ 56. ③ 57. ④

58 제조소등의 관계인은 위험물제조소등에 대하여 기술기준에 적합한지의 여부를 정기적으로 점검을 하여야 하는바, 법적 최소 점검주기에 해당하는 것은?

① 주 1회 이상
② 월 1회 이상
③ 6개월 1회 이상
④ 연 1회 이상

해설 위험물 제조소 정기점검은 연 1회 이상 실시한다.

59 시클로헥산에 관한 설명으로 가장 거리가 먼 것은?

① 고리형 분자구조를 가진 방향족 탄화수소화합물이다.
② 화학식은 C_6H_{12}이다.
③ 비수용성 위험물이다.
④ 제4류 제1석유류에 속한다.

해설 시클로헥산은 메틸렌기 여섯 개가 결합된 시클로 파라핀계 탄화수소이다.

60 제5류 위험물의 화재예방 및 진압대책에 대한 설명 중 틀린 것은?

① 벤조일퍼옥사이드의 저장 시 저장용기에 희석제를 넣으면 폭발위험성을 낮출 수 있다.
② 건조 상태의 니트로셀룰로오스는 위험하므로 운반 시에는 물, 알콜 등으로 습윤시킨다.
③ 디니트로톨루엔은 폭발감도가 매우 민감하고 폭발력이 크므로 가열, 충격 등에 주의하여 조심스럽게 취급해야 한다.
④ 트리니트로톨루엔은 폭발시 다량의 가스가 발생하므로 공기호흡기 등의 보호장구를 착용하고 소화한다.

해설 디니트로톨루엔은 담황색 결정으로 물에 녹지 않고 알콜, 에테르, 벤젠에 녹는다. 폭약으로는 둔감하고 폭굉이 어려우며 폭발력도 적다.

Answer 58. ④ 59. ① 60. ③

01
위험물제조소등에 자동화재탐지설비를 설치하는 경우, 당해 건축물 그 밖에 공작물의 주요한 출입구에서 그 내부의 전체를 볼 수 있는 경우에 하나의 경계구역의 면적은 최대 몇 m^2까지 할 수 있는가?

① 300 ② 600
③ 1000 ④ 1200

해설 자동화재탐지 설비의 설치기준
① 하나의 경계구역 면적 $600m^2$ 이하, 한 변의 길이는 50m 이하로 할 것
② 그 내부전체를 볼 수 있는 경우 하나의 경계구역의 면적은 $1000m^2$ 이하로 할 수 있음.

02
[보기]에서 소화기의 사용방법을 옳게 설명한 것을 모두 나열한 것은?

보기
㉠ 적응화재에만 사용할 것
㉡ 불과 최대한 멀리 떨어져서 사용할 것
㉢ 바람을 마주보고 풍하에서 풍상 방향으로 사용할 것
㉣ 양옆으로 비로 쓸 듯이 골고루 사용할 것

① ㉠, ㉡ ② ㉠, ㉢
③ ㉠, ㉣ ④ ㉠, ㉢, ㉣

해설 소화기 사용 방법
① ㉠, ㉣외에
② 불 가까이 접근하여 사용할 것
③ 바람을 등지고 풍상에서 풍하로 사용할 것

03
압력수조를 이용한 옥내소화전설비의 가압송수장치에서 압력수조의 최소압력(MPa)은? (단, 소화용 호스의 마찰손실 수두압은 1MPa, 배관의 마찰손실 수두압은 3MPa, 낙차의 환산수두압은 1.35MPa이다.)

① 5.35 ② 5.70
③ 6.00 ④ 6.35

해설 최소압력 = 3 + 1 + 1.35 + 0.35 = 5.70MPa

04
자연발화가 잘 일어나는 경우와 거리가 먼 것은?

① 주변의 온도가 높을 것
② 습도가 높을 것
③ 표면적이 넓을 것
④ 열전도율이 클 것

해설 열전도율이 크면 열이 축적되지 않으므로 자연발화가 잘 일어나지 않는다.

Answer 1. ③ 2. ③ 3. ② 4. ④

05 위험물안전관리에 관한 세부기준에 따르면 이산화탄소 소화설비 저장용기는 온도가 몇 ℃ 이하인 장소에 설치하여야 하는가?

① 35
② 40
③ 45
④ 50

해설 이산화탄소 소화설비 저장용기는 40℃이하의 장소에 설치한다.

06 할로겐화합물 소화설비가 적응성이 있는 대상물은?

① 제1류 위험물
② 제3류 위험물
③ 제4류 위험물
④ 제5류 위험물

해설 할로겐화합물은 연소의 연속적 관계를 차단하는 억제효과가 있으며 제4류 위험물에 적응성이 있다.

07 위험물안전관리법령에 따라 제조소등의 관계인이 화재예방과 재해발생시 비상조치를 위하여 작성하는 예방규정에 관한 설명으로 틀린 것은?

① 제조소의 관계인은 해당 제조소에서 지정수량 5배의 위험물을 취급하는 경우 예방규정을 작성하여 제출하여야 한다.
② 지정수량의 200배의 위험물을 저장하는 옥외저장소의 관계인은 예방규정을 작성하여 제출하여야 한다.
③ 위험물시설의 운전 또는 조작에 관한 사항, 위험물 취급작업의 기준에 관한 사항은 예방규정에 포함되어야 한다.
④ 제조소등의 예방규정은 산업안전보건법의 규정에 의한 안전보건관리규정과 통합하여 작성할 수 있다.

해설 ① 지정수량의 10배 이상의 위험물을 취급하는 제조소는 예방규정을 작성하여야 한다.

Answer 5. ② 6. ③ 7. ①

08 고온층(hot zone)이 형성된 유류화재의 탱크 밑면에 물이 고여 있는 경우, 화재의 진행에 따라 바닥의 물이 급격히 증발하여 불붙는 기름을 분출시키는 위험현상을 무엇이라 하는가?

① 화이어볼(file ball)
② 플래시오버(flash over)
③ 슬롭오버(slop over)
④ 보일오버(boil over)

해설
- 슬롭오버 : 화재면의 액체가 포말과 함께 넘쳐흐르는 현상.
- 보일오버 : 화재에 의해 탱크 내부의 수분층의 이상 팽창으로 기름이 넘쳐흐르는 현상

09 위험장소 중 0종 장소에 대한 설명으로 올바른 것은?

① 정상상태에서 위험 분위기가 장시간 지속적으로 존재하는 장소
② 정상상태에서 위험 분위기가 주기적 또는 간헐적으로 생성될 우려가 있는 장소
③ 이상상태하에서 위험 분위기가 단시간 동안 생성될 우려가 있는 장소
④ 이상상태 하에서 위험 분위기가 장시간 동안 생성될 우려가 있는 장소

해설 위험장소 0종 장소 : 정상상태에서 가연성가스의 농도가 연속해서 폭발한계 이상으로 되는 장소

10 제5류 위험물에 대한 설명으로 틀린 것은?

① 대부분 물질자체에 산소를 함유하고 있다.
② 대표적 성질이 자기반응성 물질이다.
③ 가열, 충격, 마찰로 위험성이 증가하므로 주의한다.
④ 불연성이지만 가연물과 혼합은 위험하므로 주의한다.

해설 제5류 위험물은 자기반응성물질로 자체 내에 산소를 함유하고 있는 가연성물질이다.

11 분말소화 약제 중 제1종과 제2종 분말이 각각 열분해 될 때 공통적으로 생성되는 물질은?

① N_2, CO_2
② N_2, O_2
③ H_2O, CO_2
④ H_2O, N_2

해설 제1종 분말($NaHCO_3$)과 제2종 분말($KHCO_3$)이 열분해하면 이산화탄소(CO_2)와 수증기(H_2O)가 생성된다.

12 요리용 기름의 화재시 비누화 반응을 일으켜 질식효과와 재발화 방지 효과를 나타내는 소화약제는?

① $NaHCO_3$
② $KHCO_3$
③ $BaCl_2$
④ $NH_4H_2PO_4$

Answer 8. ④ 9. ① 10. ④ 11. ③ 12. ①

13 제1종 분말소화약제의 화학식과 색상이 옳게 연결된 것은?

① $NaHCO_3$ – 백색
② $KHCO_3$ – 백색
③ $NaHCO_3$ – 담홍색
④ $KHCO_3$ – 담홍색

해설 1종 분말 – $NaHCO_3$ – 백색
2종 분말 – $KHCO_3$ – 보라색
3종 분말 – NH_4H_2PO – 담홍색
4종 분말 – $KHCO_3 + (NH_2)_2CO$ – 회백색

14 제6류 위험물을 저장 또는 취급하는 장소로서 폭발의 위험이 없는 장소에 한하여 적응성이 있는 소화설비는?

① 건조사
② 포소화기
③ 이산화탄소 소화기
④ 할로겐화합물 소화기

해설 이산화탄소 소화기는 제6류 위험물에는 적응성이 없으나 폭발위험이 없는 장소에 한하여 적응성이 있다.

15 알칼리금속의 화재시 소화약제로 가장 적합한 것은?

① 물
② 마른 모래
③ 이산화탄소
④ 할로겐화합물

해설 알칼리 금속의 화재시 마른 모래, 팽창질석, 팽창진주암 등을 사용

16 주유취급소에 설치할 수 있는 위험물 탱크는?

① 고정주유설비에 직접 접속하는 5기 이하의 간이탱크
② 보일러 등에 직접 접속하는 전용탱크로서 10,000리터 이하의 것
③ 고정급유설비에 직접 접속하는 전용탱크로서 70,000리터 이하의 것
④ 폐유, 윤활유 등의 위험물을 저장하는 탱크로서 4,000리터 이하의 것

해설 ① 3기 이하
③ 50,000리터 이하
④ 2,000리터 이하

17 인화점이 21℃ 미만인 액체위험물의 옥외저장탱크 주입구에 설치하는 "옥외저장탱크 주입구"라고 표시한 게시판의 바탕 및 문자색을 옳게 나타낸 것은?

① 백색바탕 – 적색문자
② 적색바탕 – 백색문자
③ 백색바탕 – 흑색문자
④ 흑색바탕 – 백색문자

해설 게시판
① 한 변 0.3m 이상, 다른 한 변 0.6m 이상
② 백색바탕에 흑색문자
③ 투시탱크 주입구라고 표시하는 외에 유별, 품명, 주의사항 표시

Answer 13. ① 14. ③ 15. ② 16. ② 17. ③

18 주택, 학교 등의 보호대상물과의 사이에 안전거리를 두지 않아도 되는 위험물시설은?

① 옥내저장소
② 옥내탱크저장소
③ 옥외저장소
④ 일반취급소

해설 안전거리를 두어야 할 시설물 : 제조소, 일반취급소, 옥내저장소, 옥외저장소, 옥외탱크저장소

19 B급 화재의 표지색상은?

① 백색
② 황색
③ 청색
④ 초록

해설
A급 화재 - 백색
B급 화재 - 황색
C급 화재 - 청색
D급 화재 - 색 없음

20 폭발의 종류에 따른 물질이 잘못 짝지어진 것은?

① 분해폭발 - 아세틸렌, 산화에틸렌
② 분진폭발 - 금속분, 밀가루
③ 중합폭발 - 시안화수소, 염화비닐
④ 산화폭발 - 히드라진, 과산화수소

해설 히드라진, 과산화수소는 분해 폭발을 한다.

21 질산암모늄의 일반적 성질에 대한 설명 중 옳은 것은?

① 조해성을 가진 물질이다.
② 물에 대한 용해도 값이 매우 작다.
③ 가열시 분해하여 수소를 발생한다.
④ 과일향의 냄새가 나는 백색 결정체이다.

해설 질산암모늄(NH_4NO_3) : 제1류 위험물로 가열분해시 산소를 발생하고, 물, 알콜, 알칼리에 잘 녹으며 무색, 무취의 결정체이다.

22 적갈색의 고체 위험물은?

① 칼슘
② 탄산칼슘
③ 금속나트륨
④ 인화칼슘

해설 인화칼슘(CA_3P_2, 인화석회) : 제3류 위험물, 적갈색의 괴상고체로 물과 반응하여 유독한 포스핀(PH_3)발생

23 $C_6H_5CH_3$의 일반적 성질이 아닌 것은?

① 벤젠보다 독성이 매우 강하다.
② 진한 질산과 진한 황산으로 니트로화하면 TNT가 된다.
③ 비중은 약 0.86이다.
④ 물에 녹지 않는다.

해설 $C_6H_5CH_3$(톨루엔) : 제4류 위험물의 제1석유류로 벤젠(C_6H_6)의 유도체로 독성은 벤젠이 강하다.

Answer 18. ② 19. ② 20. ④ 21. ① 22. ④ 23. ①

24 황화린에 대한 설명 중 옳지 않은 것은?

① 삼황화린은 황색 결정으로 공기 중 약 100℃에서 발화할 수 있다.
② 오황화린은 담황색 결정으로 조해성이 있다.
③ 오황화린은 물과 접촉하여 황화수소를 발생할 위험이 있다.
④ 삼황화린은 차가운 물에도 잘 녹으므로 주의해야 한다.

해설 P_4S_3(삼황화린) : 황색결정, 착화점 100℃, 차가운 물에 녹지 않는다.
※ 황화린 : 제2류 위험물로 삼황화린, 오황화린, 칠황화린 등의 동소체가 있다.

25 위험물안전관리법령상 인화성액체의 인화점 시험방법이 아닌 것은?

① 태그(Tag)밀폐식 인화점 측정기에 의한 인화점 측정
② 세타밀폐식 인화점 측정기에 의한 인화점 측정
③ 클리브랜드개방식 인화점 측정기에 의한 인화점 측정
④ 펜스키-마르텐식 인화점 측정기에 의한 인화점 측정

해설 인화성액체 인화점 측정방법 : 태그밀폐식, 세타밀폐식, 클리브랜드개방식 인화점 측정기에 의한 측정

26 정기점검 대상에 해당하지 않는 것은?

① 지정수량 15배 제조소
② 지정수량 40배의 옥내탱크 저장소
③ 지정수량 50배의 이동탱크 저장소
④ 지정수량 20배의 지하탱크 저장소

해설 정기점검 대상 제조소 등
① 지정수량 10배 이상인 제조소
② 지하 탱크저장소
③ 이동탱크저장소
④ 위험물을 취급하는 탱크로서 지하에 매설된 탱크가 있는 제조소, 주유취급소 또는 일반 취급소

27 다음은 P_2S_5와 물의 화학반응이다. ( )에 알맞은 숫자를 차례대로 나열한 것은?

$$P_2S_5 + (\quad)H_2O \rightarrow (\quad)H_2S + (\quad)H_3PO_4$$

① 2, 8, 5
② 2, 5, 8
③ 8, 5, 2
④ 8, 2, 5

해설 P_2S_5 + 8H_2O → 5H_2S + 2H_3PO_4
(오황화린) (물)   (황화수소) (인산)

Answer 24. ④ 25. ④ 26. ② 27. ③

28 염소산칼륨에 대한 설명으로 옳은 것은?

① 흑색 분말이다.
② 비중은 4.32이다.
③ 글리세린과 에테르에 잘 녹는다.
④ 가열에 의해 분해하여 산소를 방출한다.

해설 염소산칼륨($KClO_3$) : 비중 2.32 백색분말, 온수, 글리세린에 잘 녹고 에테르, 냉수에는 난용성이다.

29 염소산나트륨의 저장 및 취급시 주의할 사항으로 틀린 것은?

① 철제용기에 저장할 수 없다.
② 분해방지를 위해 암모니아를 넣어 저장한다.
③ 조해성이 있으므로 방습에 유의한다.
④ 용기에 밀전(密栓)하여 보관한다.

해설 염소산나트륨은 철을 부식시키므로 철제용기에 저장하지 말고 조해성이 크므로 용기는 밀전, 밀봉해야 한다.

30 금속염을 불꽃반응실험을 한 결과 보라색의 불꽃이 나타났다. 이 금속염에 포함된 금속은 무엇인가?

① Cu
② K
③ Na
④ Li

해설 불꽃색 : Na - 노란색, K - 보라색

31 과산화수소의 저장 및 취급방법으로 옳지 않은 것은?

① 갈색 용기를 사용한다.
② 직사광선을 피하고 냉암소에 보관한다.
③ 농도가 클수록 위험성이 높아지므로 분해방지 안정제를 넣어 분해를 억제시킨다.
④ 장기간 보관 시 철분을 넣어 유리 용기에 보관한다.

해설 과산화수소(H_2O_2)는 금속 미립자 및 알칼리성 용액에 의해 분해된다.

32 다음 ( ) 안에 적합한 숫자를 차례대로 나열한 것은?

> 자연 발화성 물질 중 알킬알루미늄은 운반용기의 내용적의 ( )% 이하의 수납율로 수납하되, 50℃의 온도에서 ( )% 이상의 공간용적을 유지하도록 할 것

① 90, 5
② 90, 10
③ 95, 5
④ 85, 10

해설 운반시 알킬알루미늄은 운반용기 내용적의 90% 이하의 수납율로 하되, 50℃에서 5% 이상의 공간용적을 유지해야 한다.

Answer 28. ④ 29. ② 30. ② 31. ④ 32. ①

33 위험물탱크의 용량은 탱크의 내용적에서 공간용적을 뺀 용적으로 한다. 이 경우 소화약제 방출구를 탱크안의 윗 부분에 설치하는 탱크의 공간용적은 당해 소화설비의 소화약제방출구 아래의 어느 범위의 면으로부터 윗부분의 용적으로 하는가?

① 0.1미터이상 0.5미터미만 사이의 면
② 0.3미터이상 1미터미만 사이의 면
③ 0.5미터이상 1미터미만 사이의 면
④ 0.5미터이상 1.5미터미만 사이의 면

34 자기반응성 물질에 해당하는 물질은?

① 과산화칼륨
② 벤조일퍼옥사이드
③ 트리에틸알루미늄
④ 메틸에틸케톤

해설 ① 산화성 고체
② 자기반응성 물질
③ 자연발화성 물질
④ 인화성 액체

35 KMnO₄와 반응하여 위험성을 가지는 물질이 아닌 것은?

① H_2SO_4
② H_2O
③ CH_3OH
④ $C_2H_5OC_2H_5$

해설 과망간산칼륨($KMnO_4$)은 황산(H_2SO_4)과 알콜(CH_3OH), 에테르($C_2H_5OC_2H_5$)에 혼합되면 발화한다.

36 과산화수소가 녹지 않는 것은?

① 물   ② 벤젠
③ 에테르   ④ 알콜

해설 과산화수소(H_2O_2)는 물, 에테르, 알콜에 녹고 석유, 벤젠에 녹지 않는다.

37 품명이 제4석유류인 위험물은?

① 중유   ② 기어유
③ 등유   ④ 클레오소트유

해설 ① 제3석유류
② 제4석유류
③ 제2석유류
④ 제3석유류

38 지정수량이 50kg 인 것은?

① 칼륨   ② 리튬
③ 나트륨   ④ 알킬알루미늄

해설 ① 10kg ② 50kg ③ 10kg ④ 10kg

39 순수한 금속 나트륨을 고온으로 건조한 공기 중에서 연소시켜 얻는 위험물질은 무엇인가?

① 아염소산나트륨
② 염소산나트륨
③ 과산화나트륨
④ 과염소산나트륨

해설 과산화나트륨(Na_2O_2)은 제1류 위험물로서 금속나트륨을 고온으로 건조한 공기 중에서 연소시켜 제조한다.

Answer 33. ② 34. ② 35. ② 36. ② 37. ② 38. ② 39. ③

40 지중탱크 누액 방지판의 구조에 관한 기준으로 틀린 것은?

① 두께는 4.5mm 이상의 강판으로 할 것
② 용접은 맞대기 용접으로 할 것
③ 침하 등에 의한 지중탱크 본체의 변위영향을 흡수하지 아니할 것
④ 일사 등에 의한 열의 영향 등에 대하여 안전할 것

해설 침하 등에 의한 지중탱크 본체의 변위 영향을 흡수할 수 있을 것

41 이황화탄소를 화재 예방상 물속에 저장하는 이유는?

① 불순물을 물에 용해시키기 위해
② 가연성 증기의 발생을 억제하기 위해
③ 상온에서 수소가스를 발생시키기 때문에
④ 공기와 접촉하면 즉시 폭발하기 때문에

해설 이황화탄소(CS_2) : 제4류 특수인화물로 가연성증기의 발생을 억제하기 위해서 물탱크에 저장한다.

42 물과의 반응으로 산소와 열이 발생하는 위험물은?

① 과염소산칼륨   ② 과산화나트륨
③ 질산칼륨   ④ 과망간산칼륨

해설 제1류 위험물 중 무기 과산화물 중 알칼리금속의 과산화물(과산화칼륨, 과산화나트륨)은 물과 반응하여 산소와 열이 발생한다.

43 과산화수소, 질산, 과염소산의 공통적인 특징이 아닌 것은?

① 산화성 액체이다.
② pH1미만의 강한 산성 물질이다.
③ 불연성 물질이다.
④ 물보다 무겁다.

해설 과산화수소(H_2O_2), 질산(HNO_3), 과염소산($HClO_4$)는 제6류 위험물인 산화성 액체이지만 pH1의 강산은 아니다.

44 벤조일퍼옥사이드, 피크린산, 히드록실아민이 각각 200kg 있을 경우 지정수량의 배수의 합은 얼마인가?

① 22
② 23
③ 24
④ 25

해설 $\frac{200}{10} + \frac{200}{200} + \frac{200}{100} = 23$
※ 지정수량 : 벤조일퍼옥사이드(10kg), 피크린산(200kg), 히드록아민(100kg)

45 트리니트로페놀에 대한 설명으로 옳은 것은?

① 발화방지를 위해 휘발유에 저장한다.
② 구리용기에 넣어 보관한다.
③ 무색 투명한 액체이다.
④ 알콜, 벤젠 등에 녹는다.

해설 트리니트로페놀(피크린산) : $C_6H_2OH(NO_2)_3$ 제5류 위험물, 구리용기에 넣으면 피크린산염을 만들고, 휘황색 액체이다.

Answer 40. ③ 41. ② 42. ② 43. ② 44. ② 45. ④

46 물분무소화설비의 방사구역은 몇 m² 이상이어야 하는가? (단, 방호대상물의 표면적이 300m² 이다.)

① 100
② 150
③ 300
④ 450

해설 물분무소화설비의 방사구역 : 150m² 이상 (단 방호대상물의 표면적이 150m² 미만인 경우 당해 표면적)

47 일반적으로 [보기]에서 설명하는 성질을 가지고 있는 위험물은?

[보기]
• 불안정한 고체화합물로서 분해가 용이하여 산소를 방출한다.
• 물과 격렬하게 반응하여 발열한다.

① 무기과산화물
② 과망간산염류
③ 과염소산염류
④ 중크롬산염류

해설 알칼리금속의 무기과산화물(과산화나트륨, 과산화칼륨)은 물과 격렬하게 반응하여 산소를 발생하고 발열한다.

48 허가량이 1000만 리터인 위험물옥외저장탱크의 바닥판 전면 교체시 법적절차 순서로 옳은 것은?

① 변경허가-기술검토-안전성능검사-완공검사
② 기술검토-변경허가-안전성능검사-완공검사
③ 변경허가-안전성능검사-기술검토-완공검사
④ 안전성능검사-변경허가-기술검토-완공검사

49 위험물 안전관리자를 선임한 제조소등의 관계인은 그 안전관리자를 해임하거나 안전관리자가 퇴직한 때에는 해임하거나 퇴직한 날부터 몇 일 이내에 다시 안전관리자를 선임해야 하는가?

① 10일   ② 20일
③ 30일   ④ 40일

해설 안전관리자 해임 및 퇴직시 선임기간 : 30일 이내, 선임시 신고 14일 이내

50 소화난이도등급 I에 해당하는 위험물제조소는 연면적이 몇 m² 이상인 것인가? (단, 면적 외의 조건은 무시한다.)

① 400   ② 600
③ 800   ④ 1000

해설 소화난이도등급 I의 제조소, 일반취급소의 연면적 1000m² 이상

Answer 46. ② 47. ① 48. ② 49. ③ 50. ④

51 위험물제조소등에서 위험물안전관리법상 안전거리규제 대상이 아닌 것은?

① 제6류 위험물을 취급하는 제조소를 제외한 모든 제조소
② 주유취급소
③ 옥외저장소
④ 옥외탱크저장소

52 위험물의 화재예방 및 진압대책에 대한 설명 중 틀린 것은?

① 트리에틸알루미늄은 사염화탄소, 이산화탄소와 반응하여 발열하므로 화재시 이들 소화약제는 사용할 수 없다.
② K, Na은 등유, 경유 등의 산소가 함유되지 않은 석유류에 저장하여 물과의 접촉을 막는다.
③ 수소화리튬의 화재에는 소화약제로 Halon 1211, Halon 1301이 사용되며 특수방호복 및 공기호흡기를 착용하고 소화한다.
④ 탄화알루미늄은 물과 반응하여 가연성의 메탄가스를 발생하고 발열하므로 물과의 접촉을 금한다.

해설 수소화리튬(LiH) : 제3류의 금속수소화합물, 지정수량 300kg 주수금지, 포금지, 할로겐화합물소화약제는 적응성이 없다.

53 소화설비의 기준에서 용량 160L 팽창질석의 능력 단위는?

① 0.5 ② 1.0
③ 1.5 ④ 2.5

해설 소화설비의 능력단위
① 마른모래 50L : 0.5단위
② 팽창질석 160L : 1단위

54 과산화나트륨 78g과 충분한 양의 물이 반응하여 생성되는 기체의 종류와 생성량을 옳게 나타낸 것은?

① 수소, 1g ② 산소, 16g
③ 수소, 2g ④ 산소, 32g

해설 $2Na_2O_2 + 2H_2O \rightarrow 4NaOH + O_2(기체)$
$2 \times 78g$: $32g$
$78g$: x
$x = \dfrac{32 \times 78}{2 \times 78} = 16g$

55 순수한 것은 무색, 투명한 기름상의 액체이고 공업용은 담황색인 위험물로 충격, 마찰에는 매우 예민하고 겨울철에는 동결할 우려가 있는 것은?

① 펜트리트
② 트리니트로벤젠
③ 니트로글리세린
④ 질산메틸

해설 니트로글리세린[$C_3H_5(ONO_2)_3$] : 제5류 위험물, 질산에스테르류, 규조토에 흡수시킨 것을 다이너마이트라 함.

Answer 51. ② 52. ③ 53. ② 54. ② 55. ③

56 황린의 저장 및 취급에 관한 주의사항으로 틀린 것은?

① 발화점이 낮으므로 화기에 주의한다.
② 백색 또는 담황색의 고체이며 물에 녹지 않는다.
③ 물과의 접촉을 피한다.
④ 자연 발화성이므로 주의한다.

해설 황린(백린) : 제3류 위험물, 발화점 50℃, 물에 녹지 않으므로 물속에 저장

57 다음 중 물에 가장 잘 용해되는 위험물은?

① 벤즈알데히드
② 이소프로필알콜
③ 휘발유
④ 에테르

해설 이소프로필알콜 : 알콜로 물에 잘 녹음

58 특수인화물의 일반적인 성질에 대한 설명으로 가장 거리가 먼 것은?

① 비점이 높다.
② 인화점이 낮다.
③ 연소 하한값이 낮다.
④ 증기압이 높다.

해설 특수인화물 : 인화점 −20℃ 이하, 비점 40℃ 이하, 착화점 100℃ 이하인 것으로 비점이 낮다.

59 제2류 위험물에 해당하는 것은?

① 철분
② 나트륨
③ 과산화칼륨
④ 질산메틸

해설 ② 제3류
③ 제1류
④ 제5류

60 위험물안전관리법령상 위험물의 품명별 지정수량의 단위에 관한 설명 중 옳은 것은?

① 액체인 위험물은 지정수량의 단위를 "리터"로 하고, 고체인 위험물은 지정수량의 단위를 "킬로그램"으로 한다.
② 액체만 포함된 유별은 "리터"로 하고, 고체만 포함된 유별은 "킬로그램"으로 하고, 액체와 고체가 포함된 유별은 "리터"로 한다.
③ 산화성인 위험물은 "킬로그램"으로 하고 가연성인 위험물은 "리터"로 한다.
④ 자기반응성물질과 산화성물질은 액체와 고체의 구분에 관계없이 "킬로그램"으로 한다.

해설 지정수량단위 : 제1류, 2류, 3류, 5류, 6류 : kg
제4류 : 리터(ℓ)

Answer 56. ③ 57. ② 58. ① 59. ① 60. ④

위험물기능사 2000제 문제은행

CBT 시험대비
2011년 4월 17일 시행

01 다음 중 산화반응이 일어날 가능성이 가장 큰 화합물은?
① 아르곤　　② 질소
③ 일산화탄소　④ 이산화탄소

해설 $CO + \frac{1}{2}O_2 \longrightarrow CO_2$
산화반응은 산소와 반응하는 것으로 연소는 산화반응이다.

02 가연성 액체의 연소형태를 옳게 설명한 것은?
① 연소범위의 하한보다 낮은 범위에서라도 점화원이 있으면 연소한다.
② 가연성 증기의 농도가 높으면 높을수록 연소가 쉽다.
③ 가연성 액체의 증발연소는 액면에서 발생하는 증기가 공기와 혼합하여 타기 시작한다.
④ 증발성이 낮은 액체일수록 연소가 쉽고, 연소속도는 빠르다.

해설 ① 연소는 연소 하한과 연소 상한 사이에서 일어난다.
② 증발연소는 액체 또는 고체의 증발에 의해 생긴 증기가 공기 중에서 연소하는 경우이다.

03 화재 발생 시 물을 이용한 소화를 하면 오히려 위험성이 증대되는 것은?
① 황린
② 적린
③ 탄화알루미늄
④ 니트로셀룰로오스

해설 $Al_4C_3 + 12H_2O \longrightarrow 4Al(OH)_3 + 3CH_4$
탄화알루미늄(제3류, 금수성물질)은 물과 반응하여 메탄(CH_4)가스를 발생하므로 위험성이 증대된다.

04 제5류 위험물의 화재에 적응성이 없는 소화설비는?
① 옥외소화전설비
② 스프링클러설비
③ 물분무소화설비
④ 할로겐화합물소화설비

해설 제5류 위험물은 자기 연소성물질로 화재발생시 대량의 주수소화(소화전, 스프링클러, 물분무 설비)한다.

Answer　1. ③　2. ③　3. ③　4. ④

05 금속칼륨에 화재가 발생했을 때 사용할 수 없는 소화약제는?
① 이산화탄소 ② 건조사
③ 팽창질석 ④ 팽창진주암

해설) 금속칼륨(제3류, 금수성 물질)의 소화약제는 건조사, 팽창질석, 팽창진주암을 사용하며 CO_2로 소화시 폭발반응 하므로 금지한다.

06 제5류 위험물의 화재의 예방과 진압 대책으로 옳지 않은 것은?
① 서로 1m 이상의 간격을 두고 유별로 정리한 경우라도 제3류 위험물과는 동일한 옥내저장소에 저장할 수 없다.
② 위험물제조소의 주의사항 게시판에는 주의사항으로 "화기엄금"만 표기하면 된다.
③ 이산화탄소소화기와 할로겐화합물 소화기는 모두 적응성이 없다.
④ 운반용기의 외부에는 주의사항으로 "화기엄금"만 표시하면 된다.

해설) 운반용기(포장)외부 표시사항
① 위험물의 품명, 위험등급, 화학명, 수용성
② 위험물 수량
③ 수납위험물의 주의사항

07 다음 중 가연물이 될 수 없는 것은?
① 질소
② 나트륨
③ 니트로셀룰로오스
④ 나프탈렌

해설) 질소(N_2) : 불연성
나트륨(Na) : 제3류, 물과 반응시 연소
니트로셀룰로오스 : 제5류
나프탈렌 : 가연성 고체

08 일반 건축물화재에서 내장재로 사용한 폴리스티렌 폼(polystyrene form)이 화재 중 연소를 했다면 이 플라스틱의 연소형태는?
① 증발연소 ② 자기연소
③ 분해연소 ④ 표면연소

해설) 폴리스티렌 폼이 열분해하여 발생한 가연성 가스가 연소하는 분해연소를 한다.

09 분진 폭발시 소화방법에 대한 설명으로 틀린 것은?
① 금속분에 대하여는 물을 사용하지 말아야 한다.
② 분진 폭발시 직사주수에 의하여 순간적으로 소화하여야 한다.
③ 분진폭발은 보통 단 한 번으로 끝나지 않을 수 있으므로 제2차, 3차의 폭발에 대비하여야 한다.
④ 이산화탄소와 할로겐화합물의 소화약제는 금속분에 대하여 적절하지 않다.

해설) 분진 폭발시 직사주수하면 폭발물질이 비산하여 제2, 제3의 폭발 우려가 있다.

Answer 5. ① 6. ④ 7. ① 8. ③ 9. ②

10 20°C의 물 100kg이 100°C 수증기로 증발하면 최대 몇 kcal의 열량을 흡수할 수 있는가?

① 540　　② 7800
③ 62000　④ 108000

해설 ① 100°C 물로 하는데 필요한 열량(Q_1)
= $G \cdot C \cdot \Delta t = 100 \times 1 \times (100-20) = 8000$kcal
② 100°C 수증기로 하는데 필요한 열량(Q_2)
= $G \cdot r = 100 \times 539 = 53900$kcal
∴ Q = $Q_1 + Q_2$ = 8000 + 53,900 = 61,900kcal

11 식용유 화재시 제1종 분말 소화약제를 이용하여 화재의 제어가 가능하다. 이때의 소화원리에 가장 가까운 것은?

① 촉매효과에 의한 질식소화
② 비누화 반응에 의한 질식소화
③ 요오드화에 의한 냉각소화
④ 가수분해 반응에 의한 냉각소화

해설 제1종 분말소화 약제는 $NaHCO_3$(중탄산소다)로 식용유(유지)화재에 소화시 비누화 반응이 진행되고 발생된 CO_2에 의해 질식소화가 진행된다.

12 위험물제조소 등의 전기설비에 적응성이 있는 소화설비는?

① 봉상수소화기
② 포소화설비
③ 옥외소화전설비
④ 물분무소화설비

해설 전기설비의 적응성 소화기 : 물분무소화설비, CO_2 소화설비, 할로겐소화설비

13 소화기 속에 압축되어 있는 이산화탄소 1.1kg을 표준상태에서 분사하였다. 이산화탄소의 부피는 몇 m^3이 되는가?

① 0.56　② 5.6
③ 11.2　④ 24.6

해설 CO_2 : 1kmol(44kg)이 표준상태에서 차지하는 부피는 22.4m^3이므로
44kg : 22.4m^3
1.1kg : x
$x = \dfrac{1.1\text{kg} \times 22.4\text{m}^3}{44\text{kg}} = 0.56\text{m}^3$

14 유류화재에 해당하는 표시 색상은?

① 백색　② 황색
③ 청색　④ 흑색

해설 ① A급 화재 : 일반화재 - 백색
② B급 화재 : 유류화재 - 황색
③ C급 화재 : 전기화재 - 청색
④ D급 화재 : 금속화재 - 색 없음

15 위험물관리법령의 소화설비의 적응성에서 소화설비의 종류가 아닌 것은?

① 물분무소화설비
② 방화설비
③ 옥내소화전설비
④ 물통

해설 소화설비 : 소화기구, 옥내소화전설비, 옥외소화전설비, 스프링클러 설비, 물분무 등 소화설비

Answer 10. ③ 11. ② 12. ④ 13. ① 14. ② 15. ②

16 $NH_4H_2PO_4$이 열분해하여 생성되는 물질 중 암모니아와 수증기의 부피 비율은?

① 1 : 1 ② 1 : 2
③ 2 : 1 ④ 3 : 2

해설 $NH_4H_2PO_4 \longrightarrow HPO_3 + NH_3 + H_2O$
            1 : 1
※ HPO_3 : 메타인산, $NH_4H_2PO_4$: 인산암모늄 소화약제

17 폭굉 유도거리(DID)가 짧아지는 조건이 아닌 것은?

① 관경이 클수록 짧아진다.
② 압력이 높을수록 짧아진다.
③ 점화원의 에너지가 클수록 짧아진다.
④ 관속에 이물질이 있을 경우 짧아진다.

해설 DID : 완만한 연소가 폭굉으로 이루어질 때까지의 거리로 ②, ③, ④ 외에 관경이 짧을수록 DID가 짧아진다.

18 과산화나트륨의 화재시 물을 사용한 소화가 위험한 이유는?

① 수소와 열을 발생하므로
② 산소와 열을 발생하므로
③ 수소를 발생하고 열을 흡수하므로
④ 산소를 발생하고 열을 흡수하므로

해설 알칼리금속의 과산화물(Na_2O_2, K_2O_2)은 주수 소화시 산소(O_2)가 발생하므로 위험하다.

19 탄산수소나트륨과 황산알루미늄의 소화약제가 반응을 하여 생성되는 이산화탄소를 이용하여 화재를 진압하는 소화약제는?

① 단백포 ② 수성막포
③ 화학포 ④ 내알콜포

해설 화학소화기
$6NaHCO_3 + Al_2(SO_4)_3 \cdot 18H_2O \longrightarrow$
$3Na_2SO_4 + 2Al(OH)_3 + 6CO_2 + 18H_2O$

20 옥외탱크저장소의 방유제 내에 화재가 발생한 경우의 소화활동으로 적당하지 않은 것은?

① 탱크화재로 번지는 것을 방지하는 데 중점을 둔다.
② 포에 의하여 덮어진 부분은 포의 막이 파괴되지 않도록 한다.
③ 방유제가 큰 경우에는 방유제 내의 화재를 제압한 후 탱크화재의 방어에 임한다.
④ 포를 방사할 때는 방유제에서부터 가운데 쪽으로 포를 흘러 보내듯이 방사하는 것이 원칙이다.

해설 옥외탱크저장소의 방유제 내에 화재가 발생시 화재가 저장소로 번지는 것을 방지하기 위해 저장소에서부터 포를 방사한다.

21 연소시 아황산가스를 발생하는 것은?

① 황   ② 적린
③ 황린   ④ 인화칼슘

해설 $S + O_2 \longrightarrow SO_2$(아황산가스)
황(S) : 제2류 가연성고체, 지정수량 100kg

Answer 16. ① 17. ① 18. ② 19. ③ 20. ④ 21. ①

22 제2류 위험물의 취급상 주의사항에 대한 설명으로 옳지 않은 것은?

① 적린은 공기 중에 방치하면 자연발화 한다.
② 유황은 정전기가 발생하지 않도록 주의해야 한다.
③ 마그네슘의 화재시 물, 이산화탄소 소화약제 등은 사용할 수 없다.
④ 삼황화린은 100℃ 이상 가열하면 발화할 위험이 있다.

해설 적린 : 착화점 260℃, 지정수량 100kg, 무독성으로 황린(제3류 위험물)에 비해 안정하고 공기 중에서 발화하지 않는다.

23 가솔린의 연소범위에 가장 가까운 것은?

① 1.4~7.6% ② 2.0~23.0%
③ 1.8~36.5 % ④ 1.0~50.0%

해설 가솔린(휘발유) : 제4류의 제1석유류, 지정수량 200L
연소범위 : 1.4~7.6%, 유출온도 : 30~210℃

24 과망간산칼륨에 대한 설명으로 옳은 것은?

① 물에 잘 녹는 흑자색의 결정이다.
② 에탄올, 아세톤에 녹지 않는다.
③ 물에 녹았을 때는 진한 노란색을 띤다.
④ 강 알칼리와 반응하여 수소를 방출하며 폭발한다.

해설 과망간산칼륨(KMnO$_4$) : 카멜레온, 제1류위험물, 지정수량 1000kg
① 흑자색 결정으로 물에 녹아서 진한 보라색
② 에탄올, 아세톤에 잘 녹는다.
③ 진한 황산과 알콜에 혼합되면 섬광을 내면서 발화한다.

25 위험물안전관리법의 규정상 운반차량에 혼재해서 적재할 수 없는 것은? (단, 지정수량의 10배인 경우이다.)

① 염소화규소화합물 - 특수인화물
② 고형알콜 - 니트로화합물
③ 염소산염류 - 질산
④ 질산구아니딘 - 황린

해설 제5류 위험물(질산구아니딘)과 제3류 위험물(황린)은 혼재할 수 없다.

26 위험물 안전관리법에서 정한 위험물의 운반에 관한 다음 내용 중 ( ) 안에 들어갈 용어가 아닌 것은?

> 위험물의 운반은 ( ), ( ) 및 ( )에 관해 법에서 정한 중요기준과 세부기준을 따라 행하여야 한다.

① 용기   ② 적재방법
③ 운반방법   ④ 검사방법

해설 위험물의 운반은 용기, 적재방법 및 운반방법에 관해 법에서 정한 중요 기준과 세부기준을 따라 행하여야 한다.

27 경유에 관한 설명으로 옳은 것은?
① 증기비중은 1 이하이다.
② 제3석유류에 속한다.
③ 착화온도는 가솔린보다 낮다.
④ 무색의 액체로서 원유 증류시 가장 먼저 유출되는 유분이다.

해설 경유(디젤유) : 제2석유류, 지정수량 1000L
증기비중 4.5, 착화온도 약 200℃(가솔린 약 300℃)
담황색의 액체로 원유 증류시 가솔린, 등유, 경유 순으로 유출된다.

28 위험물 안전관리법에서 정의하는 다음 용어는 무엇인가?

> "인화성 또는 발화성 등의 성질을 가지는 것으로서 대통령령이 정하는 물품을 말한다."

① 위험물
② 인화성물질
③ 자연발화성물질
④ 가연물

해설 위험물 : 인화성 또는 발화성 등의 성질을 가지는 것으로서 대통령령이 정하는 물품

29 물분무소화설비의 설치기준으로 적합하지 않은 것은?
① 고압의 전기설비가 있는 장소에는 당해 전기설비와 분무헤드 및 배관과 사이에 전기절연을 위하여 필요한 공간을 보유한다.
② 스트레이너 및 일제개방밸브는 제어밸브의 하류측 부근에 스트레이너, 일제개방밸브의 순으로 설치한다.
③ 물분무소화설비에 2 이상의 방사구역을 두는 경우에는 화재를 유효하게 소화할 수 있도록 인접하는 방사구역이 상호 중복되도록 한다.
④ 수원의 수위가 수평회전식펌프보다 낮은 위치에 있는 가압송수장치의 물올림장치는 타설비와 겸용하여 설치한다.

30 고정 지붕 구조를 가진 높이 15m의 원통종형 옥외 저장탱크안의 탱크 상부로부터 아래로 1m지점에 포방출구가 설치되어 있다. 이 조건의 탱크를 신설하는 경우 최대 허가량은 얼마인가? (단, 탱크의 단면적은 100m²이고, 탱크 내부에는 별다른 구조물이 없으며, 공간용적 기준은 만족하는 것으로 가정한다.)
① 1400m³ ② 1370m³
③ 1350m³ ④ 1300m³

Answer 27. ③ 28. ① 29. ④ 30. ②

31 지정수량 10배의 벤조일퍼옥사이드 운송 시 혼재할 수 있는 위험물류로 옳은 것은?

① 제1류 ② 제2류
③ 제3류 ④ 제6류

해설 혼재가능위험물
① 제4류 : 제2류, 제4류
② 제6류 : 제1류
③ 제5류 : 제2류, 제4류
벤조일퍼옥사이드 : 제5류

32 종별 분말소화약제의 주성분이 잘못 연결된 것은?

① 제1종 분말 – 탄산수소나트륨
② 제2종 분말 – 탄산수소칼륨
③ 제3종 분말 – 제1인산암모늄
④ 제4종 분말 – 탄산수소나트륨과 요소의 반응생성물

해설 ① 제1종 분말 : $NaHCO_3$(탄산수소나트륨), 백색
② 제2종 분말 : $KHCO_3$(탄산수소칼륨), 담자색
③ 제3종 분말 : $NH_4H_2PO_4$(제1인산암모늄), 담홍색
④ 제4종 분말 : $KHCO_3 + (NH_2)_2CO$(요소), 회백색

33 이동탱크저장소의 위험물 운송에 있어서 운송책임자의 감독·지원을 받아 운송하여야 하는 위험물의 종류에 해당하는 것은?

① 칼륨
② 알킬알루미늄
③ 질산에스테르류
④ 아염소산염류

해설 운송책임자의 감독지원을 받아 운송하여야 하는 위험물
① 알킬알루미늄, ② 알킬리튬

34 오황화린이 물과 반응하였을 때 생성된 가스를 연소시키면 발생하는 독성이 있는 가스는?

① 이산화질소 ② 포스핀
③ 염화수소 ④ 이산화황

해설 $P_2S_5 + H_2O \rightarrow H_2S + H_3PO_4$
(오황화린) (황화수소) (인산)
발생한 황화수소를 연소시키면 SO_2(이산화황)이 발생한다.

35 제2류 위험물에 속하지 않는 것은?

① 구리분 ② 알루미늄분
③ 크롬분 ④ 몰리브덴분

해설 제2류 위험물 : 철분, 마그네슘분, 알루미늄분, 아연분, 크롬분, 몰리브덴분

36 소화난이도등급 Ⅰ의 옥내탱크저장소(인화점 70℃ 이상의 제4류 위험물만을 저장·취급하는 것)에 설치하여야 하는 소화설비가 아닌 것은?

① 고정식 포소화설비
② 이동식 외의 할로겐화합물소화설비
③ 스프링클러설비
④ 물분무소화설비

해설 해당소화설비 : ①, ②, ④ 외에 이동식외의 이산화탄소소화설비, 이동식외의 분말소화설비

Answer 31. ② 32. ④ 33. ② 34. ④ 35. ① 36. ③

37 [보기]의 위험물 중 비중이 물보다 큰 것은 모두 몇 개인가?

> 보기
> 과염소산, 과산화수소, 질산

① 0
② 1
③ 2
④ 3

해설 제6류 위험물의 비중
① 과염소산($HClO_4$) : 1.76
② 과산화수소(H_2O_2) : 1.465
③ 질산(HNO_3) : 1.49

38 알루미늄분의 위험성에 대한 설명 중 틀린 것은?

① 뜨거운 물과 접촉시 격렬하게 반응한다.
② 산화제와 혼합하면 가열, 충격 등으로 발화할 수 있다.
③ 연소시 수산화알루미늄과 수소를 발생한다.
④ 염산과 반응하여 수소를 발생한다.

해설 $4Al + 3O_2 \rightarrow 2Al_2O_3$
연소시 다량의 열을 발생하고 광택을 내고 흰연기를 내면서 연소하므로 소화 곤란하다.

39 적린과 혼합하여 반응하였을 때 오산화인을 발생하는 것은?

① 물
② 황린
③ 에틸알코올
④ 염소산칼륨

해설 적린은 염소산 염류와 반응시 불안정한 물질이 되어 약간의 충격, 마찰에 의해 폭발한다.
※ 참고 : $6P + 5KClO_3 \rightarrow 5KCl + 3P_2O_5$
　　　　　　(염소산칼륨)　　　　　(오산화인)

40 지정수량이 나머지 셋과 다른 것은?

① 과염소산칼륨
② 과산화나트륨
③ 유황
④ 금속칼슘

해설 지정수량
50kg – 과염소산칼륨, 과산화나트륨, 금속칼슘
100kg – 유황

Answer 37. ④　38. ③　39. ④　40. ③

41 위험물안전관리법령에서 규정하고 있는 옥내소화전설비의 설치기준에 관한 내용 중 옳은 것은?

① 제조소등 건축물의 층마다 당해 층의 각 부분에서 하나의 호스 접속구까지의 수평거리가 25m 이하가 되도록 설치한다.
② 수원의 수량은 옥내소화전이 가장 많이 설치된 층의 옥내소화전 설치개수(설치개수가 5개 이상인 경우는 5개)에 $18.6m^3$를 곱한 양 이상이 되도록 설치한다.
③ 옥내소화전설비는 각 층을 기준으로 하여 당해 층의 모든 옥내소화전(설치개수가 5개 이상인 경우는 5개의 옥내소화전)을 동시에 사용할 경우에 각 노즐선단의 방수압력이 170kPa 이상의 성능이 되도록 한다.
④ 옥내소화전설비는 각 층을 기준으로 하여 당해 층의 모든 옥내소화전(설치개수가 5개 이상인 경우는 5개의 옥내소화전)을 동시에 사용할 경우에 각 노즐선단의 방수량이 1분당 130L 이상의 성능이 되도록 한다.

해설 옥내소화전설비 설치기준
② 수원의 수량은 가장 많이 설치된 층의 설치개수에 $7.8m^3$를 곱한 양 이상으로 설치
③ 각 노즐 선단의 방수압력이 350kPa 이상의 성능
④ 방수량 1분당 260L 이상의 성능이 되도록 할 것

42 위험물안전관리법령의 위험물 운반에 관한 기준에서 고체위험물은 운반용기 내용적의 몇 % 이하의 수납율로 수납하여야 하는가?

① 80   ② 85
③ 90   ④ 95

해설 위험물 수납율 : 고체 : 95% 이하,
액체 : 98% 이하

43 제5류 위험물인 트리니트로톨루엔 분해시 주 생성물에 해당하지 않는 것은?

① CO   ② N_2
③ NH_3 ④ H_2

해설 트리니트로톨루엔(T, N, T) 분해 반응식
$C_6H_2CH_3(NO_2)_3 \rightarrow 12CO + 2C + 3N_2 + 5H_2$

44 히드라진 유도체의 지정수량은 얼마인가?

① 200kg   ② 200L
③ 2000kg   ④ 2000L

해설 히드라진 유도체 : 제5류 위험물, 지정수량 200kg

45 탄화칼슘을 물과 반응시키면 무슨 가스가 발생하는가?

① 에탄   ② 에틸렌
③ 메탄   ④ 아세틸렌

해설 $CaC_2 + 2H_2O \rightarrow C_2H_2 + Ca(OH)_2$
(아세틸렌) (소석회)

Answer 41. ① 42. ④ 43. ③ 44. ① 45. ④

46 위험물안전관리법령에서 정의하는 "특수인화물"에 대한 설명으로 올바른 것은?

① 1기압에서 발화점이 150℃ 이상인 것
② 1기압에서 인화점이 40℃ 미만인 고체물질인 것
③ 1기압에서 인화점이 -20℃ 이하이고, 비점 40℃ 이하인 것
④ 1기압에서 인화점이 21℃ 이상 70℃ 미만인 가연성 물질인 것

해설》 특수인화물 : 1기압에서 액체로 ① 인화점이 -20℃ 이하, 비점 40℃ 이하인 것 ② 착화점이 100℃ 이하인 것

47 물과 반응하여 발열하면서 위험성이 증가하는 것은?

① 과산화칼륨
② 과망간산나트륨
③ 요오드산칼륨
④ 과염소산칼륨

해설》 제1류 위험물인 알칼리금속의 무기과산화물(과산화칼륨, 과산화나트륨)은 물과 반응하여 발열하면서 위험성이 증가한다.

48 제6류 위험물 성질로 알맞은 것은?

① 금수성물질
② 산화성액체
③ 산화성고체
④ 자연발화성물질

해설》 ① 제3류 ② 제6류 ③ 제1류 ④ 제3류

49 물과 친화력이 있는 수용성 용매의 화재에 보통의 포소화약제를 사용하면 포가 파괴되기 때문에 소화 효과를 잃게 된다. 이와 같은 단점을 보완한 소화약제로 가연성인 수용성 용매의 화재에 유효한 효과를 가지고 있는 것은?

① 알콜형포 소화약제
② 단백포 소화약제
③ 합성계면활성제포 소화약제
④ 수성막포 소화약제

해설》 일반화학포소화기를 수용성인 가연물 화재에 사용시 포가 터져서(소포) 소화효과가 떨어지므로 알콜 포를 사용한다.

50 위험물 제조소에서 연소 우려가 있는 외벽은 기산점이 되는 선으로부터 3m(2층 이상의 층에 대해서는 5m) 이내에 있는 외벽을 말하는데 이 기산점이 되는 선에 해당하지 않는 것은?

① 동일 부지 내의 다른 건축물과 제조소 부지 간의 중심선
② 제조소등에 인접한 도로의 중심선
③ 제조소등이 설치된 부지의 경계선
④ 제조소등의 외벽과 동일 부지 내의 다른 건축물의 외벽간의 중심선

해설》 문제의 기산점이 되는 선 : ②, ③, ④

Answer 46. ③ 47. ① 48. ② 49. ① 50. ①

51 제1류 위험물이 아닌 것은?

① 과요오드산염류
② 퍼옥소붕산염류
③ 요오드의 산화물
④ 금속의 아지화합물

해설 ▶ 제5류 위험물 : 금속의 아지화합물(아지화 아연, 아지화 납, 아지화 구리)

52 제조소 등에 있어서 위험물의 저장하는 기준으로 잘못된 것은?

① 황린은 제3류 위험물이므로 물기가 없는 건조한 장소에 저장하여야 한다.
② 덩어리 상태의 유황과 화약류에 해당하는 위험물은 위험물용기에 수납하지 않고 저장할 수 있다.
③ 옥내저장소에서는 용기에 수납하여 저장하는 위험물의 온도가 55℃를 넘지 아니하도록 필요한 조치를 강구하여야 한다.
④ 이동저장탱크에는 저장 또는 취급하는 위험물의 유별·품명·최대수량 및 적재중량을 표시하고 잘 보일 수 있도록 관리하여야 한다.

해설 ▶ 황린은 제3류 위험물로 물에 녹지 않기 때문에 물속에 저장한다.

53 마그네슘분의 일반적인 성질에 대한 설명 중 틀린 것은?

① 은백색의 광택이 있는 금속분말이다.
② 더운 물과 반응하여 산소를 발생한다.
③ 열전도율 및 전기전도도가 큰 금속이다.
④ 황산과 반응하여 수소가스를 발생한다.

해설 ▶ 마그네슘분 : 제2류 위험물, 지정수량 500kg 산 또는 더운물과 반응하여 수소를 발생

54 톨루엔의 위험성에 대한 설명으로 틀린 것은?

① 증기비중은 약 0.87이므로 높은 곳에 체류하기 쉽다.
② 독성이 있으나 벤젠보다는 약하다.
③ 약 4℃의 인화점을 갖는다.
④ 유체 마찰 등으로 정전기가 생겨 인화하기도 한다.

해설 ▶ 증기비중은 3.1로 낮은 곳에 체류한다.
톨루엔($C_6H_5CH_3$)의 분자량 92이므로
증기비중 = $\frac{92}{29}$ = 3.17

55 경유 2000L, 글리세린 2000L를 같은 장소에 저장하려 한다. 지정수량의 배수의 합은 얼마인가?

① 2.5
② 3.0
③ 3.5
④ 4.0

해설 ▶ 환산지정 수량 : $\frac{2000}{1000} + \frac{2000}{4000} = 2.5$
※ 지정수량 : 경유(1000L), 글리세린(4000L)

Answer 51. ④ 52. ① 53. ② 54. ① 55. ①

56 제3류 위험물이 아닌 것은?
① 마그네슘   ② 나트륨
③ 칼륨   ④ 칼슘

해설▶ 마그네슘 : 제2류 위험물

57 적재시 일광의 직사를 피하기 위하여 차광성 있는 피복으로 가려야 하는 위험물은?
① 아세트알데히드
② 아세톤
③ 에틸알콜
④ 아세트산

해설▶ 운반 시 차광성 피복을 해야 하는 위험물
① 제1류 위험물 ② 제3류 중 자연 발화성물품 ③ 제4류 중 특수위험물(아세트알데히드, 산화프로필렌, 이황화탄소, 에테르) ④ 제5류 위험물 ⑤ 제6류 위험물

58 분진 폭발의 위험이 가장 낮은 것은?
① 아연분   ② 시멘트
③ 밀가루   ④ 커피

해설▶ 분진폭발물질 : ①, ③, ④, 전분, 담배가루, 알루미늄분, 마그네슘분 등

59 물과 반응하여 수소를 발생하는 물질로 불꽃 반응시 노란색을 나타내는 것은?
① 칼륨
② 과산화칼륨
③ 과산화나트륨
④ 나트륨

해설▶ 불꽃반응색깔
나트륨 - 노란색, 칼륨 - 보라색

60 다음 중 삼황화인이 가장 잘 녹는 물질은?
① 차가운 물   ② 이황화탄소
③ 염산   ④ 황산

해설▶ 삼황화인(P_4S_3) : 제2류 위험물, 지정수량 100kg, 이황화탄소에 잘 녹는다.

Answer 56. ① 57. ① 58. ② 59. ④ 60. ②

위험물기능사 2000제 문제은행

CBT 시험대비
2011년 7월 31일 시행

01 A, B, C급 화재에 모두 적응성이 있는 소화약제는?

① 제1종 분말소화약제
② 제2종 분말소화약제
③ 제3종 분말소화약제
④ 제4종 분말소화약제

해설 적응화재
제1종, 제2종, 제4종 분말 – B, C급 화재
제3종 분말 – A, B, C급 화재

02 제3류 위험물 중 금수성 물질을 취급하는 제조소에 설치하는 주의사항 게시판의 내용과 색상으로 옳은 것은?

① 물기엄금 : 백색바탕에 청색문자
② 물기엄금 : 청색바탕에 백색문자
③ 물기주의 : 백색바탕에 청색문자
④ 물기주의 : 청색바탕에 백색문자

해설 물기엄금 : 청색바탕에 백색문자
제1류 위험물 중 무기과산화물
제3류 위험물 중 금수성 물질

03 제조소등의 완공검사신청서는 어디에 제출해야 하는가?

① 소방방재청장
② 소방방재청장 또는 시·도지사
③ 소방방재청장, 소방서장 또는 한국소방산업기술원
④ 시·도지사

해설 제조소등의 완공검사를 받고자 하는 자는 시·도지사에 신청한다.

04 위험물안전관리법령상 스프링클러헤드는 부착장소의 평상시 최고주위온도가 28℃ 미만인 경우 몇 ℃의 표시온도를 갖는 것을 설치하여야 하는가?

① 58 미만
② 58 이상 79 미만
③ 79 이상 121 미만
④ 121 이상 162 미만

Answer 1. ③ 2. ② 3. ④ 4. ①

05 폭발시 연소파의 전파속도 범위에 가장 가까운 것은?
① 0.1~10m/s
② 100~1000m/s
③ 2000~35000m/s
④ 5000~10000m/s

해설 폭발의 연소 속도 : 0.1~10m/s
폭굉의 연소 속도 : 1000~3500m/s

06 유기과산화물의 화재 시 적응성이 있는 소화설비는?
① 물분무소화설비
② 이산화탄소소화설비
③ 할로겐화합물소화설비
④ 분말소화설비

해설 제5류 위험물인 유기과산화물의 소화는 주수소화를 하며 물분무소화설비가 적당하다.

07 소화난이도 등급Ⅱ의 옥외탱크저장소에는 대형수동식 소화기 및 소형수동식소화기를 각각 몇 개 이상 설치하여야 하는가?
① 4
② 3
③ 2
④ 1

해설 소화난이도 등급Ⅱ의 옥외탱크저장소, 옥내탱크저장소에는 대형수동식소화기 및 소형수동식소화기 등을 각각 1개 이상씩 설치해야 한다.

08 품명이 나머지 셋과 다른 것은?
① 산화프로필렌
② 아세톤
③ 이황화탄소
④ 디에틸에테르

해설 제4류 위험물
① 특수인화물 : 디에틸에테르, 이황화탄소, 아세트알데히드, 산화프로필렌
② 제1석유류 : 아세톤, 가솔린, 벤젠, 톨루엔

09 디에틸에테르의 저장시 소량의 염화칼슘을 넣어 주는 목적은?
① 정전기 발생 방지
② 과산화물 생성 방지
③ 저장용기의 부식 방지
④ 동결 방지

해설 디에틸에테르는 동식물성 섬유로 여과시 정전기가 발생하므로 소량의 염화칼슘을 넣어 정전기 발생을 방지한다.

10 고정식의 포소화설비의 기준에서 포헤드방식의 포헤드는 방호대상물의 표면적 몇 m^2 당 1개 이상의 헤드를 설치하여야 하는가?
① 3
② 9
③ 15
④ 30

Answer 5. ① 6. ① 7. ④ 8. ② 9. ① 10. ②

11 대형수동식소화기의 설치기준을 방호대상물의 각 부분으로부터 하나의 대형수동식소화기까지의 보행거리가 몇 m 이하가 되도록 설치하여야 하는가?

① 10   ② 20
③ 30   ④ 40

해설
- 대형수동식소화기 : 보행거리 30m 이하에 1개
- 소형수동식소화기 : 보행거리 20m 이하에 1개

12 알콜류 20000L에 대한 소화설비설치 시 소요단위는?

① 5   ② 10
③ 15   ④ 20

해설 1소요단위 : 지정수량의 10배, 알콜의 지정수량 400L

$$\therefore \frac{20,000}{400 \times 10} = 5$$

13 산화열에 의한 발열이 자연발화의 주된 요인으로 작용하는 것은?

① 건성유
② 퇴비
③ 목탄
④ 셀룰로이드

해설 산화열에 의한 자연발화 요인 : 건성유, 석탄분, 고무분, 금속분
분해열에 의한 자연발화 요인 : 셀룰로이드 등 제5류 위험물

14 건축물 화재 시 성장기에서 최성기로 진행될 때 실내온도가 급격히 상승하기 시작하면서 화염이 실내 전체로 급격히 확대되는 연소현상은?

① 슬롭오버(Slop over)
② 플래시오버(Flash over)
③ 보일오버(Boil over)
④ 프로스오버(Froth over)

해설 플래시오버 : 화재가 발생시 서서히 진행하다가 시간이 경과함에 따라 실내에 열과 가연성가스가 축적되고 발화온도에 이르게 되어 일순간 폭발적으로 화재가 실내전체로 확대되는 연소(순발연소)

15 이산화탄소 소화기 사용시 줄·톰슨 효과에 의해서 생성되는 물질은?

① 포스겐   ② 일산화탄소
③ 드라이아이스   ④ 수성가스

해설 이산화탄소 소화기 사용시 노즐을 통과시 주울톰슨 효과에 의해 온도가 급격히 떨어져 드라이아이스가 생성된다.

16 주수소화가 적합하지 않은 물질은?

① 과산화벤조일
② 과산화나트륨
③ 피크린산
④ 염소산나트륨

해설 과산화나트륨은 제1류의 알칼리 금속의 과산화물로서 주수소화하면 산소와 열을 발생하므로 부적합하다.

Answer 11. ③ 12. ① 13. ① 14. ② 15. ③ 16. ②

17 B급 화재의 표시색상은?
① 청색
② 무색
③ 황색
④ 백색

해설 ▶ A급 화재 : 백색 B급 화재 : 황색
C급 화재 : 청색 D급 화재 : 색 없음

18 지정수량의 100배 이상을 저장 또는 취급하는 옥내저장소에 설치하여야 하는 경보설비는? (단, 고인화점 위험물만을 저장 또는 취급하는 것은 제외한다.)
① 비상경보설비
② 자동화재 탐지설비
③ 비상방송설비
④ 확성장치

해설 ▶ 옥내저장소에 자동화재탐지 설비 설치할 곳
① 지정수량 100배 이상의 위험물을 저장·취급 하는 곳(인화점 100℃ 이상 제외)
② 연면적 150m² 초과하는 곳
③ 처마 높이 6m 이상인 단층 건물

19 가연물이 되기 쉬운 조건이 아닌 것은?
① 산화반응의 활성이 크다.
② 표면적이 넓다.
③ 활성화 에너지가 크다.
④ 열전도율이 낮다.

해설 ▶ ①, ②, ④ 외에 활성화 에너지가 작을 것, 산소와의 친화력이 클 것

20 연소범위에 대한 설명으로 옳지 않은 것은?
① 연소범위는 연소하한값부터 연소상한값까지이다.
② 연소범위의 단위는 공기 또는 산소에 대한 가스의 % 농도이다.
③ 연소하한이 낮을수록 위험이 크다.
④ 온도가 높아지면 연소범위가 좁아진다.

해설 ▶ 연소범위는 온도가 높아지고 압력이 올라갈수록 넓어진다.

21 적린의 위험성에 대한 설명으로 옳은 것은?
① 물과 반응하여 발화 및 폭발한다.
② 공기 중에 방치하면 자연발화한다.
③ 염소산칼륨과 혼합하면 마찰에 의한 발화의 위험이 있다.
④ 황린보다 불안정하다.

해설 ▶ 적린(P) : 제2류 위험물, 지정수량 100kg
① 산화제인 염소산칼륨과 혼합하면 발화 위험이 있다.
② 물에 불용이며 황린에 비해 안정하고 공기 중에서 발화하지 않는다.

22 지정수량이 50킬로그램이 아닌 위험물은?
① 염소산나트륨 ② 리튬
③ 과산화나트륨 ④ 디에틸에테르

해설 ▶ 50kg : 염소산나트륨(제1류), 리튬(제3류), 과산화나트륨(제1류)
50L : 디에틸에테르(제4류의 특수인화물)

Answer 17. ③ 18. ② 19. ③ 20. ④ 21. ③ 22. ④

23 니트로화합물, 니트로소화합물, 질산 에스테르류, 히드록실아민을 각각 50킬로그램씩 저장하고 있을 때 지정수량의 배수가 가장 큰 것은?

① 니트로화합물 ② 니트로소화합물
③ 질산에스테르류 ④ 히드록실아민

해설 지정수량 : 니트로화합물(200kg), 니트로소화합물(200kg), 질산에스테르류(10kg), 히드록실아민(100kg) 지정수량이 작을수록 같은 양을 저장 시 지정수량의 배수가 커진다.

24 위험물안전관리법상 제6류 위험물에 해당하는 것은?

① H_3PO_4 ② IF_5
③ H_2SO_4 ④ HCl

해설 제6류 위험물 : H_2O_2, $HClO_4$, HNO_3 외에 할로겐 화합물 : 오플로르화브롬(BrF_5), 삼플로르화브롬(BrF_3), 오플로르화요오드(IF_5)

25 알킬알루미늄의 저장 및 취급방법으로 옳은 것은?

① 용기는 완전밀봉하고 CH_4, C_3H_4 등을 봉입한다.
② C_6H_6 등의 희석제를 넣어준다.
③ 용기의 마개에 다수의 미세한 구멍을 뚫는다.
④ 통기구가 달린 용기를 사용하여 압력상승을 방지한다.

해설 알킬알루미늄 : 제3류위험물, 지정수량 10kg
① 저장시 용기는 완전 밀봉하여 공기 및 물과의 접촉을 피하고 용기상부는 불연성가스로 봉입한다.
② 희석제로 벤젠(C_6H_6), 헥산(C_6H_{14}) 등을 넣어준다.

26 [보기]에서 설명하는 물질은 무엇인가?

[보기]
• 살균제 및 소독제로도 사용된다.
• 분해할 때 발생하는 발생기산소 [O]는 난분해성 유기물질을 산화시킬 수 있다.

① $HClO_4$ ② CH_3OH
③ H_2O_2 ④ H_2SO_4

해설 과산화수소(H_2O_2) : 제6류 위험물, 지정수량 300kg
위험물 농도는 36(wt)% 이상, 60(wt)% 이상 시 단독폭발 가능성이 있다.

27 지정수량 20배의 알콜류 옥외탱크저장소에 펌프실 외의 장소에 설치하는 펌프설비의 기준으로 틀린 것은?

① 펌프설비 주위에는 3m 이상의 공지를 보유한다.
② 펌프설비 그 직하의 지반면 주위에 높이 0.15m 이상의 턱을 만든다.
③ 펌프설비 그 직하의 지반면의 최저부에는 집유설비를 만든다.
④ 집유설비에는 위험물이 배수구에 유입되지 않도록 유분리장치를 만든다.

해설 ④의 경우는 제4류 위험물의 비수용성으로 제한되는 규정이다.

Answer 23. ③ 24. ② 25. ② 26. ③ 27. ④

28 과망간산칼륨의 성질에 대한 설명 중 옳은 것은?

① 강력한 산화제이다.
② 물에 녹아서 연한 분홍색을 나타낸다.
③ 물에는 용해하나 에탄올에 불용이다.
④ 묽은 황산과는 반응을 하지 않지만 진한 황산과 접촉하면 서서히 반응한다.

해설 과망간산칼륨($KMnO_4$) : 제1류 위험물, 지정수량 1000kg
강한산화제, 물에 녹아 보라색, 에탄올, 아세톤에 용해, 진한 황산과 격렬한 반응하며 폭발한다.

29 무취의 결정이며 분자량이 약 122, 녹는점이 약 482°C이고 산화제, 폭약 등에 사용되는 위험물은?

① 염소산바륨
② 과염소산나트륨
③ 아염소산나트륨
④ 과산화바륨

해설 과염소산나트륨($NaClO_4$) : 제1류 위험물, 지정수량 50kg
분자량 : $23 + 35.5 + 16 \times 4 = 122.5$

30 위험물제조소 등에 설치하는 옥내소화전설비의 설치기준으로 옳은 것은?

① 옥내소화전은 건축물의 층마다 당해 층의 각 부분에서 하나의 호스 접속구까지의 수평거리가 25미터 이하가 되도록 설치하여야 한다.
② 당해 층의 모든 옥내소화전(5개 이상인 경우는 5개)을 동시에 사용할 경우 각 노즐선단에서의 방수량은 130L/min 이상이어야 한다.
③ 당해 층의 모든 옥내소화전(5개 이상인 경우는 5개)을 동시에 사용할 경우 각 노즐선단에서의 압수압력은 250kPa 이상이어야 한다.
④ 수원의 수량은 옥내소화전이 가장 많이 설치된 층의 옥내소화전 설치개수(5개인 경우는 5개)에 2.6m³를 곱한 양 이상이 되도록 설치하여야 한다.

해설 ② 2600L/min
③ 350kPa
④ 7.8m³을 곱한 양 이상

Answer 28. ① 29. ② 30. ①

31 수납하는 위험물에 따라 위험물의 운반용기 외부에 표시하는 주의사항이 잘못된 것은?

① 제1류 위험물 중 알칼리금속의 과산화물 : 화기·충격주의, 물기엄금, 가연물접촉주의
② 제4류 위험물 : 화기엄금
③ 제3류 위험물 중 자연발화성물질 : 화기엄금, 공기접촉엄금
④ 제2류 위험물 중 철분 : 화기엄금

해설
• 제2류 위험물 : 화기주의
• 제2류 위험물 중 인화성고체 : 화기엄금

32 제4류 위험물의 일반적 성질이 아닌 것은?

① 대부분 유기화합물이다.
② 전기의 양도체로서 정전기 축적이 용이하다.
③ 발생증기는 가연성이며 증기비중은 공기보다 무거운 것이 대부분이다.
④ 모두 인화성 액체이다.

해설 전기의 부도체로서 정전기가 축적되기 쉽다.

33 에테르(ether)의 일반식으로 옳은 것은?

① ROR
② RCHO
③ RCOR
④ RCOOH

해설 R-O-R′(C_2H_5 - O - C_2H_5) : 디에틸에테르
RCHO(CH_3CHO) : 아세트알데히드
RCOOH(CH_3COOH) : 아세트산

34 글리세린은 제 몇 석유류에 해당하는가?

① 제1석유류
② 제2석유류
③ 제3석유류
④ 제4석유류

해설 에틸렌글리콜, 글리세린 : 제4류 위험물의 제3석유류, 수용성 지정수량 4000L

35 위험물의 유별 구분이 나머지 셋과 다른 하나는?

① 니트로글리콜
② 스티렌
③ 아조벤젠
④ 디니트로벤젠

해설 제5류 위험물 : 니트로글리콜, 아조벤젠, 디니트로 벤젠
제4류의 제2석유류 : 스티렌($C_6H_5CHCH_2$)

36 액체 위험물의 운반용기 중 금속제 내장용기의 최대용적은 몇 L 인가?

① 5
② 10
③ 20
④ 30

해설 액체, 고체 위험물 운반용기 중 금속제 내장용기 최대 용적 : 30L

Answer 31. ④ 32. ② 33. ① 34. ③ 35. ② 36. ④

37 탄소 80%, 수소 14%, 황 6%인 물질 1kg이 완전연소하기 위해 필요한 이론 공기량은 약 몇 kg인가? (단, 공기 중 산소는 23wt%이다.)

① 3.31　　② 7.05
③ 11.62　　④ 14.41

해설 $C + O_2 \rightarrow CO_2$

$H + \frac{1}{2}O_2 \rightarrow H_2O$

$S + O_2 \rightarrow SO_2$

① 필요 산소량 : $2.67 \times 0.8 + 0.5 \times 16 + 0.14 + 1 \times 0.06 = 3.31$ kg

② 필요 공기량 : $\frac{3.31}{0.23} = 14.41$

※ $C + O_2 \rightarrow CO_2$
    2kg : 32kg
    1kg : x
    $x = \frac{1 \times 32}{12} = 2.67$

38 제6류 위험물에 속하는 것은?

① 염소화이소시아눌산
② 퍼옥소이황산염류
③ 질산구아니딘
④ 할로겐간화합물

해설 제6류 위험물 : 과산화수소(H_2O_2), 과염소산($HClO_4$), 질산(HNO_3), 할로겐간화합물

39 질산에틸에 관한 설명으로 옳은 것은?

① 인화점이 낮아 인화되기 쉽다.
② 증기는 공기보다 가볍다.
③ 물에 잘 녹는다.
④ 비점은 약 25℃ 정도이다.

해설 질산에틸($C_2H_5ONO_2$) : 제5류의 질산에스테르류, 지정수량 10kg

증기비중 $\left(\frac{91}{29} = 3.14\right)$, 물에 녹지 않고 비점 88℃

40 질산에 대한 설명으로 옳은 것은?

① 산화력은 없고 강한 환원력이 있다.
② 자체 연소성이 있다.
③ 크산토프로테인 반응을 한다.
④ 조연성과 부식성이 없다.

해설 질산(HNO_3) : 제6류의 산화성액체, 지정수량 300kg
① 단백질과 반응하여 노란색으로 변하는 크산토프로테인 반응을 한다.
② 조연성이며 산화성액체이다.

41 제5류 위험물이 아닌 것은?

① $Pb(N_3)_2$　　② CH_3ONO_2
③ N_2H_4　　④ NH_2OH

해설 제5류 위험물 : 질산메틸(CH_3ONO_2), 히드록실아민(NH_2OH), 아지드화납($Pb(N_3)_2$)
제4류의 제2석유류 : 히드라진(N_2H_4)

42 다음 중 지정수량이 다른 물질은?

① 황화린　　② 적린
③ 철분　　④ 유황

해설 제2류위험물의 지정수량 : 황화린(100kg), 적린(100kg), 유황(100kg), 철분(500kg)

Answer 37. ④　38. ④　39. ①　40. ③　41. ③　42. ③

43 아염소산염류 100kg, 질산염류 3000kg, 과망간산염류 1000kg을 같은 장소에 저장하려 한다. 각각의 지정수량 배수의 합은 얼마인가?

① 5배　　　② 10배
③ 13배　　　④ 15배

해설 환산지정수량
$= \dfrac{A\ 저장수량}{A\ 저장수량} + \dfrac{B\ 저장수량}{B\ 저장수량} + \dfrac{C\ 저장수량}{C\ 저장수량} =$
$= \dfrac{100}{50} + \dfrac{3000}{300} + \dfrac{1000}{1000} = 13배$
아염소산염류(50kg), 질산염류(300kg), 과망간산염류(1000kg)

44 제조소 등의 위치·구조 또는 설비의 변경없이 당해 제조소 등에서 취급하는 위험물의 품명을 변경하고자 하는 자는 변경하고자 하는 날의 며칠(개월) 전까지 신고하여야 하는가?

① 7일　　　② 14일
③ 1개월　　　④ 6개월

해설 위험물의 품경변경 신고 : 7일
안전관리자 해임 신고 : 14일

45 탄화칼슘이 물과 반응했을 때 생성되는 것은?

① 산화칼슘 + 아세틸렌
② 수산화칼슘 + 아세틸렌
③ 산화칼슘 + 메탄
④ 수산화칼슘 + 메탄

해설 $CaC_2 + 2H_2O \rightarrow Ca(OH)_2 + C_2H_2$
　　(탄화칼슘)　　　　(수산화칼슘) (아세틸렌)

46 금속칼륨의 보호액으로 가장 적합한 것은?

① 물　　　② 아세트산
③ 등유　　　④ 에틸알콜

해설 금속칼륨, 금속나트륨 보호액 : 등유, 유동파라핀, 석유

47 니트로글리세린에 대한 설명으로 가장 거리가 먼 것은?

① 규조토에 흡수시킨 것을 다이너마이트라고 한다.
② 충격, 마찰에 매우 둔감하나 동결품은 민감해진다.
③ 비중은 약 1.6이다.
④ 알콜, 벤젠 등에 녹는다.

해설 니트로글리세린(NG) : 제5류의 질산에스테르류, 지정수량 10kg 다이너마이트 원료이며 가열, 충격, 마찰에 대단히 민감하고 겨울에 동결 우려가 있다.

48 벤젠의 위험성에 대한 설명으로 틀린 것은?

① 휘발성이 있다.
② 인화점이 0℃보다 낮다.
③ 증기는 유독하여 흡입하면 위험하다.
④ 이황화탄소보다 착화온도가 낮다.

해설 벤젠(C_6H_6) : 제4류의 제1석유류, 지정수량 200L
방향성, 휘발성이 있음, 인화점 -11℃, 착화점 562℃
※ 이황화탄소 착화점 100℃, 황린 50℃

Answer 43. ③　44. ①　45. ②　46. ③　47. ②　48. ④

49 다음 그림은 옥외저장탱크와 흙방유제를 나타낸 것이다. 탱크의 지름이 10m이고 높이가 15m라고 할 때 방유제는 탱크의 옆판으로부터 몇 m 이상의 거리를 유지하여야 하는가? (단, 인화점 200℃ 미만의 위험물을 저장한다.)

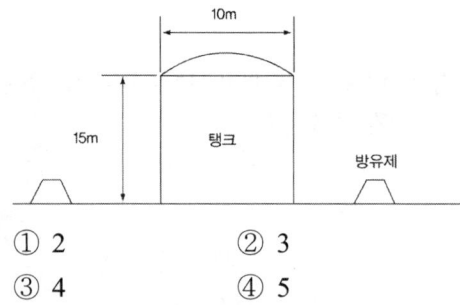

① 2   ② 3
③ 4   ④ 5

해설 방유제 내 옥외 저장탱크와의 유지거리
① 탱크지름 15m 미만 : 탱크 높이의 $\frac{1}{3}$ 이상
② 탱크지름 15m 이상 : 탱크 높이의 $\frac{1}{2}$ 이상
∴ $15 \times \frac{1}{3} = 5\text{m}$ 이상

50 그림과 같은 타원형 위험물 탱크의 내용적을 구하는 식을 옳게 나타낸 것은?

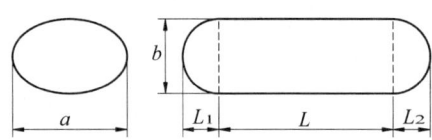

① $\frac{\pi ab}{4}\left(L + \frac{L_1 + L_2}{3}\right)$
② $\frac{\pi ab}{4}\left(L + \frac{L_1 - L_2}{3}\right)$
③ $\pi ab\left(L + \frac{L_1 + L_2}{3}\right)$
④ $\pi ab L^2$

해설 탱크의 내용적
① 타원형 : $\frac{\pi ab}{4}\left(L + \frac{L_1 + L_2}{3}\right)$
② 원형 : $\pi r^2\left(L + \frac{L_1 + L_2}{3}\right)$

51 알루미늄분에 대한 설명으로 옳지 않은 것은?
① 알칼리수용액에서 수소를 발생한다.
② 산과 반응하여 수소를 발생한다.
③ 물보다 무겁다.
④ 할로겐 원소와는 반응하지 않는다.

해설 알루미늄분 : 제2류의 금속분, 지정수량 500kg 양쪽성 물질로 산 및 알칼리와 반응하여 수소를 발생하고 질소와 할로겐과 반응하여 질화물과 할로겐화물을 생성한다.

52 [보기]의 위험물을 위험등급 Ⅰ, 위험등급 Ⅱ, 위험등급 Ⅲ의 순서로 옳게 나열한 것은?

> [보기]
> 황린, 수소화나트륨, 리튬

① 황린, 수소화나트륨, 리튬
② 황린, 리튬, 수소화나트륨
③ 수소화나트륨, 황린, 리튬
④ 수소화나트륨, 리튬, 황린

해설 위험등급 : 황린(Ⅰ), 리튬(Ⅱ), 수소화나트륨(Ⅲ)

Answer 49. ④ 50. ① 51. ④ 52. ②

53 적린과 황린의 공통적인 사항으로 옳은 것은?

① 연소할 때는 오산화인의 흰 연기를 낸다.
② 냄새가 없는 적색 가루이다.
③ 물, 이황화탄소에 녹는다.
④ 맹독성이다.

해설 적린(제2류), 황린(제3류)는 동소체로서 연소하면 오산화인(P_2O_5)을 생성한다.

54 산화프로필렌에 대한 설명 중 틀린 것은?

① 연소범위는 가솔린보다 넓다.
② 물에는 잘 녹지만 알콜, 벤젠에는 녹지 않는다.
③ 비중은 1보다 작고, 증기비중은 1보다 크다.
④ 증기압이 높으므로 상온에서 위험한 농도까지 도달할 수 있다.

해설 산화프로필렌 : 제4류의 특수인화물, 지정수량 50L, 연소범위(2.5~38.5℃), 물이나 유기용매(알콜, 벤젠 등)에 잘 녹는다.

55 제5류 위험물의 공통된 취급 방법이 아닌 것은?

① 용기의 파손 및 균열에 주의한다.
② 저장시 가열, 충격, 마찰을 피한다.
③ 운반용기 외부에 주의사항으로 "자연발화주의"를 표기한다.
④ 점화원 및 분해를 촉진시키는 물질로부터 멀리한다.

해설 주의사항 : "화기엄금"표기

56 비중은 약 2.5, 무취이며 알콜, 물에 잘 녹고 조해성이 있으며 산과 반응하여 유독한 ClO_2를 발생하는 위험물은?

① 염소산칼륨
② 과염소산암모늄
③ 염소산나트륨
④ 과염소산칼륨

해설 산과 반응하여 이산화염소(ClO_2)를 발생하는 물질 염소산나트륨(비중 2.5), 염소산칼륨(비중 2.32)

57 제조소등의 관계인이 예방규정을 정하여야 하는 제조소등이 아닌 것은?

① 지정수량 100배의 위험물을 저장하는 옥외탱크저장소
② 지정수량 150배의 위험물을 저장하는 옥내저장소
③ 지정수량 10배의 위험물을 취급하는 제조소
④ 지정수량 5배의 위험물을 취급하는 이송취급소

해설 지정수량 200배 이상의 옥외탱크저장소

Answer 53. ① 54. ② 55. ③ 56. ③ 57. ①

58 물과 접촉하면 발열하면서 산소를 방출하는 것은?

① 과산화칼륨
② 염소산암모늄
③ 염소산칼륨
④ 과망간산칼륨

해설 알칼리금속의 무기과산화물(과산화칼륨, 과산화나트륨)은 물과 접촉시 발열하면서 산소를 방출한다.

59 연소범위가 약 1.4~7.6%인 제4류 위험물은?

① 가솔린
② 에테르
③ 이황화탄소
④ 아세톤

해설 연소범위
가솔린(1.47~7.6%), 에테르(1.9~48%), 이황화탄소(1~44%)

60 보일러 등으로 위험물을 소비하는 일반취급소의 특례의 적용에 관한 설명으로 틀린 것은?

① 일반취급소에서 보일러, 버너 등으로 소비하는 위험물은 인화점이 섭씨 38도 이상인 제4류 위험물이어야 한다.
② 일반취급소에서 취급하는 위험물의 양은 지정수량의 30배 미만이고 위험물을 취급하는 설비는 건축물에 있어야 한다.
③ 제조소의 기준을 준용하는 다른 일반취급소와 달리 일정한 요건을 갖추면 제조소의 안전거리, 보유공지 등에 관한 기준을 적용하지 않을 수 있다.
④ 건축물 중 일반취급소로 사용하는 부분은 취급하는 위험물의 양에 관계없이 철근콘크리트조 등의 바닥 또는 벽으로 당해 건축물의 다른 부분과 구획되어야 한다.

Answer 58. ① 59. ① 60. ④

위험물기능사 2000제 문제은행

> 2011년 10월 9일 시행

01 위험물안전관리법에서 정하는 용어의 정의로 옳지 않은 것은?

① "위험물"이라 함은 인화성 또는 발화성 등의 성질을 가지는 것으로서 대통령령이 정하는 물품을 말한다.
② "제조소"라 함은 위험물을 제조할 목적으로 지정수량 이상의 위험물을 취급하기 위하여 규정에 따른 허가를 받은 장소를 말한다.
③ "저장소"라 함은 지정수량 이상의 위험물을 저장하기 위한 대통령령이 정하는 장소로서 규정에 따른 허가를 받은 장소를 말한다.
④ "취급소"라 함은 지정수량 이상의 위험물을 제조외의 목적으로 취급하기 위한 관할 지자체장이 정하는 장소로서 허가를 받은 장소를 말한다.

해설 취급소 : 지정수량 이상의 위험물을 제조 이외의 목적으로 취급하기 위한 대통령령이 정하는 장소로서 허가 받은 장소를 말한다.

02 위험물안전관리법령에서 정한 이산화탄소 소화약제의 저장용기 설치기준으로 옳은 것은?

① 저압식 저장용기의 충전비 : 1.0 이상 1.3 이하
② 고압식 저장용기의 충전비 : 1.3 이상 1.7 이하
③ 저압식 저장용기의 충전비 : 1.1 이상 1.4 이하
④ 고압식 저장용기의 충전비 : 1.7 이상 2.1 이하

해설 이산화탄소 소화약제 용기 충전비
고압식 : 1.5 이상 1.9 이하
저압식 : 1.1 이상 1.4 이하

Answer 1. ④ 2. ③

03 지정과산화물을 저장하는 옥내저장소의 저장창고를 일정면적마다 구획하는 격벽의 설치 기준에 해당하지 않는 것은?

① 저장창고 상부의 지붕으로부터 50cm 이상 돌출하게 하여야 한다.
② 저장창고 양측의 외벽으로부터 1m 이상 돌출하게 하여야 한다.
③ 철근콘크리트조의 경우 두께가 30cm 이상이어야 한다.
④ 바닥면적 250m² 이내마다 완전하게 구획하여야 한다.

해설 지정과산화물을 저장하는 옥내저장소의 저장창고의 격벽은 바닥면적 150m² 이내마다 완전하게 구획한다.

04 옥내저장소에서 지정수량의 몇 배 이상을 저장 또는 취급할 때 자동화재탐지설비를 설치하여야 하는가? (단, 원칙적인 경우에 한한다.)

① 지정수량의 10배 이상을 저장 또는 취급할 때
② 지정수량의 50배 이상을 저장 또는 취급할 때
③ 지정수량의 100배 이상을 저장 또는 취급할 때
④ 지정수량의 150배 이상을 저장 또는 취급할 때

해설 옥내저장소에 자동화재탐지 설비를 설치하는 경우(원칙적인 경우)
① 지정수량 100배 이상 저장 또는 취급시
② 저장창고의 연면적이 150m²를 초과하는 것
③ 처마 높이가 6m 이상인 단층건물의 것
④ 건축물에 설치된 옥내저장소

05 폭굉유도거리(DID)가 짧아지는 경우는?

① 정상 연소속도가 작은 혼합가스 일수록 짧아진다.
② 압력이 높을수록 짧아진다.
③ 관지름이 넓을수록 짧아진다.
④ 점화원 에너지가 약할수록 짧아진다.

해설 폭굉유도거리(DID) : 최초 완만한 연소가 폭굉으로 발전할 때까지의 거리로 짧아지는 조건은
① 정상연소 속도가 큰 혼합가스일수록
② 압력이 높을수록
③ 관지름이 좁을수록
④ 점화원의 에너지가 클수록

06 A, B, C급에 모두 적응할 수 있는 분말소화약제는?

① 제1종 분말
② 제2종 분말
③ 제3종 분말
④ 제4종 분말

해설 B, C급 적응 소화제 : 제1종 분말, 제2종 분말, 제4종 분말
A, B, C급 적응 소화제 : 제3종 분말 ($NH_4H_2PO_4$)

07 할로겐 화합물의 소화약제 중 할론 2402의 화학식은?

① $C_2Br_4F_2$
② $C_2Cl_4F_2$
③ $C_2Cl_4Br_2$
④ $C_2F_4Br_2$

해설 H-2042 : $C_2F_4Br_2$
표기법 : C, F, Cl, Br의 개수를 순서대로 표기
C(2), F(4), Cl(0), Br(2)이므로 $C_2F_4Br_2$로 표기

Answer 3. ④ 4. ③ 5. ② 6. ③ 7. ④

08 톨루엔의 화재시 가장 적합한 소화방법은?

① 산·알칼리 소화기에 의한 소화
② 포에 의한 소화
③ 다량의 강화액에 의한 소화
④ 다량의 주수에 의한 냉각소화

해설> 톨루엔(제4류의 제1석유류)을 소화시 포말, 분말, CO_2 등의 질식소화를 한다.

09 제2류 위험물 중 지정수량이 500kg인 물질에 의한 화재는?

① A급 화재
② B급 화재
③ C급 화재
④ D급 화재

해설> 제2류 위험물 중 지정수량 500kg인 것은 철분, 마그네슘, 금속분 등으로 D급 화재인 금속화재에 해당한다.

10 피난동선의 특징이 아닌 것은?

① 가급적 지그재그의 복잡한 형태가 좋다.
② 수평동선과 수직동선으로 구분한다.
③ 2개 이상의 방향으로 피난할 수 있어야 한다.
④ 가급적 상호 반대방향으로 다수의 출구와 연결되는 것이 좋다.

해설> 피난동선은 직선적인 단순한 형태가 좋다.

11 정전기의 발생요인에 대한 설명으로 틀린 것은?

① 접촉면적이 클수록 정전기의 발생량은 많아진다.
② 분리속도가 빠를수록 정전기의 발생량은 많아진다.
③ 대전서열에서 먼 위치에 있을수록 정전기의 발생량은 많아진다.
④ 접촉과 분리가 반복됨에 따라 정전기의 발생량은 증가한다.

해설> 접촉과 분리가 반복됨과 정전기 발생량 증가는 관계없다.

12 제거소화의 예가 아닌 것은?

① 가스 화재시 가스 공급 차단하기 위해 밸브를 닫아 소화시킨다.
② 유전 화재시 폭약을 사용하여 폭풍에 의하여 가연성 증기를 날려보내 소화시킨다.
③ 연소하는 가연물을 밀폐시켜 공기 공급을 차단하여 소화한다.
④ 촛불 소화시 입으로 바람을 불어서 소화시킨다.

해설> 질식소화 : 공기중의 산소농도를 15% 이하로 낮추어 연소를 중단시키는 방법으로 ③은 질식소화이다.

Answer 8. ② 9. ④ 10. ① 11. ④ 12. ③

13 제3종 분말 소화약제의 열분해 반응식을 옳게 나타낸 것은?

① $NH_4H_2PO_4 \rightarrow HPO_3 + NH_3 + H_2O$
② $2KNO_3 \rightarrow 2KNO_2 + O_2$
③ $KClO_4 \rightarrow KCl + 2O_2$
④ $2CaHCO_3 \rightarrow 2CaO + H_2CO_3$

해설 제3종분말 열분해식
$NH_4H_2PO_4 \rightarrow HPO_3 + NH_3 + H_2O$
(인산암모늄) (메타인산)(암모니아) (물)

14 목조건축물의 일반적인 화재현상에 가장 가까운 것은?

① 저온단시간형
② 저온장시간형
③ 고온단시간형
④ 고온장시간형

해설 목조건축물 화재시 단시간에 고온으로 상승하고 가연물이 다 타면 단 시간에 소화된다.

15 위험물제조소등에 설치하여야 하는 자동화재탐지설비의 설치기준에 대한 설명 중 틀린 것은?

① 자동화재탐지설비의 경계구역은 건축물 그 밖의 공작물의 2 이상의 층에 걸치도록 할 것
② 하나의 경계구역에서 그 한 변의 길이는 50m(광전식분리형 감지기를 설치할 경우에는 100m) 이하로 할 것
③ 자동화재탐지설비의 감지기는 지붕 또는 벽의 옥내에 면한 부분에 유효하게 화재의 발생을 감지할 수 있도록 설치할 것
④ 자동화재탐지설비에는 비상전원을 설치할 것

해설 자동화재탐지설비의 경계구역은 건축물 그 밖의 공작물의 2 이상의 층에 걸치지 아니하도록 할 것

Answer 13. ① 14. ③ 15. ①

16 옥외탱크저장소에 보유공지를 두는 목적과 가장 거리가 먼 것은?

① 위험물시설의 화염이 인근의 시설이나 건축물 등으로의 연소확대방지를 위한 완충공간 기능을 하기 위함
② 위험물시설의 주변에 장애물이 없도록 공간을 확보함으로써 소화활동이 쉽도록 하기 위함
③ 위험물시설의 주변에 있는 시설과 50m 이상을 이격하여 폭발 발생시 피해를 방지하기 위함
④ 위험물시설의 주변에 장애물이 없도록 공간을 확보함으로써 피난자가 피난이 쉽도록 하기 위함

17 할론 1301의 증기 비중은? (단, 불소의 원자량은 19, 브롬의 원자량은 80, 염소의 원자량은 35.5이고 공기의 분자량은 29이다.)

① 2.14
② 4.15
③ 5.14
④ 6.15

해설 H-1301 : CF_3Br(분자량 149)

증기비중 = $\frac{149}{29}$ = 5.14

18 탄화알루미늄을 저장하는 저장고에 스프링클러소화설비를 하면 되지 않는 이유는?

① 물과 반응시 메탄가스를 발생하기 때문에
② 물과 반응시 수소가스를 발생하기 때문에
③ 물과 반응시 에탄가스를 발생하기 때문에
④ 물과 반응시 프로판가스를 발생하기 때문에

해설 탄화알루미늄 : 제3류 위험물, 지정수량 300kg
탄화알루미늄이 물과 반응하면 메탄가스를 발생한다.

$Al_4C_3 + 12H_2O \rightarrow 4Al(OH)_3 + 3CH_4$
(탄산알루미늄)   (수산화알루미늄) (메탄)

19 소화효과를 증대시키기 위하여 분말소화약제와 병용하여 사용할 수 있는 것은?

① 단백포
② 알콜형포
③ 합성계면활성제포
④ 수성막포

해설 분말소화약제의 소화효과를 증대시키기 위하여 수성막포와 병용하여 사용한다.

20 위험물은 지정수량의 몇 배를 1 소요 단위로 하는가?

① 1   ② 10
③ 50   ④ 100

해설 소요1단위 : 위험물 지정수량의 10배

Answer 16. ③ 17. ③ 18. ① 19. ④ 20. ②

21 낮은 온도에서 잘 얼지 않는 다이너마이트를 제조하기 위해 니트로글리세린의 일부를 대체하여 첨가하는 물질은?

① 니트로셀룰로오스
② 니트로글리콜
③ 트리니트로톨루엔
④ 디니트로벤젠

해설 니트로글리세린을 규조토에 흡수시켜 다이너마이트를 제조하며 겨울철에 동결을 방지하기 위해 니트로글리콜을 대체하여 첨가한다.

22 제조소등의 소화설비 설치시 소요단위 산정에 관한 내용으로 다음 ( ) 안에 알맞은 수치를 차례대로 나열한 것은?

> 제조소 또는 취급소의 건축물은 외벽이 내화구조인 것은 연면적 ( )m²를 1소요 단위로 하며, 외벽이 내화구조가 아닌 것은 연면적 ( )m²를 1소요 단위로 한다.

① 200, 100
② 150, 100
③ 150, 50
④ 100, 50

해설 1소요단위
① 제조소, 취급소용 건축물로 내화구조인 곳 : 100m²
② 제조소, 취급소용 건축물로 내화구조 이외의 곳 : 50m²
③ 저장소용 건축물로 외벽이 내화구조인 곳 : 150m²
④ 저장소용 건축물로 외벽이 내화구조 이외의 곳 : 75m²

23 제조소등의 허가청이 제조소등의 관계인에게 제조소등의 사용정지처분 또는 허가 취소처분을 할 수 있는 사유가 아닌 것은?

① 소방서장으로부터 변경허가를 받지 아니하고 제조소등의 위치·구조 또는 설비를 변경한 때
② 소방서장의 수리·개조 또는 이전의 명령을 위반한 때
③ 정기점검을 하지 아니한 때
④ 소방서장의 출입검사를 정당한 사유 없이 거부한 때

해설 허가취소처분을 할 수 있는 사유
① ①, ②, ③
② 정기점검을 하지 않은 경우
③ 저장, 취급기준을 준수명령 위반시
④ 완공검사를 받지 않고 제조소 사용시
⑤ 위험물 안전관리자를 선임하지 아니한 경우

24 제6류 위험물을 수반한 용기에 표시하여야 하는 주의사항은?

① 가연물접촉주의
② 화기엄금
③ 화기·충격주의
④ 물기엄금

해설 제4류 위험물 : 화기엄금
제5류 위험물 : 화기엄금, 충격주의
제6류 위험물 : 가연물 접촉주의

25 운송책임자의 감독, 지원을 받아 운송하여야 하는 위험물에 해당하는 것은?

① 칼륨, 나트륨
② 알킬알루미늄, 알킬리튬
③ 제1석유류, 제2석유류
④ 니트로글리세린, 트리니트로톨루엔

해설 알킬알루미늄, 알킬리튬의 운송시 운송책임자의 감독, 지원을 받아 운송하여야 한다.

26 황린에 대한 설명으로 틀린 것은?

① 환원력이 강하다.
② 담황색 또는 백색의 고체이다.
③ 벤젠에는 불용이나 물에 잘 녹는다.
④ 마늘 냄새와 같은 자극적인 냄새가 난다.

해설 황린 : 제3류 위험물, 지정수량(20kg)
벤젠, 이황화탄소에는 잘 녹고 물에 녹지 않아서 물속에 저장한다.

27 질산과 과염소산의 공통 성질에 대한 설명 중 틀린 것은?

① 산소를 포함한다.
② 산화제이다.
③ 물보다 무겁다.
④ 쉽게 연소한다.

해설 질산(제6류, 산화성 액체)과 과염소산(제1류, 산화성 고체)은 산화제로 연소를 돕는 조연성물질이며 연소하지 않는다.

28 이산화탄소소화설비의 기준에서 저장용기 설치 기준에 관한 내용으로 틀린 것은?

① 방호구역 외의 장소에 설치할 것
② 온도가 50℃ 이하이고 온도 변화가 적은 장소에 설치할 것
③ 직사광선 및 빗물이 침투할 우려가 적은 장소에 설치할 것
④ 저장용기에는 안전장치를 설치할 것

해설 온도가 40℃ 이하로 온도 변화가 적은 장소에 설치한다.

29 HO-CH_2CH_2-OH의 지정수량은 몇 L 인가?

① 1000
② 2000
③ 4000
④ 6000

해설 에틸렌글리콜[$C_2H_4(OH)_2$] : 제4류 위험물의 제3석유류로 비수용성, 지정수량 4000L

Answer 25. ② 26. ③ 27. ④ 28. ② 29. ③

30 위험물에 대한 설명으로 옳은 것은?
① 칼륨은 수은과 격렬하게 반응하며 가열하면 청색의 불꽃을 내며 연소하고 열과 전기의 부도체이다.
② 나트륨은 액체암모니아와 반응하여 수소를 발생하고 공기 중 연소 시 황색 불꽃을 발생한다.
③ 칼슘은 보호액인 물속에 저장하고 알콜과 반응하여 수소를 발생한다.
④ 리튬은 고온의 물과 격렬하게 반응해서 산소를 발생한다.

해설 금속나트륨(Na) : 제3류 위험물, 지정수량 10kg
액체 암모니아에 녹아 청색으로 변하고 나트륨아마이드와 수소를 발생한다.
$2Na + 2NH_3 \rightarrow 2NaNH_2 + H_2$

31 옥내저장소에서 위험물을 유별로 정리하고 서로 1m 이상의 간격을 두는 경우 유별을 달리하는 위험물을 동일한 저장소에 저장할 수 있는 것은?
① 과산화나트륨과 벤조일퍼옥사이드
② 과염소산나트륨과 질산
③ 황린과 트리에틸알루미늄
④ 유황과 아세톤

해설 동일한 장소에 저장할 수 있는 위험물
제1류 : 제5류
제4류 : 제2류, 제3류
제5류 : 제2류, 제4류
과염소산나트륨(제1류)과 질산(제6류)은 동일 저장소에 저장할 수 있다.

32 다음 중 인화점이 가장 낮은 것은?
① 산화프로필렌   ② 벤젠
③ 디에틸에테르   ④ 이황화탄소

해설 산화프로필렌 : -37℃, 벤젠 : -11℃
디에틸에테르 : -45℃, 이황화탄소 : -30℃

33 디에틸에테르의 안전관리에 관한 설명 중 틀린 것은?
① 증기는 마취성이 있으므로 증기 흡입에 주의하여야 한다.
② 폭발성의 과산화물 생성을 요오드화칼슘 수용액으로 확인한다.
③ 물에 잘 녹으므로 대규모 화재시 집중 주수하여 소화한다.
④ 정전기 불꽃에 의한 발화에 주의하여야 한다.

해설 디에틸에테르 : 제4류, 특수인화물
물에 약간 녹고 비중이 물보다 가벼우므로 화재시 주수 소화하면 화재가 확대되므로 주수소화를 금한다.

34 위험물의 운반에 관한 기준에서 다음 위험물 중 혼재 가능한 것끼리 연결된 것은? (단, 지정수량의 10배이다.)
① 제1류-제6류   ② 제2류-제3류
③ 제3류-제5류   ④ 제5류-제1류

해설 혼재가능 위험물
① 제1류와 제6류 위험물
② 제4류와 제2류, 제3류 위험물
③ 제5류와 제2류, 제4류 위험물

Answer 30. ② 31. ② 32. ③ 33. ③ 34. ①

35 경유 옥외탱크저장소에서 1000리터 탱크 1기가 설치된 곳의 방유제 용량은 얼마 이상이 되어야 하는가?

① 5000리터 ② 10000리터
③ 11000리터 ④ 20000리터

해설▶ 방유제 용량
① 탱크가 한 개 있을 경우 : 당해 탱크 용량의 110% 이상
② 탱크가 2개 있을 경우 : 당해 탱크 중 최대인 것의 110% 이상
∴ 10,000 × 1.1 = 11,000L

36 벤젠, 톨루엔의 공통된 성상이 아닌 것은?

① 비수용성의 무색 액체이다.
② 인화점은 0℃ 이하이다.
③ 액체의 비중은 1보다 작다.
④ 증기의 비중은 1보다 크다

해설▶ 벤젠, 톨루엔 : 제4류 위험물의 제1석유류
인화점 : 벤젠(-11℃), 톨루엔(4℃)

37 위험물안전관리법상 품명이 유기금속화합물에 속하지 않는 것은?

① 트리에틸칼륨
② 트리에틸알루미늄
③ 트리에틸인듐
④ 디에틸아연

해설▶ 제3류 위험물
① 유기금속화합물 : 지정수량 50kg
트리에틸칼륨, 트리에틸인듐, 디에틸아연
② 알킬알루미늄 : 지정수량 10kg
트리에틸알루미늄, 트리메틸알루미늄, 에틸알루미늄디클로라이드

38 니트로셀룰로오스에 대한 설명으로 옳은 것은?

① 물에 녹지 않으며 물보다 무겁다.
② 수분과 접촉하는 것은 위험하다.
③ 질화도와 폭발 위험성은 무관하다.
④ 질화도가 높을수록 폭발 위험성이 낮다.

해설▶ 니트로셀룰로오스(질화면, 면화약)
① 제5류 위험물의 질산에스테르류, 지정수량 10kg
② 자연발화를 방지하기 위해 함수알콜로 습면시킨다.
③ 질화도가 높으면 폭발위험이 있다.

39 다음 ( ) 안에 알맞은 수치를 차례대로 옳게 나열한 것은?

"위험물 암반 탱크의 공간 용적은 당해 탱크 내에 용출하는 ( )일간의 지하수 양에 상당하는 용적과 당해 탱크 내용적의 100분의 ( )의 용적 중에서 보다 큰 용적으로 한다."

① 1.7
② 3.5
③ 5.3
④ 7.1

Answer 35. ③ 36. ② 37. ② 38. ① 39. ④

40 서로 접촉하였을 때 발화하기 쉬운 물질을 연결한 것은?

① 무수크롬산과 아세트산
② 금속나트륨과 석유
③ 니트로셀룰로오스와 알콜
④ 과산화수소와 물

해설 산화성 물질인 무수크롬산과 제4류 위험물인 아세트산이 접촉하면 혼촉발화가 일어나기 쉽다. ②, ③, ④는 안정제 내기는 보호액으로 안정하다.

41 HNO_3에 대한 설명으로 틀린 것은?

① Al, Fe은 진한 질산에서 부동태를 생성해 녹지 않는다.
② 질산과 염산을 3 : 1 비율로 제조한 것을 왕수라 한다.
③ 부식성이 강하고 흡습성이 있다.
④ 직사광선에서 분해하여 NO_2를 발생한다.

해설 왕수 : 질산(1) : 염산(3)

42 위험물 제1종 판매취급소의 위치, 구조 및 설비의 기준으로 틀린 것은?

① 천장을 설치하는 경우에는 천장을 불연재로 할 것
② 창 및 출입구에는 갑종방화문 또는 을종방화문을 설치할 것
③ 건축물의 지하 또는 1층에 설치할 것
④ 위험물을 배합하는 실의 바닥면적은 $6m^2$ 이상 $15m^2$ 이하로 할 것

해설 1종 판매취급소 : 지정수량의 20배 이하인 판매취급소로 건축물의 1층에 설치해야 한다.

43 제5류 위험물에 대한 설명으로 옳지 않은 것은?

① 대표적인 성질은 자기반응성 물질이다.
② 피크린산은 니트로화합물이다.
③ 모두 산소를 포함하고 있다.
④ 니트로화합물은 니트로기가 많을수록 폭발력이 커진다.

해설 제5류 위험물은 자기 반응성물질로 산소를 포함한 물질이 다수이지만 산소를 포함하지 않은 물질도 있다.

44 제2류 위험물의 화재 발생시 소화방법 또는 주의할 점으로 적합하지 않는 것은?

① 마그네슘의 경우 이산화탄소를 이용한 질식소화는 위험하다.
② 황은 비산에 주의하여 분무주수로 냉각소화 한다.
③ 적린의 경우 물을 이용한 냉각소화는 위험하다.
④ 인화성고체는 이산화탄소로 질식소화 할 수 있다.

해설 적린 : 제2류 위험물, 지정수량 100kg 물, 알칼리, 이황화탄소에 녹지 않으며 다량의 물로 냉각소화 한다.

Answer 40. ① 41. ② 42. ③ 43. ③ 44. ③

45 다음 위험물 중 저장할 때 보호액으로 물을 사용하는 것은?

① 삼산화크롬
② 아연
③ 나트륨
④ 황린

해설 보호액
① 나트륨, 칼륨 : 석유, 등유, 경유, 유동파라핀
② 황린 : 물

46 과산화나트륨에 대한 설명으로 틀린 것은?

① 알콜에 잘 녹아서 산소와 수소를 발생시킨다.
② 상온에서 물과 격렬하게 반응한다.
③ 비중이 약 2.8이다.
④ 조해성 물질이다.

해설 과산화나트륨(Na_2O_2) : 제1류의 무기과산화물로서 물과 반응시 산소를 발생하며 발열한다.

47 위험물안전관리법령상 셀룰로이드의 품명과 지정수량을 옳게 연결한 것은?

① 니트로화합물 – 200kg
② 니트로화합물 – 10kg
③ 질산에스테르류 – 200kg
④ 질산에스테르류 – 10kg

해설 질산에스테르류 : 10kg
질산메틸, 질산에틸, 니트로글리세린, 니트로셀룰로오스, 셀룰로오스

48 위험물의 운반기준에 있어서 차량 등에 적재하는 위험물의 성질에 따라 강구하여야 하는 조치로 적합하지 않은 것은?

① 제5류 위험물 또는 제6류 위험물은 방수성이 있는 피복으로 덮는다.
② 제2류 위험물 중 철분·금속분·마그네슘은 방수성이 있는 피복으로 덮는다.
③ 제1류 위험물 중 알칼리금속의 과산화물 또는 이를 함유한 것은 차광성과 방수성이 모두 있는 피복으로 덮는다.
④ 제5류 위험물 중 55℃ 이하의 온도에서 분해될 우려가 있는 것은 보냉 컨테이너에 수납하는 등의 방법으로 적정한 온도관리를 한다.

해설 ① 차광 덮개를 해야 하는 위험물 : 제1류, 제3류 중 자연발화성물품, 제4류의 특수인화물, 제5류, 제6류 위험물
② 방수 덮개를 해야 하는 위험물 : 제1류의 알칼리 금속의 과산화물, 제2류의 금속분류 위험물, 제3류의 금수성물품의 위험물

49 다음 중 위험등급이 다른 하나는?

① 아염소산염류
② 알킬리튬
③ 질산에스테르류
④ 질산염류

해설 위험등급 Ⅰ : 아염소산염류, 알킬리튬
위험등급 Ⅱ : 질산염류

Answer 45. ④ 46. ① 47. ④ 48. ① 49. ④

50 0.99atm, 55℃에서 이산화탄소의 밀도는 약 몇 g/L 인가?

① 0.62 ② 1.62
③ 9.65 ④ 12.65

해설) $PV = \frac{W}{M}RT$ 에서 $\ell = \frac{W}{V}$ 이므로
$PM = \ell RT$
$\ell = \frac{PM}{RT} = \frac{0.99atm \times 44}{0.082 \times (55+273)} = 1.62 g/\ell$

51 다음 중 물에 가장 잘 녹는 물질은?

① 아닐린
② 벤젠
③ 아세트알데히드
④ 이황화탄소

해설) 아세트알데히드(CH_3CHO) : 제4류의 특수인화물, 지정수량 50 L, 인화점 −38℃, 구리, 은, 수은, 마그네슘과 중합반응, 물에 잘 녹는 무색투명한 액체이다.

52 1기압 20℃에서 액체인 미상의 위험물에 대하여 인화점과 발화점을 측정한 결과 인화점이 32.2℃, 발화점이 257℃로 측정되었다. 위험물안전관리법상 이 위험물의 유별과 품명의 지정으로 옳은 것은?

① 제4류 특수인화물
② 제4류 제1석유류
③ 제4류 제2석유류
④ 제4류 제3석유류

해설) 제1석유류 : 인화점 21℃ 미만인 것
제2석유류 : 인화점 21℃ 이상 70℃ 미만인 것
제3석유류 : 인화점 70℃ 이상 200℃ 미만인 것
제4석유류 : 인화점 200℃ 이상 250℃ 미만인 것

53 다음 중 과산화수소의 저장용기로 가장 적합한 것은?

① 뚜껑에 작은 구멍을 뚫은 갈색 용기
② 뚜껑을 밀전한 투명 용기
③ 구리로 만든 용기
④ 요오드화칼륨을 첨가한 종이 용기

해설) 과산화수소(H_2O_2) : 뚜껑에 작은 구멍이 있는 갈색 용기 또는 폴리에스터병에 저장한다.

54 제5류 위험물이 아닌 것은?

① 염화벤조일
② 아지화나트륨
③ 질산구아니딘
④ 아세틸퍼옥사이드

해설) 염화벤조일 : (C_6H_5)COCl 제4류위험물의 제3석유류

Answer 50. ② 51. ③ 52. ③ 53. ① 54. ①

55 그림의 원통형 종으로 설치된 탱크에서 공간용적을 내용적의 10%라고 하면 탱크용량(허가용량)은 약 얼마인가?

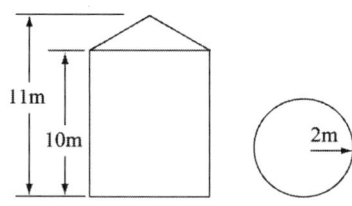

① 113.04 ② 124.34
③ 129.06 ④ 138.16

해설 $V = \pi r^2 \ell = 3.14 \times 2^2 \times 10 = 125.6 \text{m}^3$
∴ 탱크용량 = 탱크내용적 − 탱크공간용적
= 125.6 − 12.56 = 113.04m³
※ 탱크공간용적 = 125.6 × 0.1 = 12.56m³

56 제6류 위험물의 화재예방 및 진압 대책으로 옳은 것은?

① 과산화수소는 화재시 주수소화를 절대 금한다.
② 질산은 소량의 화재시 다량의 물로 희석한다.
③ 과염소산은 폭발 방지를 위해 철제 용기에 저장한다.
④ 제6류 위험물의 화재에는 건조사만 사용하여 진압할 수 있다.

해설 제6류 위험물은 산화성 액체로 화재시 대량의 물로 소화한다.

57 제2류 위험물의 위험성에 대한 설명 중 틀린 것은?

① 삼황화린은 약 100℃에서 발화한다.
② 적린은 공기 중에 방치하면 상온에서 자연발화한다.
③ 마그네슘은 과열수증기와 접촉하면 격렬하게 반응하여 수소를 발생한다.
④ 은(Ag)분은 고농도의 과산화수소와 접촉하면 폭발 위험이 있다.

해설 적린 : 제2류 위험물, 지정수량 100kg
무독성이며 황린(제3류)에 비해 안정하고 공기 중에서 발화하지 않는다.

58 마그네슘이 염산과 반응할 때 발생하는 기체는?

① 수소
② 산소
③ 이산화탄소
④ 염소

해설 마그네슘(Mg) : 제2류 위험물, 지정수량 500kg
Mg은 산이나 물과 반응시 수소를 발생한다.
$2Mg + 4HCl \rightarrow 2MgCl_2 + 2H_2$

Answer 55. ① 56. ② 57. ② 58. ①

59 위험물 저장소에서 다음과 같이 제4류 위험물을 저장하고 있는 경우 지정수량의 몇 배가 보관되어 있는가?

> • 디에틸에테르 : 50L
> • 이황화탄소 : 150L
> • 아세톤 : 800L

① 4배 ② 5배
③ 6배 ④ 8배

해설 환산지정수량 $= \dfrac{50}{50} + \dfrac{150}{50} + \dfrac{800}{400} = 6$ 배

지정수량 : 디에틸에테르, 이황화탄소(50L), 아세톤(400L)

60 중크롬산칼륨의 화재예방 및 진압대책에 관한 설명 중 틀린 것은?

① 가열, 충격, 마찰을 피한다.
② 유기물, 가연물과 격리하여 저장한다.
③ 화재시 물과 반응하여 폭발하므로 주수소화를 금한다.
④ 소화작업시 폭발 우려가 있으므로 충분한 안전거리를 확보한다.

해설 중크롬산칼륨($K_2Cr_2O_7$) : 제1류 위험물로 화재시 주수소화 한다. 단 제1류 중 알카리금속의 과산화물은 주수소화를 금한다.

Answer 59. ③ 60. ③

2012년 2월 12일 시행

01 소화설비의 설치기준에서 유기과산화물 1000kg은 몇 소요단위에 해당하는가?
① 10
② 20
③ 30
④ 40

해설 유기과산화물지정수량 : 10kg
위험물 1소요단위 : 지정수량의 10배이므로
∴ 소요단위 = $\frac{1000\text{kg}}{10 \times 10}$ = 10

02 어떤 소화기에 "ABC"라고 표시되어 있다. 다음 중 사용할 수 없는 화재는?
① 금속화재
② 유류화재
③ 전기화재
④ 일반화재

해설 A급 : 일반화재
B급 : 유류화재
C급 : 전기화재
D급 : 금속화재
소화기에 "ABC"라 표시되어 있으면 D급은 사용할 수 없다.

03 화재 시 이산화탄소를 방출하여 산소의 농도를 13vol%로 낮추어 소화를 하려면 공기 중의 이산화탄소는 몇 vol%가 되어야 하는가?
① 28.1
② 38.1
③ 42.86
④ 48.36

해설 공기 중 산소 21%, 질소 79% 있으므로 산소 13% 존재시 질소 농도는
79 : 21 = x : 13
$x = \frac{13 \times 79}{21}$ = 48.9vol% 존재한다.
산소 13% + 질소 48.9% = 61.9%(공기)이므로
∴ 이산화탄소 농도 = 100 − 61.9 = 38.1%

04 액체연료의 연소형태가 아닌 것은?
① 확산연소
② 증발연소
③ 액면연소
④ 분무연소

해설 확산연소는 가연성기체가 공기 중에 확산되어 연소하는 것으로 기체연료의 연소형태이다.

05 휘발유의 소화방법으로 옳지 않은 것은?
① 분말소화약제를 사용한다.
② 포소화약제를 사용한다.
③ 물통 또는 수조로 주수소화한다.
④ 이산화탄소에 의한 질식소화를 한다.

해설 휘발유(가솔린)은 제4류의 제1석유류로서 물에 녹지 않고 물보다 가벼우므로 물로 주수소화하면 화재가 확대되어 피해가 커질 우려가 있다.

Answer 1. ① 2. ① 3. ② 4. ① 5. ③

06 다음 중 분진폭발의 원인물질로 작용할 위험성이 가장 낮은 것은?
① 마그네슘 분말 ② 밀가루
③ 담배 분말   ④ 시멘트 분말

해설▶ 분진폭발물질 : 전분, 솜, 밀가루, 담배가루, 커피가루, 마그네슘분, 알루미늄분, 아연분, 철분 등

07 연소 위험성이 큰 휘발유 등은 배관을 통하여 이송할 경우 안전을 위하여 유속을 느리게 해주는 것이 바람직하다. 이는 배관 내에서 발생할 수 있는 어떤 에너지를 억제하기 위함인가?
① 유도에너지   ② 분해에너지
③ 정전기에너지 ④ 아크에너지

해설▶ 휘발유는 인화성 액체로서 정전기가 발생할 수 있으므로 배관 내를 이송시 유속을 빠르게 할 경우 정전기에너지가 발생할 수 있다.

08 위험물안전관리법상 소화설비에 해당하지 않는 것은?
① 옥외소화전설비
② 스프링클러설비
③ 할로겐화합물 소화설비
④ 연결살수설비

해설▶ 소화설비
소화기구, 옥내소화전설비, 옥외소화전설비, 스프링클러설비, 물분무 등 소화설비, 할로겐화합물 소화설비
※ 소화 활동설비 : 연결살수설비, 연결 송수관설비, 제연설비 등

09 제3종 분말소화약제의 주요 성분에 해당하는 것은?
① 인산암모늄
② 탄산수소나트륨
③ 탄산수소칼륨
④ 요소

해설▶ 1종분말 : 탄산수소나트륨, 백색
2종분말 : 탄산수소칼륨, 보라색
3종분말 : 인산암모늄, 담홍색

10 플래시오버(flash over)에 관한 설명이 아닌 것은?
① 실내화재에서 발생하는 현상
② 순발적인 연소확대 현상
③ 발생시점은 초기에서 성장기로 넘어가는 분기점
④ 화재로 인하여 온도가 급격히 상승하여 화재가 순간으로 실내 전체에 확산되어 연소되는 현상

해설▶ 플래시오버(flash over)
화재로 인하여 실내의 온도가 급격히 상승하여 화재가 순간적으로 실내 전체로 확산되어 연소되는 현상으로 발생시점은 성장기에서 최성기로 넘어가는 분기점에서 일어난다.

Answer 6. ④ 7. ③ 8. ④ 9. ① 10. ③

11 유기과산화물의 화재예방상 주의사항으로 틀린 것은?
① 열원으로부터 멀리한다.
② 직사광선을 피해야 한다.
③ 용기의 파손에 의해서 누출되면 위험하므로 정기적으로 점검하여야 한다.
④ 산화제와 격리하고 환원제와 접촉시켜야 한다.

해설 산화제 및 환원제와 격리한다.

12 소화설비의 기준에서 이산화탄소 소화설비가 적응성이 있는 대상물은?
① 알칼리금속 과산화물
② 철분
③ 인화성고체
④ 제3류 위험물의 금수성물질

해설 이산화탄소 소화설비 적응성
전기설비, 인화성고체, 제4류 위험물

13 전기설비에 적응성이 없는 소화설비는?
① 이산화탄소소화설비
② 물분무소화설비
③ 포소화설비
④ 할로겐화합물소화설비

해설 전기 설비의 적응성
물분무 소화설비, 이산화탄소 소화설비, 할로겐화물 소화설비, 분말 소화설비

14 소화작용에 대한 설명 중 옳지 않은 것은?
① 가연물의 온도를 낮추는 소화는 냉각작용이다.
② 물의 주된 소화작용 중 하나는 냉각작용이다.
③ 연소에 필요한 산소의 공급원을 차단하는 소화는 제거작용이다.
④ 가스화재시 밸브를 차단하는 것은 제거작용이다.

해설 질식소화 : 연소에 필요한 산소의 공급원을 차단하는 소화

15 분자 내의 니트로기와 같이 쉽게 산소를 유리할 수 있는 기를 가지고 있는 화합물의 연소형태는?
① 표면연소 ② 분해연소
③ 증발연소 ④ 자기연소

해설 니트로 화합물은 니트로기($-NO_2$)가 2개 이상 치환된 화합물로 제5류 위험물인 자기반응성(자기연소성) 물질이다.

16 1몰의 이황화탄소와 고온의 물이 반응하여 생성되는 유독한 기체물질의 부피는 표준상태에서 얼마인가?
① 22.4L ② 44.8L
③ 67.2L ④ 134.4L

해설 $CS_2 + 6H_2O \rightarrow 2SO_2 + 6H_2 + CO_2$
1mol   2mol
CS_2 1몰이 반응하면 2몰의 유독한 아황산가스(SO_2)가 생성되며 가스 1몰이 차지하는 부피는 22.4L 이므로 2×22.4L = 44.8L이다.

Answer 11. ④ 12. ③ 13. ③ 14. ③ 15. ④ 16. ②

17 물질의 발화온도가 낮아지는 경우는?
① 발열량이 작을 때
② 산소의 농도가 작을 때
③ 화학적 활성도가 클 때
④ 산소와 친화력이 작을 때

해설 착화온도(발화온도)가 낮아지는 경우
- 발열량이 클 때
- 산소농도가 클 때
- 화학적 활성도가 클 때
- 산소와의 친화력이 클 때

18 자연발화의 방지법이 아닌 것은?
① 습도를 높게 유지할 것
② 저장실의 온도를 낮출 것
③ 퇴적 및 수납시 열 축적이 없을 것
④ 통풍을 잘 시킬 것

해설 자연발화방지법
㉠ 습도가 높은 곳을 피할 것
㉡ 저장실의 온도를 낮출 것
㉢ 퇴적 및 수납시 열 축적이 없을 것
㉣ 통풍을 잘 시킬 것

19 화학식과 Halon 번호를 옳게 연결한 것은?
① $CBr_2F_2 - 1202$
② $C_2Br_2F_2 - 2422$
③ $CBrClF_2 - 1102$
④ $C_2Br_2F_4 - 1242$

해설 Halon 번호는 C, F, Cl, Br 순으로 명명한다.
② H-2202
③ H-1211
④ H-2402

20 팽창질석(삽 1개 포함) 160리터의 소화 능력단위는?
① 0.5
② 1.0
③ 1.5
④ 2.0

해설 소화 능력 단위
마른모래(삽 1개 포함) 50L : 0.5 단위
팽창질석(팽창진주암)(삽 1개 포함) 160L : 1 단위
수조(소화물통 3개 포함) 80L : 1.5단위
수조(소화물통 6개 포함) 190L : 2.5단위

21 건축물 외벽이 내화구조이며 연면적 300m²인 위험물 옥내저장소의 건축물에 대하여 소화설비의 소화능력 단위는 최소한 몇 단위 이상이 되어야 하는가?
① 1단위
② 2단위
③ 3단위
④ 4단위

해설 소요단위(1단위) 규정
저장소용 건축물로 외벽이 내화구조인 곳 : 150m²
저장소용 건축물로 외벽이 내화구조 이외인 곳 : 75m²
∴ 내화구조로 연면적 300m²이므로 2단위이다.

Answer 17. ③ 18. ① 19. ① 20. ② 21. ②

22 금속나트륨에 관한 설명으로 옳은 것은?

① 물보다 무겁다.
② 융점이 100℃보다 높다.
③ 물과 격렬히 반응하여 산소를 발생하고 발열한다.
④ 등유는 반응이 일어나지 않아 저장액으로 이용된다.

해설 금속나트륨(Na) : 제3류 금수성물질, 지정수량 10kg, 경금속, 비중 0.875, 융점 63.5℃, 물과 격렬히 반응하여 수소가 발생하고 발열한다.

23 위험물에 대한 유별 구분이 잘못된 것은?

① 브롬산염류 – 제1류 위험물
② 유황 – 제2류 위험물
③ 금속의 인화물 – 제3류 위험물
④ 무기과산화물 – 제5류 위험물

해설 무기과산화물 : 제1류 위험물
유기과산화물 : 제5류 위험물

24 지정수량 10배의 위험물을 운반할 때 혼재가 가능한 것은?

① 제1류 위험물과 제2류 위험물
② 제1류 위험물과 제4류 위험물
③ 제4류 위험물과 제5류 위험물
④ 제5류 위험물과 제3류 위험물

해설 혼재가능 위험물
제1류 : 제6류
제4류 : 제2류, 제3류
제5류 : 제2류, 제4류
∴ 제4류 위험물과 제5류 위험물 혼재 가능

25 위험물안전관리에 관한 세부기준에서 정한 위험물의 유별에 따른 위험성 시험 방법을 옳게 연결한 것은?

① 제1류 – 가열분해성 시험
② 제2류 – 작은 불꽃 착화시험
③ 제5류 – 충격민감성 시험
④ 제6류 – 낙구타격감도시험

해설 유별 위험성 시험방법
제1류 : 충격민감성 시험, 산화성 시험
제2류 : 착화위험성시험(작은 불꽃 착화시험)
제5류 : 폭발성시험(열분석 시험)
제6류 : 연소시간 측정시험

26 제4류 위험물 중 특수인화물로만 나열된 것은?

① 아세트알데히드, 산화프로필렌, 염화아세틸
② 산화프로필렌, 염화아세틸, 부틸알데히드
③ 부틸알데히드, 이소프로필아민, 디에틸에테르
④ 이황화탄소, 황화디메틸, 이소프로필아민

해설 특수인화물
디에틸에테르, 이황화탄소, 아세트알데히드, 산화프로필렌, 황화디메틸, 이소프로필아민

Answer 22. ④ 23. ④ 24. ③ 25. ② 26. ④

27 동식물유류에 대한 설명으로 틀린 것은?

① 아마인유는 건성유이다.
② 불포화결합이 적을수록 자연발화의 위험이 커진다.
③ 요오드값이 100 이하인 것을 불건성유라 한다.
④ 건성유는 공기 중 산화중합으로 생긴 고체가 도막을 형성할 수 있다.

해설 건성유
- 요오드값 130 이상
- 불포화결합(2중결합)이 많아서 자연발화 위험이 크다.
- 해바라기유, 동유, 아마인유, 정어리기름 등

28 경유에 대한 설명으로 틀린 것은?

① 품명은 제3석유류이다.
② 디젤기관의 연료로 사용할 수 있다.
③ 원유의 증류 시 등유와 중유 사이에서 유출된다.
④ K, Na의 보호액으로 사용할 수 있다.

해설 경유, 등유 : 제4류 위험물의 제2석유류

29 분말의 형태로서 150마이크로미터의 체를 통과하는 것이 50중량퍼센트 이상인 것만 위험물로 취급되는 것은?

① Fe   ② Sn
③ Ni   ④ Cu

해설 금속분인 Sn, Al, Zn, Sb(안티몬)은 분말의 형태로 150μm의 체를 통과하는 것으로 50wt% 이상인 것만 위험물로 취급된다.

30 과산화벤조일과 과염소산의 지정수량의 합은 몇 kg인가?

① 310   ② 350
③ 400   ④ 500

해설
- 지정수량 : 과산화벤조일(제5류) : 10kg
- 과염소산(제6류) : 300kg

31 니트로셀룰로오스에 대한 설명으로 틀린 것은?

① 다이너마이트의 원료로 사용된다.
② 물과 혼합하면 위험성이 감소된다.
③ 셀룰로오스에 진한 질산과 진한 황산을 작용시켜 만든다.
④ 품명이 니트로화합물이다.

해설 니트로셀룰로오스 : 제5류의 질산에스테르류.
※ 니트로화합물 : 트리니트로톨루엔, 트리니트로페놀

32 질산의 비중이 1.5일 때, 1 소요단위는 몇 L인가?

① 150   ② 200
③ 1500   ④ 2000

해설 질산 지정수량 300kg, 위험물의 1소요 단위는 지정수량의 10배이므로

$$\therefore \frac{300kg \times 100}{1.5kg/\ell} = 2000\ell$$

Answer 27. ② 28. ① 29. ② 30. ① 31. ④ 32. ④

33 상온에서 액체인 물질로만 조합된 것은?
① 질산에틸, 니트로글리세린
② 피크린산, 질산메틸
③ 트로니트로톨루엔, 디니트로벤젠
④ 니트로글리콜, 테트릴

해설 질산메틸, 질산에틸, 니트로글리세린은 제5류 위험물의 질산에스테르류로서 상온에서 액체이다.

34 무색 또는 옅은 청색의 액체로 농도가 36wt% 이상인 것을 위험물로 간주하는 것은?
① 과산화수소
② 과염소산
③ 질산
④ 초산

해설 과산화수소(H_2O_2) : 제6류 위험물, 지정수량 300kg, 농도 36wt% 이상인 것을 위험물로 간주한다.

35 제4류 위험물에 속하지 않는 것은?
① 아세톤
② 실린더유
③ 과산화벤조일
④ 니트로벤젠

해설 과산화벤조일 : 제5류 위험물의 유기과산화물

36 $NaClO_3$에 대한 설명으로 옳은 것은?
① 물, 알코올에 녹지 않는다.
② 가연성 물질로 무색, 무취의 결정이다.
③ 유리를 부식시키므로 철제용기에 저장한다.
④ 산과 반응하여 유독성의 ClO_2를 발생한다.

해설 염소산나트륨($NaClO_3$)
- 제1류위험물
- 지정수량 50kg
- 물, 알코올에 녹는다.
- 조연성물질
- 철을 부식시키므로 철제용기 사용금지

37 위험성 예방을 위해 물 속에 저장하는 것은?
① 칠황화린   ② 이황화탄소
③ 오황화린   ④ 톨루엔

해설 이황화탄소(CS_2) : 특수인화물, 지정수량 50L 물에 녹지 않고 물보다 무거우므로 물속에 저장한다.

38 다음 중 화재시 내알코올포소화약제를 사용하는 것이 가장 적합한 위험물은?
① 아세톤   ② 휘발유
③ 경유   ④ 등유

해설 아세톤 : $(CH_3)_2CO$, 제4류의 제1석유류 수용성으로 화학포는 소포되므로 내알코올포 소화약제를 사용한다.

Answer 33. ① 34. ① 35. ③ 36. ④ 37. ② 38. ①

39 과염소산의 저장 및 취급방법으로 틀린 것은?

① 종이, 나무부스러기 등과의 접촉을 피한다.
② 직사광선을 피하고, 통풍이 잘 되는 장소에 보관한다.
③ 금속분과의 접촉을 피한다.
④ 분해방지제로 NH_3 또는 $BaCl_2$를 사용한다.

해설 과염소산 : 제6류 위험물, 지정수량 300kg, 유리나 도자기 등의 밀폐용기에 넣어 밀봉, 밀전하여 저장한다.

40 다음에서 설명하고 있는 위험물은?

- 지정수량은 20kg이고, 백색 또는 담황색 고체이다.
- 비중은 약 1.82이고, 융점은 약 44℃이다.
- 비점은 약 280℃이고, 증기비중은 약 4.3이다.

① 적린
② 황린
③ 유황
④ 마그네슘

해설 황린 : 제3류 위험물, 지정수량 20kg 착화점 50℃, 공기를 차단하고 250℃로 가열하면 적린이 된다.

41 과산화마그네슘에 대한 설명으로 옳은 것은?

① 산화제, 표백제, 살균제 등으로 사용된다.
② 물에 녹지 않기 때문에 습기와 접촉해도 무방하다.
③ 물과 반응하여 금속 마그네슘을 생성한다.
④ 염산과 반응하면 산소와 수소를 발생한다.

해설 과산화마그네슘(MgO_2)
- 제1류위험물의 무기과산화물류
- 지정수량 50kg
- 백색분말
- 불용성
- 산과 반응하여 과산화수소 생성
- 산화제, 표백제, 살균제 등에 사용

42 다음 중 인화점이 가장 낮은 것은?

① 이소펜탄
② 아세톤
③ 디에틸에테르
④ 이황화탄소

해설 인화점
이소펜탄 : $-51℃$
아세톤 : $-18℃$
디에틸에테르 : $-45℃$
이황화탄소 : $-30℃$

43 위험물제조소에 설치하는 안전장치 중 위험물의 성질에 따라 안전밸브의 작동이 곤란한 가압설비에 한하여 설치하는 것은?

① 파괴판
② 안전밸브를 병용하는 경보장치
③ 감압 측에 안전밸브를 부착한 감압밸브
④ 연성계

해설 파괴판 : 위험물제조소에 설치하는 안전장치 중 안전밸브의 작동이 곤란한 가압설비에 한하여 설치한다.

44 위험물탱크성능시험자가 갖추어야 할 등록기준에 해당되지 않은 것은?

① 기술능력
② 시설
③ 장비
④ 경력

해설 탱크 성능 시험자의 등록기준 : 기술능력, 시설, 장비

45 물과 접촉하면 위험성이 증가하므로 주수소화를 할 수 없는 물질은?

① $KClO_3$
② $NaNO_3$
③ Na_2O_2
④ $(C_6H_5CO)_2O_2$

해설 알카리금속의 과산화물(Na_2O_2, K_2O_2) 등은 물과 반응하여 산소가스를 발생하여 위험성이 증가하므로 주수소화를 금지한다.

46 메탄올과 에탄올의 공통점에 대한 설명으로 틀린 것은?

① 증기 비중이 같다.
② 무색 투명한 액체이다.
③ 비중이 1보다 크다.
④ 물에 잘 녹는다.

해설 증기비중

에탄올(C_2H_5OH) = $\frac{46}{29}$ = 1.59

메탄올(CH_3OH) = $\frac{32}{29}$ = 1.10

47 물과 반응하여 아세틸렌을 발생하는 것은?

① NaH
② Al_4C_3
③ CaC_2
④ $(C_2H_5)_3Al$

해설 $CaC_2 + 2H_2O \rightarrow C_2H_2 + Ca(OH)_2$
CaC_2 : 카바이트, 탄화칼슘

48 제6류 위험물에 대한 설명으로 틀린 것은?

① 위험등급 I에 속한다.
② 자신이 산화되는 산화성 물질이다.
③ 지정수량이 300kg이다.
④ 오불화브롬은 제6류 위험물이다.

해설 제6류 위험물 : 다른 물질을 산화시키는 산화성 물질이다.

Answer 43. ① 44. ④ 45. ③ 46. ① 47. ③ 48. ②

49 다음은 위험물탱크의 공간용적에 관한 내용이다. ( )안에 숫자를 차례대로 올바르게 나열한 것은? (단, 소화설비를 설치하는 경우와 암반탱크는 제외한다.)

> 탱크의 공간용적은 탱크 내용적의 100분의 ( ) 이상 100분의 ( ) 이하의 용적으로 한다.

① 5, 10   ② 5, 15
③ 10, 15   ④ 10, 20

50 위험물을 유별로 정리하여 상호 1m 이상의 간격을 유지하는 경우에도 동일한 옥내저장소에 저장할 수 없는 것은?

① 제1류 위험물(알칼리금속의 과산화물 또는 이를 함유한 것을 제외한다)과 제5류 위험물
② 제1류 위험물과 제6류 위험물
③ 제1류 위험물과 제3류 위험물 중 황린
④ 인화성 고체를 제외한 제2류 위험물과 제4류 위험물

해설 제2류 위험물과 제4류 위험물은 동일한 옥내저장소에 저장할 수 없다.

51 위험물안전관리법령에 따라 제조소등의 관계인이 예방규정을 정하여야 하는 제조소등에 해당하지 않는 것은?

① 지정수량의 200배 이상의 위험물을 저장하는 옥외탱크저장소
② 지정수량의 10배 이상의 위험물을 취급하는 제조소
③ 암반탱크저장소
④ 지하탱크저장소

해설 화재예방규정을 정하여야 할 제조소 등
지정수량 10배 이상의 제조소, 일반취급소
지정수량 100배 이상의 옥외저장시설
지정수량 150배 이상의 옥내저장시설
지정수량 200배 이상의 옥외탱크저장시설
암반탱크저장소, 이송취급소

52 수소화칼슘이 물과 반응하였을 때의 생성물은?

① 칼슘과 수소
② 수산화칼슘과 수소
③ 칼슘과 산소
④ 수산화칼슘과 산소

해설 $CaH_2 + 2H_2O \rightarrow Ca(OH)_2 + 2H_2$

Answer 49. ① 50. ④ 51. ④ 52. ②

53 지정수량이 나머지 셋과 다른 하나는?
① 칼슘
② 나트륨아미드
③ 인화아연
④ 바륨

해설 50kg :
- Ca
- 나트륨아미드[(NaNH₂) - 제3류 위험물의 유기금속화합물]
- 바륨

300kg :
- 인화아연(Zn₃P₂)
- 제3류 위험물의 금속인화합물

54 위험물제조소등에 경보설비를 설치해야 하는 경우가 아닌 것은? (단, 지정수량의 10배 이상을 저장 또는 취급하는 경우이다.)
① 이동탱크저장소
② 단층 건물로 처마 높이가 6m인 옥내저장소
③ 단층 건물 외의 건축물에 설치된 옥내탱크저장소로서 소화난이도등급 I에 해당하는 것
④ 옥내주유취급소

해설 이동탱크저장소에는 경보설비를 설치하지 않는다.

55 다음 위험물 중 지정수량이 가장 큰 것은?
① 질산에틸
② 과산화수소
③ 트리니트로톨루엔
④ 피크르산

해설
- 질산에틸 : 제5류, 10kg
- 과산화수소 : 제6류, 300kg
- 트리니트로톨루엔 : 제5류, 200kg
- 피크르산 : 제5류, 200kg

56 과염소산칼륨과 아염소산나트륨의 공통 성질이 아닌 것은?
① 지정수량이 50kg이다.
② 열분해 시 산소를 방출한다.
③ 강산화성 물질이며 가연성이다.
④ 상온에서 고체의 형태이다.

해설 강산화성 물질이며 조연성이다.

57 착화점이 232℃에 가장 가까운 위험물은?
① 삼황화린
② 오황화린
③ 적린
④ 유황

해설 유황
- 제2류 위험물
- 지정수량 100kg
- 사방정계(232℃)
- 단사정계, 비정계 황이 있다.

Answer 53. ③ 54. ① 55. ② 56. ③ 57. ④

58 CaC₂의 저장 장소로서 적합한 곳은?

① 가스가 발생하므로 밀전을 하지 않고 공기 중에 보관한다.
② HCl 수용액 속에 저장한다.
③ CCl₄분위기의 수분이 많은 장소에 보관한다.
④ 건조하고 환기가 잘 되는 장소에 보관한다.

해설 CaC₂(탄화칼슘)
물과 반응하여 아세틸렌(C_2H_2) 가스가 발생하므로 습기를 피하여 건조하고 환기가 잘 되는 곳에 보관한다.

59 위험물안전관리법령의 규정에 따라 다음과 같이 예방조치를 하여야 하는 위험물은?

> • 운반용기의 외부에 "화기엄금" 및 "충격주의"를 표시한다.
> • 적재하는 경우 차광성 있는 피복으로 가린다.
> • 55℃ 이하에서 분해될 우려가 있는 경우는 보냉 컨테이너에 수납하여 적정한 온도관리를 한다.

① 제1류   ② 제2류
③ 제3류   ④ 제5류

해설 제5류 위험물 : "화기엄금", "충격주의", 차광덮개, 55℃ 이하에서 분해할 우려가 있는 경우 적정한 온도 관리를 한다.

60 같은 위험등급의 위험물로만 이루어지지 않은 것은?

① Fe, Sb, Mg
② Zn, Al, S
③ 황화린, 적린, 칼슘
④ 메탄올, 에탄올, 벤젠

해설 위험등급 Ⅱ : 유황, 황화린, 적린, 칼슘, 메탄올, 에탄올, 벤젠
위험등급 Ⅲ : Fe, Sb, Mg, Al, Zn

Answer 58. ④ 59. ④ 60. ②

위험물기능사 2000제 문제은행

CBT 시험대비
▶ 2012년 4월 8일 시행

01 연료의 일반적인 연소형태에 관한 설명 중 틀린 것은?

① 목재와 같은 고체연료는 연소 초기에는 불꽃을 내면서 연소하나 후기에는 점점 불꽃이 없어져 무염(無炎)연소 형태로 연소한다.
② 알코올과 같은 액체연료는 증발에 의해 생긴 증기가 공기 중에서 연소하는 증발연소의 형태로 연소한다.
③ 기체연료는 액체연료, 고체연료와 다르게 비정상적 연소인 폭발현상이 나타나지 않는다.
④ 석탄과 같은 고체연료는 열분해하여 발생한 가연성 기체가 공기 중에서 연소하는 분해연소 형태로 연소한다.

해설 기체연료는 완전연소하나 폭발위험이 있다.

02 위험물안전관리자의 책무에 해당하지 않는 것은?

① 화재 등의 재난이 발생한 경우 소방관서등에 대한 연락업무
② 화재 등의 재난이 발생한 경우 응급조치
③ 위험물의 취급에 관한 일지의 작성·기록
④ 위험물안전관리자의 선임·해임신고

해설 ①, ②, ③ 외에 화재 등의 재해방지와 응급조치에 관하여 인접 제조소 관계자와 협조체제를 유지한다.

Answer 1. ③ 2. ④

03 옥내저장소에 관한 위험물안전관리법령의 내용으로 옳지 않은 것은?

① 지정과산화물을 저장하는 옥내저장소의 경우 바닥면적 150m² 이내마다 격벽으로 구획을 하여야 한다.
② 옥내저장소에는 원칙상 안전거리를 두어야 하나, 제6류 위험물을 저장하는 경우에는 안전거리를 두지 않을 수 있다.
③ 아세톤을 처마높이 6m 미만인 단층건물에 저장하는 경우 저장창고의 바닥면적은 1000m² 이하로 하여야 한다.
④ 복합용도의 건축물에 설치하는 옥내저장소는 해당용도로 사용하는 부분의 바닥면적을 100m² 이하로 하여야 한다.

해설) 복합용도건축물의 옥내저장소의 바닥면적은 75m² 이하일 것

04 위험물등급이 나머지 셋과 다른 것은?

① 알칼리토금속
② 아염소산염류
③ 질산에스테르류
④ 제6류 위험물

해설)
• 위험등급 Ⅰ 등급 : 아염소산염류, 질산에스테르류, 제6류 위험물
• 위험등급 Ⅱ 등급 : 알카리금속, 알칼리토금속

05 메틸알코올 8000리터에 대한 소화능력으로 삽을 포함한 마른 모래를 몇 리터 설치하여야 하는가?

① 100
② 200
③ 300
④ 400

해설) 환산수량 = $\frac{8000}{400}$ = 20배
20 ÷ 10 = 2단위
마른 모래(삽1개 포함) 50L는 0.5단위이므로
∴ 0.5단위 : 50 L = 2단위 : xL
x = 200L
메틸알코올 지정수량 : 400 L
소요 1단위 : 지정수량의 10배

06 위험물안전관리법령에서 정한 경보설비가 아닌 것은?

① 자동화재탐지설비
② 비상조명설비
③ 비상경보설비
④ 비상방송설비

해설)
• 경보설비 : 자동화재탐지설비, 비상경보설비, 비상방송설비, 누전경보기, 가스누설경보기, 자동화재속보설비
• 피난설비 : 비상조명설비, 피난기구, 인명구조기구, 유도표지 및 유도등

Answer 3. ④ 4. ① 5. ② 6. ②

07 위험물안전관리법령상 전기설비에 대하여 적응성이 없는 소화설비는?

① 물분무소화설비
② 이산화탄소소화설비
③ 포소화설비
④ 할로겐화합물소화설비

해설 전기설비 화재 적응 소화설비
물분무소화설비, CO_2 소화설비, 할로겐화합물소화설비, 분말소화설비

08 철분·마그네슘·금속분에 적응성이 있는 소화설비는?

① 스프링클러설비
② 할로겐화합물소화설비
③ 대형수동식포소화기
④ 건조사

해설 철분·마그네슘 금속분 소화 : 건조사, 팽창질석, 팽창진주암, 탄산수소염류 등 금속화재용 분말소화 약제 등을 사용

09 제3류 위험물을 취급하는 제조소는 300명 이상을 수용할 수 있는 극장으로부터 몇 m 이상의 안전거리를 유지하여야 하는가?

① 5
② 10
③ 30
④ 70

해설 위험물제조소와 300명 수용 극장과의 안전거리는 30m 이상을 유지한다.

10 다음 중 할로겐화합물 소화약제의 가장 주된 소화효과에 해당하는 것은?

① 제거효과   ② 억제효과
③ 냉각효과   ④ 질식효과

해설 할로겐화합물소화약제는 연소의 연쇄반응 억제효과(차단효과)가 있다.

11 위험물안전관리법령에 의한 안전교육에 대한 설명으로 옳은 것은?

① 제조소등의 관계인은 교육대상자에 대하여 안전교육을 받게 할 의무가 있다.
② 안전관리자, 탱크시험자의 기술인력 및 위험물운송자는 안전교육을 받을 의무가 없다.
③ 탱크시험자의 업무에 대한 강습교육을 받으면 탱크시험자의 기술인력이 될 수 있다.
④ 소방서장은 교육대상자가 교육을 받지 아니한 때에는 그 자격을 정지하거나 취소할 수 있다.

해설 안전관리자, 탱크시험자, 위험물 운송자 등은 소방방재청장이 실시하는 안전교육은 받아야 하며 교육을 받지 않을 경우 그 자격으로 행하는 행위를 제한할 수 있다.

Answer 7. ③ 8. ④ 9. ③ 10. ② 11. ①

12 위험물안전관리법령상 제조소의 위치·구조 및 설비의 기준에 따르면 가연성 증기가 체류할 우려가 있는 건축물은 배출장소의 용적이 500m³일 때 시간당 배출능력(국소방식)을 얼마 이상인 것으로 하여야 하는가?

① 5000m³ ② 10000m³
③ 20000m³ ④ 40000m³

해설 위험물제조소의 배출 설비능력은 1시간당 배출장소 능력의 20배
$500m^3 \times 20배 = 10000m^3$

13 물의 소화능력을 향상시키고 동절기 또는 한랭지에서도 사용할 수 있도록 탄산칼륨 등의 알칼리 금속염을 첨가한 소화약제는?

① 강화액 ② 할로겐화합물
③ 이산화탄소 ④ 폼(Foam)

해설 강화액소화기 : 겨울철이나 한랭지역에서 얼지 않도록 물에 탄산칼륨(K_2CO_3)을 보강하여 $-25 \sim -30℃$에서 사용하게 한 소화기

14 금수성 물질 저장시설에 설치하는 주의사항 게시판의 바탕색과 문자색을 옳게 나타낸 것은?

① 적색바탕에 백색문자
② 백색바탕에 적색문자
③ 청색바탕에 백색문자
④ 백색바탕에 청색문자

해설
• 금수성물질 : 청색바탕에 백색문자
• 화기엄금 : 적색바탕에 백색문자

15 과산화수소에 대한 설명으로 틀린 것은?

① 불연성이다.
② 물보다 무겁다.
③ 산화성 액체이다.
④ 지정수량은 300L이다.

해설 과산화수소(H_2O_2)는 제6류 위험물로서 지정수량은 300kg이다.

16 다음 중 연소반응이 일어날 수 있는 가능성이 가장 큰 물질은?

① 산소와 친화력이 작고, 활성화 에너지가 작은 물질
② 산소와 친화력이 크고, 활성화 에너지가 큰 물질
③ 산소와 친화력이 작고, 활성화 에너지가 큰 물질
④ 산소와 친화력이 크고, 활성화 에너지가 작은 물질

해설 연소반응이 잘 일어 날 수 있는 조건
㉠ 산소와 친화력이 클 것
㉡ 활성화 에너지가 적을 것
㉢ 발열량이 클 것
㉣ 열전도율이 적을 것
㉤ 표면적이 클 것

Answer 12. ② 13. ① 14. ③ 15. ④ 16. ④

17 비전도성 인화성액체가 관이나 탱크 내에서 움직일 때 정전기가 발생하기 쉬운 조건으로 가장 거리가 먼 것은?

① 흐름의 낙차가 클 때
② 느린 유속으로 흐를 때
③ 심한 와류가 생성될 때
④ 필터를 통과할 때

해설 액체 유동시 정전기가 발생하는 것은 유동마찰 때문이며 유속을 느리게 하면 정전기 발생이 감소한다.

18 위험물안전관리법령에 따라 다음 ( ) 안에 알맞은 용어는?

> 주유취급소 중 건축물의 2층 이상의 부분을 점포·휴게음식점 또는 전시장의 용도로 사용하는 것에 있어서는 당해 건축물의 2층 이상으로부터 직접 주유취급소의 부지 밖으로 통하는 출입구와 당해 출입구로 통하는 통로·계단 및 출입구에 ( )을(를) 설치하여야 한다.

① 피난사다리
② 경보기
③ 유도등
④ CCTV

19 금속화재에 대한 설명으로 틀린 것은?

① 마그네슘과 같은 가연성 금속의 화재를 말한다.
② 주수소화시 물과 반응하여 가연성 가스를 발생하는 경우가 있다.
③ 화재시 금속화재용 분말소화약제를 사용할 수 있다.
④ D급 화재라고 하며 표시하는 색상은 청색이다.

해설 D급 화재 : 금속화재, 색상은 무색

20 다음 중 산화성액체 위험물의 화재예방상 가장 주의해야 할 점은?

① 0℃ 이하로 냉각시킨다.
② 공기와의 접촉을 피한다.
③ 가연물과의 접촉을 피한다.
④ 금속용기에 저장한다.

해설 산화성액체(제6류 위험물)는 가연물과의 접촉을 하면 발화한다.

21 알칼리금속 과산화물에 적응성이 있는 소화설비는?

① 할로겐화합물 소화설비
② 탄산수소염류분말소화설비
③ 물분무소화설비
④ 스프링클러설비

해설 알칼리금속 과산화물의 소화에는 탄산수소염류 분말소화설비가 적응성이 있고 주수소화하면 산소(O_2)가 발생하므로 금지한다.

Answer 17. ② 18. ③ 19. ④ 20. ③ 21. ②

22 위험물의 저장 및 취급방법에 대한 설명으로 틀린 것은?

① 적린은 화기와 멀리하고 가열, 충격이 가해지지 않도록 한다.
② 황린은 자연발화성이 있으므로 물 속에 저장한다.
③ 마그네슘은 산화제와 혼합되지 않도록 취급한다.
④ 알루미늄분은 분진폭발의 위험이 있으므로 분무 주수하여 저장한다.

해설 알루미늄분, 아연분, 마그네슘분, 철분 등은 분진폭발 위험이 있으므로 절대 분무주수하지 않는다.

23 위험물의 운반에 관한 기준에서 적재방법 기준으로 틀린 것은?

① 고체 위험물은 운반용기의 내용적 95% 이하의 수납율로 수납할 것
② 액체 위험물은 운반용기의 내용적 98% 이하의 수납율로 수납할 것
③ 알킬알루미늄은 운반용기 내용적의 95% 이하의 수납율로 수납하되, 50℃의 온도에서 5% 이상의 공간 용적을 유지할 것
④ 제3류 위험물 중 자연발화성물질에 있어서는 불활성 기체를 봉입하여 밀봉하는 등 공기와 접하지 아니하도록 할 것

해설 알킬알루미늄은 운반용기 내용적의 90% 이하의 수납율로 하되 50℃의 온도에서 5% 이상의 공간용적을 유지할 것

24 서로 반응할 때 수소가 발생하지 않는 것은?

① 리튬+염산
② 탄화칼슘+물
③ 수소화칼슘+물
④ 루비듐+물

해설 탄화칼슘(CaC_2)와 물과 반응하면 아세틸렌가스가 발생한다.
$CaC_2 + 2H_2O \rightarrow C_2H_2 \uparrow + Ca(OH)_2$

25 지정수량이 300kg인 위험물에 해당하는 것은?

① $NaBrO_3$
② CaO_2
③ $KClO_4$
④ $NaClO_2$

해설
• 지정수량 300kg : $NaBrO_3$(브롬산나트륨)
• 지정수량 50kg : CaO_2(과산화칼슘), $KClO_4$(과염소산칼륨), $NaClO_2$(아염소산나트륨)

26 제2류 위험물이 아닌 것은?

① 황화린
② 적린
③ 황린
④ 철분

해설
• 제2류 위험물(가연성고체) : 황화린, 적린, 철분
• 제3류 위험물 : 황린(백린)

Answer 22. ④ 23. ③ 24. ② 25. ① 26. ③

27 특수인화물 200L와 제4석유류 12000L를 저장할 때 각각의 지정수량 배수의 합은 얼마인가?

① 3　　② 4
③ 5　　④ 6

해설 환산지정수량
$= \dfrac{\text{A성분 저장수량}}{\text{A성분 지정수량}} + \dfrac{\text{B성분 저장수량}}{\text{B성분 지정수량}}$
$= \dfrac{200}{50} + \dfrac{12000}{6000} = 6$

28 위험물안전관리법령에 따른 위험물의 운송에 관한 설명 중 틀린 것은?

① 알킬리튬과 알킬알루미늄 또는 이 중 어느 하나 이상을 함유한 것은 운송책임자의 감독·지원을 받아야 한다.
② 이동탱크저장소에 의하여 위험물을 운송할 때의 운송책임자에는 법정의 교육을 이수하고 관련 업무에 2년 이상 경력이 있는 자도 포함된다.
③ 서울에서 부산까지 금속의 인화물 300kg을 1명의 운전자가 휴식 없이 운송해도 규정위반이 아니다.
④ 운송책임자의 감독 또는 지원의 방법에는 동승하는 방법과 별도의 사무실에서 대기하면서 규정된 사항을 이행하는 방법이 있다.

해설 장거리로 위험물을 운송할 때 운전자가 피로하지 않도록 충분하게 휴식을 취한다.

29 공기 중에서 갈색 연기를 내는 물질은?

① 중크롬산암모늄
② 톨루엔
③ 벤젠
④ 발연질산

해설 발연질산은 공기 또는 직사광선에 의해 분해되어 유독한 갈색 이산화질소(NO_2)가 발생한다.

30 지정과산화물 옥내저장소의 저장창고 출입구 및 창의 설치기준으로 틀린 것은?

① 창은 바닥면으로부터 2m 이상의 높이에 설치한다.
② 하나의 창의 면적을 $0.4m^2$ 이내로 한다.
③ 하나의 벽면에 두는 창의 면적의 합계를 해당 벽면의 면적의 80분의 1이 초과되도록 한다.
④ 출입구에는 갑종방화문을 설치한다.

해설 하나의 벽면에 설치하는 창 면적 합계는 그 벽 면적의 1/80 이내일 것

Answer 27. ④　28. ③　29. ④　30. ③

31 제5류 위험물 중 유기과산화물을 함유한 것으로서 위험물에서 제외되는 것의 기준이 아닌 것은?

① 과산화벤조일의 함유량이 35.5중량퍼센트 미만인 것으로서 전분가루, 황산칼슘2수화물 또는 인산1수소칼슘2수화물과의 혼합물
② 비스(4클로로벤조일) 퍼옥사이드의 함유량이 30중량퍼센트 미만인 것으로서 불활성고체와의 혼합물
③ 1·4비스(2-터셔리부틸퍼옥시이소프로필)벤젠의 함유량이 40중량퍼센트 미만인 것으로서 불활성고체와의 혼합물
④ 시크로헥사놀퍼옥사이드의 함유량이 40중량퍼센트 미만인 것으로서 불활성고체와의 혼합물

해설 위험물 제외조건
㉠ ①, ②, ③
㉡ 시크로헥사놀퍼옥사이드의 함유량이 30중량% 미만인 것으로 불활성 고체와의 혼합물

32 저장 또는 취급하는 위험물의 최대수량이 지정수량의 500배 이하일 때 옥외저장탱크의 측면으로부터 몇 m 이상의 보유공지를 유지하여야 하는가? (단, 제6류 위험물은 제외한다.)

① 1 ② 2
③ 3 ④ 4

해설 옥외 탱크 저장소 보유공지
㉠ 지정수량 500배 - 3m 이상
㉡ 지정수량 500배 초과 1000배 이하 - 5m 이상
㉢ 지정수량 1000배 초과 2000배 이하 - 9m 이상
㉣ 지정수량 2000배 초과 3000배 이하 - 12m 이상
㉤ 지정수량 3000배 초과 4000배 이하 - 15m 이상

33 아염소산나트륨의 저장 및 취급시 주의사항으로 가장 거리가 먼 것은?

① 물 속에 넣어 냉암소에 저장한다.
② 강산류와의 접촉을 피한다.
③ 취급시 충격, 마찰을 피한다.
④ 가연성 물질과 접촉을 피한다.

해설 아염소산나트륨 : 제1류 위험물, 무색 결정성 분말로서 수분이 포함될 경우 130~140℃에서 분해한다.

34 다음 중 발화점이 가장 낮은 것은?

① 이황화탄소
② 산화프로필렌
③ 휘발유
④ 메탄올

해설 발화점(착화점)
• 이황화탄소 : 100℃
• 산화프로필렌 : 465℃
• 휘발유 : 300℃
• 메탄올 : 464℃

Answer 31. ④ 32. ③ 33. ① 34. ①

35 메탄올과 비교한 에탄올의 성질에 대한 설명 중 틀린 것은?

① 인화점이 낮다.
② 발화점이 낮다.
③ 증기비중이 크다.
④ 비점이 높다.

해설
- 메탄올(CH_3OH) : 인화점 11℃, 발화점 464℃, 비점 64℃, 증기비중(32/29) = 1.103
- 에탄올(C_2H_5OH) : 인화점 13℃, 발화점 363℃, 비점 78℃, 증기비중(46/29) = 1.59

36 아염소산염류 500kg과 질산염류 3000kg을 함께 저장하는 경우 위험물의 소요단위는 얼마인가?

① 2 ② 4
③ 6 ④ 8

해설
- 아염소산염류 지정수량 : 50kg
- 질산염류 지정수량 : 300kg
- 소요 1단위 : 위험물 지정수량 10배

환산지정수량 $= \frac{500}{50} + \frac{3000}{300} = 20$

∴ 소요단위 $= \frac{20}{10} = 2$

37 과염소산에 대한 설명 중 틀린 것은?

① 산화제로 이용된다.
② 휘발성이 강한 가연성 물질이다.
③ 철, 아연, 구리와 격렬하게 반응한다.
④ 증기 비중이 약 3.5이다.

해설 과염소산($HClO_4$) : 제6류 위험물로 산화성액체로 불연성 물질이다.

38 상온에서 CaC_2를 장기간 보관할 때 사용하는 물질로 다음 중 가장 적합한 것은?

① 물
② 알코올수용액
③ 질소가스
④ 아세틸렌가스

해설 카바이트(CaC_2)는 물과 반응해서 가연성의 아세틸렌(C_2H_2)을 생성하여 위험하므로 질소가스(N_2)를 봉입하여 보관한다.

39 위험물안전관리법상 위험물에 해당하는 것은?

① 아황산
② 비중이 1.41인 질산
③ 53마이크로미터의 표준체를 통과하는 것이 50중량% 이상인 철의 분말
④ 농도가 15중량%인 과산화수소

해설 위험물
㉠ 비중 1.49 이상인 질산
㉡ 농도 36 중량% 이상인 과산화수소
㉢ 53마이크로미터의 표준체를 통과하는 것이 50중량% 이상인 철분

Answer 35. ① 36. ① 37. ② 38. ③ 39. ③

40 정기점검 대상 제조소등에 해당하지 않는 것은?

① 이동탱크저장소
② 지정수량 100배 이상의 위험물 옥외저장소
③ 지정수량 100배 이상의 위험물 옥내저장소
④ 이송취급소

해설 정기점검 대상 제조소
㉠ 지하탱크저장소
㉡ 이동탱크저장소
㉢ 지하에 매설탱크가 있는 제조소, 주유취급소, 일반취급소
㉣ 지정수량이 10배 위험물 취급하는 제조소
㉤ 지정수량이 100배인 위험물을 저장하는 옥외저장소
㉥ 지정수량이 150배인 위험물을 저장하는 옥내저장소
㉦ 지정수량이 200배인 위험물을 저장하는 옥외탱크저장소
㉧ 암반탱크저장소
㉨ 이송취급소
㉩ 지정수량이 10배 이상의 위험물 일반취급소

41 위험물의 성질에 대한 설명으로 틀린 것은?

① 인화칼슘은 물과 반응하여 유독한 가스를 발생한다.
② 금속나트륨은 물과 반응하여 산소를 발생시키고 발열한다.
③ 아세트알데히드는 연소하여 이산화탄소와 물을 발생한다.
④ 질산에틸은 물에 녹지 않고 인화되기 쉽다.

해설 금속나트륨은 물과 반응하여 수소(H_2)를 발생한다.
$2Na + 2H_2O \rightarrow 2NaOH + H_2$

42 물과 반응하여 가연성 가스를 발생하지 않는 것은?

① 나트륨
② 과산화나트륨
③ 탄화알루미늄
④ 트리에틸알루미늄

해설 알카리금속의 과산화물은 물과 반응하여 조연성의 산소(O_2)가스를 발생한다.
$2Na_2O_2 + 2H_2O \rightarrow 2NaOH + O_2$

43 알킬알루미늄을 저장하는 용기에 봉입하는 가스로 다음 중 가장 적합한 것은?

① 포스겐
② 인화수소
③ 질소가스
④ 아황산가스

해설 알킬알루미늄[$(R)_3Al$]의 봉입가스는 안정된 질소가스(N_2)가 적합하다.

Answer 40. ③ 41. ② 42. ② 43. ③

44 분자량이 약 169인 백색의 정방정계 분말로서 알칼리토금속의 과산화물 중 매우 안정한 물질이며 테르밋의 점화제 용도로 사용되는 제1류 위험물은?

① 과산화칼슘　② 과산화바륨
③ 과산화마그네슘　④ 과산화칼륨

해설 과산화바륨(BaO_2)은 제1류 위험물인 무기과산화물류로 지정수량이 50kg으로 알칼리토금속과산화물중 가장 안정하다. 분해온도는 840℃ 냉수에 약간 녹고 온수에 분해하며 묽은산에 녹는다.

45 지하저장탱크에 경보음을 울리는 방법으로 과충전방지장치를 설치하고자 한다. 탱크 용량의 최소 몇 %가 찰 때 경보음이 울리도록 하여야 하는가?

① 80　② 85
③ 90　④ 95

해설 저장탱크의 과충전방지장치는 90vol%로 충전되면 경보음을 발생한다.

46 휘발유에 대한 설명으로 옳지 않은 것은?

① 전기양도체이므로 정전기 발생에 주의해야 한다.
② 빈 드럼통이라도 가연성 가스가 남아 있을 수 있으므로 취급에 주의해야 한다.
③ 취급·저장시 환기를 잘 시켜야 한다.
④ 직사광선을 피해 통풍이 잘 되는 곳에 저장한다.

해설 가솔린(휘발유)은 전기불량도체로 이 충전시 정전기발생에 주의해야한다.

47 벤조일퍼옥사이드의 위험성에 대한 설명으로 틀린 것은?

① 상온에서 분해되며 수분이 흡수되면 폭발성을 가지므로 건조된 상태로 보관·운반한다.
② 강산에 의해 분해 폭발의 위험이 있다.
③ 충격, 마찰 등에 의해 분해되어 폭발할 위험이 있다.
④ 가연성 물질과 접촉하면 발화의 위험이 높다.

해설 벤조일퍼옥사이드는 제5류 위험물의 유기과산화물류, 지정수량 50kg, 상온에서 안정하지만 발화점이 낮아서 위험하므로 희석제를 넣어서 저장하고 물을 30% 넣어서 보관한다.

48 제2류 위험물에 대한 설명 중 틀린 것은?

① 유황은 물에 녹지 않는다.
② 오황화린은 CS_2에 녹는다.
③ 삼황화린은 가연성 물질이다.
④ 칠황화린은 더운물에 분해되어 이산화황을 발생한다.

해설 칠황화린(P_4S_7)은 조해성 물질로 이황화탄소에 약간, 온수에서는 급격히 분해하며 황화수소(H_2S)와 인산(H_3PO_4)를 발생한다.

Answer 44. ②　45. ③　46. ①　47. ①　48. ④

49 위험물제조소등에 자체소방대를 두어야할 대상으로 옳은 것은?

① 지정수량 300배 이상의 제4류 위험물을 취급하는 저장소
② 지정수량 300배 이상의 제4류 위험물을 취급하는 제조소
③ 지정수량 3000배 이상의 제4류 위험물을 취급하는 저장소
④ 지정수량 3000배 이상의 제4류 위험물을 취급하는 제조소

해설 지정수량 3000배 이상의 위험물을 취급하는 제조소에는 자체소방대를 설치해야 한다.

50 위험물의 운반에 관한 기준에 따르면 아세톤의 위험등급은 얼마인가?

① 위험등급 Ⅰ   ② 위험등급 Ⅱ
③ 위험등급 Ⅲ   ④ 위험등급 Ⅳ

해설 위험등급 Ⅱ : 제1석유류(아세톤), 알코올류

51 위험물제조소의 기준에 있어서 위험물을 취급하는 건축물의 구조로 적당하지 않은 것은?

① 지하층이 없도록 하여야 한다.
② 연소의 우려가 있는 외벽은 내화구조의 벽으로 하여야 한다.
③ 출입구는 연소의 우려가 있는 외벽에 설치하는 경우 을종방화문을 설치하여야 한다.
④ 지붕은 폭발력이 위로 방출될 정도의 가벼운 불연재료로 덮는다.

해설 연소우려가 있는 외벽에 설치하는 출입구에는 수시로 열 수 있는 자동 폐쇄식 갑종 방화문을 설치할 것

52 위험물 관련 신고 및 선임에 관한 사항으로 옳지 않은 것은?

① 제조소의 위치·구조 변경 없이 위험물의 품명 변경 시는 변경하고자 하는 날의 14일 이전까지 신고하여야 한다.
② 제조소 설치자의 지위를 승계한자는 승계한 날로부터 30일 이내에 신고하여야 한다.
③ 위험물안전관리자가 퇴직한 경우는 퇴직일로부터 14일 이내에 신고하여야 한다.
④ 위험물안전관리자가 퇴직한 경우는 퇴직일로부터 30일 이내에 선임하여야 한다.

해설 ① 7일 이내 시·도지사에 신고

53 염소산염류에 대한 설명으로 옳은 것은?

① 염소산칼륨은 환원제이다.
② 염소산나트륨은 조해성이 있다.
③ 염소산암모늄은 위험물이 아니다.
④ 염소산칼륨은 냉수와 알코올에 잘 녹는다.

해설
㉠ 산화제
㉡ 염소산암모늄은 제1류 위험물
㉢ 염소산칼륨은 온수에는 잘 녹으나 냉수에는 난용성

Answer 49. ④ 50. ② 51. ③ 52. ① 53. ②

54 다음 중 지정수량이 가장 큰 것은?

① 과염소산칼륨
② 트리니트로톨루엔
③ 황린
④ 유황

해설: 지정수량
① 과염소산칼륨 50kg
② 트리니트로톨루엔 200kg
③ 황린 20kg
④ 유황 100kg

55 위험물안전관리법에서 규정하고 있는 내용으로 틀린 것은?

① 민사집행법에 의한 경매, 국세징수법 또는 지방세법에 의한 압류재산의 매각 절차에 따라 제조소 등의 시설의 전부를 인수한 자는 그 설치자의 지위를 승계한다.
② 금치산자 또는 한정치산자, 탱크시험자의 등록이 취소된 날로부터 2년이 지나지 아니한 자는 탱크시험자로 등록하거나 탱크시험자의 업무에 종사할 수 없다.
③ 농예용·축산용으로 필요한 난방시설 또는 건조시설을 위한 지정수량 20배 이하의 취급소는 신고를 하지 아니하고 위험물의 품명·수량을 변경할 수 있다.
④ 법정의 완공검사를 받지 아니하고 제조소 등을 사용한 때 시·도지사는 허가를 취소하거나 6월 이내의 기간을 정하여 사용정지를 명할 수 있다.

해설: 농예용·축산용 또는 수산용으로 필요한 난방시설 또는 건조시설을 위한 지정수량 20배 이하의 저장소는 신고를 하지 않고 위험물의 품명이나 수량을 변경할 수 있다.

56 위험물안전관리법령상 품명이 나머지 셋과 다른 하나는?

① 트리니트로톨루엔
② 니트로글리세린
③ 니트로글리콜
④ 셀룰로이드

해설:
• 니트로화합물 : 트리니트로톨루엔, 트리니트로 페놀
• 질산에스테르류 : 니트로글리세린, 셀룰로이드류, 니트로글리콜

57 황린과 적린의 공통성질이 아닌 것은?

① 물에 녹지 않는다.
② 이황화탄소에 잘 녹는다.
③ 연소시 오산화인을 생성한다.
④ 화재시 물을 사용하여 소화를 할 수 있다.

해설: 적린은 이황화탄소에 녹지 않고 황린은 이황화탄소에 녹는다.

58 칼륨의 저장시 사용하는 보호물질로 다음 중 가장 적합한 것은?

① 에탄올　　② 사염화탄소
③ 등유　　　④ 이산화탄소

해설: 칼륨, 나트륨의 보호액 : 등유, 경유, 파라핀유

Answer 54. ② 55. ③ 56. ① 57. ② 58. ③

59 메틸알코올의 연소범위를 더 좁게 하기 위하여 첨가하는 물질이 아닌 것은?

① 질소 ② 산소
③ 이산화탄소 ④ 아르곤

해설 메틸알코올 비활성 가스(N_2, CO_2, Ar)를 혼합하면 연소범위는 좁아진다.

60 산화프로필렌의 성상에 대한 설명 중 틀린 것은?

① 청색의 휘발성이 강한 액체이다.
② 인화점이 낮은 인화성 액체이다.
③ 물에 잘 녹는다.
④ 에테르향의 냄새를 가진다.

해설 산화프로필렌(OCH_2CHCH_3) : 무색의 휘발성 액체
- 물, 알코올, 에테르, 벤젠 등에 잘 녹음
- 산 및 알칼리와 중합반응

Answer 59. ② 60. ①

위험물기능사 2000제 문제은행

CBT 시험대비
● 2012년 7월 22일 시행

01 위험물의 화재위험에 관한 제반조건을 설명한 것으로 옳은 것은?

① 인화점이 높을수록, 연소범위가 넓을수록 위험하다.
② 인화점이 낮을수록, 연소범위가 좁을수록 위험하다.
③ 인화점이 높을수록, 연소범위가 좁을수록 위험하다.
④ 인화점이 낮을수록, 연소범위가 넓을수록 위험하다.

해설 인화점이 낮다는 것은 낮은 온도에서 불이 붙을 수 있다는 것이고, 연소범위가 넓다는 것은 공기와의 혼합비에 상관없이 불이 붙을 수 있다는 의미이므로 화재위험이 증가된다.

02 위험물안전관리자를 해임한 후 며칠 이내에 후임자를 선임하여야 하는가?

① 14일   ② 15일
③ 20일   ④ 30일

해설 주요 신고사항
㉠ 설치자의 지위를 승계한 자는 30일 이내
㉡ 제조소등의 용도를 폐지한 때는 14일 이내
㉢ 위험물안전관리자 선임 시 14일 이내, 퇴직 및 해임 시 30일 이내, 재선임 후 14일 이내 신고

03 위험물을 취급함에 있어서 정전기가 발생할 우려가 있는 설비에 정전기를 유효하게 제거할 수 있는 방법에 해당하지 않는 것은?

① 위험물의 유속을 높이는 방법
② 공기를 이온화하는 방법
③ 공기 중의 상대습도를 70% 이상으로 하는 방법
④ 접지에 의한 방법

해설 그 외 도전성 재료 사용, 대전방지제 사용 등

04 이산화탄소소화기의 특징에 대한 설명으로 틀린 것은?

① 소화약제에 의한 오손이 거의 없다.
② 약제 방출시 소음이 없다.
③ 전기화재에 유효하다.
④ 장시간 저장해도 물성의 변화가 거의 없다.

해설 이산화탄소 소화설비가 고압식의 경우 2.1MPa (21kg/cm^2)으로 고압이므로 약제 방출시 소음이 크다.

Answer 1. ④ 2. ④ 3. ① 4. ②

05 옥외탱크저장에 연소성 혼합기체의 생성에 의한 폭발을 방지하기 위하여 불활성의 기체를 봉입하는 장치를 설치하여야 하는 위험물질은?

① $CH_3COC_2H_5$ ② C_5H_5N
③ CH_3CHO ④ C_5H_5CL

해설 아세트알데히드 등을 취급하는 설비에는 연소성 혼합기체의 생성에 의한 폭발을 방지하기 위한 불활성기체 또는 수증기를 봉입하는 장치를 갖출 것

06 위험물안전관리법령상 자동화재탐지설비를 설치하지 않고 비상경보설비로 대신할 수 있는 것은?

① 일반취급소로서 연면적 $600m^2$인 것
② 지정수량 20배를 저장하는 옥내저장소로서 처마높이가 8m인 단층건물
③ 단층건물 외에 건축물에 설치된 지정수량 15배의 옥내탱크저장소로서 소화난이도등급 Ⅱ에 속하는 것
④ 지정수량 20배를 저장 취급하는 옥내주유취급소

07 CH_3ONO_2의 소화방법에 대한 설명으로 옳은 것은?

① 물을 주수하여 냉각소화한다.
② 이산화탄소소화기로 질식소화를 한다.
③ 할로겐화합물소화기로 질식소화를 한다.
④ 건조사로 냉각소화한다.

해설 질산에스테르류 : CH_3ONO_2(질산메틸), $C_2H_5ONO_2$(질산에틸) 제5류 위험물로 화재 시 물로 주수하여 냉각시켜서 소화한다.

08 공장 창고에 보관되었던 톨루엔이 유출되어 이상의 점화원에 의해 착화되어 화재가 발생하였다면 이 화재의 분류로 옳은 것은?

① A급화재   ② B급화재
③ C급화재   ④ D급화재

해설 톨루엔($C_6H_5CH_3$) : 제4류 위험물의 제1석유류로 B급 화재인 유류화재에 해당한다.

09 A급, B급, C급 화재에 모두 적용이 가능한 소화약제는?

① 제1종 분말소화약제
② 제2종 분말소화약제
③ 제3종 분말소화약제
④ 제4종 분말소화약제

해설 제3종 분말소화 약제 : 인산암모늄($NH_4H_2PO_4$), 담홍색의 분말로 ABC급 화재에 적응성이 있다.

10 BCF소화기의 약제를 화학식으로 옳게 나타낸 것은?

① CCl_4
② CH_2ClBr
③ CF_3Br
④ CF_2ClBr

해설 BCF : 일염화일브롬화이불화메탄 : 할론-1211(CF_2ClBr)

Answer 5. ③ 6. ③ 7. ① 8. ② 9. ③ 10. ④

11 액화 이산화탄소 1kg이 25℃, 2atm에서 방출되어 모두 기체가 되었다. 방출된 기체상의 이산화탄소 부피는 약 몇 L인가?

① 278　② 556
③ 1111　④ 1985

해설
$$PV = \frac{W}{M}RT$$

$V = \frac{WRT}{PM} = \frac{1 \times 0.082 \times (273+25)}{2 \times 44} \fallingdotseq 0.278 \text{m}^3$
　= 278L

12 금속분의 화재시 주수해서는 안되는 이유로 가장 옳은 것은?

① 산소가 발생하기 때문에
② 수소가 발생하기 때문에
③ 질소가 발생하기 때문에
④ 유독가스가 발생하기 때문에

해설 금속분 : 제2류 위험물로 주수소화하면 H_2가 발생하면 연소 위험이 있다.

13 자기반응성 물질의 화재 예방법으로 가장 거리가 먼 것은?

① 마찰을 피한다.
② 불꽃의 접근을 피한다.
③ 고온체로 건조시켜 보관한다.
④ 운반용기 외부에 "화기엄금" 및 "충격주의"를 표시한다.

해설 제5류 위험물 : 자기반응성 물질로 열과 빛을 차단할 수 있는 냉암소에 밀전, 밀봉하여 보관한다.

14 가연성 고체의 미세한 분말이 일정 농도 이상 공기 중에 분산되어 있을 때 점화원에 의하여 연소 폭발되는 현상은?

① 분진 폭발
② 산화 폭발
③ 분해 폭발
④ 중합 폭발

해설 분진폭발 : 밀폐된 공간 내에서 분말이 공기 중에 부유하여 분진물을 형성하고 있을 때 정전기·스파크 등의 점화원에 의해 폭발

15 제조소의 옥외에 모두 3기의 휘발유 취급탱크를 설치하고 그 주위에 방유제를 설치하고자 한다. 방유제 안에 설치하는 각 취급탱크의 용량이 5만L, 3만L, 2만L일 때 필요한 방유제의 용량은 몇 L 이상인가?

① 66000
② 60000
③ 33000
④ 30000

해설 제조소의 옥외에 있는 위험물취급탱크의 방유제 용량은,
탱크 2개 이상 : 가장 큰 탱크용량의 50%와 나머지 탱크용량의 합계의 10%를 더한 값 이상
∴ (50,000×0.5) + (30,000+20,000)×0.1
　= 30,000ℓ

Answer　11. ①　12. ②　13. ③　14. ①　15. ④

16 물의 소화능력을 강화시키기 위해 개발된 것으로 한냉지 또는 겨울철에도 사용할 수 있는 소화기에 해당하는 것은?

① 산·알칼리 소화기
② 강화액 소화기
③ 포 소화기
④ 할로겐화물 소화기

해설 물의 동절기 사용시 동결되는 문제점 해결로 탄산칼륨(K_2CO_3)을 함유시킨 소화기

17 위험물안전관리법령에서 정한 자동화재탐지설비에 대한 기준으로 틀린 것은? (단, 원칙적인 경우에 한한다.)

① 경계구역은 건축물 그 밖의 공작물의 2 이상의 층에 걸치지 아니하도록 할 것
② 하나의 경계구역의 면적은 600m² 이하로 할 것
③ 하나의 경계구역의 한 변 길이는 30m 이하로 할 것
④ 자동화재탐지설비에는 비상전원을 설치할 것

해설 하나의 경계 구역의 면적은 600m² 이하로 한 변의 길이는 50m 이하로 한다.

18 휘발유, 등유, 경유 등의 제4류 위험물에 화재가 발생하였을 때 소화방법으로 가장 옳은 것은?

① 포소화설비로 질식소화 시킨다.
② 다량의 물을 위험물에 직접 주수하여 소화한다.
③ 강산화성 소화제를 사용하여 중화시켜 소화한다.
④ 염소산칼륨 또는 염화나트륨이 주성분인 소화약제로 표면을 덮어 소화한다.

해설 휘발유, 등유, 경유 등의 제4류 위험물 포소화설비, 분말 소화설비 등을 이용하여 질식 소화한다.

19 소화약제에 따른 주된 소화효과로 틀린 것은?

① 수성막포소화약제 : 질식효과
② 제2종 분말소화약제 : 탈수탄화효과
③ 이산화탄소소화약제 : 질식효과
④ 할로겐화합물소화약제 : 화학억제효과

해설 제2종분말소화약제의 주성분인 탄산수소칼륨($KHCO_3$)이 열분해 될 때 발생하는 이산화탄소(CO_2)와 수증기(H_2O)에 의한 질식효과와 냉각효과
※ $2KHCO_3 \rightarrow K_2CO_3 + CO_2 + H_2O$

Answer 16. ② 17. ③ 18. ① 19. ②

20 소화전용물통 8리터의 능력단위는 얼마인가?
① 0.1   ② 0.3
③ 0.5   ④ 1.0

해설
- 소화 전용 물통 8ℓ : 0.3능력
- 수조(물통 3개 포함) 80ℓ : 1.5능력
- 수조(물통 6개 포함) 190ℓ : 2.5능력

21 아세톤의 성질에 관한 설명으로 옳은 것은?
① 비중은 1.02이다.
② 물에 불용이고, 에테르에 잘 녹는다.
③ 증기자체는 무해하나, 피부에 닿으면 탈지작용이 있다.
④ 인화점이 0℃보다 낮다.

해설 아세톤$(CH_3)_2CO$
- 제4류 위험물의 제1석유류
- 지정수량 400ℓ
- 인화점 −18℃
- 비중 0.79
- 수용성
- 휘발성
- 탈지작용

22 금속나트륨의 올바른 취급으로 가장 거리가 먼 것은?
① 보호액 속에서 노출되지 않도록 저장한다.
② 수분 또는 습기와 접촉되지 않도록 주의한다.
③ 용기에서 꺼낼 때는 손을 깨끗이 닦고 만져야 한다.
④ 다량 연소하면 소화가 어려우므로 가급적 소량으로 나누어 저장한다.

해설 피부와 접촉하지 말고 집게를 사용한다.

23 인화점이 100℃보다 낮은 물질은?
① 아닐린
② 에틸렌글리콜
③ 글리세린
④ 실린더유

해설 아닐린$(C_6H_5NH_2)$
- 제4류의 제3석유류
- 인화점 75℃
- 니트로 벤젠을 환원시켜 제조

24 제3류 위험물인 칼륨의 성질이 아닌 것은?
① 물과 반응하여 수산화물과 수소를 만든다.
② 원자가전자가 2개로 쉽게 2가의 양이온이 되어 반응한다.
③ 원자량은 약 39이다.
④ 은백색 광택을 가지는 연하고 가벼운 고체로 칼로 쉽게 잘라진다.

해설 칼륨은 원자가전자가 1개로 쉽게 1가의 양이온이 되어 반응한다.

Answer 20. ② 21. ④ 22. ③ 23. ① 24. ②

25. 그림과 같은 위험물 저장탱크의 내용적은 약 몇 m³인가?

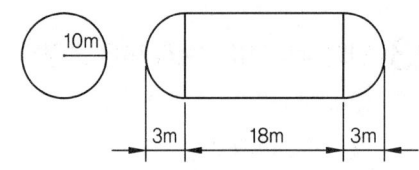

① 4681
② 5482
③ 6283
③ 7080

해설 $v = \pi r^2 \left(l + \dfrac{l_1 + l_2}{3}\right) = \pi \times 10^2 \left(18 + \dfrac{3+3}{3}\right)$

26. 위험물을 보관하는 방법에 대한 설명 중 틀린 것은?

① 염소산나트륨 : 철제 용기의 사용을 피한다.
② 산화프로필렌 : 저장시 구리용기에 질소 등 불활성기체를 충전한다.
③ 트리에틸알루미늄 : 용기는 밀봉하고 질소 등 불활성기체를 충전한다.
④ 황화린 : 냉암소에 저장한다.

해설 산화프로필렌
구리, 마그네슘, 은, 수은 또는 이의 합금과 반응하여 폭발성 아세틸라이드를 생성

27. 위험물의 운반시 혼재가 가능한 것은? (단, 지정수량 10배의 위험물인 경우이다.)

① 제1류 위험물과 제2류 위험물
② 제2류 위험물과 제3류 위험물
③ 제4류 위험물과 제5류 위험물
④ 제5류 위험물과 제6류 위험물

해설 혼재가능한 위험물
제1류와 제6류
제4류와 제2류, 제3류
제5류와 제2류, 제4류

28. 과산화바륨의 취급에 대한 설명 중 틀린 것은?

① 직사광선을 피하고, 냉암소에 둔다.
② 유기물, 산 등의 접촉을 피한다.
③ 피부와 직접적인 접촉을 피한다.
④ 화재시 주수소화가 가장 효과적이다.

해설 과산화바륨(BaO_2)
제1류 위험물의 무기과산화물로 물과 반응하면 산소를 발생하므로 주수소화를 금한다.

29. 휘발유를 저장하던 이동저장탱크에 등유나 경유를 탱크상부로부터 주입할 때 액 표면이 일정높이가 될 때까지 위험물의 주입관 내 유속을 몇 m/s 이하로 하여야 하는가?

① 1
② 2
③ 3
④ 5

해설 이동탱크저장소에서의 취급기준
이동저장탱크의 상부로부터 위험물을 주입할 때에는 위험물의 액표면이 주입관의 선단을 넘는 높이가 될 때까지 그 주입관 내의 유속을 초당 1미터 이하로 할 것

Answer 25. ③ 26. ② 27. ③ 28. ④ 29. ①

30 다음 위험물 중 착화온도가 가장 낮은 것은?
① 이황화탄소 ② 디에틸에테르
③ 아세톤   ④ 아세트알데히드

해설 ① 이황화탄소 : 100℃
② 디에틸에테르 : 180℃
③ 아세톤 : 538℃
④ 아세트알데히드 : 185℃

31 제2류 위험물과 산화제를 혼합하면 위험한 이유로 가장 적합한 것은?
① 제2류 위험물이 가연성액체이기 때문에
② 제2류 위험물이 환원제로 작용하기 때문에
③ 제2류 위험물은 자연발화의 위험이 있기 때문
④ 제2류 위험물은 물 또는 습기를 잘 머금고 있기 때문에

해설 산화제(제1류, 제6류)와 환원제(제2류)가 혼합하면 연소 또는 폭발 위험이 있으므로 혼합을 금한다.

32 상온에서 액상인 것으로만 나열된 것은?
① 니트로셀룰로오스, 니트로글리세린
② 질산에틸, 니트로글리세린
③ 질산에틸, 피크린산
④ 니트로셀룰로오스, 셀룰로이드

해설 질산에틸($C_2H_5ONO_2$)과 니트로글리세린($C_3H_5(ONO_2)_3$)은 제5류 위험물로 액상이다.

33 위험물안전관리법상 제3석유류의 액체상태의 판단기준은?
① 1기압과 섭씨 20도에서 액상인 것
② 1기압과 섭씨 25도에서 액상인 것
③ 기압에 무관하게 섭씨 20도에서 액상인 것
④ 기압에 무관하게 섭씨 25도에서 액상인 것

해설 제3석유류, 제4석유류 및 동식물유류는 1기압과 섭씨 20도에서 액상인 것에 한한다.

34 제2류 위험물 중 지정수량이 잘못 연결된 것은?
① 유황 - 100kg
② 철분 - 500kg
③ 금속분 - 500kg
④ 인화성고체 - 500kg

해설 인화성고체 : 1000kg

35 위험물안전관리법령상 위험물의 운반에 관한 기준에 따르면 지정수량 얼마 이하의 위험물에 대하여는 "유별을 달리하는 위험물의 혼재기준"을 적용하지 아니하여도 되는가?
① 1/2
② 1/3
③ 1/5
④ 1/10

해설 지정수량의 1/10 이하의 위험물에 대하여는 적용하지 아니한다.

Answer 30. ① 31. ② 32. ② 33. ① 34. ④ 35. ④

36 위험물의 지정수량이 나머지 셋과 다른 것은?
① NaClO₄ ② MgO₂
③ KNO₃   ④ NH₄ClO₃

해설 ① 과염소산염류 : 50kg
② 무기과산화물 : 50kg
③ 질산염류 : 300kg
④ 염소산염류 : 50kg

37 트리니트로톨루엔에 대한 설명으로 가장 거리가 먼 것은?
① 물에 녹지 않으나 알코올에는 녹는다.
② 직사광선에 노출되면 다갈색으로 변한다.
③ 공기 중에 노출되면 쉽게 자연분해 한다.
④ 이성질체가 존재한다.

해설 트리니트로톨루엔($C_6H_2CH_3(NO_2)_3$, TNT) : 제5류의 니트로화합물, 지정수량 200kg, 공기 중에서 자연분해가 일어나지 않는다.

38 위험물의 성질에 관한 설명 중 옳은 것은?
① 벤젠과 톨루엔 중 인화온도가 낮은 것은 톨루엔이다.
② 디에틸에테르는 휘발성이 높으며 마취성이 있다.
③ 에틸알코올은 물이 조금이라도 섞이면 불연성 액체가 된다.
④ 휘발유는 전기 양도체이므로 정전기 발생이 위험하다.

해설 ① 인화점 : 벤젠(-11℃), 톨루엔(4℃)
② 에틸알코올 : 수용액 농도 60wt% 이상시 위험물로 분류하며 20~30%에서도 인화 위험이 있다.
③ 휘발유 : 전기 부도체로 정전기 발생위험이 있다.

39 니트로셀룰로오스에 관한 설명으로 옳은 것은?
① 용제에는 전혀 녹지 않는다.
② 질화도가 클수록 위험성이 증가한다.
③ 물과 작용하여 수소를 발생한다.
④ 화재발생시 질식소화가 가장 적합하다.

해설 질화도가 클수록 폭발 위험이 크다.
※ 질화도 : 위험물 중 질소의 함유율(%)

40 위험물의 품명과 지정수량이 잘못 짝지어진 것은?
① 황화린-100kg
② 마그네슘-500kg
③ 알킬알루미늄-10kg
④ 황린-10kg

해설 황린 : 20kg

41 지정수량의 10배 이상의 위험물을 취급하는 제조소에는 피뢰침을 설치하여야 하지만 제 몇 류 위험물을 취급하는 경우는 이를 제외할 수 있는가?

① 제2류 위험물　② 제4류 위험물
③ 제5류 위험물　④ 제6류 위험물

해설　피뢰침 : 지정수량의 10배 이상의 위험물을 취급하는 제조소에는 피뢰침을 설치하나 제6류 위험물을 제외한다.

42 위험물안전관리법령상 품명이 질산에스테르류에 속하지 않는 것은?

① 질산에틸
② 니트로글리세린
③ 니트로톨루엔
④ 니트로셀룰로오스

해설　질산에스테르류의 종류 : 질산에틸, 질산메틸, 니트로글리세린(NG), 니트로셀룰로오스(NC)
※ 니트로톨루엔 : 제4류 위험물의 제3석유류

43 [제조소 일반점검표]에 기재되어 있는 위험물취급설비 중 안전장치의 점검내용이 아닌 것은?

① 회전부 등의 급유상태의 적부
② 부식, 손상의 유무
③ 고정상황의 적부
④ 기능의 적부

해설　① 회전부 등의 급유상태의 적부는 위험물취급설비 중 구동장치의 점검내용이다.

44 이동탱크저장소에 의한 위험물의 운송시 준수하여야 하는 기준에서 다음 중 어떤 위험물을 운송할 때 위험물운송자는 위험물안전카드를 휴대하여야 하는가?

① 특수인화물 및 제1석유류
② 알코올류 및 제2석유류
③ 제3석유류 및 동식물류
④ 제4석유류

해설　위험물안전카드는 제4류 위험물에 있어서는 특수인화물 및 제1석유류에 한하며 그 외의 유별은 모든 경우에 휴대하여야 한다.

45 제6류 위험물의 위험성에 대한 설명으로 틀린 것은?

① 질산을 가열할 때 발생하는 적갈색 증기는 무해하지만 가연성이며 폭발성이 강하다.
② 고농도의 과산화수소는 충격, 마찰에 의해서 단독으로도 분해 폭발할 수 있다.
③ 과염소산은 유기물과 접촉시 발화 또는 폭발할 위험이 있다.
④ 과산화수소는 햇빛에 의해서 분해되며, 촉매(MnO_2)하에서 분해가 촉진된다.

해설　질산(HNO_3)은 공기 중이나 직사일광에 분해하여 유독한 증기인 이산화질소(NO_2)를 발생한다.

Answer 41. ④　42. ③　43. ①　44. ①　45. ①

46 다음은 위험물안전관리법령에서 정의한 동식물유류에 관한 내용이다. ( ) 안에 알맞은 수치는?

> 동물의 지육 등 또는 식물의 종자나 과육으로부터 추출한 것으로서 1기압에서 인화점이 섭씨 ( )도 미만인 것을 말한다.

① 21 ② 200
③ 250 ④ 300

47 지하탱크저장소 탱크전용실의 안쪽과 지하저장탱크와의 사이는 몇 m 이상의 간격을 유지하여야 하는가?

① 0.1 ② 0.2
③ 0.3 ④ 0.5

해설 ▶ 지하저장탱크
㉠ 탱크 전용실 안쪽과 지하저장탱크와의 사이 : 0.1m 이상
㉡ 지하 저장 탱크 윗부분과 지면과의 거리 : 0.6m 이상

48 이황화탄소에 대한 설명으로 틀린 것은?

① 순수한 것은 황색을 띠고 냄새가 없다.
② 증기는 유독하며 신경계통에 장애를 준다.
③ 물에 녹지 않는다.
④ 연소시 유독성의 가스를 발생한다.

해설 ▶ 무색투명한 액체이나 일광에 쬐여 황색으로 변색되고 불쾌한 냄새가 난다.

49 위험물안전관리법상 설치허가 및 완공검사 절차에 관한 설명으로 틀린 것은?

① 지정수량의 3천배 이상의 위험물을 취급하는 제조소는 한국소방산업기술원으로부터 당해 제조소의 구조·설비에 관한 기술검토를 받아야 한다.
② 50만 리터 이상인 옥외탱크저장소는 한국소방산업기술원으로부터 당해 탱크의 기초·지반 및 탱크본체에 관한 기술검토를 받아야 한다.
③ 지정수량의 1천배 이상의 제4류 위험물을 취급하는 일반 취급소의 완공검사는 한국소방산업기술원이 실시한다.
④ 50만 리터 이상인 옥외탱크저장소의 완공검사는 한국소방산업기술원이 실시한다.

50 위험물안전관리법령상 할로겐화합물소화기가 적응성이 있는 위험물은?

① 나트륨
② 질산메틸
③ 이황화탄소
④ 과산화나트륨

해설 ▶ 할로겐화합물 소화기는 제4류 위험물과 제2류 위험물 중 인화성고체에 대해 적응성이 있다.

Answer 46. ③ 47. ① 48. ① 49. ③ 50. ③

51 히드록실아민을 취급하는 제조소에 두어야 하는 최소한의 안전거리(D)를 구하는 산식으로 옳은 것은? (단, N은 당해 제조소에서 취급하는 히드록실아민의 지정수량 배수를 나타낸다.)

① $D = \dfrac{40 \times N}{3}$ ② $D = \dfrac{51.1 \times N}{3}$
③ $D = \dfrac{55 \times N}{3}$ ④ $D = \dfrac{62.1 \times N}{3}$

$$D = \dfrac{51.1 \times N}{3}$$

D : 거리(m),
N : 제조소에서 취급하는 히드록실아민 등의 지정수량의 배수

52 제3류 위험물 중 금수성 물질을 제외한 위험물에 적응성이 있는 소화설비가 아닌 것은?
① 분말소화설비
② 스프링클러설비
③ 팽창질석
④ 포소화설비

해설) 분말소화 설비는 제3류 위험물의 금수성물질에는 적응성이 있으나 그 밖의 것에는 적응성이 없다.

53 적린과 동소체 관계에 있는 위험물은?
① 오황화린   ② 인화알루미늄
③ 인화칼슘   ④ 황린

해설) 적린(제2류위험물)과 황린(제3류위험물)은 동소체로서 연소시키면 오산화인(P_2O_5)을 생성한다.

54 제조소의 건축물 구조기준 중 연소의 우려가 있는 외벽은 출입구 외의 개구부가 없는 내화구조의 벽으로 하여야한다. 이 때 연소의 우려가 있는 외벽은 제조소가 설치된 부지의 경계선에서 몇 m 이내에 있는 외벽을 말하는가? (단, 단층 건물일 경우이다.)
① 3   ② 4
③ 5   ④ 6

55 위험물의 유별과 성질을 잘못 연결한 것은?
① 제2류 – 가연성고체
② 제3류 – 자연발화성 및 금수성물질
③ 제5류 – 자기반응성물질
④ 제6류 – 산화성고체

해설) 제6류 : 산화성액체

56 과망간산칼륨의 일반적인 성질에 관한 설명 중 틀린 것은?
① 강한 살균력과 산화력이 있다.
② 금속성 광택이 있는 무색의 결정이다.
③ 가열분해시키면 산소를 방출한다.
④ 비중은 약 2.7이다.

해설) 과망간산 칼륨($KMnO_4$) : 제1류 위험물, 지정수량 1000kg
흑자색의 결정으로 물에 녹으면 진보라색을 나타낸다.

Answer 51. ② 52. ① 53. ④ 54. ① 55. ④ 56. ②

57 제조소의 게시판 사항 중 위험물의 종류에 따른 주의사항이 옳게 연결된 것은?

① 제2류 위험물(인화성고체 제외) - 화기엄금
② 제3류 위험물 중 금수성물질 - 물기엄금
③ 제4류 위험물 - 화기주의
④ 제5류 위험물 - 물기엄금

해설 물기엄금 : 제1류 위험물 중 알카리금속의 과산화물, 제3류 위험물 중 금수성 물질
화기주의 : 제2류 위험물 중(인화성 고체 제외)
화기엄금 : 제2류 위험물 중 인화성 고체
제3류 위험물 중 자연발화성 물질
제4류 위험물, 제5류 위험물

58 제5류 위험물이 아닌 것은?

① 클로로벤젠
② 과산화벤조일
③ 염산히드라진
④ 아조벤젠

해설 클로로벤젠 : 제4류 위험물 중 제2석유류

59 위험물안전관리법에서 사용하는 용어의 정의 중 틀린 것은?

① "지정수량"은 위험물의 종류별로 위험성을 고려하여 대통령령이 정하는 수량이다.
② "제조소"라 함은 위험물을 제조할 목적으로 지정수량 이상의 위험물을 취급하기 위하여 규정에 따라 허가를 받은 장소이다.
③ "저장소"라 함은 지정수량 이상의 위험물을 저장하기 위한 대통령령이 정하는 장소로서 규정에 따라 허가를 받은 장소를 말한다.
④ "제조소등"이라 함은 제조소, 저장소 및 이동탱크를 말한다.

해설 제조소 등 : 제조소, 저장소, 취급소

60 위험물 저장탱크의 공간용적은 탱크 내용적의 얼마 이상, 얼마 이하로 하는가?

① $\frac{2}{100}$ 이상, $\frac{3}{100}$ 이하
② $\frac{2}{100}$ 이상, $\frac{5}{100}$ 이하
③ $\frac{5}{100}$ 이상, $\frac{10}{100}$ 이하
④ $\frac{10}{100}$ 이상, $\frac{20}{100}$ 이하

해설 공간용적 : 탱크 내용적 $\frac{5}{100}$ 이상, $\frac{10}{100}$ 이하 (5 % 이상, 10 % 이하)

Answer 57. ② 58. ① 59. ④ 60. ③

위험물기능사 2000제 문제은행

CBT 시험대비
▶ 2012년 10월 20일 시행

01 다음 중 화재 시 사용하면 독성의 $COCl_2$ 가스를 발생시킬 위험이 가장 높은 소화약제는?
① 액화이산화탄소
② 제1종 분말
③ 사염화탄소
④ 공기포

해설 사염화탄소 소화기(C.T.C) : 화재시 사용하면 독성이 강한 포스겐($COCl_2$)가스가 발생한다.

02 위험물안전관리법상 제소조 등에 대한 긴급사용정지명령에 관한 설명으로 옳은 것은?
① 시·도지사는 명령을 할 수 없다.
② 제소조등의 관계인 뿐 아니라 해당 시설을 사용하는 자에게도 명령할 수 있다.
③ 제소조등에 관계자에게 위법사유가 없는 경우에도 명령할 수 있다.
④ 제소조등의 위험물취급설비의 중대한 결함이 발견되거나 사고우려가 인정되는 경우에만 명령할 수 있다.

해설 제조소 등에 대한 긴급사용 정지명령
시·도지사, 소방본부장 또는 소방서장은 공공의 안전을 유지하거나 재해의 발생을 방지하기 위하여 긴급한 필요가 있다고 인정하는 때에는 제조소 등의 관계인에 대하여 당해 사용을 일시정지 및 사용을 제한할 수 있다.

03 주유소 취급에 다음과 같이 전용탱크를 설치하였다. 최대로 저장·취급할 수 있는 용량은 얼마인가? (단, 고속도로외의 도로변에 설치하는 자동차용 주유취급소인 경우이다.)

- 간이탱크 : 2기
- 폐유탱크 등 : 1기
- 고정주유설비 및 급유설비 접속하는 전용 탱크 : 2기

① 103,200리터
② 104,600리터
③ 123,200리터
④ 124,200리터

해설 탱크 용량
㉠ 간이탱크 $600l \times 2 = 1200l$
㉡ 폐유탱크 $2000l$
㉢ 자동차용 급유설비를 설치한 전용탱크
$50000 \times 2 = 100000l$
∴ $1200l + 2000l \times 100000l = 103200l$

Answer 1. ③ 2. ③ 3. ①

04 다음 중 발화점이 낮아지는 경우는?
① 화학적 활성도가 낮을 때
② 발열량이 클 때
③ 산소와 친화력이 나쁠 때
④ CO_2와 친화력이 높을 때

해설 발화점이 낮아질수 있는 조건
- 화학적 활성도가 클 때
- 산소와의 친화력이 좋을 때
- 발열량이 클 때
- 분자구조가 복잡할 때

05 연소의 종류와 가연물을 틀리게 연결한 것은?
① 증발연소 – 가솔린, 알코올
② 표면연소 – 코크스, 목탄
③ 분해연소 – 목재, 종이
④ 자기연소 – 에테르, 나프탈렌

해설 ㉠ 증발연소 : 황, 나프탈렌, 에테르 등 가열하면 가연성 증기가 발생하여 연소
㉡ 자기연소 : 질산에스테르, 셀룰로이드류 등의 5류 위험물의 연소로 물질 자체가 가지고 있는 산소에 의해서 연소

06 위험물안전관리법령에 따른 건축물 그 밖의 공작물 또는 위험물의 소요단위의 계산방법의 기준으로 옳은 것은?
① 위험물은 지정수량의 100배를 1소요단위로 할 것
② 저장소의 건축물은 외벽이 내화구조인 것은 연면적 $100m^2$를 1소요단위로 할 것
③ 저장소의 건축물은 외벽이 내화구조가 아닌 것은 연면적 $50m^2$를 1소요단위로 할 것
④ 제조소 또는 취급소용으로서 옥외에 있는 공작물인 경우 최대수평투영면적 $100m^2$를 1소요단위로 할 것

해설 ① 지정수량의 10배를 1소요단위
② 저장소의 건축물의 외벽이 내화구조인 것의 연면적 $150m^2$를 1소요단위
③ 저장소의 건축물의 외벽이 내화구조가 아닌 것의 연면적 $75m^2$를 1소요단위

07 위험물의 유별에 따른 성질과 해당 품명의 예가 잘못 연결된 것은?
① 제1류 : 산화성 고체 – 무기과산화물
② 제2류 : 가연성 고체 – 금속분
③ 제3류 : 자연발화성 물질 및 금수성 물질 – 황화린
④ 제5류 : 자기반응성물질 – 히드록실아민염류

해설 제3류
- 자연발화성물질 및 금수성물질
- 칼륨, 나트륨, 알킬리튬, 황린 등
※ 황화린 : 제2류 위험물

Answer 4. ② 5. ④ 6. ④ 7. ③

08 다음 중 물과 접촉하면 열과 산소가 발생하는 것은?

① NaClO₂
② NaClO₃
③ KMnO₄
④ Na₂O₂

해설 Na₂O₂(과산화나트륨) : 무기과산화물로 물과 반응하여 산소와 열을 낸다.
$2Na_2O_2 + 2H_2O \rightarrow O_2 + 4NaOH$

09 금속분의 연소 시 주수소화 하면 위험한 원인으로 옳은 것은?

① 물에 녹아 산이 된다.
② 물과 작용하여 유독가스를 발생한다.
③ 물과 작용하여 수소가스를 발생한다.
④ 물과 작용하여 산소가스를 발생한다.

해설 금속분
• Al, Zn, Sb 등 제2류 위험물
• 물과 반응하여 수소가스를 발생한다.

10 지정수량 10배의 위험물을 저장 또는 취급하는 제조소에 있어서 연면적이 최소 몇 m²이면 자동화재탐지설비를 설치해야 하는가?

① 100
② 300
③ 500
④ 1000

해설 자동화재탐지설비 : 연면적 500m² 이상인 제조소 및 일반취급소에 설치한다.

11 위험물안전관리법령상 특수인화물의 정의에 대해 다음 ( ) 안에 알맞은 수치를 차례대로 옳게 나열한 것은?

> "특수인화물"이라 함은 이황화탄소, 디에틸에테르 그밖에 1기압에서 발화점이 섭씨 ( )도 이하인 것 또는 인화점이 섭씨 영하 ( )도 이하이고 비점이 섭씨 40도 이하인 것을 말한다.

① 100, 20   ② 25, 0
③ 100, 0   ④ 25, 20

해설 특수인화물
㉠ 1기압에서 발화점 100℃ 이하인 것
㉡ 인화점 -20℃ 이하이고 비점이 40℃ 이하인 것

12 트리에틸알루미늄의 화재 시 사용할 수 있는 소화약제(설비)가 아닌 것은?

① 마른 모래   ② 팽창질석
③ 팽창진주암   ④ 이산화탄소

해설 트리에틸알루미늄 : 제3류 위험물로 이산화탄소, 포소화설비, 할로겐화합물은 쓸 수 없다.

13 소화기에 "A-2"로 표시되어 있었다면 숫자 "2"가 의미하는 것은 무엇인가?

① 소화기의 제조번호
② 소화기의 소요단위
③ 소화기의 능력단위
④ 소화기의 사용순위

해설 소화기의 능력단위 : A-2
A급화재, 능력단위 2

Answer 8. ④ 9. ③ 10. ③ 11. ① 12. ④ 13. ③

14 위험물안전관리법령상 탄산수소염류의 분말소화기가 적응성을 갖는 위험물이 아닌 것은?

① 과염소산
② 철분
③ 톨루엔
④ 아세톤

해설 탄산수소염류소화기는 제6류 위험물인 과염소산, 질산, 과산화수소에 적응성이 없다.

15 석유류가 연소할 때 발생하는 가스로 강한 자극적인 냄새가 나며 취급하는 장치를 부식시키는 것은?

① H_2
② CH_4
③ NH_3
④ SO_2

해설 제4류 위험물인 석유류에 포함된 불순물인 황(S)성분이 연소하면 SO_2(이산화황)가스가 발생한다.

16 화재종류 중 금속화재에 해당하는 것은?

① A급
② B급
③ C급
④ D급

해설 화재종류
A급 : 일반화재
B급 : 유류, 가스화재
C급 : 전기화재
D급 : 금속화재

17 황린에 대한 설명으로 옳지 않은 것은?

① 연소하면 악취가 있는 검은색 연기를 낸다.
② 공기 중에서 자연발화 할 수 있다.
③ 수중에 저장하여야 한다.
④ 자체 증기도 유독하다.

해설 황린(백린) : 제3류 위험물 지정수량 20kg, 착화점 50℃ 연소하면 오산화린의 흰 연기 발생

18 공정 및 장치에서 분진폭발을 예방하기 위한 조치로서 가장 거리가 먼 것은?

① 플랜트는 공정별로 구분하고 폭발의 파급을 피할 수 있도록 분진취급 공정을 습식으로 한다.
② 분진이 물과 반응하는 경우는 물 대신 휘발성이 적은 유류를 사용하는 것이 좋다.
③ 배관의 연결부위나 기계가동에 의해 분진이 누출될 염려가 있는 곳은 흡인이나 밀폐를 철저히 한다.
④ 가연성분진을 취급하는 장치류는 밀폐하지 말고 분진이 외부로 누출되도록 한다.

Answer 14. ① 15. ④ 16. ④ 17. ① 18. ④

19 옥외저장소에 덩어리 상태의 유황만을 지반면에 설치한 경계표시의 안쪽에서 저장할 경우 하나의 경계표시의 내부면적은 몇 m^2 이하이어야 하는가?

① 75
② 100
③ 300
④ 500

20 화재 시 물을 이용한 냉각소화를 할 경우 오히려 위험성이 증가하는 물질은?

① 질산에틸
② 마그네슘
③ 적린
④ 황

해설 철분 및 금속분에 주수 소화하면 수소가스가 발생하여 위험성이 증가한다.

21 이황화탄소의 성질에 대한 설명 중 틀린 것은?

① 연소할 때 주로 황화수소를 발생한다.
② 증기비중은 약 2.6이다.
③ 보호액으로 물을 사용한다.
④ 인화점이 약 $-30°C$ 이다.

해설 연소시 유독한 아황산가스(SO_2)가 발생한다.
$CS_2 + 3O_2 \rightarrow CO_2 + 2SO_2$

22 니트로셀룰로오스의 저장·취급방법으로 옳은 것은?

① 건조한 상태로 보관하여야 한다.
② 물 또는 알코올 등을 첨가하여 습윤시켜야 한다.
③ 물기에 접촉하면 위험하므로 제습제를 첨가하여야 한다.
④ 알코올에 접촉하면 자연발화의 위험이 있으므로 주의하여야 한다.

해설 니트로셀룰로오스 : 질화면, 면화약 제5류의 질산에스테르류 자연발화를 방지하기 위하여 함수알코올(물이 함유된 알코올)에 습면시킨다.

23 금속나트륨, 금속칼륨 등을 보호액 속에 저장하는 이유를 가장 옳게 설명한 것은?

① 온도를 낮추기 위하여
② 승화하는 것을 막기 위하여
③ 공기와의 접촉을 막기 위하여
④ 운반시 충격을 적게 하기 위하여

해설 금속나트륨(Na), 금속칼륨(K) : 공기중의 수분과 반응하여 수소(H_2)가스를 발생하므로 석유, 등유 등의 보호액 속에 저장한다.

Answer 19. ② 20. ② 21. ① 22. ② 23. ③

24 제3류 위험물 중 은백색 광택이 있고 노란색불꽃을 내며 연소하며 비중은 약 0.97 융점이 97.7℃인 물질의 지정수량은 몇 kg인가?

① 10　　② 20
③ 50　　④ 300

해설 Na(나트륨) : 제3류 위험물 은백색의 경금속. 불꽃색깔은 노란색, 지정수량 10kg

25 위험물옥외저장탱크의 통기관에 관한 사항으로 옳지 않는 것은?

① 밸브 없는 통기관의 직경은 30mm 이상으로 한다.
② 대기밸브부착 통기관은 항시 열려 있어야 한다.
③ 밸브 없는 통기관의 선단은 수평면보다 45도 이상 구부려 빗물 등의 침투를 막는 구조로 한다.
④ 대기밸브부착 통기관은 5kPa 이하의 압력차이로 작동할 수 있어야 한다.

26 트리니트로톨루엔에 관한 설명으로 옳지 않은 것은?

① 일광을 쪼이면 갈색으로 변한다.
② 녹는점은 약 81℃이다.
③ 아세톤에 잘 녹는다.
④ 비중은 약 1.8인 액체이다.

해설 트리니트로톨루엔[$C_6H_2CH_3(NO_2)_3$] : T.N.T 제5류의 니트로화합물. 지정수량 200kg 비중 1.65

27 클레오소트유에 대한 설명으로 틀린 것은?

① 제3석유류에 속한다.
② 무취이고 증기는 독성이 없다.
③ 상온에서 액체이다.
④ 물보다 무겁고 물에 녹지 않는다.

해설 클레오소오트유 : 타르유. 제4류의 제3석유류, 지정수량 200l 암록색의 끈끈한 액체, 목재의 방부제로 쓰인다.

28 과산화수소에 대한 설명으로 틀린 것은?

① 불연성 물질이다.
② 농도가 약 3wt%이면 단독으로 분해폭발 한다.
③ 산화성 물질이다.
④ 점성이 있는 액체로 물에 용해된다.

해설 60% 이상인 것은 충격에 의해 단독 폭발할 가능성이 있다.

Answer 24. ①　25. ②　26. ④　27. ②　28. ②

29 복수의 성상을 가지는 위험물에 대한 품명지정의 기준상 유별의 연결이 틀린 것은?

① 산화성고체의 성상 및 가연성고체의 성상을 가지는 경우 : 가연성 고체
② 산화성고체의 성상 및 자기반응성 물질의 성상을 가지는 경우 : 자기반응성 물질
③ 가연성고체의 성상과 자연발화성물질의 성상 및 금수성 물질의 성상을 가지는 경우 : 자연발화성물질 및 금수성물질
④ 인화성액체의 성상 및 자기반응성 물질의 성상을 가지는 경우 : 인화성액체

해설 인화성액체의 성상 및 자기반응성물질의 성상을 가지는 경우 : 자기반응성 액체

30 그림과 같이 횡으로 설치한 원형탱크의 용량은 약 몇 m³인가? (단, 공간용적은 내용적의 $\frac{10}{100}$ 이다.)

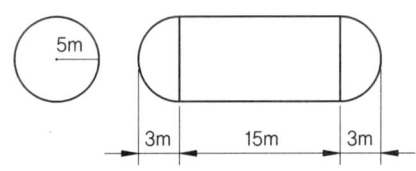

① 1690.9   ② 1335.1
③ 1268.4   ④ 1201.7

해설 $v = \pi r^2 \left(l + \frac{l_1 + l_2}{3} \right)$
$= 3.14 \times 5^2 \times \left(15 + \frac{3+3}{3} \right)$
$= 1201.5 \times 0.9 = 1201 \text{m}^3$
※ 공간용적 10%이므로 0.9를 곱한다.

31 알코올에 관한 설명으로 옳지 않은 것은?

① 1가 알코올은 OH 기의 수가 1개인 알코올을 말한다.
② 2차 알코올은 1차 알코올이 산화된 것이다.
③ 2차 알코올이 수소를 잃으면 케톤이 된다.
④ 알데히드가 환원되면 1차 알코올이 된다.

32 운송책임자의 감독·지원을 받아 운송하여야 하는 위험물은?

① 알킬알루미늄
② 금속나트륨
③ 메틸에틸케톤
④ 트리니트로톨루엔

해설 운송책임자의 감독지원을 받아 운송해야 하는 위험물 : 알킬알루미늄, 알킬리튬

33 위험물안전관리법령에 의해 위험물을 취급함에 있어서 발생하는 정전기를 유효하게 제거하는 방법으로 옳지 않은 것은?

① 인화방지망 설치
② 접지 실시
③ 공기 이온화
④ 상대습도를 70% 이상 유지

해설 정전기예방법 : 접지, 공기의 이온화, 공기 중의 상대습도 70% 이상 유지

Answer 29. ④ 30. ④ 31. ② 32. ① 33. ①

34 알킬알루미늄 등 또는 아세트알데히드 등을 취급하는 제조소의 특례기준으로서 옳은 것은?

① 알킬알루미늄 등을 취급하는 설비에는 불활성기체 또는 수증기를 봉입하는 장치를 설치한다.
② 알킬알루미늄 등을 취급하는 설비는 은·수은·동·마그네슘을 성분으로 하는 것으로 만들지 않는다.
③ 아세트알데히드 등을 취급하는 탱크에는 냉각장치 또는 보냉장치 및 불활성기체 봉입장치를 설치한다.
④ 아세트알데히드 등을 취급하는 설비의 주위에는 누설범위를 국한하기 위한 설비와 누설되었을 때 안전한 장소에 설치된 저장실에 유입시킬 수 있는 설비를 갖춘다.

해설 ㉠ 알킬알루미늄 등을 취급하는 설비에는 불활성기체를 봉입하는 장치를 갖출 것
㉡ 아세트알데히드 등을 취급하는 설비는 은, 수은, 동, 마그네슘 또는 이들을 성분으로 하는 합금으로 만들지 아니할 것
㉢ 알킬알루미늄 등을 취급하는 설비의 주위에는 누설범위는 극한하기 위한 설비와 누설된 알킬알루미늄 등을 안전한 장소에 유입 시킬 수 있는 설비는 갖출 것

35 「자동화재탐지설비 일반점검표」의 점검내용이 "변형·손상의 유무, 표시의 적부, 경계구역일람도의 적부, 기능의 적부"인 점검항목은?

① 감지기 ② 중계기
③ 수신기 ④ 발신기

36 셀룰로오스에 대한 설명으로 옳은 것은?

① 질소가 함유된 유기물이다.
② 질소가 함유된 무기물이다.
③ 유기의 염화물이다.
④ 무기의 염화물이다.

해설 셀룰로오스 : 니트로셀룰로오스에 장뇌와 알코올을 녹여 제조하며 질소가 함유된 유기물이다.

37 제5류 위험물의 일반적인 성질에 대한 설명 중 틀린 것은?

① 자기연소를 일으키며 연소 속도가 빠르다.
② 무기물이므로 폭발의 위험이 있다.
③ 운반용기 외부에 "화기엄금" 및 "충격주의" 주의사항 표시를 하여야 한다.
④ 강산화제 또는 강산류와 접촉 시 위험성이 증가한다.

해설 제5류 위험물은 대부분 유기화합물로 가열, 마찰, 충격 등으로 폭발의 우려가 있다.

Answer 34. ③ 35. ③ 36. ① 37. ②

38 탄화칼슘에 대한 설명으로 틀린 것은?

① 시판품은 흑회색이며 불규칙한 형태의 고체이다.
② 물과 작용하여 산화칼슘과 아세틸렌을 만든다.
③ 고온에서 질소와 반응하여 칼슘시안아미드(석회질소)가 생성된다.
④ 비중은 약 2.2이다.

해설 탄화칼슘은 물과 반응하여 아세틸렌과 수산화칼슘이 생성된다.
$CaC_2 + 2H_2O \rightarrow C_2H_2 + Ca(OH)_2$

39 고형알코올 2000kg과 철분 1000kg의 각각 지정수량 배수의 총합은 얼마인가?

① 3 ② 4
③ 5 ④ 6

해설
- 고형알코올 : 제2류의 인화성고체, 1000kg
- 철분 : 제2류 위험물질, 500kg
∴ 환산지정수량 $= \frac{2000}{1000} + \frac{1000}{500} = 4$

40 다음 중 무색투명한 휘발성 액체로서 물에 녹지 않고 물보다 무거워서 물 속에 보관하는 위험물은?

① 경유 ② 황린
③ 유황 ④ 이황화탄소

해설 이황화탄소(CS_2) : 특수인화물. 물에 녹지 않고 물보다 무거우므로 가연성 증기의 발생을 방지하기 위해 물속에 저장한다.

41 질산에틸과 아세톤의 공통적인 성질 및 취급방법으로 옳은 것은?

① 휘발성이 낮기 때문에 마개 없는 병에 보관하여도 무방하다.
② 점성이 커서 다른 용기에 옮길때 가열하여 더운 상태에서 옮긴다.
③ 통풍이 잘되는 곳에 보관하고 불꽃 등의 화기를 피하여야 한다.
④ 인화점이 높으나 증기압이 낮으므로 햇빛에 노출된 곳에 저장이 가능하다.

해설 질산에틸(제5류 위험물)과 아세톤(제4류 위험물)은 가연성 물질로 통풍이 잘 되는 곳에 보관하고 화기를 피해 저장해야 한다.

42 하나의 위험물 저장소에 다음과 같이 두 가지 위험물을 저장하고 있다. 지정수량 이상에 해당하는 것은?

① 브롬산칼륨 80kg, 염소산칼륨 40kg
② 질산 100kg, 과산화수소 150kg
③ 질산칼륨 120kg, 중크롬산나트륨 500kg
④ 휘발유 20L, 윤활유 2000L

해설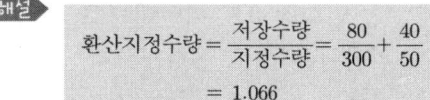

※ 지정수량
- 브롬산칼륨(300kg) · 염소산칼륨(40kg)
- 질산(300kg) · 과산화수소(300kg)
- 질산칼륨(300kg)
- 중크롬산나트륨(1000kg)
- 휘발유(200l)
- 윤활유(6000l)

Answer 38. ② 39. ② 40. ④ 41. ③ 42. ①

43 다음 위험물 중 물에 대한 용해도가 가장 낮은 것은?
① 아크릴산　② 아세트알데히드
③ 벤젠　④ 글리세린

해설 ▶ 벤젠 : 제4류 위험물의 제1석유류로서 불용성이다.

44 적린에 관한 설명 중 틀린 것은?
① 물에 잘 녹는다.
② 화재시 물로 냉각소화할 수 있다.
③ 황린에 비해 안정하다.
④ 황린에 동소체이다.

해설 ▶ 적린 : 제2류 위험물. 물, 알칼리, 이황화탄소에 녹지 않는다.

45 위험물에 대한 설명으로 옳은 것은?
① 이황화탄소는 연소시 유독성 황화수소가스를 발생한다.
② 디에틸에테르는 물에 잘 녹지 않지만 유지 등을 잘 녹이는 용제이다.
③ 등유는 가솔린보다 인화점이 높으나, 인화점 0℃ 미만이므로 인화의 위험성은 매우 높다.
④ 경유는 등유와 비슷한 성질을 가지지만, 증기비중이 공기보다 가볍다는 차이점이 있다.

해설 ▶ ① 이황화탄소 연소 시 유독성의 아황산가스(SO_2)가 발생한다.
③ 등유는 인화점이 40∼70℃로 높으며 인화의 위험성이 높다.
④ 경유는 등유와 비슷한 성질로 증기비중이 공기보다 높다.

46 적린과 유황의 공통되는 일반적인 성질이 아닌 것은?
① 비중이 1보다 크다.
② 연소하기 쉽다.
③ 산화되기 쉽다.
④ 물에 잘 녹는다.

해설 ▶ ㉠ 적린(붉은인) : 제2류 위험물. 착화점 260℃ 무독성, 물, 이황화탄소에 녹지 않는다.
㉡ 황린(백린) : 제3류 위험물. 착화점 50℃ 독성, 물에 안 녹고 이황화탄소에 녹는다.

47 제조소 및 일반취급소에 설치하는 자동화재탐지설비의 설치기준으로 틀린 것은?
① 하나의 경계구역은 600m^2 이하로 하고, 한 변의 길이는 50m 이하로 한다.
② 주요한 흡입구에서 내부 전체를 볼 수 있는 경우 경계구역은 1000m^2 이하로 할 수 있다.
③ 하나의 경계구역이 300m^2 이하이면 2개 층을 하나의 경계구역으로 할 수 있다.
④ 비상전원을 설치하여야 한다.

해설 ▶ 하나의 경계구역이 500m^2 이하이면서 당해 경계구역이 두 개의 층에 걸쳐있으면 두 개의 층은 하나의 경계구역으로 할 수 있다.

Answer　43. ③　44. ①　45. ②　46. ④　47. ③

48 다음 괄호 안에 들어갈 알맞은 단어는?

> 보냉장치가 있는 이동저장탱크에 저장하는 아세트알데히드 등 또는 디에틸에테르 등의 온도는 당해 위험물의 ( ) 이하로 유지하여야 한다.

① 비점　　② 인화점
③ 융해점　　④ 발화점

49 $KMnO_4$의 지정수량은 몇 kg인가?

① 50　　② 100
③ 300　　④ 1000

해설 $KMnO_4$(과망간산칼륨) : 제1류 위험물 지정수량 1000kg

50 용량 50만L 이상의 옥외탱크저장소에 대하여 변경허가를 받고자 할 때 한국소방산업기술원으로부터 탱크의 기초·지반 및 탱크본체에 대한 기술검토를 받아야 한다. 다만, 소방방재청장이 고시하는 부분적인 사항의 변경하는 경우에는 기술검토가 면제되는데 다음 중 기술검토가 면제되는 경우가 아닌 것은?

① 노즐·맨홀을 포함한 동일한 형태의 지붕판의 교체
② 탱크 밑판에 있어서 밑판 표면적의 50% 미만의 육성보수공사
③ 탱크의 옆판 중 최하단 옆판에 있어서 옆판 표면적의 30% 이내의 교체
④ 옆판 중심선의 600mm 이내의 밑판에 있어서 밑판의 원주길이가 10% 미만에 해당하는 밑판의 교체

51 다음 중 산을 가하면 이산화염소를 발생시키는 물질은?

① 아염소산나트륨
② 브롬산나트륨
③ 옥소산칼륨(요오드산칼륨)
④ 중크롬산나트륨

해설 아염소산나트륨($NaClO_2$) : 제1류의 아염소산염류, 지정수량 50kg, 산을 가하면 이산화염소(ClO_2)의 유독가스를 방생한다.

52 제6류 위험물에 해당하지 않는 것은?

① 농도가 50wt%인 과산화수소
② 비중이 1.5인 질산
③ 과요오드산
④ 삼불화브롬

해설 과요오드산(HIO_4) : 행정자치부령이 정하는 제1류 위험물

53 제4류 위험물의 일반적 성질에 대한 설명으로 틀린 것은?

① 발생증기가 가연성이며 공기보다 무거운 물질이 많다.
② 정전기에 의하여도 인화할 수 있다.
③ 상온에서 액체이다.
④ 전기도체이다.

해설 가연성 물질은 전기의 부도체이다.

Answer 48. ①　49. ④　50. ③　51. ①　52. ③　53. ④

54 제3류 위험물에 해당하는 것은?

① NaH
② Al
③ Mg
④ P₄S₃

해설
- 제3류 위험물 : NaH(수소화나트륨)
- 제2류 위험물 : Al(알루미늄), Mg(마그네슘), P₄S₃(삼황화인)

55 제4류 위험물 중 제2석유류의 위험등급 기준은?

① 위험등급 Ⅰ의 위험물
② 위험등급 Ⅱ의 위험물
③ 위험등급 Ⅲ의 위험물
④ 위험등급 Ⅳ의 위험물

해설
Ⅱ등급 : 제1석유류
Ⅲ등급 : 제2석유류, 제3석유류, 제4석유류

56 주유취급소에 설치하는 "주유중 엔진정지"라는 표시를 한 게시판의 바탕과 문자의 색상을 차례대로 옳게 나타낸 것은?

① 황색, 흑색
② 흑색, 황색
③ 백색, 흑색
④ 흑색, 백색

해설
- 주유중 엔진정지 : 황색바탕, 흑색문자
- 위험물 제조소 : 백색바탕, 흑색문자

57 위험물의 저장방법에 대한 설명으로 옳은 것은?

① 황화린은 알코올 또는 과산화물 속에 저장하여 보관한다.
② 마그네슘은 건조하면 분진폭발의 위험성이 있으므로 물에 습윤하여 저장한다.
③ 적린은 화재예방을 위해 할로겐 원소와 혼합하여 저장한다.
④ 수소화리튬은 저장용기에 아르곤과 같은 불활성 기체를 봉입한다.

해설 수소화리튬(LiH) : 제3류 위험물. 대량의 저장용기 중에는 Ar 또는 N₂를 봉입한다.

Answer 54. ① 55. ③ 56. ① 57. ④

58 제2류 위험물을 수납하는 운반용기의 외부에 표시하여야 하는 주의사항으로 옳은 것은?

① 제2류 위험물 중 철분·금속분·마그네슘 또는 이들 중 어느 하나 이상을 함유한 것에 있어서는 "화기주의" 및 "물기주의", 인화성고체에 있어서는 "화기엄금", 그 밖의 것에 있어서는 "화기주의"

② 제2류 위험물 중 철분·금속분·마그네슘 또는 이들 중 어느 하나 이상을 함유한 것에 있어서는 "화기주의" 및 "물기엄금", 인화성고체에 있어서는 "화기주의", 그 밖의 것에 있어서는 "화기엄금"

③ 제2류 위험물 중 철분·금속분·마그네슘 또는 이들 중 어느 하나 이상을 함유한 것에 있어서는 "화기주의" 및 "물기엄금", 인화성고체에 있어서는 "화기엄금", 그 밖의 것에 있어서는 "화기주의"

④ 제2류 위험물 중 철분·금속분·마그네슘 또는 이들 중 어느 하나 이상을 함유한 것에 있어서는 "화기엄금" 및 "물기엄금", 인화성고체에 있어서는 "화기엄금", 그 밖의 것에 있어서는 "화기주의"

59 제1류 위험물에 해당하지 않는 것은?

① 납의 산화물
② 질산구아니딘
③ 퍼옥소이황산염류
④ 염소화이소시아눌산

해설 제1류 위험물의 행정자치부령이 정하는 위험물
㉠ 과요오드산염류
㉡ 크롬, 납, 요오드의 산화물
㉢ 과요오드산
㉣ 아질산염류
㉤ 차아염소산염류
㉥ 퍼옥소이황산염류
㉦ 염소화이소시아눌산

60 벤젠을 저장하는 옥외탱크저장소가 액표면적이 45m²인 경우 소화난이도 등급은?

① 소화난이도등급 Ⅰ
② 소화난이도등급 Ⅱ
③ 소화난이도등급 Ⅲ
④ 제시된 조건으로 판단할 수 없음

해설 소화난이도 등급 Ⅰ : 옥외탱크저장소 - 액표면적 40m² 이상인 것(단 제6류 위험물 제외, 고인화성 위험물만을 100℃ 미만에서 저장하는 것 제외)

Answer 58. ③ 59. ② 60. ①

위험물기능사 2000제 문제은행

CBT 시험대비
▶ 2013년 1월 27일 시행

01 제1종 분말소화약재의 적응 화재 급수는?
① A급
② BC급
③ AB급
④ ABC급

해설
- 제1종 분말 : 중탄산 나트륨($NaHCO_3$), BC급 화재)
- 제2종 분말 : 중탄산 칼륨($KHCO_3$), BC급 화재
- 제3종 분말 : 인산암모늄($NH_4H_2PO_4$), ABC 화재

02 제1류 위험물의 저장 방법에 대한 설명으로 틀린 것은?
① 조해성 물질은 방습에 주의한다.
② 무기과산화물은 물속에 보관한다.
③ 분해를 촉진하고 물품과의 접촉을 피하여 저장한다.
④ 복사열이 없고 환기가 잘 되는 서늘한 곳에 저장한다.

해설 무기과산화물(K_2O_2, Na_2O_2 등)은 물속에 저장시 산소를 방출하므로 주의한다.

03 유류화재의 급수와 표시색상으로 옳은 것은?
① A급, 백색   ② B급, 백색
③ A급, 황색   ④ B급, 황색

해설
- A급 화재 : 백색
- B급 화재 : 황색
- C급 화재 : 청색
- D급 화재 : 색 없음

04 소화기의 사용방법으로 잘못된 것은?
① 적응화재에 따라 사용할 것
② 성능에 따라 방출거리에서 사용할 것
③ 바람을 마주보며 소화할 것
④ 양옆으로 비로 쓸 듯이 방사할 것

해설 바람을 등지고 소화할 것, 풍상에서 풍하로 사용할 것

05 다음 물질 중 분진폭발의 위험성이 가장 낮은 것은?
① 밀가루   ② 알루미늄분말
③ 모래   ④ 석탄

해설 분진폭발 : 분말이 공기중에서 분진운을 형성하여 정전기 등에 의해 폭발하며 전분, 솜, 밀가루, 커피가루, 알루미늄분, 마그네슘분, 석탄분 등이 분진 폭발을 일으킨다. 건조모래는 만능 소화재로 사용

Answer 1. ② 2. ② 3. ④ 4. ③ 5. ③

06 열의 이동 원리 중 복사에 관한 예로 적당하지 않은 것은?

① 그늘이 시원한 이유
② 더러운 눈이 빨리 녹는 현상
③ 보온병 내부를 거울벽으로 만드는 것
④ 해풍과 육풍이 일어나는 원리

해설 복사(방사) : 태양 광선들의 열에너지가 전자파 형태로 다른 물체로 전달되는 방식이며 육풍이나 해풍은 온도와 압력차에 의해 일어난다.

07 그림과 같이 횡으로 설치한 원통형 위험물 탱크에 대하여 탱크의 용량을 구하면 몇 m³ 인가? (단, 공간용적은 탱크 내용적의 100분의 5로 한다.)

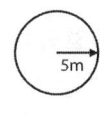 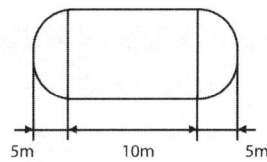

① 196.3
② 261.6
③ 785.0
④ 994.8

해설 $V = \pi r^2 \left(l + \dfrac{l_1 + l_2}{3} \right)$
$= 3.14 \times 5^2 \times \left(10 + \dfrac{5+5}{3} \right) = 1,046.67 \times 0.95$
$= 994.8$

08 위험물안전관리법령상의 규제에 관한 설명 중 틀린 것은?

① 지정수량 미만의 위험물의 저장·취급 및 운반은 시·도 조례에 의하여 규제한다.
② 항공에 의한 위험물의 저장·취급 및 운반은 위험물안전관리법의 규제대상이 아니다.
③ 궤도에 의한 위험물의 저장·취급 및 운반은 위험물안전관리법의 규제대상이 아니다.
④ 선박법의 선박에 의한 위험물의 저장·취급 및 운반은 위험물안전관리법의 규제대상이 아니다.

해설 항공기, 선박(선박법 제1조의 2 제1항), 철도 또는 궤도에 의한 위험물의 저장, 취급 또는 운반은 위험물 안전관리법의 규정이 적용되지 않고 선박안전법등 다른 법령에 의해 규제된다.

09 제4류 위험물로만 나열된 것은?

① 특수인화물, 황산, 질산
② 알코올, 황린, 니트로화합물
③ 동식물유류, 질산, 무기과산화물
④ 제1석유류, 알코올류, 특수인화물

해설 제1류 : 무기과산화물
제2류 : 황린
제4류 : 알코올류, 제1석유류, 특수인화물
제5류 : 니트로화합물
제6류 : 황산, 질산

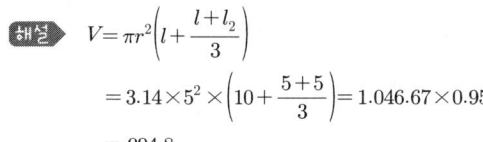

10 위험물안전관리법령상 옥내소화전설비의 비상전원은 몇 분 이상 작동할 수 있어야 하는가?
① 45분
② 30분
③ 20분
④ 10분

해설 옥내소화전, 옥외소화전설비의 비상전원은 45분 이상 작동할 수 있어야 한다.

11 니트로화합물과 같은 가연성물질이 자체 내에 산소를 함유하고 있어 공기 중의 산소를 필요로 하지 않고 자체의 산소에 의해서 연소되는 현상은?
① 자기연소
② 등심연소
③ 훈소연소
④ 분해연소

해설 자기연소 : 니트로화합물, 질산에스테르류, 유기과산화물 등의 제5류 위험물은 자체 내에 산소에 의해 연소한다.

12 제1류 위험물인 과산화나트륨의 보관용기에 화재가 발생하였다. 소화약제로 가장 적당한 것은?
① 포 소화약제
② 물
③ 마른 모래
④ 이산화탄소

해설 알카리금속의 과산화물인 과산화나트륨은 마른 모래, 탄산수소염류 등의 소화 약제를 사용한다.

13 위험물안전관리법령에 따라 옥내소화전설비를 설치할 때 배관의 설치기준에 대한 설명으로 옳지 않은 것은?
① 배관용 탄소 강관(KS D 3507)을 사용할 수 있다.
② 주 배관의 입상관 구경은 최소 60mm 이상으로 한다.
③ 펌프를 이용한 가압송수장치의 흡수관은 펌프마다 전용으로 설치한다.
④ 원칙적으로 급수배관은 생활용배수관과 같이 사용할 수 없으며 전용배관으로만 사용한다.

해설 주배관의 입상관 구경은 최소 50mm 이상인 것으로 할 것

14 각 위험물의 소화방법으로 옳지 않은 것은?
① 황린 – 분무주수에 의한 냉각소화
② 인화칼슘 – 분무주수에 의한 냉각소화
③ 툴루엔 – 포에 의한 질식소화
④ 질산메틸 – 주수에 의한 냉각소화

해설 인화칼슘(Ca_3P_2, 제3류 위험물)은 분무소화시 포스핀(PH_3)을 발생
$Ca_3P_2 + 6H_2O \rightarrow 2PH_3 + Ca(OH)_2$

Answer 10. ① 11. ① 12. ③ 13. ② 14. ②

15 옥내에서 지정수량 100배 이상을 취급하는 일반취급소에 설치하여야 하는 경보설비는? (단, 고인화점 위험물만을 취급하는 경우는 제외한다.)

① 비상경보설비
② 자동화재탐지설비
③ 비상방송설비
④ 비상벨설비 및 확성장치

해설 제조소, 일반취급소는 옥내에서 지정수량의 100배 이상을 취급시 자동화재탐지 설비를 설치해야 한다.

16 강화액소화기에 대한 설명이 아닌 것은?

① 알칼리 금속염류가 포함된 고농도의 수용액이다.
② A급화재에 적응성이 있다.
③ 어는점이 낮아서 동절기에도 사용이 가능하다.
④ 물의 표면장력을 강화시킨 것으로 심부화재에 효과적이다.

해설 강화약소화기는 물에 탄산칼륨(K_2CO_3)을 첨가하여 동절기에 사용가능하게 한 소화기이다.

17 인화점이 섭씨 200℃ 미만인 위험물을 저장하기 위하여 높이 15m이고 지름이 18m인 옥외저장탱크를 설치하는 경우 옥외저장탱크와 방유제와의 사이에 유지하여야 하는 거리는?

① 5.0m 이상   ② 6.0m 이상
③ 7.5m 이상   ④ 9.0m 이상

해설 옥외저장탱크와 방유제의 유지거리 : 탱크 지름이 15m 이상시 탱크 높이의 1/2 이상이므로 15m×1/2 = 7.5

18 금속칼륨에 대한 초기의 소화약제로서 적합한 것은?

① 물   ② 마른 모래
③ CCl_4 ④ CO_2

해설 금속칼륨, 나트륨은 제3류 위험물의 금수성물질로 소화제는 마른 모래, 팽창질석 또는 팽창진주암, 탄산수소염류소화약제 등을 사용한다.

19 위험물을 취급함에 있어서 정전기를 유효하게 제거하기 위한 설비를 설치하고자 한다. 위험물안전관리법령상 공기 중의 상대 습도를 몇 % 이상 되게 하여야 하는가?

① 50   ② 60
③ 70   ④ 80

해설 정전기 제거를 위해서는 공기 중의 상대습도는 70% 이상 유지한다.

20 위험물안전관리법령에 따른 자동화재탐지설비의 설치기준에서 하나의 경계구역의 면적은 얼마 이하로 하여야 하는가? (단, 해당 건축물 그 밖의 공작물의 주요한 출입구에서 그 내부의 전체를 볼 수 없는 경우이다.)

① 500m^2 ② 600m^2
③ 800m^2 ④ 1000m^2

해설 하나의 경계구역의 면적은 600m^2 이하로 하고 한 변의 길이는 50m 이하로 한다.

Answer 15. ② 16. ④ 17. ③ 18. ② 19. ③ 20. ②

21 위험물안전관리법령상 위험물에 해당하는 것은?

① 황산
② 비중이 1.41인 질산
③ 53마이크로미터의 표준체를 통과하는 것이 50중량% 미만인 철의 분말
④ 농도가 40중량%인 과산화수소

해설 위험물
- 질산 : 비중 1.49 이상
- 과산화수소 : 농도 36(중량)% 이상
- 철분 : 입경 5mm 이하로 중량 50% 이상인 것

22 위험물안전관리법령에 의한 위험물 운송에 관한 규정으로 틀린 것은?

① 이동탱크저장소에 의하여 위험물을 운송하는 자는 당해 위험물을 취급할 수 있는 국가기술자격자 또는 안전교육을 받은 자이어야 한다.
② 안전관리자·탱크시험자·위험물운송자 등 위험물의 안전관리와 관련된 업무를 수행하는 자는 시·도지사가 실시하는 안전교육을 받아야 한다.
③ 운송책임자의 범위, 감독 또는 지원의 방법 등에 관한 구체적인 기준은 행정안전부령으로 정한다.
④ 위험물운송자는 행정안전부령이 정하는 기준을 준수하는 등 당해 위험물의 안전확보를 위해 세심한 주위를 기울여야 한다.

해설 안전관리자, 탱크시험자, 위험물 운송자 등 위험물의 안전관리와 관련된 업무를 수행하는자는 소방방재청장이 실시하는 안전교육을 받아야 한다.

23 과산화바륨의 성질에 대한 설명 중 틀린 것은?

① 고온에서 열분해하여 산소를 발생한다.
② 황산과 반응하여 과산화수소를 만든다.
③ 비중은 약 4.96이다.
④ 온수와 접촉하면 수소가스를 발생한다.

해설 과산화바륨(BaO_2)은 온수와 반응하면 O_2를 발생한다.

24 과염소산칼륨의 일반적인 성질에 대한 설명 중 틀린 것은?

① 강한 산화제이다.
② 불연성 물질이다.
③ 과일향이 나는 보라색 결정이다.
④ 가열하여 완전 분해시키면 산소를 발생한다.

해설 과염소산칼륨($KClO_4$) : 제1류 위험물로 무색 무취의 결정이다.

Answer 21. ④ 22. ② 23. ④ 24. ③

25 물과 접촉하면 위험성이 증가하므로 주수소화를 할 수 없는 물질은?

① $C_6H_2CH_3(NO_2)_3$
② $NaNO_3$
③ $(C_2H_5)_3Al$
④ $(C_6H_5CO)_2O_2$

해설 트리에틸알루미늄[$(C_2H_6)_3Al$] : 제3류 위험물로 물과 접촉하면 심하게 반응하여 폭발하므로 주수소화를 금한다.

26 위험물에 대한 설명으로 옳은 것은?

① 적린은 암적색의 분말로서 조해성이 있는 자연발화성 물질이다.
② 황화린은 황색의 액체이며 상온에서 자연분해하여 이산화황과 오산화인을 발생한다.
③ 유황은 미황색의 고체 또는 분말이며 많은 이성질체를 갖고 있는 전기 도체이다.
④ 황린은 가연성 물질이며 마늘냄새가 나는 맹독성물질이다.

해설 유황은 전기의 부도체, 적린은 자연발화성이 없음, 황화린은 황색의 결정

27 지정수량이 200kg인 물질은?

① 질산   ② 피크린산
③ 질산메틸   ④ 과산화벤조일

해설
• 질산 : 300kg
• 질산메틸 : 10kg
• 과산화벤조일 : 10kg

28 위험물안전관리법령상 제6류 위험물이 아닌 것은?

① H_3PO_4
② IF_5
③ BrF_5
④ BrF_3

해설 제6류 위험물의 할로겐간화합물
• 오플루오르화브롬(BrF_5)
• 삼플루오르화브롬(BrF_3)
• 오플루오화요오드(IF_5)
• 삼염화요오드(ICl_3)

29 제4류 위험물의 공통적인 성질이 아닌 것은?

① 대부분 물보다 가볍고 물에 녹기 어렵다.
② 공기와 혼합된 증기는 연소의 우려가 있다.
③ 인화되기 쉽다.
④ 증기는 공기보다 가볍다.

해설 증기는 공기보다 무겁다.

30 수소화나트륨의 소화약제로 적당하지 않은 것은?

① 물
② 건조사
③ 팽창질석
④ 팽창진주암

해설 수소화나트륨(NaH)는 물과 반응시 수소가 발생하므로 물은 적당하지 않다.

Answer 25. ③ 26. ④ 27. ② 28. ① 29. ④ 30. ①

31 과염소산나트륨의 성질이 아닌 것은?
① 수용성이다.
② 조해성이 있다.
③ 분해온도는 약 400°C이다.
④ 물보다 가볍다.

해설) 과염소산나트륨($NaClO_4$) : 제1류 위험물로 비중 2.50

32 위험물제조소의 위치·구조 및 설비의 기준에 대한 설명 중 틀린 것은?
① 벽·기둥·바닥·보·서까래는 내화재료로 하여야 한다.
② 제조소의 표지판은 한 변이 30cm, 다른 한 변이 60cm 이상의 크기로 한다.
③ "화기엄금"을 표시하는 게시판은 적색바탕에 백색문자로 한다.
④ 지정수량 10배를 초과하는 위험물을 취급하는 제조소는 보유공지의 너비가 5m 이상이어야 한다.

해설) 벽, 기둥, 바닥, 보, 서까래는 불연재료로 하고 연소 우려가 있는 외벽은 개구부가 없는 내화구조의 벽으로 한다.

33 물과 작용하여 메탄과 수소를 발생시키는 것은?
① Al_4C_3
② Mn_3C
③ Na_2C_2
④ MgC_2

해설) $Mn_3C + 6H_2O \rightarrow 3Mn(OH)_2 + CH_4 + H_2$
(탄화망간)

34 연면적이 1000제곱미터이고 지정수량의 80배의 위험물을 취급하며 지반면으로부터 5미터 높이에 위험물 취급설비가 있는 제조소의 소화난이도등급은?
① 소화난이도등급 Ⅰ
② 소화난이도등급 Ⅱ
③ 소화난이도등급 Ⅲ
④ 제시된 조건으로 판단할 수 없음

해설) 소화난이도 등급 Ⅰ인 제조소, 일반 취급소
㉠ 연면적 $1000m^2$ 이상인 것
㉡ 지정수량의 100배 이상인 것
㉢ 지반면으로부터 6m 높이에 위험물 설비가 있는 것

35 트리니트로톨루엔의 작용기에 해당하는 것은?
① $-NO$
② $-NO_2$
③ $-NO_3$
④ $-NO_4$

해설) 트리니트로톨루엔[$C_6H_2CH_3(NO_2)_3$]은 니트로기($-NO_2$)가 3개 있다.

36 위험물안전관리법령상 운송책임자의 감독·지원을 받아 운송하여야 하는 위험물은?
① 특수인화물
② 알킬리튬
③ 질산구아니딘
④ 히드라진 유도체

해설) 운송책임자의 감독, 지원을 받아 운송하여야 할 위험물 : 알킬알루미늄, 알킬리튬

Answer 31. ④ 32. ① 33. ② 34. ① 35. ② 36. ②

37 위험물안전관리법령상 위험등급이 나머지 셋과 다른 하나는?
① 알코올류
② 제2석유류
③ 제3석유류
④ 동식물석유류

해설 Ⅱ : 알코올류, 제1석유류
Ⅲ : 제2석유류, 제3석유류, 제4석유류, 동식물류

38 다음 위험물 중 상온에서 액체인 것은?
① 질산에틸
② 트리니트로톨루엔
③ 셀룰로이드
④ 피크린산

해설 질산에틸($C_2H_5ONO_2$) : 제5류 위험물의 질산에스테르류로 무색 투명한 액체이다.

39 위험물제조소의 게시판에 "화기주의"라고 쓰여 있다. 제 몇 류 위험물 제조소인가?
① 제1류
② 제2류
③ 제3류
④ 제4류

해설 물기엄금 : 제1류 위험물 중 알카리금속의 과산화물
제3류 위험물 중 금수성 물질
화기주의 : 제2류 위험물
화기엄금 : 제2류 위험물 중 인화성 고체
제3류 위험물 중 자연 발화성 물질
제4류 위험물, 제5류 위험물

40 제6류 위험물에 대한 설명으로 옳은 것은?
① 과염소산은 독성은 없지만 폭발의 위험이 있으므로 밀폐하여 보관한다.
② 과산화수소는 농도가 3% 이상일 때 단독으로 폭발하므로 취급에 주의한다.
③ 질산은 자연발화의 위험이 높으므로 저온보관한다.
④ 할로겐간화합물의 지정수량은 300kg이다.

해설 할로겐간 화합물은 제6류 위험물로 지정수량은 300kg이다.

41 적린의 성질에 대한 설명 중 틀린 것은?
① 물이나 이황화탄소에 녹지 않는다.
② 발화온도는 약 260℃ 정도이다.
③ 연소할 때 인화수소 가스가 발생한다.
④ 산화제가 섞여 있으면 마찰에 의해 착화하기 쉽다.

해설 적린 : 연소하면 오산화린(P_2O_5)이 발생한다.
$4P + 5O_2 \rightarrow 2P_2O_5$

42 트리니트로페놀의 성상에 대한 설명 중 틀린 것은?
① 융점은 약 61℃이고 비점은 약 120℃이다.
② 쓴 맛이 있으며 독성이 있다.
③ 단독으로는 마찰, 충격에 비교적 안정하다.
④ 알코올, 에테르, 벤젠에 녹는다.

해설 융점은 81℃이고 비점은 280℃이다.

Answer 37. ① 38. ① 39. ② 40. ④ 41. ③ 42. ①

43 위험물안전관리법령에서 제3류 위험물에 해당하지 않는 것은?

① 알칼리금속 ② 칼륨
③ 황화린 ④ 황린

해설 제2류 위험물 : 황화린, 적린, 황, 철분, 마그네슘, 금속분, 인화성고체

44 위험물안전관리법령상 정기점검 대상인 제조소 등의 조건이 아닌 것은?

① 예방규정 작성대상인 제조소등
② 지하탱크저장소
③ 이동탱크저장소
④ 지정수량 5배의 위험물을 취급하는 옥외탱크를 둔 제조소

해설
㉠ 지정수량 10배 이상의 위험물 취급하는 제조소
㉡ 지정수량 100배 이상의 위험물을 저장하는 옥외저장소
㉢ 지정수량 150배 이상의 위험물을 저장하는 옥내저장소
㉣ 지정수량 200배 이상의 위험물을 저장하는 옥외탱크 저장소

45 Ca_3P_2 600kg을 저장하려 한다. 지정수량의 배수는 얼마인가?

① 2배 ② 3배
③ 4배 ④ 5배

해설 인화석회(Ca_3P_2) : 제3류의 금속인화합물, 지정수량 300kg

환산지정수량 = $\frac{600}{300}$ = 2배

46 디에틸에테르의 보관·취급에 관한 설명으로 틀린 것은?

① 용기는 밀봉하여 보관한다.
② 환기가 잘 되는 곳에 보관한다.
③ 정전기가 발생하지 않도록 취급한다.
④ 저장용기에 빈 공간이 없게 가득 채워 보관한다.

해설 디에틸에테르 저장시 체적 팽창을 고려하여 2% 이상 공간용적을 둔다.

47 아닐린에 대한 설명으로 옳은 것은?

① 특유의 냄새를 가진 기름상 액체이다.
② 인화점이 0℃ 이하이어서 상온에서 인화의 위험이 높다.
③ 황산과 같은 강산화제와 접촉하면 중화되어 안정하게 된다.
④ 증기는 공기와 혼합하여 인화, 폭발의 위험은 없는 안정한 상태가 된다.

해설 아닐린 : 인화점 75℃, 강산화제와 접촉시 격렬한 반응, 증기는 공기와 혼합하여 인화, 폭발의 위험이 있다.

Answer 43. ③ 44. ④ 45. ① 46. ④ 47. ①

48 벤젠의 저장 및 취급시 주의사항에 대한 설명으로 틀린 것은?

① 정전기 발생에 주의한다.
② 피부에 닿지 않도록 주의한다.
③ 증기는 공기보다 가벼워 높은 곳에 체류하므로 환기에 주의한다.
④ 통풍이 잘되는 서늘하고 어두운 곳에 저장한다.

해설 벤젠(C_6H_6)의 증기 비중 $\frac{28}{29}$ = 2.69배

49 질산칼륨의 성질에 해당하는 것은?

① 무색 또는 흰색 결정이다.
② 물과 반응하면 폭발의 위험이 있다.
③ 물에 녹지 않으나 알코올에 잘 녹는다.
④ 황산, 목분과 혼합하면 흑색화약이 된다.

해설 질산칼륨(KNO_3, 초석) : 물에 잘 녹고 알코올에 난용성이며, 질산칼륨에 숯가루와 황가루의 혼합물을 흑색화약이라 한다.

50 위험물제조소등에 자체소방대를 두어야 할 대상의 위험물안전관리법령상 기준으로 옳은 것은? (단, 원칙적인 경우에 한한다.)

① 지정수량 3000배 이상의 위험물을 저장하는 저장소 또는 제조소
② 지정수량 3000배 이상의 위험물을 저장하는 제조소 또는 일반취급소
③ 지정수량 3000배 이상의 제4류 위험물을 저장하는 저장소 또는 제조소
④ 지정수량 3000배 이상의 제4류 위험물을 저장하는 제조소 또는 일반취급소

해설 자체소방대 : 대통령령이 정하는 제조소등(제4류 위험물을 취급하는 제조소 또는 취급소)으로 지정수량 3000배 이상인 곳에는 자체소방대를 둔다.

51 [보기]의 위험물을 위험등급 Ⅰ, 위험등급 Ⅱ, 위험등급 Ⅲ의 순서로 옳게 나열한 것은?

> **보기**
> 황린, 인화칼슘, 리튬

① 황린, 인화칼슘, 리튬
② 황린, 리튬, 인화칼슘
③ 인화칼슘, 황린, 리튬
④ 인화칼슘, 리튬, 황린

해설 제3류 위험물의 위험 등급
Ⅰ : 칼륨, 나트륨, 알킬알루미늄, 알킬리튬, 황린
Ⅱ : 알카리금속(Li) 및 알카리토금속, 유기금속화합물
Ⅲ : 금속수소화합물, 금속인 화합물(인화칼슘), 탄화물

Answer 48. ③ 49. ① 50. ④ 51. ②

52 휘발유에 대한 설명으로 옳지 않은 것은?
① 지정수량은 200리터이다.
② 전기의 불량도체로서 정전기 축적이 용이하다.
③ 원유의 성질·상태·처리방법에 따라 탄화수소의 혼합비율이 다르다.
④ 발화점은 −43∼−20℃ 정도이다.

해설 인화점 −43∼−20℃, 발화점 300℃

53 위험물 운반 시 동일한 트럭에 제1류 위험물과 함께 적재할 수 있는 유별은? (단, 지정수량의 5배 이상인 경우이다.)
① 제3류
② 제4류
③ 제6류
④ 없음

해설 제1류 위험물은 산화성 고체이고 제6류 위험물은 산화성 액체로 동일 차량에 적재 가능하다.

54 황린의 저장 및 취급에 있어서 주의할 사항 중 옳지 않은 것은?
① 독성이 있으므로 취급에 주의할 것
② 물과의 접촉을 피할 것
③ 산화제와의 접촉을 피할 것
④ 화기의 접근을 피할 것

해설 물에 녹지 않으므로 물속에 저장한다.

55 위험물안전관리법상 제조소 등의 허가·취소 또는 사용정지와 사유에 해당하지 않는 것은?
① 안전교육 대상자가 교육을 받지 아니한 때
② 완공검사를 받지 않고 제조소 등을 사용한 때
③ 위험물안전관리자를 선임하지 아니한 때
④ 제조소 등의 정기검사를 받지 아니한 때

해설 제조소 등의 행정처분기준(정지, 허가취소)
1. 변경허가를 받지 않고 제조소 등의 구조설비를 변경
2. 완공검사를 받지 않고 제조소 사용한 때
3. 수리개조 이전의 명령위반 시
4. 위험물안전관리자를 선임하지 아니한 때
5. 정기점검을 하지 아니한 때

56 위험물의 유별 구분이 나머지 셋과 다른 하나는?
① 니트로글리콜 ② 벤젠
③ 아조벤젠   ④ 디니트로벤젠

해설 제1석유류 : 벤젠
제5석유류 : 니트로 글리콜, 아조벤젠, 디니트로벤젠

57 제4류 위험물 중 제1석유류에 속하는 것은?
① 에틸렌글리콜 ② 글리세린
③ 아세톤   ④ n-부탄올

해설 제3석유류 : 에틸렌 글리콜, 글리세린
제2석유류 : 부탄올

Answer 52. ④ 53. ③ 54. ② 55. ① 56. ② 57. ③

58 횡으로 설치한 원통형 위험물 저장탱크의 내용적이 500L일 때 공간용적은 최소 몇 l이어야 하는가? (단, 원칙적인 경우에 한한다.)

① 15 ② 25
③ 35 ④ 50

해설 횡으로 설치한 저장탱크의 공간적은 5%이므로 $500l \times 0.05 = 25l$

59 탄화칼슘을 습한 공기 중에 보관하면 위험한 이유로 가장 옳은 것은?

① 아세틸렌과 공기가 혼합된 폭발성 가스가 생성될 수 있으므로
② 에틸렌과 공기 중 질소가 혼합된 폭발성 가스가 생성될 수 있으므로
③ 분진폭발의 위험성이 증가하기 때문에
④ 포스핀과 같은 독성 가스가 발생하기 때문에

해설 탄화칼슘(CaC_2)은 물과 반응하면 아세틸렌가스가 발생하여 폭발성 가스를 생성한다.

60 인화성액체 위험물을 저장 또는 취급하는 옥외탱크저장소의 방유제 내에 용량 10만L와 5만L인 옥외저장탱크 2기를 설치하는 경우에 확보하여야 하는 방유제의 용량은?

① 50000L 이상
② 80000L 이상
③ 110000L 이상
④ 150000L 이상

해설 방유제 용량 : 탱크가 두 개 있을 경우 탱크 중 최대인 것의 용량의 110% 이상으로 하므로 $100,000l \times 1.1 = 110,000l$

Answer 58. ② 59. ① 60. ③

위험물기능사 2000제 문제은행

CBT 시험대비
▶ 2013년 4월 14일 시행

01 지정수량의 몇 배 이상의 위험물을 취급하는 제조소에는 화재발생시 이를 알릴 수 있는 경보설비를 설치하여야 하는가?
① 5
② 10
③ 20
④ 100

해설 ▶ 지정수량의 10배 이상의 위험물을 취급하는 제조소 등에는 자동화재 탐지설비, 비상경보 설비, 확성장치 또는 비상방송설비 중 1종 이상 설치해야 함

02 이산화탄소의 특성에 대한 설명으로 옳지 않은 것은?
① 전기전도성이 우수하다.
② 냉각, 압축에 의하여 액화된다.
③ 과량 존재시 질식할 수 있다.
④ 상온, 상압에서 무색, 무취의 불연성 기체이다.

해설 ▶ 이산화탄소(CO_2) : 불연성 가스로 전기의 부도체

03 이동탱크저장소에 의한 위험물의 운송에 있어서 운송책임자의 감독 또는 지원을 받아야 하는 위험물은?
① 금속분
② 알킬알루미늄
③ 아세트알데히드
④ 히드록실아민

해설 ▶ 운송책임자의 감독, 지원을 받아 운송하여야 할 위험물
알킬알루미늄, 알킬리튬

04 위험물안전관리법령에 근거하여 자체소방대에 두어야 하는 제독차의 경우 가성소다 및 규조토를 각각 몇 kg 이상 비치하여야 하는가?
① 30
② 50
③ 60
④ 100

해설 ▶ 화학소방차에 갖추어야 하는 소화능력 및 설비기준 : 제독차의 경우 가성소다 및 규조토를 각각 50kg 이상 비치할 것

Answer 1. ② 2. ① 3. ② 4. ②

05 인화점이 낮은 것부터 높은 순서로 나열된 것은?
① 톨루엔 - 아세톤 - 벤젠
② 아세톤 - 톨루엔 - 벤젠
③ 톨루엔 - 벤젠 - 아세톤
④ 아세톤 - 벤젠 - 톨루엔

해설 제1석유류의 인화점 : 아세톤 -18℃, 벤젠 -11℃, 톨루엔 4℃

06 화재시 이산화탄소를 방출하여 산소의 농도를 12.5%로 낮추어 소화하려면 공기 중의 이산화탄소의 농도는 약 몇 vol%로 해야 하는가?
① 30.7 ② 32.8
③ 40.5 ④ 68.0

해설 공기 중 CO_2의 농도(vol%)
$= \dfrac{21 - O_2}{21} \times 100$
$= \dfrac{21 - 12.5}{21} \times 100 = 40.5 \text{(vol\%)}$

07 위험물안전관리법령상 고정주유설비는 주유설비의 중심선을 기점으로 하여 도로 경계선까지 몇 m 이상의 거리를 유지해야 하는가?
① 1 ② 3
③ 4 ④ 6

해설 고정주유설비까지의 거리
㉠ 개구부가 없는 벽까지 1m 이상
㉡ 부지 경계선, 담 및 건축물 벽까지 2m 이상
㉢ 도로 경계선까지 4m 이상

08 위험물 옥외저장소에서 지정수량 200배 초과의 위험물을 저장할 경우 보유공지의 너비는 몇 m 이상으로 하여야 하는가? (단, 제4류 위험물과 제6류 위험물이 아닌 경우이다.)
① 0.5 ② 2.5
③ 10   ④ 15

해설 옥외저장소 보유공지
㉠ 10배 이하 : 3개 이상
㉡ 10배 초과~20배 : 5m 이상
㉢ 20배 초과~50배 : 9m 이상
㉣ 50배 초과~200배 : 12m 이상
㉤ 200배 초과 : 15m 이상

09 소화설비의 주된 소화효과를 옳게 설명한 것은?
① 옥내·옥외소화전설비 : 질식소화
② 스프링클러설비, 물분무소화설비 : 억제소화
③ 포, 분말 소화설비 : 억제소화
④ 할로겐화합물 소화설비 : 억제소화

해설 ①, ②는 냉각소화, ③은 질식소화

10 다음 위험물의 화재시 물에 의한 소화방법이 가장 부적합한 것은?
① 황린   ② 적린
③ 마그네슘분 ④ 황분

해설 철분, 마그네슘분은 물로 소화시 수소가스를 발생하여 발열 및 폭발의 위험이 있음

Answer 5. ④ 6. ③ 7. ③ 8. ④ 9. ④ 10. ③

11 분말소화약제의 식별 색을 옳게 나타낸 것은?

① KHCO₃ : 백색
② NH₄H₂PO₄ : 담홍색
③ NaHCO₃ : 보라색
④ KHCO₃+(NH₂)₂CO : 초록색

해설 ① 2종, 보라색
② 3종, 담홍색
③ 1종, 백색
④ 4종, 회색(백색)

12 유류화재 소화 시 분말소화약제를 사용할 경우 소화 후에 재발화 현상이 가끔씩 발생할 수 있다. 다음 중 이러한 현상을 예방하기 위하여 병용하여 사용하면 가장 효과적인 포소화약제는?

① 단백포 소화약제
② 수성막포 소화약제
③ 알코올형포 소화약제
④ 합성계면활성제포 소화약제

해설 수성막포 소화약제 : 합성계면활성제를 주원료로하여 포소화약제 증가
기름표면에 수성막을 형성하는 포소화제

13 위험물제조소 등의 소화설비의 기준에 관한 설명으로 옳은 것은?

① 제조소등 중에서 소화난이도등급 Ⅰ, Ⅱ 또는 Ⅲ의 어느 것에도 해당하지 않는 것도 있다.
② 옥외탱크저장소의 소화난이도등급을 판단하는 기준 중 탱크의 높이는 기초를 제외한 탱크 측판의 높이를 말한다.
③ 제조소의 소화난이도등급을 판단하는 기준 중 면적에 관한 기준은 건축물 외에 설치된 것에 대해서는 수평투영면적을 기준으로 한다.
④ 제4류 위험물을 저장·취급하는 제조소 등에도 스프링클러 소화설비가 적응성이 인정되는 경우가 있으며 이는 수원의 수량을 기준으로 판단한다.

14 수소화나트륨 240g과 충분한 물이 완전 반응하였을 때 발생하는 수소의 부피는? (단, 표준상태를 가정하며 나트륨의 원자량은 23이다.)

① 22.4L   ② 224L
③ 22.4m³   ④ 224m³

해설 NaH + H₂O → NaOH + H₂
24g : 22.4l
240g : 224l
∴ NaH 24g이 반응하면 22.4l의 수소가 발생하므로 240g 반응하면 224l의 수소가 발생

Answer 11. ②   12. ②   13. ①   14. ②

15 소화난이도 등급 Ⅰ인 옥외탱크저장소에 있어서 제4류 위험물 중 인화점이 섭씨 70도 이상인 것을 저장, 취급하는 경우 어느 소화설비를 설치해야 하는가? (단, 지중탱크 또는 해상탱크 외의 것이다.)

① 스프링클러소화설비
② 물분무소화설비
③ 이산화탄소소화설비
④ 분말소화설비

해설 소화난이도 등급 Ⅰ인 옥외 탱크저장소(지중탱크 또는 해상 탱크 외의 것)에 있어서 제4류 위험물 중 인화점 섭씨 70℃ 이상인 것을 저장·취급하는 경우 물분무소화설비 또는 고정식 포소화설비를 설치

16 위험물제조소 내의 위험물을 취급하는 배관에 대해 설명으로 옳지 않은 것은?

① 배관을 지하에 매설하는 경우 접합부분에는 점검구를 설치하여야 한다.
② 배관을 지하에 매설하는 경우 금속성 배관의 외면에는 부식 방지 조치를 하여야 한다.
③ 최대상용압력의 1.5배 이상의 압력으로 수압시험을 실시하여 이상이 없어야 한다.
④ 지상에 설치하는 경우에는 안전한 구조의 지지물로 지면에 밀착하여 설치하여야 한다.

해설 배관을 지상에 설치하는 경우에는 지진, 풍압, 지반침하, 온도변화에 안전한 구조의 지지물에 설치하되 지면에 닿지 않도록 설치

17 위험물제조소 등의 화재예방 등 위험물 안전관리에 관한 직무를 수행하는 위험물안전관리자의 선임시기는?

① 위험물제조소 등의 완공검사를 받은 후 즉시
② 위험물제조소 등의 허가 신청 전
③ 위험물제조소 등의 설치를 마치고 완공검사를 신청하기 전
④ 위험물제조소 등에서 위험물을 저장 또는 취급하기 전

18 소화효과 중 부촉매 효과를 기대할 수 있는 소화약제는?

① 물소화약제
② 포소화약제
③ 분말소화약제
④ 이산화탄소소화약제

해설 분말소화약제는 질식, 냉각효과에 부촉매 효과도 기대할 수 있다.

19 고온체의 색깔이 휘적색일 경우의 온도는 약 몇 ℃ 정도인가?

① 500   ② 950
③ 1300   ④ 1500

해설
- 암적색 : 700℃
- 적색 : 850℃
- 휘적색 : 950℃
- 황적색 : 1100℃
- 백적색 : 1300℃
- 휘백색 : 1500℃

Answer 15. ② 16. ④ 17. ④ 18. ③ 19. ②

20 다음 중 연소속도와 의미가 가장 가까운 것은?

① 기화열의 발생속도
② 환원속도
③ 착화속도
④ 산화속도

해설 연소 속도는 가연물이 공기와 반응하여 산화하는 속도

21 위험물 옥외탱크저장소와 병원과는 안전거리를 얼마 이상 두어야 하는가?

① 10m ② 20m
③ 30m ④ 50m

해설 안전거리
㉠ 3m 이상 : 35000V 이하 전선
㉡ 5m 이상 : 35000V 초과 전선
㉢ 10m 이상 : 주택
㉣ 20m 이상 : 고압가스 시설
㉤ 30m 이상 : 학교, 병원, 극장, 복지시설
㉥ 50m 이상 : 문화재

22 질산의 수소원자를 알킬기로 치환한 제5류 위험물의 지정 수량은?

① 10kg
② 100kg
③ 200kg
④ 300kg

해설 질산($HO \cdot NO_2$) + 알코올(R−OH) → 질산에스테르류
질산에스테르류의 지정수량 10kg

23 위험물제조소에 옥외소화전이 5개가 설치되어 있다. 이 경우 확보하여야 하는 수원의 법정 최소량은 몇 m^3인가?

① 28 ② 25
③ 54 ④ 67.5

해설 옥외소화전 수원수량= 설치개수(최대 4개) $\times 13.5m^3 = 4 \times 13.5m^3 = 54m^3$

24 다음 위험물을 저장하는 탱크의 공간용적 산정기준이다. ( )에 알맞은 수치로 옳은 것은?

㉠ 위험물을 저장 또는 취급하는 탱크의 공간용적은 탱크의 내용적의 (A) 이상 (B) 이하의 용적으로 한다. 다만, 소화설비(소화약제 방출구를 탱크안의 윗부분에 설치하는 것에 한한다)를 설치하는 탱크의 공간용적은 당해 소화설비의 소화약제방출구 아래의 0.3미터 이상 1미터 미만 사이의 면으로부터 윗부분의 용적으로 한다.
㉡ 암반탱크에 있어서는 당해 탱크내에 용출하는 (C) 일간의 지하수의 양에 상당하는 용적과 당해 탱크의 내용적의 (D)의 용적 중에서 보다 큰 용적을 공간용적으로 한다.

① A : 3/100, B : 10/100, C : 10, D : 1/100
② A : 5/100, B : 5/100, C : 10, D : 1/100
③ A : 5/100, B : 10/100, C : 7, D : 1/100
④ A : 5/100, B : 10/100, C : 10, D : 3/100

Answer 20. ④ 21. ③ 22. ① 23. ③ 24. ③

25 다음 중 제6류 위험물로서 분자량이 약 63인 것은?

① 과염소산　　② 질산
③ 과산화수소　④ 삼불화브롬

해설 분자량
- 과염소산($HClO_4$) = 1 + 35.5 + 16×4 = 100.5
- 질산(HNO_3) = 1 + 14 + 16×3 = 63
- 과산화수소(H_2O_2) = 1×2 + 16×2 = 34
- 삼불화브롬(BrF_3) = 80 + 19×3 = 137

26 인화칼슘이 물과 반응하였을 때 발생하는 가스에 대한 설명으로 옳은 것은?

① 폭발성인 수소를 발생한다.
② 유독한 인화수소를 발생한다.
③ 조연성인 산소를 발생한다.
④ 가연성인 아세틸렌을 발생한다.

해설 인화칼슘(Ca_3P_2)

제3류 위험물로 물과 반응시 유독성의 인화수소(PH_3)발생

$Ca_3P_2 + 6H_2O \rightarrow 2PH_3 + 3Ca(OH)_2$

27 위험물안전관리법령에 따른 위험물의 적재방법에 대한 설명으로 옳지 않은 것은?

① 원칙적으로는 운반용기를 밀봉하여 수납할 것
② 고체위험물은 용기 내용적의 95% 이하의 수납율로 수납할 것
③ 액체위험물은 용기 내용적의 99% 이하의 수납율로 수납할 것
④ 하나의 외장 용기에는 다른 종류의 위험물을 수납하지 않을 것

해설 수납율 : 고체 위험물 95% 이하, 액체 위험물 98% 이하

28 주유취급소에서 자동차 등에 위험물을 주유할 때에 자동차 등의 원동기를 정지시켜야 하는 위험물의 인화점 기준은? (단, 연료탱크에 위험물을 주유하는 동안 방출되는 가연성 증기를 회수하는 설비가 부착되지 않은 고정주유설비에 의하여 주유하는 경우이다.)

① 20℃ 미만　② 30℃ 미만
③ 40℃ 미만　④ 50℃ 미만

해설 주유 취급소에서 위험물 주유시 자동차 등 원동기를 정지시켜야 하는 위험물의 인화점 기준 : 40℃ 미만

29 저장하는 위험물의 최대수량이 지정수량의 15배일 경우, 건축물의 벽·기둥 및 바닥이 내화구조로 된 위험물옥내저장소의 보유공지는 몇 m 이상이어야 하는가?

① 0.5　　② 1
③ 2　　　④ 3

해설 옥내 저장소 보유 공지

구분	내화구조	기타
5배 이하		0.5m 이상
5배 초과~10배	1m 이상	1.5m 이상
10배 초과~20배	2m 이상	3m 이상
20배 초과~50배	3m 이상	5m 이상
50배 초과~20배	5m 이상	10m 이상
200배 초과	10m 이상	15m 이상

Answer 25. ②　26. ②　27. ③　28. ③　29. ③

30 위험물안전관리법령에 따라 이동저장탱크의 구조의 기준에 대한 설명으로 틀린 것은?

① 압력탱크는 최대상용압력의 1.5배의 압력으로 10분간 수압시험을 하여 새지 말 것
② 상용압력이 20kPa를 초과하는 탱크의 안전장치는 상용압력의 1.5배 이하의 압력에서 작동할 것
③ 방파판은 두께 1.6mm 이상의 강철판 또는 이와 동등 이상의 강도, 내식성 및 내열성이 있는 금속성의 것으로 할 것
④ 탱크는 두께 3.2mm 이상의 강철판 또는 이와 동등 이상의 강도, 내식성 및 내열성을 갖는 재질로 할 것

해설 이동저장탱크 안전 장치 작동 압력
㉠ 상용압력 20kPa 이하 탱크 : 20kPa 이상 24kPa 이하의 압력에서 작동
㉡ 상용압력 20kPa 초과 탱크 : 상용압력의 1.1배 이하의 압력에서 작동

31 내용적이 20000L인 옥내저장탱크에 대하여 저장 또는 취급의 허가를 받을 수 있는 최대용량은? (단, 원칙적인 경우에 한한다.)

① 18000L
② 19000L
③ 19400L
④ 20000L

해설 저장, 취급 허가를 받을 수 있는 최대 용량은 5/100~10/100이므로
$20000L - \left(20000L \times \dfrac{5}{100}\right) = 19000L$

32 디에틸에테르에 관한 설명 중 틀린 것은?

① 비전도성이므로 정전기를 발생하지 않는다.
② 무색 투명한 유동성의 액체이다.
③ 휘발성이 매우 높고, 마취성을 가진다.
④ 공기와 장시간 접촉하면 폭발성의 과산화물이 생성된다.

해설 디에틸에테르($C_2H_5OC_2H_5$)는 특수인화물로 정전기에 의해 착화할 수 있음

33 위험물안전관리법령상에 따른 다음에 해당하는 동식물유류의 규제에 관한 설명으로 틀린 것은?

> 안전행정부령이 정하는 용기기준과 수납·저장기준에 따라 수납되어 저장·보관되고 용기의 외부에 물품의 통칭명, 수량 및 화기엄금(화기엄금과 동일한 의미를 갖는 표기를 포함한다)의 표시가 있는 경우

① 위험물에 해당하지 않는다.
② 제조소등이 아닌 장소에 지정수량 이상 저장할 수 있다.
③ 지정수량 이상을 저장하는 장소도 제조소등 설치허가를 받을 필요가 없다.
④ 화물자동차에 적재하여 운반하는 경우 위험물안전관리법상 운반기준이 적용되지 않는다.

Answer 30. ② 31. ② 32. ① 33. ④

34 질산암모늄의 일반적인 성질에 대한 설명으로 옳은 것은?

① 조해성이 없다.
② 무색, 무취의 액체이다.
③ 물에 녹을 때에는 발열한다.
④ 급격한 가열에 의한 폭발의 위험이 있다.

해설 질산암모늄(NH_4NO_3) : 제1류 위험물로 단독으로 급격한 가열 및 충격으로 분해 폭발 조해성 무색결정, 물에 녹을 때 흡열반응

35 에틸알코올에 관한 설명 중 옳은 것은?

① 인화점은 0℃ 이하이다.
② 비점은 물보다 낮다.
③ 증기밀도는 메틸알코올보다 작다.
④ 수용성이므로 이산화탄소소화기는 효과가 없다.

해설 에틸알코올(C_2H_5OH) : 인화점 13℃, 비점 78℃, 증기밀도는 에틸알코올이 크다.

36 종류(유별)가 다른 위험물을 동일한 옥내저장소의 동일한 실에 같이 저장하는 경우에 대한 설명으로 틀린 것은? (단, 유별로 정리하여 서로 1m 이상의 간격을 두는 경우에 한한다.)

① 제1류 위험물과 황린은 동일한 옥내저장소에 저장할 수 있다.
② 제1류 위험물과 제6류 위험물은 동일한 옥내저장소에 저장할 수 있다.
③ 제1류 위험물 중 알칼리금속의 과산화물과 제5류 위험물은 동일한 옥내저장소에 저장할 수 있다.
④ 제2류 위험물 중 인화성고체와 제4류 위험물을 동일한 옥내저장소에 저장할 수 있다.

해설 제1류 위험물(알카리금속의 과산화물 제외)과 제5류 위험물은 동일한 옥내저장소에 저장할 수 있음

37 $C_6H_2(NO_2)_3OH$와 $C_2H_5NO_2$의 공통성질에 해당하는 것은?

① 니트로화합물이다.
② 인화성과 폭발성이 있는 액체이다.
③ 무색의 방향성 액체이다.
④ 에탄올에 녹는다.

해설
- 트리니트로페놀($C_6H_2(NO_2)_3OH$) : 니트로화합물, 마찰충격에 둔감하며, 알콜에 잘 녹음
- 질산에틸($C_2H_6NO_2$) : 질산에스테르류, 비점 이상가열 및 아질산과 폭발, 알코올에 녹음

Answer 34. ④ 35. ② 36. ③ 37. ④

38 위험물을 저장하는 간이탱크저장소의 구조 및 설비의 기준으로 옳은 것은?

① 탱크의 두께 2.5mm 이상, 용량 600L 이하
② 탱크의 두께 2.5mm 이상, 용량 800L 이하
③ 탱크의 두께 3.2mm 이상, 용량 600L 이하
④ 탱크의 두께 3.2mm 이상, 용량 800L 이하

해설 간이탱크 저장소 : 용량 600L 이하, 탱크 두께 3.2mm 이상의 강판, 전용실 안 설치시 탱크 전용실 벽과 0.5m 이상 유지

39 위험물안전관리법령상 예방규정을 정하여야 하는 제조소등에 해당하지 않는 것은?

① 지정수량 10배 이상의 위험물을 취급하는 제조소
② 이송취급소
③ 암반탱크저장소
④ 지정수량의 200배 이상의 위험물을 저장하는 옥내탱크저장소

해설 지정수량의 200배 이상의 위험물을 저장하는 옥외탱크저장소

40 유기과산화물의 화재 예방상 주의사항으로 틀린 것은?

① 직사광선을 피하고 냉암소에 저장한다.
② 불꽃, 불티 등의 화기 및 열원으로부터 멀리한다.
③ 산화제와 접촉하지 않도록 주의한다.
④ 대형화재시 분말소화기를 이용한 질식소화가 유효하다.

해설 제5류인 유기과산화물의 화재시 대량의 물로 주수소화한다.

41 위험물안전관리법령에 따라 기계에 의하여 하역하는 구조로 된 운반용기의 외부에 행하는 표시내용에 해당하지 않는 것은? (단, 국제해상위험물규칙에 정한 기준 또는 소방방재청장이 정하여 고시하는 기준에 적합한 표기를 한 경우는 제외한다.)

① 운반용기의 제조년월
② 제조자의 명칭
③ 겹쳐쌓기시험하중
④ 용기의 유효기간

해설
• 운반 용기의 제조년월 및 제조자의 명칭
• 겹쳐 쌓기 시험하중
• 운반 용기의 종류에 따른 중량

Answer 38. ③ 39. ④ 40. ④ 41. ④

42 산화성고체의 저장 및 취급방법으로 옳지 않은 것은?

① 가연물과 접촉 및 혼합을 피한다.
② 분해를 촉진하는 물품의 접근을 피한다.
③ 조해성물질의 경우 물속에 보관하고, 과열·충격·마찰 등을 피하여야 한다.
④ 알칼리금속의 과산화물은 물과의 접촉을 피하여야 한다.

해설 산화성 고체물(제1류)은 조해성으로 물에 녹기 때문에 습기를 피하고 열, 충격 등을 피한다.

43 제5류 위험물을 취급하는 위험물제조소에 설치하는 주의사항 게시판에서 표시하는 내용과 바탕색, 문자색으로 옳은 것은?

① "화기주의", 백색바탕에 적색문자
② "화기주의", 적색바탕에 백색문자
③ "화기엄금", 백색바탕에 적색문자
④ "화기엄금", 적색바탕에 백색문자

해설
- 화기엄금, 화기주의 : 적색바탕, 백색문자
- 물기엄금 : 청색바탕, 백색문자

44 황의 성질로 옳은 것은?

① 전기 양도체이다.
② 물에는 매우 잘 녹는다.
③ 이산화탄소와 반응한다.
④ 미분은 분진폭발의 위험성이 있다.

해설 황(유황) : 물에 불용이며 이황화탄소(CS_2)에 녹음
마그네슘(Mg)은 이산화탄소(CO_2) 속에서 연소

45 경유를 저장하는 옥외저장탱크의 반지름이 2m이고 높이가 12m일 때 탱크 옆판으로부터 방유제까지의 거리는 몇 m 이상이어야 하는가?

① 4   ② 5
③ 6   ④ 7

해설 방유제 내 옥외 저장 탱크와의 유지 거리는 탱크 지름이 15m 미만시 탱크 높이의 1/3 이상의 거리를 유지하므로 12/3 = 4m 이상

46 삼황화린과 오황화린의 공통점이 아닌 것은?

① 물과 접촉하여 인화수소가 발생한다.
② 가연성 고체이다.
③ 분자식이 P와 S로 이루어져 있다.
④ 연소시 오산화린과 이산화황이 생성된다.

해설 황화린
삼황화린(P_4S_3), 오황화린(P_2S_5), 칠황화린(P_4S_7)
삼황화린은 물에 녹지 않고 오황화린은 물과 반응하면 황화수소(H_2S)와 인산(H_3PO_4)

47 다음 위험물 품명 중 지정수량이 나머지 셋과 다른 것은?

① 염소산염류
② 질산염류
③ 무기과산화물
④ 과염소산염류

해설 염소산염류, 과염소산염류, 무기과산화물 : 50kg
질산염류 : 300kg

Answer 42. ③ 43. ④ 44. ④ 45. ① 46. ① 47. ②

48 제2류 위험물인 유황의 대표적인 연소형태는?

① 표면연소   ② 분해연소
③ 증발연소   ④ 자기연소

해설 증발 연소 : 고체 위험물 가열시 액체가 된 후 발생된 가연성 증기에 의해 연소되며 유황이나 나프탈렌이 증발 연소를 한다.

49 소화난이도 등급 Ⅰ의 옥내탱크저장소에 설치하는 소화설비가 아닌 것은? (단, 인화점이 70℃ 이상인 제4류 위험물만을 저장·취급하는 장소이다.)

① 물분무소화설비, 고정식포소화설비
② 이동식 외의 이산화탄소소화설비, 고정식포소화설비
③ 이동식의 분말소화설비, 스프링클러설비
④ 이동식 외의 할로겐화합물소화설비, 물분무소화설비

해설 해당소화설비 : 물분무소화설비, 고정식포소화설비, 이동식 외의 이산화탄소소화설비, 이동식 외의 할로겐화합물 소화 설비 또는 이동식 외의 분말 소화 설비

50 다음 위험물 중 인화점이 가장 낮은 것은?

① 아세톤   ② 이황화탄소
③ 클로로벤젠 ④ 디에틸에테르

해설
- 아세톤 : -18℃
- 이황화탄소 : -30℃
- 클로로벤젠 : 32℃
- 디에틸에테르 : -45℃

51 분말소화기의 소화약재로 사용되지 않은 것은?

① 탄산수소나트륨 ② 탄산수소칼륨
③ 과산화나트륨   ④ 인산암모늄

해설 과산화나트륨(Na_2O_2) : 제1류의 알카리 금속의 과산화물

52 질산이 공기 중에서 분해되어 발생하는 유독한 갈색증기의 분자량은?

① 16   ② 40
③ 46   ④ 71

해설 $4HNO_3 \rightarrow 2HNO_3 + 4NO_2$(갈색증기)↑ + O_2
NO_2(이산화질소)의 분자량 : $14 + 16 \times 2 = 46$

53 에틸알코올의 증기비중은 약 얼마인가?

① 0.72   ② 0.91
③ 1.13   ④ 1.59

해설 증기비중 = $\dfrac{분자량}{29} = \dfrac{46}{29} = 1.59$

※ 에틸알코올(C_2H_5OH) : $12 \times 2 + 5 + 16 + 1 = 46$

54 위험물안전관리법령상 예방규정을 정하여야 하는 제조소등의 관계인은 위험물제조소등에 대하여 기술기준에 적합한지의 여부를 정기적으로 점검을 하여야 한다. 법적 최소 점검주기에 해당하는 것은? (단, 100만 리터 이상의 옥외탱크저장소는 제외한다.)

① 주 1회 이상   ② 월 1회 이상
③ 6개월 1회 이상 ④ 연 1회 이상

해설 정기점검 횟수 : 연 1회 이상

Answer 48. ③ 49. ③ 50. ④ 51. ③ 52. ③ 53. ④ 54. ④

55 염소산나트륨의 성상에 대한 설명으로 옳지 않은 것은?

① 자신은 불연성 물질이지만 강한 산화제이다.
② 유리를 녹이므로 철제 용기에 저장한다.
③ 열분해 하여 산소를 발생한다.
④ 산과 반응하면 유독성의 이산화염소를 발생한다.

해설 염소산나트륨($NaClO_3$) : 철을 부식시키므로 철재용기에 저장 금지

56 탄화알루미늄 1몰을 물과 반응시킬 때 발생하는 가연성 가스의 종류와 양은?

① 에탄, 4몰   ② 에탄, 3몰
③ 메탄, 4몰   ④ 메탄, 3몰

해설
$Al_4C_3 + 12H_2O \rightarrow 4Al(OH)_3 + 3CH_4$
　　　　　　　　　　　(수산화알루미늄)　(메탄)
1mol　　12mol　　　4mol　　　3mol

57 위험물안전관리법령에 따른 제6류 위험물의 특성에 대한 설명 중 틀린 것은?

① 과염소산은 유기물과 접촉시 발화의 위험이 있다.
② 과염소산은 불안정하여 강력한 산화성 물질이다.
③ 과산화수소는 알코올, 에테르에 녹지 않는다.
④ 질산은 부식성이 강하고 햇빛에 의해 분해된다.

해설 과산화수소(H_2O_2) : 물, 에테르, 알코올에 용해하며 석유, 벤젠에 불용

58 위험물안전관리법령에 대한 설명 중 옳지 않은 것은?

① 군부대가 지정수량 이상의 위험물을 군사목적으로 임시로 저장 또는 취급하는 경우는 제조소등이 아닌 장소에서 지정수량 이상의 위험물을 취급할 수 있다.
② 철도 및 궤도에 의한 위험물의 저장·취급 및 운반에 있어서는 위험물안전관리법령을 적용하지 아니한다.
③ 지정수량 미만인 위험물의 저장 또는 취급에 관한 기술상의 기준은 국가화재안전기준으로 정한다.
④ 업무상 과실로 제조소등에서 위험물을 유출, 방출 또는 확산시켜 사람의 생명, 신체 또는 재산에 대하여 위험을 발생시킨 자는 7년 이하의 금고 또는 2천만 원 이하의 벌금에 처한다.

해설 지정수량 미만의 위험물의 저장, 취급에 관한 기준은 시·도 조례에 의함

Answer 55. ② 56. ④ 57. ③ 58. ③

59 다음 중 인화점이 가장 높은 것은?

① 니트로벤젠　② 클로로벤젠
③ 톨루엔　　　④ 에틸벤젠

해설
- 니트로벤젠(제3석유류) : 88℃
- 클로로벤젠(제2석유류) : 32℃
- 톨루엔(제1석유류) : 4℃
- 에틸벤젠(제1석유류) : 21℃

60 위험물안전관리법령상 지하탱크저장소의 위치·구조 및 설비의 기준에 따라 다음 (　) 에 들어갈 수치로 옳은 것은?

> 탱크전용실은 지하의 가장 가까운 벽·피트·가스관 등의 시설물 및 대지경계선으로부터 (㉠)m 이상 떨어진 곳에 설치하고, 지하저장탱크와 탱크전용실의 안쪽과의 사이는 (㉡)m 이상의 간격을 유지하도록 하며, 당해 탱크의 주위에 마른 모래 또는 습기 등에 의하여 응고되지 아니하는 입자지름 (㉢)mm 이하의 마른 자갈분을 채워야 한다.

① ㉠ : 0.1, ㉡ : 0.1, ㉢ : 5
② ㉠ : 0.1, ㉡ : 0.3, ㉢ : 5
③ ㉠ : 0.1, ㉡ : 0.1, ㉢ : 10
④ ㉠ : 0.1, ㉡ : 0.3, ㉢ : 10

Answer 59. ① 60. ①

2013년 7월 21일 시행

01 주된 연소형태가 표면연소인 것을 옳게 나타낸 것은?
① 중유, 알코올 ② 코크스, 숯
③ 목재, 종이   ④ 석탄, 플라스틱

해설 ▶ 표면 연소 : 열분해에 의해 가연성 가스를 발생하지 않고 그 자체가 연소하는 형태로 코크스, 숯, 목탄, 금속분 등이 있다.

02 다음 중 화학적 소화에 해당하는 것은?
① 냉각소화   ② 질식소화
③ 제거소화   ④ 억제소화

해설 ▶ • 화학적 소화 : 소화 약제 등을 사용하여 소화 약제의 화학 반응에 의한 소화 방법으로 억제 소화가 해당
• 물리적 소화 : 강풍으로 소화시키거나 점화원 이하로 냉각시키거나 산소를 차단시키는 소화 방법

03 제3류 위험물 중 금수성물질에 적용할 수 있는 소화설비는?
① 포소화설비
② 이산화탄소소화설비
③ 탄산수소염류 분말소화설비
④ 할로겐화합물소화설비

해설 ▶ 금수성 물질의 소화 설비 : 탄산수소염류 분말소화설비, 건조사, 팽창질석, 팽창진주암 등

04 가연물이 연소할 때 공기 중의 산소농도를 떨어뜨려 연소를 중단시키는 소화 방법은?
① 제거소화
② 질식소화
③ 냉각소화
④ 억제소화

해설 ▶ 질식소화 : 공기 중의 산소 농도를 15% 이하로 낮추어서 소화

05 다음 중 오존층 파괴지수가 가장 큰 것은?
① Halon 104
② Halon 1211
③ Halon 1301
④ Halon 2402

해설 ▶ 오존층 파괴 지수(ODP)
삼염화불화탄소(CFCl₃)의 오존층 파괴능력을 1로 보았을 때 상대적인 파괴능력을 나타내는 지수
Halon 1301 : 14, Halon 2402 : 6.6, Halon 1211 : 2.4

Answer 1. ② 2. ④ 3. ③ 4. ② 5. ③

06 분말소화 약제 중 제1종과 제2종 분말이 각각 열분해 될 때 공통적으로 생성되는 물질은?
① N_2, CO_2
② N_2, O_2
③ H_2O, CO_2
④ H_2O, N_2

해설 1종 분말 : $2NaHCO_3 \rightarrow NaCO_3 + CO_2 + H_2O$
2종 분말 : $2KHCO_3 \rightarrow K_2CO_3 + CO_2 + H_2O$

07 다음 중 발화점이 달라지는 요인으로 가장 거리가 먼 것은?
① 가연성가스와 공기의 조성비
② 발화를 일으키는 공간의 형태와 크기
③ 가열속도와 가열시간
④ 가열도구와 내구연한

해설 ①, ②, ③ 외 기벽의 재질과 촉매 효과

08 이산화탄소소화기의 장점으로 옳은 것은?
① 전기설비화재에 유용하다.
② 마그네슘과 같은 금속분 화재시 유용하다.
③ 자기반응성 물질의 화재시 유용하다.
④ 알칼리금속 과산화물 화재시 유용하다.

해설 이산화탄소 소화기(CO_2)는 질식소화 효과가 있고 BC급 화재에 사용하여 전기화재에 유용하다.

09 다음 중 폭발범위가 가장 넓은 물질은?
① 메탄
② 톨루엔
③ 에틸알코올
④ 에틸에테르

해설 폭발범위 : 메탄(5~15%), 톨루엔(1.4~6.7%), 메틸알콜(3.3~19%), 에틸에테르(1.9~48%)

10 이산화탄소가 소화약제로 사용되는 이유에 대한 설명 중 가장 옳은 것은?
① 산소와의 반응이 느리기 때문이다.
② 산소와 반응하지 않기 때문이다.
③ 착화되어도 곧 불이 꺼지기 때문이다.
④ 산화반응이 되어도 열 발생이 없기 때문이다.

해설 이산화탄소 소화 약제는 산소와 반응하지 않고 질식 작용에 의해 산소의 농도를 떨어뜨린다.

11 니트로셀룰로오스 화재시 가장 적합한 소화방법은?
① 할로겐화합물 소화기를 사용한다.
② 분말소화기를 사용한다.
③ 이산화탄소소화기를 사용한다.
④ 다량의 물을 사용한다.

해설 니트로 셀룰로오스는 제5류 위험물로 다량의 물로 냉각소화한다.

Answer 6. ③ 7. ④ 8. ① 9. ④ 10. ② 11. ④

12 자연발화를 방지하기 위한 방법으로 옳지 않은 것은?

① 습도를 가능한 한 높게 유지한다.
② 열 축적을 방지한다.
③ 저장실의 온도를 낮춘다.
④ 정촉매 작용을 하는 물질을 피한다.

해설) 자연발화를 방지하기 위해서는 습도가 높은 곳은 피하고 통풍을 잘 시킨다.

13 건축물의 1층 및 2층 부분만을 방사능력범위로 하고, 지하층 및 3층 이상의 층에 대하여 다른 소화설비를 설치하는 소화설비는?

① 스프링클러설비
② 포소화설비
③ 옥외소화전설비
④ 물분무소화설비

해설) 옥외소화전설비 : 방호 대상물이 건축물인 경우 건축물의 1층 및 2층을 방사능력 범위로 하고 수평거리 40m 이하로 함

14 위험물안전관리법령상 소화난이도 등급 Ⅰ에 해당하는 제조소의 연면적 기준은?

① 1000m² 이상
② 800m² 이상
③ 700m² 이상
④ 50m² 이상

해설) • 소화난이도 등급 Ⅰ의 제조소 연면적 : 1000m² 이상
• 소화난이도 등급 Ⅱ의 제조소 연면적 : 600m² 이상

15 위험물 취급소의 건축물은 외벽이 내화구조인 경우 연면적 몇 m²를 1 소요단위로 하는가?

① 50
② 100
③ 150
④ 200

해설) 1 소요단위
㉠ 제조소, 취급소용 건축물 외벽이 내화 구조 : 100m²
㉡ 제조소, 취급소용 건축물 외벽이 내화구조가 아닌 경우 : 50m²

16 금속칼륨의 보호액으로서 적당하지 않은 것은?

① 등유
② 유동파라핀
③ 경유
④ 에탄올

해설) K, a의 보호약 : 등유, 경유, 유동 파라핀

17 위험물제조소에서 지정수량 이상의 위험물을 취급하는 건축물(시설)에는 원칙상 최소 몇 미터 이상의 보유공지를 확보하여야 하는가? (단, 최대수량은 지정수량의 10배이다.)

① 1m 이상
② 3m 이상
③ 5m 이상
④ 7m 이상

해설) 제조소의 보유공지
㉠ 지정수량 10배 이하 : 3m 이상
㉡ 지정수량 10배 초과 : 5m 이상
※ 10배 이하는 10을 포함하고 10배 초과는 10을 미포함

Answer 12. ① 13. ③ 14. ① 15. ② 16. ② 17. ②

18 이송취급소의 배관이 하천을 횡단하는 경우 하천 밑에 매설하는 배관의 외면과 계획하상(계획하상이 최심하상보다 높은 경우에는 최심하상)과의 거리는?

① 1.2m 이상 ② 2.5m 이상
③ 3.0m 이상 ④ 4.0m 이상

해설
- 하천을 횡단하는 경우 : 4m 이상
- 하수도 또는 운하 등의 수로 횡단시 : 2.5m 이상
- 좁은 수로 횡단시 : 1.2m 이상

19 다음 중 주수소화를 하면 위험성이 증가하는 것은?

① 과산화칼륨
② 과망간산칼륨
③ 과염소산칼륨
④ 브롬산칼륨

해설 제1류 위험물의 알카리 금속의 과산화물인 과산화칼륨, 과산화나트륨은 주수소화하면 산소를 발생하므로 소화시 물을 금한다.

20 메탄 1g이 완전연소하면 발생되는 이산화탄소는 몇 g인가?

① 1.25 ② 2.75
③ 14   ④ 44

해설
$CH_4 + 2O_2 \rightarrow CO_2 + 2H_2O$
16g : 44g
1g : x
$x = \dfrac{44 \times 1}{16} = 2.75g$

21 가연성고체 위험물의 일반적 성질로서 틀린 것은?

① 비교적 저온에서 착화한다.
② 산화제와의 접촉·가열은 위험하다.
③ 연소 속도가 빠르다.
④ 산소를 포함하고 있다.

해설 가연성 고체는 제2류 위험물로 착화되기 쉬운 물질로 연소 속도가 빠르다.
내부에 산소를 많이 포함하는 물질은 주로 제5류 위험물이다.

22 벤젠에 관한 설명 중 틀린 것은?

① 인화점은 약 −11℃ 정도이다.
② 이황화탄소보다 착화온도가 높다.
③ 벤젠 증기는 마취성은 있으나 독성은 없다.
④ 취급할 때 정전기 발생을 조심해야 한다.

해설 벤젠(C_6H_6) : 제4류의 제1석유류, 무색투명한 방향성 액체로 증기는 독성이 있다.

23 1기압 20℃에서 액상이며 인화점이 200℃ 이상인 물질은?

① 벤젠
② 톨루엔
③ 글리세린
④ 실린더유

해설 제1석유류 : 인화점 21℃ 미만, 벤젠, 톨루엔
제4석유류 : 인화점 200℃ 이상 250℃ 미만, 실린더유, 기어유

Answer 18. ④ 19. ① 20. ② 21. ④ 22. ③ 23. ④

24 다음 중 질산에스테르류에 속하는 것은?
① 피크린산
② 니트로벤젠
③ 니트로글리세린
④ 트리니트로톨루엔

해설) 질산에스테르류
- 제5류 위험물
- 질산메틸, 질산에틸, 니트로글리세린, 니트로셀룰로오스 등이 있음

25 제6류 위험물의 화재예방 및 진압대책으로 적합하지 않은 것은?
① 가연물과의 접촉을 피한다.
② 과산화수소를 장기보존 할 때는 유리용기를 사용하여 밀전한다.
③ 옥내소화전설비를 사용하여 소화할 수 있다.
④ 물분무소화설비를 사용하여 소화할 수 있다.

해설) 과산화수소 저장시 밀전하지 말고 통풍을 위해서 구멍뚫린 마개를 사용한다.

26 지정수량이 50킬로그램이 아닌 위험물은?
① 염소산나트륨 ② 리튬
③ 과산화나트륨 ④ 나트륨

해설) 나트륨(Na) : 10kg
제1류 : 염소산 나트륨($NaClO_3$), 과산화나트륨(Na_2O_2)
제3류 : 리튬(Li), 나트륨(Na)

27 과산화수소와 산화프로필렌의 공통점으로 옳은 것은?
① 특수인화물이다.
② 분해시 질소를 발생한다.
③ 끓는 점이 100℃ 이하이다.
④ 수용액 상태에서도 자연발화 위험이 있다.

해설) 과산화수소(H_2O_2) : 제6류 위험물, 비점 80℃
산화프로필렌(OCH_2CHCH_3) : 제4류 위험물, 비점 34℃

28 제2류 위험물인 마그네슘의 위험성에 관한 설명 중 틀린 것은?
① 더운 물과 작용시키면 산소가스를 발생한다.
② 이산화탄소 중에서도 연소한다.
③ 습기와 반응하여 열이 축적되면 자연발화의 위험이 있다.
④ 공기 중에 부유하면 분진폭발의 위험이 있다.

해설) 마그네슘(Mg)은 산 또는 더운 물과 반응하여 수소를 발생

29 과산화벤조일의 지정수량은 얼마인가?
① 10kg   ② 50L
③ 100kg   ④ 1000L

해설) 유기과산화물 : 지정수량 10kg, 과산화벤조일, 과산화메틸에틸케톤

Answer 24. ③ 25. ② 26. ④ 27. ③ 28. ① 29. ①

30 지하탱크저장소에서 인접한 2개의 지하저장탱크 용량의 합계가 지정수량의 100배일 경우 탱크 상호간의 최소 거리는?

① 0.1m ② 0.3m
③ 0.5m ④ 1m

해설 지하 저장탱크 2기 이상 인접 설치시 상호거리
㉠ 상호간 1m 이상 유지
㉡ 2기의 용량의 합계가 지정수량의 100배 이하시 0.5m 이상
※ 100배 이하는 100배 포함

31 위험물안전관리법령에서 정하는 위험등급 Ⅰ에 해당하지 않는 것은?

① 제3류 위험물 중 지정수량이 20kg인 위험물
② 제4류 위험물 중 특수인화물
③ 제1류 위험물 중 무기과산화물
④ 제5류 위험물 중 지정수량이 100kg인 위험물

해설 제5류 위험물 중 지정 수량이 100kg인 품명은 히드록실아민과 히드록실아민염류이며 위험등급Ⅱ에 해당

32 위험물안전관리법령에 명시된 아세트알데히드의 옥외저장탱크에 필요한 설비가 아닌 것은?

① 보냉장치
② 냉각장치
③ 동 합금 배관
④ 불활성 기체를 봉입하는 장치

해설 제4류의 특수인화물인 아세트알데히드(CH_3CHO)는 중합 반응을 하므로 설비에 동(Cu), 마그네슘(Mg), 은(Ag), 수은(Hg) 또는 이의 합금을 사용하지 않음

33 정기점검 대상 제조소 등에 해당하지 않는 것은?

① 이동탱크저장소
② 지정수량 120배의 위험물을 저장하는 옥외저장소
③ 지정수량 120배의 위험물을 저장하는 옥내저장소
④ 이송취급소

해설 정기점검 대상 제조소
㉠ 지정수량 10배 이상의 제조소, 일반 취급소
㉡ 지정수량 100배 이상의 옥외저장소
㉢ 지정수량 150배 이상의 옥내저장소
㉣ 지정수량 200배 이상의 옥외탱크저장소
㉤ 암반탱크저장고
㉥ 이송취급소

34 탄화칼슘에 대한 설명으로 옳은 것은?

① 분자식은 CaC이다.
② 물과의 반응 생성물에는 수산화칼슘이 포함된다.
③ 순수한 것은 흑회색의 불규칙한 덩어리이다.
④ 고온에서도 질소와는 반응하지 않는다.

해설 탄화칼슘(CaC_2)
제3류 위험물, 물과 반응하여 아세틸렌(C_2H_2)과 수산화칼슘($Ca(OH)_2$)이 생성
$CaC_2 + 2H_2O \rightarrow C_2H_2 + Ca(OH)_2$

Answer 30. ③ 31. ④ 32. ③ 33. ③ 34. ②

35 셀룰로이드에 관한 설명 중 틀린 것은?

① 물에 잘 녹으며, 자연발화의 위험이 있다.
② 지정수량은 10kg이다.
③ 탄력성이 있는 고체의 형태이다.
④ 장시간 방치된 것은 햇빛, 고온 등에 의해 분해가 촉진된다.

해설 셀룰로이드
제5류의 질산에스테르류, 지정수량 10kg
물에 잘 녹지 않고 진한 황산, 알코올, 아세톤, 초산에 녹으며 자연 발화 위험

36 오황화린이 물과 작용했을 때 주로 발생되는 기체는?

① 포스핀
② 포스겐
③ 황산가스
④ 황화수소

해설 P_2S_5 + $8H_2O$ → $5H_2S$
(오황화린) (황화수소)   (인산)

37 다음 물질 중 물보다 비중이 작은 것으로만 이루어진 것은?

① 에테르, 이황화탄소
② 벤젠, 글리세린
③ 가솔린, 메탄올
④ 글리세린, 아닐린

해설 액비중 : 가솔린(0.65~0.80), 메탄올·에탄올(0.8)

38 위험물 판매취급소에 관한 설명 중 틀린 것은?

① 위험물을 배합하는 실의 바닥면적은 $6m^2$ 이상 $15m^2$ 이하이어야 한다.
② 제1종 판매취급소는 건축물의 1층에 설치하여야 한다.
③ 일반적으로 페인트점, 화공약품점이 이에 해당된다.
④ 취급하는 위험물의 종류에 따라 제1종과 제2종으로 구분된다.

해설 위험물 판매 취급소는 지정수량에 따라 구분
㉠ 제1종 : 지정수량의 20배 이하
㉡ 제2종 : 지정수량의 40배 이하

39 위험물안전관리법령에 따른 소화설비의 적응성에 관한 다음 내용 중 ( ) 안에 적합한 내용은?

> 제6류 위험물을 저장 또는 취급하는 장소로서 폭발의 위험이 없는 장소에 한하여 ( )가(이) 제6류 위험물에 대하여 적응성이 있다.

① 할로겐화합물 소화기
② 분말소화기 - 탄산수소염류 소화기
③ 분말소화기 - 그 밖의 것
④ 이산화탄소소화기

Answer 35. ① 36. ④ 37. ③ 38. ④ 39. ④

40 위험물의 운반 및 적재시 혼재가 불가능한 것으로 연결된 것은? (단, 지정수량의 1/5 이상이다.)

① 제1류와 제6류 ② 제4류와 제3류
③ 제2류와 제3류 ④ 제5류와 제4류

해설 혼재가능 위험물
㉠ 제1류와 제6류
㉡ 제4류와 제2류, 제3류
㉢ 제5류와 제2류, 제4류

41 위험물을 안전용기에 수납하여 적재할 때 차광성이 있는 피복으로 가려야 하는 위험물이 아닌 것은?

① 제1류 위험물 ② 제2류 위험물
③ 제5류 위험물 ④ 제6류 위험물

해설 차광성 피복해야 하는 위험물 : 제1류 위험물, 제3류 위험물 중 자연발화성 물질, 제4류 위험물 중 특수인화물, 제5류 위험물, 제6류 위험물

42 염소산칼륨 20킬로그램과 아염소산나트륨 10킬로그램을 과염소산과 함께 저장하는 경우 지정수량 1배로 저장하려면 과염소산은 얼마나 저장할 수 있는가?

① 20킬로그램   ② 40킬로그램
③ 80킬로그램   ④ 120킬로그램

해설 지정수량
염소산칼륨(50kg), 아염소산나트륨(50kg), 과염소산(300kg)

환산지정수량 $= \dfrac{20}{50} + \dfrac{10}{50} = 0.6$

∴ 지정수량이 1배가 되려면 0.4의 여유가 있으므로 과염소산의 수량은 $300 \times 0.4 = 120$kg

43 위험물안전관리법상 주유취급소의 소화설비 기준과 관련한 설명 중 틀린 것은?

① 모든 주유취급소는 소화난이도등급 Ⅱ 또는 소화난이도등급 Ⅲ에 속한다.
② 소화난이도등급 Ⅱ에 해당하는 주유취급소에는 대형수동식소화기 및 소형 수동식소화기 등을 설치하여야 한다.
③ 소화난이도등급 Ⅲ에 해당하는 주유취급소에는 소형수동식소화기 등을 설치하여야 하며, 위험물의 소요단위 산정은 지하탱크저장소의 기준을 준용한다.
④ 모든 주유취급소의 소화설비 설치를 위해서는 위험물의 소요단위를 산출하여야 한다.

44 위험물과 그 위험물이 물과 반응하여 발생하는 가스를 잘못 연결한 것은?

① 탄화알루미늄 – 메탄
② 탄화칼슘 – 아세틸렌
③ 인화칼슘 – 에탄
④ 수소화칼슘 – 수소

해설 인화칼슘(Ca_3P_2)은 물과 반응시 PH_3(인화수소, 포스핀) 생성

Answer 40. ③ 41. ② 42. ④ 43. ③ 44. ③

45 제1류 위험물의 일반적인 성질에 해당하지 않는 것은?

① 고체 상태이다.
② 분해하여 산소를 발생한다.
③ 가연성물질이다.
④ 산화제이다.

해설 제1류 위험물은 산화성 고체로 지연성 물질

46 다음은 위험물안전관리법령에 따른 이동저장탱크의 구조에 관한 기준이다. ( ) 안에 알맞은 수치는?

> 이동저장탱크는 그 내부에 (㉠)L 이하마다 (㉡)mm 이상의 강철판 또는 이와 동등 이상의 강도·내열성 및 내식성이 있는 금속성의 것으로 칸막이를 설치하여야 한다. 다만, 고체인 위험물을 저장하거나 고체인 위험물을 가열하여 액체 상태로 저장하는 경우에는 그러하지 아니하다.

① ㉠ : 2000, ㉡ : 1.6
② ㉠ : 2000, ㉡ : 3.2
③ ㉠ : 4000, ㉡ : 1.6
④ ㉠ : 4000, ㉡ : 3.2

47 질산나트륨의 성상으로 옳은 것은?

① 황색 결정이다.
② 물에 잘 녹는다.
③ 흑색화약의 원료이다.
④ 상온에서 자연분해한다.

해설 질산나트륨(NaNO₃, 칠레초석) : 조해성으로 물에 잘 녹고 무색결정
흑색화약원료는 질산칼륨(KNO₃)

48 피크린산 제조에 사용되는 물질과 가장 관계가 있는 것은?

① C_6H_6
② $C_6H_5CH_3$
③ $C_3H_5(OH)_3$
④ C_6H_5OH

해설 피크린산[트리니트로 페놀, $C_6H_2OH(NO_2)_3$]의 원료는 페놀(C_6H_5OH)

49 위험물안전관리법령상 위험물옥외저장소에 저장할 수 있는 품명은? (단, 국제해상위험물규칙에 적합한 용기에 수납하는 경우를 제외한다.)

① 특수인화물
② 무기과산화물
③ 알코올류
④ 칼륨

해설 옥외저장소 저장가능 위험물
㉠ 제2류 위험물 중 인화성고체, 유황
㉡ 제1석유류, 알코올류

50 가연물에 따른 화재의 종류 및 표시색의 연결이 옳은 것은?

① 폴리에틸렌 - 유류화재 - 백색
② 석탄 - 일반화재 - 청색
③ 시너 - 유류화재 - 청색
④ 나무 - 일반화재 - 백색

해설
• 일반화재 : A급화재(백색), 나무, 종이, 폴리에틸렌, 석탄
• 유류화재 : B급화재(황색), 시너

Answer 45. ③ 46. ④ 47. ② 48. ④ 49. ③ 50. ④

51 다음 중 위험물안전관리법령에 따른 지정수량이 나머지 셋과 다른 하나는?

① 황린
② 칼륨
③ 나트륨
④ 알킬리튬

해설
• 10kg : 칼륨, 나트륨, 알킬리튬
• 20kg : 황린

52 다음은 위험물안전관리법령에서 정한 정의이다. 무엇의 정의인가?

> 인화성 또는 발화성 등의 성질을 가지는 것으로서 대통령령이 정하는 물품을 말한다.

① 위험물
② 가연물
③ 특수인화물
④ 제4류 위험물

53 과염소산나트륨의 성질이 아닌 것은?

① 황색의 분말로 물과 반응하여 산소를 발생한다.
② 가열하면 분해되어 산소를 방출한다.
③ 융점은 약 482°C이고 물에 잘 녹는다.
④ 비중은 약 2.5로 물보다 무겁다.

해설 과염소산나트륨($NaClO_4$) : 무색의 결정으로 물에 잘 녹음

54 황린과 적린의 성질에 대한 설명으로 가장 거리가 먼 것은?

① 황린과 적린은 이황화탄소에 녹는다.
② 황린과 적린은 물에 불용이다.
③ 적린은 황린에 비하여 화학적으로 활성이 작다.
④ 황린과 적린을 각각 연소시키면 P_2O_5이 생성된다.

해설 적린(제2류)은 이황화탄소에 녹지 않고 황린(제3류)은 이황화탄소에 녹음

55 아세트알데히드와 아세톤의 공통 성질에 대한 설명 중 틀린 것은?

① 증기는 공기보다 무겁다.
② 무색 액체로서 인화점이 낮다.
③ 물에 잘 녹는다.
④ 특수인화물로 반응성이 크다.

해설 아세트알데히드(CH_3CHO) : 특수인화물
아세톤[$(CH_3)_2CO$] : 제1석유류

56 다음 위험물 중 특수인화물이 아닌 것은?

① 메틸에틸케톤 퍼옥사이드
② 산화프로필렌
③ 아세트알데히드
④ 이황화탄소

해설 메틸에틸케톤 퍼옥사이드 : 제5류 위험물의 유기과산화물

Answer 51. ① 52. ① 53. ① 54. ① 55. ④ 56. ①

57 다음 중 분자량이 약 74, 비중이 약 0.71인 물질로서 에탄올 두 분자에서 물이 빠지면서 축합반응이 일어나 생성되는 물질은?

① $C_2H_5OC_2H_5$ ② C_2H_5OH
③ C_6H_5Cl ④ CS_2

해설 $2C_2H_5O \xrightarrow{\text{진한황산}} C_2H_5OC_2H_5 + H_2O$
(디에틸에테르)
※ 축합 : 진한황산에 의해 물이 빠지는 반응

58 위험물 관련 신고 및 선임에 관한 사항으로 옳지 않은 것은?

① 제조소의 위치·구조 변경 없이 위험물의 품명 변경 시는 변경한 날로부터 7일 이내에 신고하여야 한다.
② 제조소 설치자의 지위를 승계한 자는 승계한 날로부터 30일 이내에 신고하여야 한다.
③ 위험물안전관리자가 퇴직한 경우는 퇴직일로부터 14일 이내에 신고하여야 한다.
④ 위험물안전관리자가 퇴직한 경우는 퇴직일로부터 30일 이내에 선임하여야 한다.

해설 제조소의 위치, 구조 변경없이 위험물의 품명 변경시 변경하고자 하는 날의 7일 전까지 신고

59 메탄올에 관한 설명으로 옳지 않은 것은?

① 인화점은 약 11℃이다.
② 술의 원료로 사용된다.
③ 휘발성이 강하다.
④ 최종산화물은 의산(포름산)이다.

해설 메탄올(CH_3OH) - 목정, 연료로 사용하며, 독성이 있음
에탄올(C_2H_5OH) - 주정, 술의 원료

60 다음 중 옥내저장소의 동일한 실에 서로 1m 이상의 간격을 두고 저장할 수 없는 것은?

① 제1류 위험물과 제3류 위험물 중 자연발화성물질(황린 또는 이를 함유한 것에 한한다.)
② 제4류 위험물과 제2류 위험물 중 인화성고체
③ 제1류 위험물과 제4류 위험물
④ 제1류 위험물과 제6류 위험물

해설 옥내저장소에 저장할 수 있는 주변 위험물
㉠ ①, ④항
㉡ 제1류 위험물(알카리금속의 과산화물 제외)과 제5류 위험물
㉢ ②항
㉣ 제3류 위험물 중 알킬알루미늄 등과 제4류 위험물

Answer 57. ① 58. ① 59. ② 60. ③

위험물기능사 2000제 문제은행

CBT 시험대비
2013년 10월 12일 시행

01 점화원으로 작용할 수 있는 정전기를 방지하기 위한 예방대책이 아닌 것은?

① 정전기 발생이 우려되는 장소에 접지시설을 한다.
② 실내의 공기를 이온화하여 정전기 발생을 억제한다.
③ 정전기는 습도가 낮을 때 많이 발생하므로 상대습도를 70% 이상으로 한다.
④ 전기의 저항이 큰 물질은 대전이 용이하므로 비전도체물질을 사용한다.

해설 정전기 방지법
㉠ 접지한다.
㉡ 공기중의 상대습도 70% 이상으로 한다.
㉢ 공기를 이온화 한다.

02 단백포소화약제 제조 공정에서 부동제로 사용하는 것은?

① 에틸렌글리콜
② 물
③ 가수분해 단백질
④ 황산제1철

해설 부동제 : 에틸렌글리콜, 프로필렌글리콜, 글리세린

03 다음과 같은 반응에서 $5m^3$의 탄산가스를 만들기 위해 필요한 탄산수소나트륨의 양은 약 몇 kg인가? (단, 표준상태이고 나트륨의 원자량은 23이다.)

$$2NaHCO_3 \rightarrow Na_2CO_3 + CO_2 + H_2O$$

① 18.75   ② 37.5
③ 56.25   ④ 75

해설 $2NaHCO_3 \rightarrow Na_2CO_3 + CO_2 + H_2O$
$2 \times 84kg$: $22.4m^3$
x = $5m^3$
$x = \dfrac{2 \times 84 \times 5}{22.4} = 37.5kg$

04 건물의 외벽이 내화구조로서 연면적 $300m^2$의 옥내저장소에 필요한 소화기 소요단위수는?

① 1단위
② 2단위
③ 3단위
④ 4단위

해설 저장소의 1소요단위
㉠ 외벽이 내화구조 : $150m^2$
㉡ 기타 : $75m^2$
∴ 내화구조이므로 $300m^2/150m^2 = 2$단위

Answer 1. ④ 2. ① 3. ② 4. ②

05 연쇄반응을 억제하여 소화하는 소화약제는?

① 할론 1301
② 물
③ 이산화탄소
④ 포

해설 사염화탄소 소화기 및 할론 소화기는 억제소화 및 부촉매 효과

06 제조소등에 전기설비(전기배선, 조명기구 등은 제외)가 설치된 경우에는 면적 몇 m^2 마다 소형수동식소화기 1개 이상 설치하여야 하는가?

① 50
② 100
③ 150
④ 200

해설 전기설비의 소화설비 : 제조소등에 전기설비(전기배선, 조명기구 등은 제외한다)가 설치된 경우에는 당해장소의 면적 $100m^2$마다 소형수동식소화기를 1개 이상 설치한다.

07 화재별 급수에 따른 화재의 종류 및 표시색상을 모두 옳게 나타낸 것은?

① A급 : 유류화재 - 황색
② B급 : 유류화재 - 황색
③ A급 : 유류화재 - 백색
④ B급 : 유류화재 - 백색

해설 A급 : 일반화재, 백색
B급 : 유류화재, 황색
C급 : 전기화재, 청색
D급 : 금속화재, 색없음

08 일반취급소의 형태가 옥외의 공작물로 되어 있는 경우에 있어서 그 최대수평 투영면적이 $500m^2$일 때 설치하여야 하는 소화설비의 소요단위는 몇 단위인가?

① 5단위
② 10단위
③ 15단위
④ 20단위

해설 소요단위 : 제조소 및 취급소 건축물의 내벽이 내화구조(옥외설치된 공작물은 내화구조로 간주하고, 수평 투영면적은 연면적으로 간주)인 경우 $100m^2$

∴ $\frac{500m^2}{100m^2}$ = 5단위

09 수용성 가연성 물질의 화재 시 다량의 물을 방사하여 가연물질의 농도를 연소농도 이하가 되도록 하여 소화시키는 것은 무슨 소화원리인가?

① 제거소화
② 촉매소화
③ 희석소화
④ 억제소화

해설 희석소화 : 화재시 다량의 물을 방사하여 기체, 액체, 고체에서 나오는 가연성가스의 농도를 적게 하여 소화하는 방법

Answer 5. ① 6. ② 7. ② 8. ① 9. ③

10 위험물을 운반용기에 담아 지정수량의 1/10 초과하여 적재하는 경우 위험물을 혼재하여도 무방한 것은?

① 제1류 위험물과 제6류 위험물
② 제2류 위험물과 제6류 위험물
③ 제2류 위험물과 제3류 위험물
④ 제3류 위험물과 제5류 위험물

해설 혼재적재 가능 위험물
㉠ 제1류와 제6류 위험물
㉡ 제4류와 제2류, 제3류 위험물
㉢ 제5류와 제2류, 제4류 위험물

11 15℃의 기름 100g에 8000J의 열량을 주면 기름의 온도는 몇 ℃가 되겠는가? (단, 기름의 비열은 2J/g·℃이다.)

① 25 ② 45
③ 50 ④ 55

해설
$$Q = G \cdot C \cdot \Delta t$$
Q : 열량(J), C : 비열(J/g·℃), Δt : 온도차
$8000 = 100 \times 2 \times (x - 15)$
$8000 = 200x - 3000$
$x = \dfrac{8000 + 3000}{200}$, $x = 55℃$

12 이산화탄소 소화기 사용시 줄·톰슨 효과에 의해서 생성되는 물질은?

① 포스겐 ② 일산화탄소
③ 드라이아이스 ④ 수성가스

해설 줄·톰슨 효과 : 탄산가스를 압력과 온도를 낮추어 단열 팽창시키면 고체인 드라이아이스가 생성

13 탱크화재 현상 중 BLEVE(Boiling Liquid Expanding Vapor Explosion)에 대한 설명으로 가장 옳은 것은?

① 기름탱크에서의 수증기 폭발현상이다.
② 비등상태의 액화가스가 기화하여 팽창하고 폭발하는 현상이다.
③ 화재시 기름 속의 수분이 급격히 증발하여 기름거품이 되고 팽창해서 기름탱크에서 밖으로 내뿜어져 나오는 현상이다.
④ 고점도의 기름 속에 수증기를 포함한 볼 형태의 물방울이 형성되어 탱크 밖으로 넘치는 현상이다.

해설 비등액체팽창증기폭발(BLEVE) : 저장탱크 안의 액화가스가 주변 화재로 인하여 기화팽창하여 폭발하는 현상

14 소화난이도등급 I에 해당하지 않는 제조소등은?

① 제1석유류 위험물을 제조하는 제조소로서 연면적 1000m² 이상인 경우
② 제1석유류 위험물을 저장하는 옥외탱크저장소로서 액표면적이 40m² 이상인 것
③ 모든 이송취급소
④ 제6류 위험물을 저장하는 암반탱크저장소

해설 제6류 위험물을 저장하는 것 및 고인화점 위험물만을 100℃ 미만의 온도에서 저장하는 것은 소화난이도등급 I에 해당하지 않음

Answer 10. ① 11. ④ 12. ③ 13. ② 14. ④

15 위험물의 성질에 따라 강화된 기준을 적용하는 지정 과산화물을 저장하는 옥내저장소에서 지정과산화물에 대한 설명으로 옳은 것은?

① 지정과산화물이란 제5류 위험물 중 유기과산화물 또는 이를 함유한 것으로서 지정수량이 10kg인 것을 말한다.
② 지정과산화물에는 제4류 위험물에 해당하는 것도 포함된다.
③ 지정과산화물이란 유기과산화물과 알킬알루미늄을 말한다.
④ 지정과산화물이란 유기과산화물 중 소방방재청고시로 지정한 물질을 말한다.

해설 강화된 기준을 적용하는 지정과산화물을 저장하는 옥내저장소 특례
㉠ 지정과산화물이란 제5류 위험물 중 유기과산화물 또는 이를 함유하는 것으로서 지정수량이 10kg인 것(이하 "지정과산화물")
㉡ 알킬알루미늄 등
㉢ 히드록신아민 등

16 위험물안전관리법령상 지하탱크저장소에 설치하는 강제이중벽탱크에 관한 설명으로 틀린 것은?

① 탱크본체와 외벽 사이에는 3mm 이상의 감지층을 둔다.
② 스페이서는 탱크본체와 재질을 다르게 하여야 한다.
③ 탱크전용실 없이 지하에 직접 매설할 수도 있다.
④ 탱크외면에는 최대시험압력을 지워지지 않도록 표시하여야 한다.

해설 탱크 본체와 외벽 사이의 감지층 간격을 유지하기 위해 스페이서를 설치하며 재질을 원칙적으로 탱크 본체와 동일한 재료로 한다.

17 지정수량의 100배 이상을 저장 또는 취급하는 옥내저장소에 설치하여야 하는 경보설비는? (단, 고인화점 위험물만을 저장 또는 취급하는 것은 제외한다.)

① 비상경보설비
② 자동화재탐지설비
③ 비상방송설비
④ 비상조명등설비

해설 옥내저장소에 자동화재탐지 설비를 하는 경우
㉠ 지정수량의 100배 이상을 취급·저장시
㉡ 저장 창고의 연면적 150m² 을 초과시
㉢ 처마 높이 6m 이상인 단층 건물

18 금속분, 목탄, 코크스 등의 연소형태에 해당하는 것은?

① 자기연소
② 증발연소
③ 분해연소
④ 표면연소

해설 표면연소 : 열분해에 의해 가연성 가스를 발생하지 않고 그 자체가 연소하는 형태로 금속분, 목탄, 코크스등의 연소

Answer 15. ① 16. ② 17. ② 18. ④

19 8ℓ 용량의 소화전용 물통의 능력단위는?
① 0.3   ② 0.5
③ 1.0   ④ 1.5

해설 소화설비의 능력단위
㉠ 소화전용 물통 : 8ℓ – 0.3단위
㉡ 수조(물통 3개) : 80ℓ – 1.5단위
㉢ 수조(물통 6개) : 190ℓ – 2.5단위
㉣ 마른 모래(삽 1개) : 50ℓ – 0.5단위

20 위험물 제조소등별로 설치하여야 하는 경보설비의 종류에 해당하지 않는 것은?
① 비상방송설비
② 비상조명등설비
③ 자동화재탐지설비
④ 비상경보설비

해설 경보 설비 종류 : 비상 경보설비, 비상 방송설비, 누전 경보기, 자동화재 탐지 설비, 자동화재 속보 설비, 가스 누설 경보기

21 염소산나트륨과 반응하여 ClO_2가스를 발생시키는 것은?
① 글리세린
② 질소
③ 염산
④ 산소

해설 염소산 나트륨($NaClO_3$) : 산(HCl)을 가할 경우 유독한 이산화염소(ClO_2)가스 발생

22 위험물의 지하저장탱크 중 압력탱크 외의 탱크에 대해 수압시험을 실시할 때 몇 kPa의 압력으로 하여야 하는가? (단, 소방방재청장이 정하여 고시하는 기밀시험과 비파괴 시험을 동시에 실시하는 방법으로 대신하는 경우는 제외한다.)
① 40   ② 50
③ 60   ④ 70

해설 지하 저장탱크의 수압 시험
㉠ 압력 용기 : 최대 상용 압력(46.7kPa)의 1.5배 이상
㉡ 압력 용기외 : 70kPa

23 다음 중 착화온도가 가장 낮은 것은?
① 등유   ② 가솔린
③ 아세톤   ④ 톨루엔

해설 착화온도
등유 : 220℃, 가솔린 : 300℃, 아세톤 : 538℃, 톨루엔 : 552℃

24 저장용기에 물을 넣어 보관하고 $Ca(OH)_2$을 넣어 pH 9의 약 알칼리성으로 유지시키면서 저장하는 물질은?
① 적린   ② 황린
③ 질산   ④ 황화린

해설 황린(백린) : 제3류 위험물, 지정수량 50kg, 착화점 50℃, 물에 녹지 않고 인화수소(PH_3)의 생성을 방지하게 위하여 pH 9의 약알칼리성의 물에 저장

Answer 19. ① 20. ② 21. ③ 22. ④ 23. ① 24. ②

25 시·도의 조례가 정하는 바에 따라 관할소방서장의 승인을 받아 지정수량 이상의 위험물을 제조소들이 아닌 장소에서 임시로 저장 또는 취급하는 기간은 최대 몇 일 이내인가?

① 30 ② 60
③ 90 ④ 120

26 과염소산암모늄의 위험성에 대한 설명으로 올바르지 않은 것은?

① 급격히 가열하면 폭발의 위험이 있다.
② 건조시에는 안정하나 수분 흡수시에는 폭발한다.
③ 가연성 물질과 혼합하면 위험하다.
④ 강한 충격이나 마찰에 의해 폭발의 위험이 있다.

해설 과염소산암모늄(NH_4ClO_4)
수분흡수시 비교적 안정하나 건조시 폭발 위험

27 위험물안전관리법령상 제5류 위험물의 판정을 위한 시험의 종류로 옳은 것은?

① 폭발성 시험, 가열분해성 시험
② 폭발성 시험, 충격민감성 시험
③ 가열분해성 시험, 착화의 위험성 시험
④ 충격민감성 시험, 착화의 위험성 시험

해설 제5류 위험물의 판정 시험
㉠ 폭발성 시험 - 열분석시험으로 판정
㉡ 가열분해성시험 - 압력 용기 시험으로 판정

28 위험물 저장 방법에 관한 설명 중 틀린 것은?

① 알킬알루미늄은 물 속에 보관한다.
② 황린은 물 속에 보관한다.
③ 금속나트륨은 등유 속에 보관한다.
④ 금속칼륨은 경유 속에 보관한다.

해설 알킬알루미늄[$(R)_3Al$] : 제3류 위험물, 공기 또는 물과 반응시 자연 발화

29 위험물 운반에 관한 기준 중 위험등급 I에 해당하는 위험물은?

① 황화린
② 피크린산
③ 벤조일퍼옥사이드
④ 질산나트륨

해설 위험등급 I : 벤조일퍼옥사이드(제5류)
위험등급 II : 황화린(제2류), 피크린산(제5류), 질산나트륨(제1류)

30 톨루엔에 대한 설명으로 틀린 것은?

① 벤젠의 수소원자 하나가 메틸기로 치환된 것이다.
② 증기는 벤젠보다 가볍고 휘발성은 더 높다.
③ 독특한 향기를 가진 무색의 액체이다.
④ 물에 녹지 않는다.

해설 톨루엔($C_6H_5CH_3$) : 제4류의 제1석유류
증기는 벤젠보다 무겁고 휘발성은 벤젠이 더 높다.

Answer 25. ③ 26. ② 27. ① 28. ① 29. ③ 30. ②

31 질산나트륨의 성상에 대한 설명 중 틀린 것은?

① 조해성이 있다.
② 강력한 환원제이며 물보다 가볍다.
③ 열분해하여 산소를 방출한다.
④ 가연물과 혼합하면 충격에 의해 발화할 수 있다.

[해설] 질산나트륨($NaNO_3$) : 칠레 초석 비중 1.73, 강력한 산화제

32 2몰의 브롬산칼륨이 모두 열분해되어 생긴 산소의 양은 2기압 27℃에서 약 몇 L인가?

① 32.42　　② 36.92
③ 41.34　　④ 45.64

[해설] $2kBrO_3 \longrightarrow 2kBr + 3O_2$
　　2mol　　　：　　$3 \times 22.4\ell$
2mol의 브롬산칼륨이 열분해하면 $3 \times 22.4\ell$의 산소가 표준상태(0℃, 1atm)에서 생성되며 2atm, 27℃에서의 산소 부피는
$\dfrac{P_1 V_1}{T_1} = \dfrac{P_2 V_2}{T_2}$ 이므로 $\dfrac{1 \times 3 \times 2.44}{273} = \dfrac{2 \times V_2}{300}$
$V_2 = \dfrac{1 \times 3 \times 2.44 \times 300}{273} = 36.29\ell$

33 메탄올과 에탄올의 공통점을 설명한 내용으로 틀린 것은?

① 휘발성의 무색 액체이다.
② 인화점이 0℃ 이하이다.
③ 증기는 공기보다 무겁다.
④ 비중이 물보다 작다.

[해설] 메틸알콜(CH_3OH) : 인화점 11℃, 목정, 독성 있음
에탄올(C_2H_5OH) : 인화점 13℃, 주정, 요오드포름 반응

34 위험물안전관리법령상 유별이 같은 것으로만 나열된 것은?

① 금속의 인화물, 칼슘의 탄화물, 할로겐간화합물
② 아조벤젠, 염산히드라진, 질산구아니딘
③ 황린, 적린, 무기과산화물
④ 유기과산화물, 질산에스테르류, 알킬리튬

[해설] ㉠ 제1류 : 무기과산화물
㉡ 제2류 : 적린
㉢ 제3류 : 금속인 화합물, 칼슘의 탄화물, 황린, 알킬리튬
㉣ 제5류 : 아조벤젠, 염산히드라진, 질산구아니딘, 유기과산화물, 질산에스테르류
㉤ 제6류 : 할로겐간 화합물

35 위험물저장탱크 중 부상지붕구조로 탱크의 직경이 53m 이상 60m 미만인 경우 고정식 포소화설비의 포방출구 종류 및 수량으로 옳은 것은?

① Ⅰ형 8개 이상
② Ⅱ형 8개 이상
③ Ⅲ형 10개 이상
④ 특형 10개 이상

[해설] 고정지붕구조 탱크 : Ⅱ형, 10개 이상
부상 지붕구조 탱크 : 특형, 10개 이상

Answer　31. ②　32. ②　33. ②　34. ②　35. ④

36 위험물의 운반에 관한 기준에서 제4석유류와 혼재할 수 없는 위험물은? (단, 위험물은 각각 지정수량의 2배인 경우이다.)
① 황화린   ② 칼륨
③ 유기과산화물   ④ 과염소산

해설 제4류 위험물과 제6류 위험물(과염소산)은 혼재할 수 없음

37 주유취급소 일반 점검표의 점검항목에 따른 점검내용 중 점검방법이 육안 점검이 아닌 것은?
① 가연성증기검지경보설비 – 손상의 유무
② 피난설비의 비상전원 – 정전시의 점등상황
③ 간이탱크의 가연성증기회수밸브 – 작동상황
④ 배관의 전기방식 설비 – 단자의 탈락 유무

해설 피난 설비의 비상 전원 : 정전시의 점등상황은 작동 확인 사항임(별지 제16호 서식)

38 디에틸에테르에 대한 설명 중 틀린 것은?
① 강산화제와 혼합시 안전하게 사용할 수 있다.
② 대량으로 저장시 불활성 가스를 봉입한다.
③ 정전기 발생방지를 위해 주의를 기울여야 한다.
④ 통풍, 환기가 잘 되는 곳에 저장한다.

해설 디에틸에테르($C_2H_5OC_2H_5$)는 제4류의 특수인화물로 강산화제(제1류, 제6류)와 혼합시 위험

39 다음 중 증기비중이 가장 큰 것은?
① 벤젠   ② 등유
③ 메틸알코올   ④ 디에틸에테르

해설 증기비중
① 벤젠(C_6H_6) = $\frac{78}{29}$ = 2.69
② 등유 : 4.5
③ 메틸알콜(CH_3OH) = $\frac{32}{29}$ = 1.10
④ 디에틸에테르($C_2H_5OC_2H_5$) = $\frac{74}{29}$ = 2.55

40 휘발유에 대한 설명으로 옳은 것은?
① 가연성 증기를 발생하기 쉬우므로 주의한다.
② 발생된 증기는 공기보다 가벼워서 주변으로 확산하기 쉽다.
③ 전기를 잘 통하는 도체이므로 정전기를 발생시키지 않도록 조치한다.
④ 인화점이 상온보다 높으므로 여름철에 각별한 주의가 필요하다.

해설 휘발유(가솔린)
제4류의 제1석유류
증기비중 3~4, 전기 부도체, 인화점 −43~−20℃

Answer 36. ④ 37. ② 38. ① 39. ② 40. ①

41 다음 중 위험물 안전관리법령에 의한 지정수량이 가장 작은 품명은?

① 질산염류　② 인화성고체
③ 금속분　　④ 질산에스테르류

해설
- 질산염류 : 제1류, 300kg
- 인화성고체 : 제2류, 1000kg
- 금속분 : 제2류, 500kg
- 질산에스테르 : 제5류, 10kg

42 위험물안전관리법령상 제2류 위험물에 속하지 않는 것은?

① P_4S_3　② Al
③ Mg　　④ Li

해설 리튬(Li) : 제3류 위험물의 알카리금속

43 다음 위험물 중 발화점이 가장 낮은 것은?

① 유황　② 적린
③ 황린　④ 황화린

해설 발화점
제2류 위험물 - 황린(50℃)
제4류 위험물 - 황(232℃), 삼황화린(100℃)
제3류 위험물 - 아세톤(538℃)

44 위험물안전관리법령에 의한 지정수량이 나머지 셋과 다른 하나는?

① 유황　② 적린
③ 황린　④ 황화린

해설 황린 : 20kg
유황, 적린, 황화린 : 100kg

45 인화성액체 위험물을 저장하는 옥외탱크저장소에 설치하는 방유제의 높이 기준은?

① 0.5m 이상 1m 이하
② 0.5m 이상 3m 이하
③ 0.3m 이상 1m 이하
④ 0.3m 이상 3m 이하

해설 방유제 높이 : 0.5m 이상 3m 이하
방유제 면적 : 80000m^2 이하

46 위험물안전관리법령상 옥외저장탱크 중 압력탱크 외의 탱크에 통기관을 설치하여야 할 때 밸브 없는 통기관인 경우 통기관의 직경은 몇 mm 이상으로 하여야 하는가?

① 10
② 15
③ 20
④ 30

해설 밸브 없는 통기관의 통기관 직경 : 30mm 이상

47 금속나트륨과 금속칼륨의 공통적인 성질에 대한 설명으로 옳은 것은?

① 불연성 고체이다.
② 물과 반응하여 산소를 발생한다.
③ 은백색의 매우 단단한 금속이다.
④ 물보다 가벼운 금속이다.

해설 금속칼륨(K), 금속나크륨(Na) : 제3류 위험물의 금수성물질, 경금속, 물과 반응하여 수소가스(H_2) 발생

Answer　41. ④　42. ④　43. ③　44. ③　45. ②　46. ④　47. ④

48 트리니트로페놀에 대한 일반적인 설명으로 틀린 것은?

① 가연성 물질이다.
② 공업용은 보통 휘황색의 결정이다.
③ 알코올에 녹지 않는다.
④ 납과 화합하여 예민한 금속염을 만든다.

해설 트리니트로페놀(TNP, 피크린산) : 제5류 위험물의 니트로화합물, 단독으로 마찰에 둔감, 찬물에 녹지 않으나 온수, 알코올, 에테르에 잘 녹음

49 위험물 저장탱크의 내용적이 300L일 때 탱크에 저장하는 위험물의 용량의 범위로 적합한 것은? (단, 원칙적인 경우에 한한다.)

① 240~270L
② 270~285L
③ 290~295L
④ 295~298L

해설 저장탱크 용량 범위는 90~95% 범위이므로 270~285L

50 다음 각 위험물의 지정수량의 총 합은 몇 kg인가?

| 알킬리튬, 리튬, 수소화나트륨, 인화칼슘, 탄화칼슘 |

① 820
② 900
③ 960
④ 1260

해설 지정수량 : 알킬리튬(10kg), 리튬(50kg), 수소화나트륨(300kg), 인화칼슘(300kg), 탄화칼슘(300kg)
총 지정수량 = 10kg + 50kg + 300kg + 300kg + 300kg = 960kg

51 과산화수소의 분해 방지제로서 적합한 것은?

① 아세톤　② 인산
③ 황　　　④ 암모니아

해설 과산화수소(H_2O_2) : 제6류 위험물
안정제 - 인산, 요산

52 위험물안전관리법령상 산화성액체에 해당하지 않는 것은?

① 과염소산
② 과산화수소
③ 과염소산나트륨
④ 질산

해설 제1류 위험물(산화성고체) : 과염소산나트륨
제6류 위험물(산화성액체) : 과염소산, 과산화수소, 질산

53 위험물안전관리법령상 염소화규소화합물은 제 몇류 위험물에 해당하는가?

① 제1류
② 제2류
③ 제3류
④ 제5류

해설 염소화규소화합물 : 제3류 위험물의 행정안전부령으로 정한 위험물, 지정수량 300kg

Answer 48. ③ 49. ② 50. ③ 51. ② 52. ③ 53. ③

54 가솔린의 연소범위에 가장 가까운 것은?
① 1.4~7.6% ② 2.0~23.0%
③ 1.8~36.5% ④ 1.0~50.0%

해설 가솔린(휘발유) : 탄소수 C_6~C_9까지의 포화, 불포화 탄화수소의 혼합물 연소범위 1.4~7.6%

55 옥내저장탱크의 상호간에는 특별한 경우를 제외하고 최소 몇 m 이상의 간격을 유지하여야 하는가?
① 0.1 ② 0.2
③ 0.3 ④ 0.5

해설 옥내저장탱크 저장실 기준
㉠ 탱크와 탱크 전용실 벽과의 거리 : 0.5m 이상
㉡ 탱크와 탱크와의 거리 : 0.5m 이상
㉢ 탱크 두께 : 3.2mm 이상의 강철판

56 과산화벤조일에 대한 설명 중 틀린 것은?
① 진한 황산과 혼촉 시 위험성이 증가한다.
② 폭발성을 방지하기 위하여 희석제를 첨가할 수 있다.
③ 가열하면 약 100℃에서 흰 연기를 내면서 분해한다.
④ 물에 녹으며 무색, 무취의 액체이다.

해설 과산화벤조일 : 제5류 위험물의 유기과산화물, 물에 녹지 않으며 무색 무취의 백색분말 또는 결정

57 위험물 판매 취급소에 대한 설명 중 틀린 것은?
① 제1종 판매취급소라 함은 저장 또는 취급하는 위험물의 수량이 지정수량의 20배 이하인 판매취급소를 말한다.
② 위험물을 배합하는 실의 바닥면적은 $6m^2$ 이상 $15m^2$ 이하이어야 한다.
③ 판매취급소에서는 도료류 외의 제1석유류를 배합하거나 옮겨 담는 작업을 할 수 없다.
④ 제1종 판매취급소는 건축물의 2층까지만 설치가 가능하다.

해설 제1종 판매취급소로 쓰이는 점포는 지하층 또는 2층 이상의 층류에 설치할 수 없다.

58 위험물안전관리법의 적용 제외와 관련된 내용으로 ( ) 안에 알맞은 것을 모두 나타낸 것은?

> 위험물안전관리법은 ( )에 의한 위험물의 저장·취급 및 운반에 있어서는 이를 적용하지 아니한다.

① 항공기·선박(선박법 제1조의2제1항에 따른 선박을 말한다)·철도 및 궤도
② 항공기·선박(선박법 제1조의2제1항)에 따른 선박을 말한다)·철도
③ 항공기·철도 및 궤도
④ 철도 및 궤도

Answer 54. ① 55. ④ 56. ④ 57. ④ 58. ①

59 옥내저장소에 질산 600L를 저장하고 있다. 저장하고 있는 질산은 지정수량의 몇 배인가? (단, 질산의 비중은 1.5이다.)

① 1   ② 2
③ 3   ④ 4

해설 질산(HNO_3) : 지정수량 300kg
저장량(kg) = 저장부피(ℓ)×비중(kg/ℓ)
= 600ℓ×1.5kg/ℓ = 900kg
∴ 환산지정수량 = $\frac{900kg}{300kg}$ = 3배

60 중크롬산칼륨에 대한 설명으로 틀린 것은?

① 열분해하여 산소를 발생한다.
② 물과 알코올에 잘 녹는다.
③ 등적색의 결정으로 쓴맛이 있다.
④ 산화제, 의약품 등에 사용된다.

해설 중크롬산($K_2Cr_2O_7$) : 제1류 위험물, 지정수량 1000kg
등적색의 결정으로 물에 용해하나 알콜에 불용

Answer   59. ③   60. ②

01 위험물 제조소등에 설치하는 옥외소화전설비의 기준에서 옥외소화전함은 옥외소화전으로부터 보행거리 몇 m 이하의 장소에 설치하여야 하는가?
① 1.5
② 5
③ 7.5
④ 10

해설) 물 제조소의 옥외소화전은 옥외소화전함과 보행거리 5m 이하일 것

02 다음 중 질식소화 효과를 주로 이용하는 소화기는?
① 포소화기
② 강화액 소화기
③ 수(물)소화기
④ 할로겐화합물소화기

해설) • 포소화기 : 질식소화
• 강화액 소화기 : 냉각소화
• 수(물)소화기 : 냉각소화
• 할로겐화합물소화기 : 억제소화(부촉매효과)

03 위험물의 품명·수량 또는 지정수량 배수의 변경신고에 대한 설명으로 옳은 것은?
① 허가청과 협의하여 설치한 군용위험물시설의 경우도 적용된다.
② 변경신고는 변경한 날로부터 7일 이내에 완공검사필증을 첨부하여 신고하여야 한다.
③ 위험물의 품명이나 수량의 변경을 위해 제조소등의 위치·구조 또는 설비를 변경하는 경우에 신고한다.
④ 위험물의 품명·수량 및 지정수량의 배수를 모두 변경할 때에는 신고를 할 수 없고 허가를 신청하여야 한다.

해설) 위험물 품명·수량 지정수량 배수 변경신고는 군용 위험물 시설에서 적용된다.

Answer 1. ② 2. ① 3. ①

04 제조소에서 취급하는 제4류 위험물의 최대수량의 합이 지정수량의 24만배 이상 48만배미만인 사업소의 자체소방대에 두는 화학소방자동차 수와 소방대원의 인원기준으로 옳은 것은?

① 2대, 4인
② 2대, 12인
③ 3대, 15인
④ 3대, 24인

해설 자체 소방대 화학소방자동차

제조소 및 일반 취급소의 구분	화학 소방 자동차	조작 인원
지정수량 12만배 미만을 저장·취급하는 것	1대	5인
지정수량 12만배 이상 24만배 미만을 저장·취급하는 것	2대	10인
지정수량 24만배 이상 48만배 미만을 저장·취급하는 것	3대	15인
지정수량 48만배 이상을 저장·취급하는 것	4대	20인

05 주유취급소 중 건축물의 2층에 휴게음식점의 용도로 사용하는 것에 있어 해당 건축물의 2층으로부터 직접 주유취급소의 부지 밖으로 통하는 출입구와 해당 출입구로 통하는 통로·계단에 설치하여야 하는 것은?

① 비상경보설비
② 유도등
③ 비상조명등
④ 확성장치

해설 주유취급소 2층에서 부지 밖 출입구 계단 통로에는 유도등을 설치한다.

06 높이 15m, 지름 20m인 옥외저장탱크에 보유공지의 단축을 위해서 물분무설비로 방호조치를 하는 경우 수원의 양은 몇 L 이상으로 하여야 하는가?

① 46,496
② 58,090
③ 70,259
④ 95,880

해설 옥외저장탱크 물분무설비는 탱크높이 15m 이하마다 원주길이 1m에 대하여 분당 37ℓ 이상으로 하고 수원의 양은 20분 이상 방사할 수 있는 수량으로 한다.

수원의 양 $= 20m \times \pi \times 37\ell/min \times 20min$
$= 46,495.57\ell$

07 위험물제조소등에 설치해야 하는 각 소화설비의 설치기준에 있어서 각 노즐 또는 헤드 선단의 방사압력 기준이 나머지 셋과 다른 설비는?

① 옥내소화전설비
② 옥외소화전설비
③ 스프링클러설비
④ 물분무소화설비

해설 위험물 제조소 설치 소화설비의 노즐과 헤드 선단 방사압력 기준
- 옥내소화전 : 350kPa
- 옥외소화전 : 350kPa
- 물분무소화설비 : 350kPa
- 스프링클러설비 : 100kPa

Answer 4. ③ 5. ② 6. ① 7. ③

08 아세톤의 위험도를 구하면 얼마인가? (단, 아세톤의 연소범위는 2~13vol%이다.)
① 0.846
② 1.23
③ 5.5
④ 7.5

해설 아세톤 위험도 $H = \dfrac{U-L}{L} = \dfrac{13-2}{2} = 5.5$

09 위험물제조소등에 설치하는 이산화탄소 소화설비의 소화약제 저장용기 설치장소로 적합하지 않은 곳은?
① 방화구역 외의 장소
② 온도가 40℃ 이하이고 온도변화가 적은 장소
③ 빗물이 침투할 우려가 적은 장소
④ 직사일광이 잘 들어오는 장소

해설 위험물 제조소의 이산화탄소 소화설비의 저장용기 설치장소는 직사일광을 받지 않는 실에 설치할 것

10 위험물안전관리법령에 따른 옥외소화전설비의 설치기준에 대해 다음 ( ) 안에 알맞은 수치를 차례대로 나타낸 것은?

> 옥외소화전설비는 모든 옥외소화전(설치개수 4개 이상인 경우는 4개의 옥외소화전)을 동시에 사용할 경우에 각 노즐선단의 방수압력이 ( )kPa 이상이고 방수량이 1분당 ( )ℓ 이상의 성능이 되도록 할 것

① 250, 260
② 300, 260
③ 350, 450
④ 300, 450

해설 옥외소화전 설비는(설치 개수가 4개 이상인 경우에는 최대 4개로 한다) 각 노즐 선단의 방수압력이 (350kPa) 이상이고, 방수량은 1분당 (450ℓ) 이상의 성능을 가질 것

11 알루미늄 분말 화재 시 주수하여서는 안 되는 가장 큰 이유는?
① 수소가 발생하여 연소가 확대되기 때문에
② 유독가스가 발생하여 연소가 확대되기 때문에
③ 산소의 발생으로 연소가 확대되기 때문에
④ 분말의 독성이 강하기 때문에

해설 알루미늄 분말 화재 시 주수소화 하게 되면 수소가 발생하여 연대될 우려가 있다.

12 위험물별로 설치하는 소화설비 중 적응성이 없는 것과 연결된 것은?
① 제3류 위험물 중 금수성물질 이외의 것 – 할로겐화합물 소화설비, 이산화탄소소화설비
② 제4류 위험물 – 물분무소화설비, 이산화탄소소화설비
③ 제5류 위험물 – 포소화설비, 스프링클러설비
④ 제6류 위험물 – 옥내소화전설비, 물분무소화설비

해설 제3류 위험물 중 금수성물질 이외의 것에 설치하는 소화설비로 적응성이 있는 것은 주수에 의한 냉각소화와 각종소화설비에 의한 질식소화 등이 있다.

Answer 8. ③ 9. ④ 10. ③ 11. ① 12. ①

13 전기화재의 급수와 표시색상을 옳게 나타낸 것은?

① C급 - 백색
② D급 - 백색
③ C급 - 청색
④ D급 - 청색

해설 전기화재는 C급 화재로 청색으로 표시한다.

14 탄화알루미늄이 물과 반응하여 폭발의 위험이 있는 것은 어떤 가스가 발생하기 때문인가?

① 수소
② 메탄
③ 아세틸렌
④ 암모니아

해설 탄화알루미늄과 물 반응식

$$Al_4C_3 + 12H_2O \rightarrow 4Al(OH)_3 + 3CH_4$$
(탄화알루미늄) (물)   (수산화알루미늄) (메탄)

15 과산화리튬의 화재현장에서 주수소화가 불가능한 이유는?

① 수소가 발생하기 때문에
② 산소가 발생하기 때문에
③ 이산화탄소가 발생하기 때문에
④ 일산화탄소가 발생하기 때문에

해설 과산화리튬 화재 시 주수소화하면 심하게 반응하여 발열하고 산소가 발생되어 위험하다.
$2Li_2O_2 + 2H_2O \rightarrow 4LiOH + O_2$

16 위험물제조소에 설치하는 분말소화설비의 기준에서 분말소화약제의 가압용 가스로 사용할 수 있는 것은?

① 헬륨 또는 산소
② 네온 또는 염소
③ 아르곤 또는 산소
④ 질소 또는 이산화탄소

해설 위험물 제조소 분말소화약제 가압용 가스로는 질소 또는 이산화탄소가 쓰인다.

17 제6류 위험물을 저장하는 제조소등에 적응성이 없는 소화설비는?

① 옥외소화전설비
② 탄산수소염류 분말소화설비
③ 스프링클러설비
④ 포소화설비

해설 제6류 위험물은 산화성 액체로서 적응성 있는 소화설비로는 다량의 물로 냉각소화 하거나 마른 모래 인산염류분말에 의한 질식소화가 효과적이다. 탄산수소염류 분말소화 약제는 금속화재용 분말소화약제이다.

Answer 13. ③ 14. ② 15. ② 16. ④ 17. ②

18 소화난이도등급 Ⅰ에 해당하는 위험물제조소등이 아닌 것은? (단, 원칙적인 경우에 한하며 다른 조건은 고려하지 않는다.)

① 모든 이송취급소
② 연면적 $600m^2$의 제조소
③ 지정수량의 150배인 옥내저장소
④ 액 표면적이 $40m^2$인 옥외탱크저장소

해설 소화난이도 Ⅰ등급 위험물제조소 및 일반 취급소는 연면적 $1000m^2$ 이상인 곳 또는 지정수량 1000배 이상인 시설이 해당된다. 모든 이송취급소, 옥내저장소는 지정수량 150배 이상인 곳
옥외탱크저장소는 액 표면적 $40m^2$ 이상인 곳

19 니트로셀룰로오스의 자연발화는 일반적으로 무엇에 기인한 것인가?

① 산화열
② 중합열
③ 흡착열
④ 분해열

해설 제5류 위험물인 니트로셀룰로오스는 분해열에 의한 자연발화의 위험이 있다. 그러므로 물 또는 알콜에 습면시켜 저장 또는 운반한다.

20 인화점 70℃ 이상의 제4류 위험물을 저장하는 암반탱크저장소에 설치하여야 하는 소화설비들로만 이루어진 것은? (단, 소화난이도등급 Ⅰ에 해당한다.)

① 물분무소화설비 또는 고정식 포소화설비
② 이산화탄소소화설비 또는 물분무소화설비
③ 할로겐화합물소화설비 또는 이산화탄소소화설비
④ 고정식 포소화설비 또는 할로겐화합물소화설비

해설 소화 Ⅰ등급인 4류위험물(인화점 70℃ 이상)을 저장하는 소화설비는 물분무소화설비 또는 고정식 포소화설비이다.

21 1종 판매취급소에 설치하는 위험물 배합실의 기준으로 틀린 것은?

① 바닥면적은 $6m^2$ 이상 $15m^2$ 이하일 것
② 내화구조 또는 불연재료로 된 벽으로 구획할 것
③ 출입구는 수시로 열 수 있는 자동폐쇄식의 갑종방화문으로 설치할 것
④ 출입구 문턱의 높이는 바닥면으로부터 0.2m 이상일 것

해설 1종 판매취급소 배합실 기준에서 출입구의 턱 높이는 바닥에서 0.1m 이상인 것

Answer 18. ② 19. ④ 20. ① 21. ④

22 규조토에 흡수시켜 다이너마이트를 제조할 때 사용되는 위험물은?

① 디니트로톨루엔
② 질산에틸
③ 니트로글리세린
④ 니트로셀룰로오스

해설 제5류 위험물인 니트로글리세린은 무색 투명한 기름 형태의 액체로 규조토에 흡수시켜 다이너마이트로 사용된다.

23 $NaClO_2$을 수납하는 운반용기의 외부에 표시하여야 할 주의사항으로 옳은 것은?

① 화기엄금 및 충격주의
② 화기주의 및 물기엄금
③ 화기·충격주의 및 가연물접촉주의
④ 화기엄금 및 공기접촉엄금

해설 제1류 위험물인 아염소산나트륨($NaClO_2$)은 산화성 고체로 수납운반 용기에 화기·충격주의 및 가연물 접촉주의로 표시하여야 한다.

24 이황화탄소 저장 시 물속에 저장하는 이유로 가장 옳은 것은?

① 공기 중 수소와 접촉하여 산화되는 것을 방지하기 위하여
② 공기와 접촉 시 환원하기 때문에
③ 가연성 증기의 발생을 억제하기 위해서
④ 불순물을 제거하기 위하여

해설 제4류 위험물 중 특수인화물인 이황화탄소는 인화성이 강하며 휘발하기 쉬운 유독한 증기 발생을 하므로 물보다 무겁고 물과 반응하지 않아 물속에 저장한다.

25 알루미늄분의 위험성에 대한 설명 중 틀린 것은?

① 할로겐원소와 접촉 시 자연발화의 위험성이 있다.
② 산과 반응하여 가연성가스인 수소를 발생한다.
③ 발화하면 다량의 열이 발생한다.
④ 뜨거운 물과 격렬히 반응하여 산화알루미늄을 발생한다.

해설 제2류 위험물인 알루미늄분말은 물과 반응해서 수소를 발생한다. 그러므로 화재 시 주수소화가 부적당하다.

26 위험물제조소에서 다음과 같이 위험물을 취급하고 있는 경우 각각의 지정수량 배수의 총합은 얼마인가?

• 브롬산나트륨 300kg
• 과산화나트륨 150kg
• 중크롬산나트륨 500kg

① 3.5   ② 4.0
③ 4.5   ④ 5.0

해설 지정수량 배수
• 브롬산나트륨 : 300kg
• 과산화나트륨 : 50kg
• 중크롬산나트륨 : 1000kg

$$\frac{300}{300} + \frac{150}{50} + \frac{500}{1000} = 4.5$$

Answer 22. ③ 23. ③ 24. ③ 25. ④ 26. ③

27 오황화린과 칠황화린이 물과 반응했을 때 공통으로 나오는 물질은?

① 이산화황   ② 황화수소
③ 인화수소   ④ 삼산화황

해설 황화린 : 제2류 위험물, 지정수량 100kg
㉠ 삼황화린(P_4S_3), 오황화린(P_2S_5), 칠황화린(P_4S_7)
㉡ 오황화린과 칠황화린이 물과 반응하면 황화수소(H_2S)와 인산(H_3PO_4)
$P_2S_5 + 8H_2O \rightarrow 5H_2S + 2H_3PO_4$

28 과산화벤조일의 일반적인 성질로 옳은 것은?

① 비중은 약 0.33이다.
② 무미, 무취의 고체이다.
③ 물에는 잘 녹지만 디에틸에테르에는 녹지 않는다.
④ 녹는점은 약 300℃이다.

해설 과산화벤조일[$(C_6H_5CO)_2O_2$]
• 제5류 위험물인 유기과산화물 지정수량 10kg
• 무색·무취의 백색분말 또는 결정
• 상온에서 안정된 물질이지만 건조상태에서 마찰·충격으로 폭발 위험이 있다.

29 메틸알코올의 위험성에 대한 설명으로 틀린 것은?

① 겨울에는 인화의 위험이 여름보다 작다.
② 증기밀도는 가솔린보다 크다.
③ 독성이 있다.
④ 연소범위는 에틸알코올보다 넓다.

해설 메틸알코올(CH_3OH)
• 제4류 위험물의 알코올류
• 지정수량 400ℓ
• 독성이 있음
• 인화점 11℃
• 증기비중은 메틸알콜(1.1)이 가솔린(3~4)보다 작다.

30 위험물안전관리법령은 위험물의 유별에 따른 저장·취급상의 유의사항을 규정하고 있다. 이 규정에서 특히 과열, 충격, 마찰을 피하여야 할 류에 속하는 위험물 품명을 옳게 나열한 것은?

① 히드록실아민, 금속의 아지화합물
② 금속의 산화물, 칼슘의 탄화물
③ 무기금속화합물, 인화성고체
④ 무기과산화물, 금속의 산화물

해설 제5류 위험물은 내부산소에 의해서 자기연소가 일어나며 과열, 충격, 마찰을 피해야 한다. 히드록실아민, 금속의 아지화합물은 제5류 위험물이다.

Answer 27. ② 28. ② 29. ② 30. ①

31 제3류 위험물에 대한 설명으로 옳지 않은 것은?

① 황린은 공기 중에 노출되면 자연발화하므로 물속에 저장하여야 한다.
② 나트륨은 물보다 무거우며 석유 등의 보호액 속에 저장하여야 한다.
③ 트리에틸알루미늄은 상온에서 액체상태로 존재한다.
④ 인화칼슘은 물과 반응하여 유독성의 포스핀을 발생한다.

해설 나트륨(Na), 칼륨(k) : 은백색 광색의 무른 경금속으로 물보다 가벼우며 물과 반응하여 수소(H_2)가스를 발생하고 발열하므로 석유, 등유, 경유 속에 저장한다.

32 과산화벤조일 100kg을 저장하려 한다. 지정수량의 배수는 얼마인가?

① 5배   ② 7배
③ 10배   ④ 15배

해설 환산지정수량 $= \dfrac{\text{저장수량}}{\text{지정수량}} = \dfrac{100kg}{10kg} = 10$배

※ 과산화벤조일 : 제5류 위험물의 유기과산화물, 지정수량 10kg

33 순수한 것은 무색, 투명한 기름상의 액체이고 공업용은 담황색인 위험물로 충격, 마찰에는 매우 예민하고 겨울철에는 동결할 우려가 있는 것은?

① 펜트리트
② 트리니트로벤젠
③ 니트로글리세린
④ 질산메틸

해설 니트로글리세린[$C_3H_5(ONO_2)_3$]
NG라고하며, 융점이 2.8~13.5℃로 겨울철에 동결 우려가 있고 규조토에 흡수시킨 것을 다이너마이트라 한다.

34 과산화칼륨이 물 또는 이산화탄소와 반응할 경우 공통적으로 발생하는 물질은?

① 산소
② 과산화수소
③ 수산화칼륨
④ 수소

해설 과산화칼륨(K_2O_2) : 제1류 위험물의 알카리금속의 과산화물
$2K_2O_2 + 2H_2O \rightarrow 4KOH + O_2$
$2K_2O_2 + 2CO_2 \rightarrow 2K_2CO_3 + O_2$
공통적으로 산소(O_2)가스가 발생한다.

Answer 31. ② 32. ③ 33. ③ 34. ①

35 위험물안전관리법령에서 정한 물분무소화설비의 설치기준으로 적합하지 않은 것은?

① 고압의 전기설비가 있는 장소에는 해당 전기설비와 분무헤드 및 배관과 사이에 전기절연을 위하여 필요한 공간을 보유한다.
② 스트레이너 및 일제개방밸브는 제어밸브의 하류 측 부근에 스트레이너, 일제개방밸브의 순으로 설치한다.
③ 물분무소화설비에 2 이상의 방사구역을 두는 경우에는 화재를 유효하게 소화할 수 있도록 인접하는 방사구역이 상호 중복되도록 한다.
④ 수원의 수위가 수평회전식펌프보다 낮은 위치에 있는 가압송수장치의 물올림장치는 타설비와 겸용하여 설치한다.

해설 수원의 수위가 수평 회전식 펌프보다 낮은 위치에 있는 가압 송수장치의 물올림장치는 전용의 물올림 탱크를 설치해야 한다.

36 과산화수소의 운반용기 외부에 표시하여야 하는 주의사항은?

① 화기주의   ② 충격주의
③ 물기엄금   ④ 가연물접촉주의

해설 운반용기 외부에 표시사항
- 제1류 위험물 : 화기·충격주의, 가연물 접촉 주의
- 제2류 위험물 : 화기주의
- 제3류 위험물 : 자연발화성-화기엄금, 공기 노출 엄금, 금수성-물기엄금
- 제4류 위험물 : 화기엄금
- 제5류 위험물 : 화기엄금, 충격주의
- 제6류 위험물 : 가연물접촉주의, 과산화수소는 제6류 위험물

37 액체위험물을 운반용기에 수납할 때 내용적의 몇 % 이하의 수납률로 수납하여야 하는가?

① 95   ② 96
③ 97   ④ 98

해설 액체 위험물 : 98% 이하
고체 위험물 : 95% 이하

38 다음 중 위험물안전관리법령에서 정한 지정수량이 500kg인 것은?

① 황화린   ② 금속분
③ 인화성고체 ④ 유황

해설 제2류 위험물의 지정수량
① 황화린 : 100kg
② 금속분 : 500kg
③ 인화성고체 : 1000kg
④ 유황 : 100kg

39 건성유에 해당되지 않는 것은?

① 들기름   ② 동유
③ 아마인유   ④ 피마자유

해설 건성유(요오드값 130 이상) : 해바라기유, 동유, 아마인유, 들기름, 정어리기름
반건성유(요오드값 100 이상 130 미만) : 청어유, 쌀겨기름, 면실유, 채종유, 옥수수기름, 참기름, 콩기름
불건성유(요오드값 100 미만) : 쇠기름, 돼지기름, 고래기름, 올리브유, 피마자유, 땅콩기름, 야자유

Answer 35. ④ 36. ④ 37. ④ 38. ② 39. ④

40 위험물안전관리법상 제5류 위험물의 위험등급에 대한 설명 중 틀린 것은?

① 유기과산화물과 질산에스테르류는 위험등급 I에 해당한다.
② 지정수량 100kg인 히드록실아민과 히드록실아민염류는 위험등급 II에 속한다.
③ 지정수량 200kg에 해당되는 품명은 모두 위험등급 III에 해당한다.
④ 지정수량 10kg인 품명만 위험등급 I에 해당한다.

해설 제5류 위험물 중 지정수량 200kg에 해당되는 품명은 니트로화합물, 니트로소화합물, 아조화합물, 디아조화합물, 히드라진 유도체 등이며, 위험등급 II에 해당한다.

41 제5류 위험물에 관한 내용으로 틀린 것은?

① $C_2H_5ONO_2$: 상온에서 액체이다.
② $C_6H_2OH(NO_2)_3$: 공기 중 자연분해가 잘된다.
③ $C_6H_3(NO_2)_2CH_3$: 담황색의 결정이다.
④ $C_3H_5(ONO_2)_3$: 혼산 중에 글리세린을 반응시켜 제조한다.

해설 트리니트로페놀[$C_6H_2OH(NO_2)_3$] : 충격, 마찰에 비교적 둔감하며 공기 중에서 자연분해하지 않으므로 장기간 저장할 수 있다.

42 다음 중 제4류 위험물에 대한 설명으로 가장 옳은 것은?

① 물과 접촉하면 발열하는 것
② 자기연소성 물질
③ 많은 산소를 함유하는 강산화제
④ 상온에서 액상인 가연성 액체

해설 제1류 위험물 : 산화성 고체
제2류 위험물 : 가연성 고체
제3류 위험물 : 자연발화성, 금수성 물체
제4류 위험물 : 상온에서 액체인 가연성 액체
제5류 위험물 : 자기연소성 물질
제6류 위험물 : 산화성 액체

43 위험물 운송책임자의 감독 또는 지원의 방법으로 운송의 감독 또는 지원을 위하여 마련한 별도의 사무실에 운송책임자가 대기하면서 이행하는 사항에 해당하지 않는 것은?

① 운송 후에 운송경로를 파악하여 관할 경찰관서에 신고하는 것
② 이동탱크저장소의 운전자에 대하여 수시로 안전확보 상황을 확인하는 것
③ 비상시의 응급처치에 관하여 조언을 하는 것
④ 위험물의 운송 중 안전확보에 관하여 필요한 정보를 제공하고 감독 또는 지원하는 것

해설 ① 운송경로를 미리 파악하고 관할 소방관서 또는 관련 업체에 대한 연락 체계를 갖추는 것
② 기타 ②, ③, ④ 함

Answer 40. ③ 41. ② 42. ④ 43. ①

44 제조소등에 있어서 위험물을 저장하는 기준으로 잘못된 것은?

① 황린은 제3류 위험물이므로 물기가 없는 건조한 장소에 저장하여야 한다.
② 덩어리 상태의 유황은 위험물 용기에 수납하지 않고 옥내저장소에 저장할 수 있다.
③ 옥내저장소에서는 용기에 수납하여 저장하는 위험물의 온도가 55℃를 넘지 아니하도록 필요한 조치를 강구하여야 한다.
④ 이동저장탱크에는 저장 또는 취급하는 위험물의 유별·품명·최대수량 및 적재중량을 표시하고 잘 보일 수 있도록 관리하여야 한다.

해설 황린(백린) : 물과 반응하지 않으므로 물속에 저장한다.

45 요오드(아이오딘)산 아연의 성질에 대한 설명으로 가장 거리가 먼 것은?

① 결정성 분말이다.
② 유기물과 혼합 시 연소 위험이 있다.
③ 환원력이 강하다.
④ 제1류 위험물이다.

해설 요오드산아연[$Zn(IO_3)_2$] : 제1류 위험물의 요오드산염류, 지정수량 300kg, 산화성 고체로 산화력이 강하다.

46 1몰의 에틸알코올이 완전연소하였을 때 생성되는 이산화탄소는 몇 몰인가?

① 1몰 ② 2몰
③ 3몰 ④ 4몰

해설 $C_2H_5OH + 3O_2 \rightarrow 2CO_2 + 3H_2O$
 [mol]   2mol
1몰의 에틸알콜이 완전연소하면 2몰의 이산화탄소(CO_2)가 생성된다.

47 이송취급소의 교체밸브, 제어밸브 등의 설치기준으로 틀린 것은?

① 밸브는 원칙적으로 이송기지 또는 전용부지 내에 설치할 것
② 밸브는 그 개폐상태를 설치장소에서 쉽게 확인할 수 있도록 할 것
③ 밸브를 지하에 설치하는 경우에는 점검상자 안에 설치할 것
④ 밸브는 해당 밸브의 관리에 관계하는 자가 아니면 수동으로만 개폐할 수 있도록 할 것

해설 교체밸브, 제어밸브의 설치기준
㉠ ①, ②, ③
㉡ 밸브는 당해 밸브의 관계자가 아니면 수동으로 개폐할 수 없도록 한다.

Answer 44. ① 45. ③ 46. ② 47. ④

48 과염소산에 대한 설명으로 틀린 것은?

① 물과 접촉하면 발열한다.
② 불연성이지만 유독성이 있다.
③ 증기비중은 약 3.5이다.
④ 산화제이므로 쉽게 산화할 수 있다.

해설 : 과염소산($HClO_3$) : 제6류 위험물, 지정수량 300kg
강한 산화제로서 가연물을 산화시키고 자신은 환원된다.

49 알킬알루미늄의 저장 및 취급방법으로 옳은 것은?

① 용기는 완전 밀봉하고 CH_4, C_3H_8 등을 봉입한다.
② C_6H_6 등의 희석제를 넣어준다.
③ 용기의 마개에 다수의 미세한 구멍을 뚫는다.
④ 통기구가 달린 용기를 사용하여 압력상승을 방지한다.

해설 : 알킬알루미늄[$(R)_3Al$] : 탄소수 C_1~C_4까지 자연 발화하므로 희석제로 벤젠(C_6H_6), 헥산(C_6H_{14}) 등을 넣어준다.

50 제조소등에서 위험물을 유출시켜 사람의 신체 또는 재산에 대하여 위험을 발생시킨 자에 대한 벌칙기준으로 옳은 것은?

① 1년 이상 3년 이하의 징역
② 1년 이상 5년 이하의 징역
③ 1년 이상 7년 이하의 징역
④ 1년 이상 10년 이하의 징역

해설 : 제조소등에서 위험물을 유출·방출 또는 확산시켜 사람의 생명·신체 또는 재산에 대하여 위험을 발생시킨 자는 1년 이상 10년 이하의 징역에 처한다.

51 고정 지붕 구조를 가진 높이 15m의 원통종형 옥외위험물 저장탱크 안의 탱크 상부로부터 아래로 1m 지점에 고정식포 방출구가 설치되어 있다. 이 조건의 탱크를 신설하는 경우 최대 허가량은 얼마인가? (단, 탱크의 내부 단면적은 100m²이고, 탱크 내부에는 별다른 구조물이 없으며, 공간용적 기준은 만족하는 것으로 가정한다.)

① 1,400m³   ② 1,370m³
③ 1,350m³   ④ 1,300m³

해설 : $14m \times 100m^2 \times 0.98 = 1,372m^3$

52 염소산나트륨의 저장 및 취급 시 주의할 사항으로 틀린 것은?

① 철제용기에 저장은 피해야 한다.
② 열분해 시 이산화탄소가 발생하므로 질식에 유의한다.
③ 조해성이 있으므로 방습에 유의하다.
④ 용기에 밀전하여 보관한다.

해설 : 염소산나트륨($NaClO_3$) : 제1류 위험물, 지정수량 50kg
열분해시 산소(O_2)가스가 발생한다.

$NaClO_3 \xrightarrow{\triangle} 2NaCl + O_2$
(염화나트륨)

Answer   48. ④ 49. ② 50. ④ 51. ② 52. ②

53 제4류 위험물의 옥외저장탱크에 대기밸브 부착 통기관을 설치할 때 몇 kPa 이하의 압력 차이로 작동하여야 하는가?

① 5kPa 이하 ② 10kPa 이하
③ 15kPa 이하 ④ 20kPa 이하

해설 옥외저장탱크에 대기밸브 부착 통기관 설치시 가는 눈의 구리망으로 인화방지망을 설치하고 5kPa 이하에서 작동해야 한다.

54 비중은 0.86이고 은백색의 무른 경금속으로 보라색 불꽃을 내면서 연소하는 제3류 위험물은?

① 칼슘 ② 나트륨
③ 칼륨 ④ 리튬

해설 불꽃 반응 색깔
㉠ 나트륨(Na) : 황색
㉡ 칼륨(K) : 보라색

55 위험물안전관리법령상 제3류 위험물에 속하는 담황색의 고체로서 물속에 보관해야 하는 것은?

① 황린
② 적린
③ 유황
④ 니트로글리세린

해설 황린(백린)
• 제3류 위험물
• 지정수량 20kg
• 담황색 고체로 어두운 곳에서 인광을 발한다.
• 독성이 강하며 치사량은 0.02~0.05g이다.
• 물에 녹지 않으므로 물 속에 저장한다.

56 이황화탄소에 관한 설명으로 틀린 것은?

① 비교적 무거운 무색의 고체이다.
② 인화점이 0℃ 이하이다.
③ 약 100℃에서 발화할 수 있다.
④ 이황화탄소의 증기는 유독하다.

해설 이황화탄소(CS_2) : 제4류 위험물의 특수인화물, 지정수량 50ℓ, 무색투명한 액체로 일광에 쬐면 황색으로 변한다.

57 다음은 위험물안전관리법령에 따른 이동탱크저장소에 대한 기준이다. ( )안에 알맞은 수치를 차례대로 나열한 것은?

> 이동저장탱크는 그 내부에 ( )L 이하마다 ( )mm 이상의 강철판 또는 이와 동등 이상의 강도·내열성 및 내식성이 있는 금속성의 것으로 칸막이를 설치하여야 한다.

① 2,500, 3.2
② 2,500, 4.8
③ 4,000, 3.2
④ 4,000, 4.8

Answer 53. ① 54. ③ 55. ① 56. ① 57. ③

58 위험물안전관리법령에서 규정하고 있는 사항으로 틀린 것은?

① 법정의 안전교육을 받아야 하는 사람은 안전관리자로 선임된 자, 탱크시험자의 기술인력으로 종사하는 자, 위험물운송자로 종사하는 자이다.
② 지정수량의 150배 이상의 위험물을 저장하는 옥내저장소는 관계인이 예방규정을 정하여야 하는 제조소 등에 해당한다.
③ 정기검사의 대상이 되는 것은 액체위험물을 저장 또는 취급하는 10만 리터 이상의 옥외탱크저장소, 암반탱크저장소, 이송취급소이다.
④ 법정의 안전관리자교육이수자와 소방공무원으로 근무한 경력이 3년 이상인 자는 제4류 위험물에 대한 위험물 취급 자격자가 될 수 있다.

해설 정기 검사의 대상이 되는 액체 위험을 저장 또는 취급하는 100만리터 이상의 옥외탱크 저장소를 말한다.

59 인화점이 상온 이상인 위험물은?

① 중유 ② 아세트알데히드
③ 아세톤 ④ 이황화탄소

해설 제4류 위험물의 인화점
중유(제2석유류) : 40~70℃
아세트알데히드(특수인화물) : -38℃
아세톤(제1석유류) : -18℃
이황화탄소(특수인화물) : -30℃

60 위험물제조소의 연면적이 몇 m^2 이상이 되면 경보설비 중 자동화재탐지설비를 설치하여야 하는가?

① 400 ② 500
③ 600 ④ 800

해설 제조소 및 일반 취급소에 자동화재 탐지 설비를 설치해야 하는 경우
㉠ 연면적 $500m^2$ 이상인 것
㉡ 옥내에서 지정수량의 100배 이상을 취급하는 것

Answer 58. ③ 59. ① 60. ②

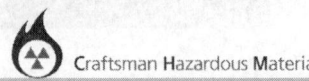

CBT 시험대비
● 2014년 4월 6일 시행

01 화재 원인에 대한 설명으로 틀린 것은?
① 연소 대상물의 열전도율이 좋을수록 연소가 잘 된다.
② 온도가 높을수록 연소 위험이 높아진다.
③ 화학적 친화력이 클수록 연소가 잘 된다.
④ 산소와 접촉이 잘 될수록 연소가 잘 된다.

해설 열전도율이 작을수록 열이 축척되어 연소가 잘된다.

02 다음 고온체의 색깔을 낮은 온도부터 옳게 나열한 것은?
① 암적색 < 황적색 < 백적색 < 휘적색
② 휘적색 < 백적색 < 황적색 < 암적색
③ 휘적색 < 암적색 < 황적색 < 백적색
④ 암적색 < 휘적색 < 황적색 < 백적색

해설 고온체의 온도
암적색 : 700℃
휘적색 : 950℃
황적색 : 1100℃
백적색 : 1300℃

03 화재 시 이산화탄소를 사용하여 공기 중 산소의 농도를 21vol%에서 13vol%로 낮추려면 공기 중 이산화탄소의 농도는 약 몇 vol%가 되어야 하는가?
① 34.3 ② 38.1
③ 42.5 ④ 45.8

해설 $CO_2(\%) = \dfrac{21 - O_2(\%)}{21} \times 100 = \dfrac{21-13}{21} \times 100 = 38.09\%$

04 [보기]에 소화기의 사용방법을 옳게 설명한 것을 나열한 것은?

[보기]
㉮ 적응화재에만 사용할 것
㉯ 불과 최대한 멀리 떨어져서 사용할 것
㉰ 바람을 마주보고 풍하에서 풍상 방향으로 사용할 것
㉱ 양옆으로 비로 쓸 듯이 골고루 사용할 것

① ㉮, ㉯ ② ㉮, ㉰
③ ㉮, ㉱ ④ ㉮, ㉰, ㉱

해설 소화기 사용법
㉠ ㉮, ㉱
㉡ 불 가까이 접근하여 사용할 것
㉢ 바람을 등지고 풍상에서 풍하로 사용할 것

Answer 1. ① 2. ④ 3. ② 4. ③

05 폭발 시 연소파의 전파속도 범위에 가장 가까운 것은?

① 0.1~10m/s
② 100~1000m/s
③ 2000~3500m/s
④ 5000~10000m/s

해설 연소속도 : 0.1~10m/s
폭굉속도 : 1000~3500m/s

06 위험물제조소의 안전거리 기준으로 틀린 것은?

① 초·중등교육법 및 고등교육법에 의한 학교-20m 이상
② 의료법에 의한 병원급 의료기관-30m 이상
③ 문화재보호법 규정에 의한 지정문화재-50m 이상
④ 사용전압이 35000V를 초과하는 특고압가공전선-5m 이상

해설 제조소의 안전거리
학교, 병원, 극장 등 : 30m 이상

07 위험물안전관리법령상 위험물제조소 등에서 전기설비가 있는 곳에 적응하는 소화설비는?

① 옥내소화전설비
② 스프링클러설비
③ 포소화설비
④ 할로겐화합물소화설비

해설 전기설비적응소화기 : 물분무소화설비, 이산화탄소 소화설비, 할로겐화합물 소화설비, 인산염류·탄산염류 분말소화설비

08 제5류 위험물의 화재시 소화방법에 대한 설명으로 옳은 것은?

① 가연성물질로서 연소속도가 빠르므로 질식소화가 효과적이다.
② 할로겐화합물 소화기가 적응성이 있다.
③ CO_2 및 분말소화기가 적응성이 있다.
④ 다량의 주수에 의한 냉각소화가 효과적이다.

해설 제5류 위험물은 자체 내에 산소를 함유하는 자기반응성물질로서 연소 속도가 대단히 빠르고 화재 발생시 초기에 다량의 주수소화를 한다.

09 Halon 1301 소화약제에 대한 설명으로 틀린 것은?

① 저장 용기에 액체상으로 충전한다.
② 화학식 CF_3Br이다.
③ 비점이 낮아서 기화가 용이하다.
④ 공기보다 가볍다.

해설 H-1301(CF_3Br) : 일브롬화삼불화 메탄으로 공기보다 무겁고 비점이 낮아서 기화가 용이하다.

Answer 5. ① 6. ① 7. ④ 8. ④ 9. ④

10 스프링클러설비의 장점이 아닌 것은?
① 화재의 초기 진압에 효율적이다.
② 사용 약제를 쉽게 구할 수 있다.
③ 자동으로 화재를 감지하고 소화할 수 있다.
④ 다른 소화 설비보다 구조가 간단하고 시설비가 적다.

해설 ▶ 스프링쿨러 설비의 장점
㉠ 화재 초기 진압이 효율적이다.
㉡ 사용약제는 쉽게 구할 수 있다.
㉢ 자동으로 화재를 감지하고 소화할 수 있다.
㉣ 감지부의 구조가 기계적이므로 오조작·오보가 없다.
스프링쿨러 설비의 단점
초기 시공비가 많고 시공이 타 소화설비보다 복잡하다.

11 다음의 위험물 중에서 이동탱크 저장소에 의하여 위험물을 운송할 때 운송책임자의 감독·지원을 받아야 하는 위험물은?
① 알킬리튬
② 아세트알데히드
③ 금속의 수소화합물
④ 마그네슘

해설 ▶ 운송책임자의 감독 지원을 받아 운송하여야 하는 위험물
㉠ 알킬 알루미늄, ㉡ 알킬리튬

12 산화제와 환원제를 연소의 4요소와 연결지어 연결한 것으로 옳은 것은?
① 산화제-산소공급원, 환원제-가연제
② 산화제-가연물, 환원제-산소공급원
③ 산화제-연쇄반응, 환원제-점화원
④ 산화제-점화원, 환원제-가연물

해설 ▶ 산화제: 산소 공급원으로 제1류, 제6류 위험물
환원제: 가연물로 제2류, 제3류, 제4류, 제5류

13 포소화약제에 의한 소화방법으로 다음 중 가장 주된 소화효과는?
① 희석소화
② 질식소화
③ 제거소화
④ 자기소화

해설 ▶ 질식소화: 공기 중의 산소농도를 15% 이하로 낮추어 소화하며 분말소화기, 이산화탄소 소화기, 포말소화기 등이 질식소화한다.

14 다음 중 증발연소를 하는 물질이 아닌 것은?
① 황
② 석탄
③ 파라핀
④ 나프탈렌

해설 ▶ 증발연소: 가연물을 가열하면 가연성 가스가 증발하여 연소
황, 나프탈렌, 파라핀, 알콜, 에테르 등
분해연소: 목재, 석탄, 중유

Answer 10. ④ 11. ① 12. ① 13. ② 14. ②

15 위험물안전관리법령상 옥내주유취급소의 소화난이도 등급은?

① Ⅰ ② Ⅱ
③ Ⅲ ④ Ⅳ

해설
㉠ 소화난이도 등급Ⅱ : 옥내 주유취급소, 제2종 판매취급소
㉡ 소화난이도 등급Ⅲ : 옥내 주유취급소 외의 것, 제1종 판매취급소

16 위험물안전관리법령의 소화설비 설치기준에 의하면 옥외소화설비의 수원의 수량은 옥외 소화전 설치개수(설치개수가 4 이상인 경우에는 4)에 몇 m^2를 곱한 양 이상이 되도록 하여야 하는가?

① 7.5m^3 ② 13.5m^3
③ 20.5m^3 ④ 25.5m^3

해설 옥외소화전 수원 수량=N(최대 4개)×13.5m^3

17 1몰의 이황화탄소와 고온의 물이 반응하여 생성되는 독성 기체물질의 부피는 표준상태에서 얼마인가?

① 22.4L ② 44.8L
③ 67.2L ④ 134.4L

해설
$CS_2 + H_2O \rightarrow CO_2 + 2H_2S$
1mol   2×22.4l

1몰의 이황화탄소(CS_2)가 물과 반응하면 2몰(44.8l)의 독성 물질인 황화수소(H_2S)가 생성된다.

18 알킬리튬에 대한 설명으로 틀린 것은?

① 제3류 위험물이고 지정수량은 10kg이다.
② 가연성의 액체이다.
③ 이산화탄소와는 격렬하게 반응한다.
④ 소화방법으로는 물로 주수는 불가하며 할로겐화합물 소화약제를 사용하여야 한다.

해설 알킬리튬(RLi) : 주수엄금, 포, CO_2, 할로겐화합물 사용을 금하고 마른 모래, 건조분말을 사용하여 소화한다.

19 국소방출방식의 이산화탄소 소화설비의 분사헤드에서 방출되는 소화약제의 방사기준은?

① 10초 이내에 균일하게 방사할 수 있을 것
② 15초 이내에 균일하게 방사할 수 있을 것
③ 30초 이내에 균일하게 방사할 수 있을 것
④ 60초 이내에 균일하게 방사할 수 있을 것

해설
㉠ 국소방출방식 : 30초 이내에 균일하게 방사할 수 있을 것
㉡ 전역방출방식 : 60초 이내에 균일하게 방출할 수 있을 것

Answer 15. ② 16. ② 17. ② 18. ④ 19. ③

20 다음 위험물의 화재시 주수소화가 가능한 것은?
① 철분 ② 마그네슘
③ 나트륨 ④ 황

해설 철분, 마그네슘분, 나트륨에 주수 소화하면 수소(H_2)가스가 발생하고 폭발 위험이 있다.

21 황화린에 대한 설명 중 옳지 않은 것은?
① 삼황화린은 황색 결정으로 공기 중 약 100℃에서 발화할 수 있다.
② 오황화린은 담황색 결정으로 조해성이 있다.
③ 오황화린은 물과 접촉하여 유독성 가스를 발생할 위험이 있다.
④ 삼황화린은 연소하여 황화수소 가스를 발생할 위험이 있다.

해설 황화린: 제2류 위험물, 제정수량 50kg, 삼황화린, 오황화린, 칠황화린이 있으며 연소시 오산화린(P_2O_5)과 이산화황(SO_2)이 발생한다.

22 위험물안전관리법령상 제조소등의 정기점검 대상에 해당하지 않는 것은?
① 지정수량 15배의 제조소
② 지정수량 40배의 옥내탱크저장소
③ 지정수량 50배의 이동탱크저장소
④ 지정수량 20배의 지하탱크저장소

해설 정기점검 대상인 제조소
㉠ 제조소
㉡ 지하탱크저장소
㉢ 이동탱크저장소

23 제조소등의 소화설비 설치시 소요단위 산정에 관한 내용으로 다음 ( ) 안에 알맞은 수치를 차례대로 나열한 것은?

> 제조소 또는 취급소의 건축물은 외벽이 내화구조인 것은 연면적 ( )m^2를 1소요단위로 하며, 외벽 내화구조가 아닌 것은 연면적 ( )m^2를 1소요단위로 한다.

① 200, 100 ② 150, 100
③ 150, 50 ④ 100, 50

해설 1소요단위
㉠ 보기 내용
㉡ 저장소용 건축물로 외벽이 내화구조: 150m^2
㉢ 저장소용 건축물로 외벽이 내화구조 이외: 75m^2
㉣ 지정수량의 10배

24 탄화칼슘의 취급방법에 대한 설명으로 옳지 않은 것은?
① 물, 습기와의 접촉을 피한다.
② 건조한 장소에 밀봉·밀전하여 보관한다.
③ 습기와 작용하여 다량의 메탄이 발생하므로 저장 중에 메탄가스의 발생유무를 조사한다.
④ 저장용기에 질소가스 등 불활성 가스를 충전하여 저장한다.

해설 탄화칼슘(CaC_2): 제3류 위험물의 칼슘탄화물, 지정수량 300kg, 물과 반응하여 아세틸렌(C_2H_2) 가스 발생
$CaC_2 + 2H_2O \rightarrow C_2H_2 + Ca(OH)_2$

Answer 20. ④ 21. ④ 22. ② 23. ④ 24. ③

25 등유의 지정수량에 해당하는 것은?
① 100L ② 200L
③ 1000L ④ 2000L

해설: 등유, 경유 : 제4류 위험물의 제2 석유류, 지정수량 1000*l*

26 위험물저장소에 해당하지 않는 것은?
① 옥외저장소
② 지하탱크저장소
③ 이동탱크저장소
④ 판매저장소

해설: ㉠ 저장소 : 지정수량 이상의 위험물을 저장하기 위하여 허가 받은 장소로서 ①, ②, ③ 외에 옥내저장소, 옥내 탱크 저장소, 옥외탱크저장소, 간이탱크저장소, 암반탱크저장소
㉡ 취급소 : 주유 취급소, 판매 취급소, 이송 취급소, 일반 취급소

27 벤젠 1몰을 충분한 산소가 공급되는 표준상태에서 완전 연소시켰을 때 발생하는 이산화탄소의 양은 몇 L인가?
① 22.4 ② 134.4
③ 168.8 ④ 224.0

해설: $2C_6H_6 + 15O_2 \rightarrow 12CO_2 + 6H_2O$
2mol : $12 \times 22.4 l$
1mol : x
$x = \dfrac{1 \times 12 \times 22.4}{2} = 134.4 l$
※ 모든 기체 1mol이 차지하는 부피는 22.4*l* 이다.

28 지정과산화물을 저장 또는 취급하는 위험물 옥내저장소의 저장창고 기준에 대한 설명으로 틀린 것은?
① 서까래의 간격은 30cm 이하로 할 것
② 저장창고의 출입구에는 갑종방화문을 설치할 것
③ 저장창고의 외벽을 철근 콘크리트조로 할 경우 두께를 10cm 이상으로 할 것
④ 저장창고의 창은 바닥면으로부터 2m 이상의 높이에 둘 것

해설: 저장 창고의 외벽은 두께 20cm 이상의 철근 콘크리트조나 철골철근콘크리트조 또는 두께 30cm 이상의 보강철 콘크리트블록조로 해야 한다.

29 물과 접촉 시, 발열하면서 폭발 위험성이 증가하는 것은?
① 과산화칼륨 ② 과망간산나트륨
③ 요오드산칼륨 ④ 과염소산칼륨

해설: 제1류 위험물의 무기과산화물 중 알카리금속의 과산화물(과산화칼륨, 과산화나트륨)은 물과 접촉시 산소가스가 발생하고 발열하면서 폭발 위험성이 증가한다.

30 다음 중 벤젠 증기의 비중에 가장 가까운 것은?
① 0.7 ② 0.9
③ 2.7 ④ 3.9

해설: 벤젠(C_6H_6)의 분자량 = $12 \times 6 + 6 = 78$
증기비중 = $\dfrac{분자량}{공기분자량} = \dfrac{78}{29} = 2.7$

Answer 25. ③ 26. ④ 27. ② 28. ③ 29. ① 30. ③

31 다음 중 니트로글리세린을 다공질의 규조토에 흡수시켜 제조한 물질은?

① 흑색화약
② 니트로셀룰로오스
③ 다이너마이트
④ 면화약

해설 니트로글리세린[$C_3H_5(ONO_2)_3$] : NG, 제5류 위험물의 질산에스테르류, 지정수량 10kg, 다공질의 규조토에 흡수시킨 것을 다이너마이트라고 한다.

32 아염소산염료의 운반용기 중 적응성 있는 내장용기의 종류와 최대 용적이나 중량을 옳게 나타낸 것은? (단, 외장용기의 종류는 나무상자 또는 플라스틱상자이고, 외장용기의 최대 중량은 125kg으로 한다.)

① 금속제 용기 : 20L
② 종이 포대 : 55kg
③ 플라스틱 필름 포대 : 60kg
④ 유리 용기 : 10L

해설 제1류 고체위험물 운반용기 최대 용적
㉠ 금속제 용기 : 30l
㉡ 유리 용기 : 10l

33 아세트알데히드의 저장·취급시 주의사항으로 틀린 것은?

① 강산화제와의 접촉을 피한다.
② 취급설비에는 구리합금의 사용을 피한다.
③ 수용성이기 때문에 화재시 물로 희석 소화가 가능하다.
④ 옥외저장 탱크에 저장시 조연성 가스를 주입한다.

해설 아세트알데히드(CH_3CHO) : 제4류 위험물의 특수 인화물
옥외저장탱크에 저장시 불연성가스(N_2) 또는 수증기를 봉입시킬 것

34 위험물 분류에서 제1석유류에 대한 설명으로 옳은 것은?

① 아세톤, 휘발유 그밖에 1기압에서 인화점이 섭씨 21도 미만인 것
② 등유, 경유, 그 밖의 액체로서 인화점이 섭씨 21도 이상 70도 미만인 것
③ 중유, 클레오 소오트유로서 인화점시 섭씨 70도 이상 200도 미만의 것
④ 기계유, 실린더유 그 밖의 액체로서 인화점이 섭씨 200도 이상 250도 미만인 것

해설 ② 제2석유류
③ 제3석유류
④ 제4석유류

Answer 31. ③ 32. ④ 33. ④ 34. ①

35 제2류 위험물의 일반적 성질에 대한 설명으로 가장 거리가 먼 것은?

① 가연성 고체 물질이다.
② 연소시 연소열이 크고 연소속도가 빠르다.
③ 산소를 포함하여 조연성 가스의 공급이 없이 연소가 가능하다.
④ 비중이 1보다 크고 물에 녹지 않는다.

해설 ③은 제5류 위험물에 해당한다.

36 위험물안전관리법령상 동식물유류의 경우 1기압에서 인화점은 섭씨 몇 도 미만으로 규정하고 있는가?

① 150℃
② 250℃
③ 450℃
④ 600℃

해설 동식물유: 동물의 지육·식물의 종자, 과육으로부터 추출한 것으로서 1기압에서 인화점이 250℃ 미만인 것

37 과염소산칼륨과 아염소산나트륨의 공통 성질이 아닌 것은?

① 지정수량이 50kg이다.
② 열분해 시 산소를 방출한다.
③ 강산화성 물질이며 가연성이다.
④ 상온에서 고체의 형태이다.

해설 제1류 위험물인 과염소산칼륨과 아염소산나트륨은 산화성 고체로 조연성 물질이다.

38 제5류 위험물의 일반적 성질에 관한 설명으로 옳지 않은 것은?

① 화재발생시 소화가 곤란하므로 적은 양으로 나누어 저장한다.
② 운반용기 외부에 충격주의, 화기엄금의 주의사항을 표시한다.
③ 자기연소를 일으키며 연소속도가 대단히 빠르다.
④ 가연성물질이므로 질식소화 하는 것이 가장 좋다.

해설 제5류 위험물은 연소속도가 대단히 빠른 가연성물질로 화재 발생시 화재 초기에 대량의 주수소화를 한다.

39 다음 중 자연발화의 위험성이 가장 큰 물질은?

① 아마인유
② 야자유
③ 올리브유
④ 피마자유

해설 건성유: 요오드 값이 130 이상으로 불포화도가 크며 자연발화 위험성이 크다.
해바라기유, 동유, 아마인유, 들기름, 정어리기름 등이 있다.

Answer 35. ③ 36. ② 37. ③ 38. ④ 39. ①

40 운반을 위하여 위험물을 적재하는 경우에 차광성이 있는 피복으로 가려주어야 하는 것은?

① 특수인화물
② 제1석유류
③ 알코올류
④ 동식물유류

해설 차덮개로 가려야 하는 위험물
㉠ 제1류 위험물
㉡ 제3류 중 자연발화성 물품
㉢ 제4류 중 특수 인화물
㉣ 제5류 위험물
㉤ 제6류 위험물

41 위험물제조소등에 옥내소화전설비를 설치할 때 옥내소화전이 가장 많이 설치된 층의 소화전의 개수가 4개일 때 확보하여야 할 수원의 수량은?

① 10.4m³
② 20.8m³
③ 31.2m³
④ 41.6m³

해설 옥내 소화전 수원의 수량
= N(최대 5개) × 7.8m³ = 31.2m³

42 황린의 저장 방법으로 옳은 것은?

① 물 속에 저장한다.
② 공기 중에 보관한다.
③ 벤젠 속에 저장한다.
④ 이황화탄소 속에 보관한다.

해설 황린(백린, P_4) : 제3류 위험물, 지정수량 20kg, 착화점 50℃, 자연발화성으로 물에 녹지 않으므로 물 속에 저장

43 위험물 안전관리법령상 지정수량이 다른 하나는?

① 인화칼슘
② 루비듐
③ 칼슘
④ 차아염소산칼륨

해설 지정수량
① 인화칼슘(Ca_3P_2) : 제3류 위험물, 300kg
② 루비듐(Rs) : 제3류 위험물의 알카리 금속, 50kg
③ 칼슘(Ca) : 제3류 위험물의 알카리 토금속, 50kg
④ 차아염소산칼륨(KClO) : 제1류 위험물, 50kg

44 과염소산나트륨에 대한 설명으로 옳지 않은 것은?

① 가열하면 분해하여 산소를 방출한다.
② 환원제이며 수용액은 강한 환원성이 있다.
③ 수용성이며 조해성이 있다.
④ 제1류 위험물이다.

해설 과염소산나트륨($NaClO_4$) : 제1류 위험물, 지정수량 50kg, 강력한 산화제

45 질산메틸의 성질에 대한 설명으로 틀린 것은?

① 비점은 약 66℃이다.
② 증기는 공기보다 가볍다.
③ 무색 투명한 액체이다.
④ 자기반응성 물질이다.

해설 질산메틸(CH_3ONO_2) : 제5류 위험물의 질산에스테르류, 지정수량 10kg, 증기 비중 2.65

Answer 40. ① 41. ③ 42. ① 43. ① 44. ② 45. ②

46 옥외탱크저장소의 소화설비를 검토 및 적용할 때에 소화난이도 등급 I 에 해당되는지를 검토하는 탱크높이의 측정기준으로서 적합한 것은?

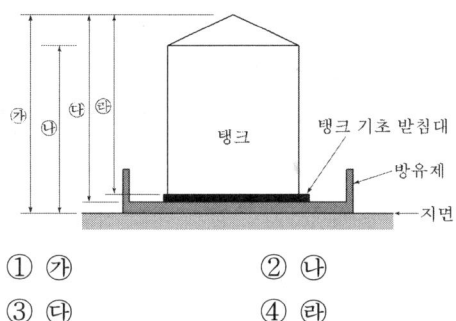

① 가
② 나
③ 다
④ 라

해설 옥외탱크저장소 : 지반면으로부터 탱크 옆판의 상단까지 높이가 6m 이상인 것으로 ②항이 지면에서 탱크 옆판의 상단까지의 높이로 표시됨

47 다음에서 설명하는 위험물에 해당하는 것은?

- 지정수량은 300kg이다.
- 산화성액체 위험물이다.
- 가열하면 분해하여 유독성 가스를 발생한다.
- 증기비중은 약 3.5이다.

① 브롬산칼륨
② 클로로벤젠
③ 질산
④ 과염소산

해설 과염소산($HClO_4$) : 제6류 위험물, 산화성 액체

48 금속나트륨에 대한 설명으로 옳지 않은 것은?

① 물과 격렬히 반응하여 발열하고 수소가스를 발생한다.
② 에틸알코올과 반응하여 나트륨에틸레이트와 수소가스를 발생한다.
③ 할로겐화합물 소화약제는 사용할 수 없다.
④ 은백색의 광택이 있는 중금속이다.

해설 금속나트륨(Na) : 제3류 위험물, 지정수량 10kg, 은백색의 무른 경금속으로 석유, 경유, 등유 속에 보관한다.

49 옥내저장소의 저장창고에 150m² 이내마다 일정 규격의 격벽을 설치하여 저장하여야 하는 위험물은?

① 제5류 위험물 중 지정과산화물
② 알킬알루미늄등
③ 아세트알데히드등
④ 히드록실아민등

해설 지정유기과산화물 저장 취급하는 옥내저장소 설치 기준

Answer   46. ②   47. ④   48. ④   49. ①

50 염소산나트륨의 저장 및 취급 방법으로 옳지 않은 것은?

① 철제 용기에 저장한다.
② 습기가 없는 찬 장소에 보관한다.
③ 조해성이 크므로 용기는 밀전한다.
④ 가열, 충격, 마찰을 피하고 점화원의 접근을 금한다.

해설 염소산 나트륨($NaClO_3$) : 제1류 위험물의 염소산염류, 지정수량 50kg, 철을 부식시키므로 철제용기에 저장을 금한다.

51 위험물제조소 등의 허가에 관계된 설명으로 옳은 것은?

① 제조소 등을 변경하고자 하는 경우에는 언제나 허가를 받아야 한다.
② 위험물의 품명을 변경하고자 하는 경우에는 언제나 허가를 받아야 한다.
③ 농예용으로 필요한 난방시설을 위한 지정수량 20배 이하의 저장소는 허가대상이 아니다.
④ 저장하는 위험물의 변경으로 지정수량의 배수가 달라지는 경우는 언제나 허가대상이 아니다.

해설 설치허가 제외 대상
㉠ 주택 난방시설을 위한 저장소, 취급소
㉡ 농예용, 축산용, 수산용에 필요한 난방시설을, 건조시설 외 지정수량 20배 이하 저장소

52 황의 성질에 대한 설명 중 틀린 것은?

① 물에 녹지 않으나 이황화탄소에 녹는다.
② 공기 중에서 연소하여 아황산가스를 발생한다.
③ 전도성 물질이므로 정전기 발생에 유의하여야 한다.
④ 분진폭발의 위험성에 주의하여야 한다.

해설 황(S)
• 제2류 위험물
• 지정수량 100kg
• 사방정계황, 단사정계황, 비정계황이 있다.
• 비전도성 물질로 정전기 발생에 유의하여야 한다.

53 다음 중 증기의 밀도가 가장 큰 것은?

① 디에틸에테르
② 벤젠
③ 가솔린(옥탄 100%)
④ 에틸알코올

해설
• 디에틸에테르($C_2H_5-O-C_2H_5$) : 분자량 74, 증기밀도 3.3
• 벤젠(C_6H_6) : 분자량 78, 증기밀도 3.48
• 가솔린 : 3~4
• 에틸알콜(C_2H_5OH) : 분자량 46, 증기밀도 2
※ 증기밀도 = $\frac{분자량}{22.4}$ 로 분자량이 증가하면 커진다.

Answer 50. ① 51. ③ 52. ③ 53. ③

54 과산화수소의 위험성으로 옳지 않은 것은?
① 산화제로서 불연성 물질이지만 산소를 함유하고 있다.
② 이산화망간 촉매하에서 분해가 촉진된다.
③ 분해를 막기 위해 히드라진을 안정제로 사용할 수 있다.
④ 고농도의 것은 피부에 닿으면 화상의 위험이 있다.

해설 과산화수소(H_2O_2)
- 제6류 위험물
- 지정수량 300kg
- 분해시 산소(O_2)를 발생하므로 안정제로 인산(H_3PO_4), 요산($C_6H_4N_4O_3$)를 사용한다.

55 위험물안전관리법령상 제조소등에 대한 긴급 사용정지명령 등을 할 수 있는 권한이 없는 자는?
① 시·도지사
② 소방본부장
③ 소방서장
④ 소방방재청장

해설 시·도지사, 소방본부장 또는 소방서장은 공공의 안전을 유지하거나 재해의 발생을 방지하기 위하여 긴급한 필요가 있다고 인정하는 때에는 제조소등의 관계인에 대하여 당해 제조소등의 사용을 일시정지하거나 그 사용을 제한할 것을 명할 수 있다.

56 위험물제조소등에서 위험물 안전관리법상 안전거리 규제 대상이 아닌 것은?
① 제6류 위험물을 취급하는 제조소를 제외한 모든 제조소
② 주유취급소
③ 옥외저장소
④ 옥외탱크저장소

해설
㉠ 위험물 제조소 : 안전거리규제대상
㉡ 옥외 저장소 : 안전거리는 위험물제조소 기준 준용
㉢ 옥외 탱크저장소 : 안전거리는 위험물 제조소 기준 중용
㉣ 주유취급소 : 안전거리는 규제대상이 아니고, 주유공지는 길이 6m 이상, 너비 15m 이상으로 한다(길이 6m 이상).

Answer 54. ③ 55. ④ 56. ②

57 위험물안전관리법에서 규정하고 있는 사항으로 옳지 않은 것은?

① 위험물저장소를 경매에 의해 시설의 전부를 인수한 경우에는 30일 이내에 시·도지사에게 그 사실을 신고하여야 한다.
② 제조소등의 위치·구조 및 설비기준을 위반하여 사용한 때에는 시·도지사는 허가 취소, 전부 또는 일부의 사용정지를 명할 수 있다.
③ 경유 20000L를 수산용 건조시설에 사용하는 경우에는 위험물법의 허가는 받지 아니하고 저장소를 설치할 수 있다.
④ 위치·구조 또는 설비의 변경 없이 저장소에서 저장하는 위험물 지정수량을 배수를 변경하고자 하는 경우에는 변경하고자 하는 날의 7일 전까지 시·도지사에게 신고하여야 한다.

해설 제조소등의 위치·구조 및 설비기준을 위반하여 사용한 때에는 시·도지사는 허가 취소하거나 6월 이내의 기간을 정하여 제조소등의 전부 또는 일부의 사용정지를 명할 수 있다.

58 제5류 위험물의 니트로화합물에 속하지 않은 것은?

① 니트로벤젠
② 테트릴
③ 트리니트로톨루엔
④ 피크린산

해설 니트로화합물
㉠ 트리니트로 톨루엔 : $C_6H_2CH_3(NO_2)_3$
㉡ 트리니트로 페놀(피크린산) : $C_6H_2(NO_2)_3OH$
㉢ 테트릴 : $(NO_2)_2C_6H_2N(CH_3)NO_2$

59 과산화나트륨 78g과 충분한 양의 물이 반응하여 생성되는 기체의 종류와 생성량을 옳게 나타낸 것은?

① 수소, 1g
② 산소, 16g
③ 수소, 2g
④ 산소, 32g

해설 $2Na_2O_2 + 2H_2O \rightarrow O_2 + 4NaOH$
$2 \times 78g$: $32g$
$78g$: x
$x = \dfrac{78 \times 32}{2 \times 78g} = 16g$

※ 생성물 중 O_2는 가스이고 NaOH는 액체이다.

Answer 57. ② 58. ① 59. ②

60 옥내탱크저장소 중 탱크전용실을 단층건물 외의 건축물에 설치하는 경우 탱크전용실을 건축물의 1층 또는 지하층에만 설치하여야 하는 위험물이 아닌 것은?

① 제2류 위험물 중 덩어리 유황
② 제3류 위험물 중 황린
③ 제4류 위험물 중 인화점이 38℃ 이하인 위험물
④ 제6류 위험물 중 질산

해설 옥내 탱크 저장소의 탱크 전용실을 단층건물 이외의 건축물에 설치하는 위험물
① 제2류 위험물 중 황화린, 적린 및 덩어리 유황
② 제3류 위험물 중 황린
③ 제4류 위험물 중 인화점이 38℃ 이상인 위험물
④ 제6류 위험물 중 질산

Answer 60. ③

위험물기능사 2000제 문제은행

CBT 시험대비
2014년 7월 20일 시행

01 화재시 이산화탄소를 방출하여 산소의 농도를 13vol%로 낮추어 소화를 하려면 공기 중의 이산화탄소는 몇 vol%가 되어야 하는가?
① 28.1
② 38.1
③ 42.86
④ 48.36

해설
$$CO_2 \text{ 농도(vol\%)} = \frac{21 - O_2}{21} \times 100$$
$$= \frac{21 - 13}{21} \times 100 = 38.1\%$$

02 위험물안전관리 법령에 따른 대형수동식소화기의 설치기준에서 방호대상물의 각 부분으로부터 하나의 대형수동식 소화기까지의 보행거리는 몇 m 이하가 되도록 설치하여야 하는가? (단, 옥내소화전설비, 옥외소화전설비, 스프링클러설비 또는 물분무 등 소화설비와 함께 설치하는 경우는 제외한다.)
① 10
② 15
③ 20
④ 30

해설
㉠ 대형수동식 : 보행거리 30m 이하에 1개
㉡ 소형수동식 : 보행거리 20m 이하에 1개

03 다음 중 알칼리금속의 과산화물 저장 창고에 화재가 발생하였을 때 가장 적합한 소화약제는?
① 마른 모래
② 물
③ 이산화탄소
④ 할론1211

해설 알칼리 금속의 과산화물 화재 발생 시 적응성 있는 소화약제는 건조사, 팽창질석, 팽창진주암, 탄산수소염류, 분말소화약제가 사용된다.

04 위험물제조소등에 옥외소화전을 6개 설치할 경우 수원의 수량은 몇 m^3 이상이어야 하는가?
① $48m^3$ 이상
② $54m^3$ 이상
③ $60m^3$ 이상
④ $81m^3$ 이상

해설 옥외소화전 수원의 수량(m^3)
$= 13.5m^3 \times 4 = m^3 = 54$ 이상(최대 4개)

05 어떤 소화기에 "ABC"라고 표시되어 있다. 다음 중 사용할 수 없는 화재는?
① 금속화재
② 유류화재
③ 전기화재
④ 일반화재

해설
A : 일반화재(백색)
B : 유류화재(황색)
C : 전기화재(청색)
D : 금속화재(색 없음)

Answer 1. ② 2. ④ 3. ① 4. ② 5. ①

06 위험물안전관리법령상 위험물의 품명이 다른 하나는?

① CH₃COOH ② C₆H₅Cl
③ C₆H₅CH₃ ④ C₆H₅Br

해설 제2석유류 : CH₃COOH(아세트산), C₆H₅Cl(클로로벤젠), C₆H₅Br(브로모벤젠)
제1석유류 : C₆H₅CH₃(톨루엔)

07 소화전용물통 3개를 포함한 수조 80L의 능력단위는?

① 0.3 ② 0.5
③ 1   ④ 1.5

해설

소화설비	능력단위
소화전용 물통 - 8L	0.3
수조(소화전용 물통 3개 포함) - 80L	1.5
수조(소화전용 물통 6개 포함) - 190L	2.5
마른 모래(삽 1개 포함) - 50L	0.5
팽창질석 또는 팽창진주암(삽 1개 포함) - 160L	1.0

08 위험물안전관리법령에서 정한 위험물의 유별 성질을 잘못 나타낸 것은?

① 제1류 : 산화성
② 제4류 : 인화성
③ 제5류 : 자기반응성
④ 제6류 : 가연성

해설 제6류 : 산화성 액체

09 위험물안전관리법령상 제5류 위험물에 적응성이 있는 소화설비는?

① 포소화설비
② 할로겐화합물 소화설비
③ 이산화탄소 소화설비
④ 탄산수소염류 소화설비

해설 제5류 위험물의 적응성 소화기는 주수소화, 포소화설비, 건조사, 팽창질석, 팽창진주암 등이다.

10 주된 연소의 형태가 나머지 셋과 다른 하나는?

① 아연분 ② 양초
③ 코크스 ④ 목탄

해설 증발연소 : 양초
표면연소 : 아연분, 코크스, 목탄

11 금속은 덩어리 상태보다 분말상태일 때 연소위험성이 증가하기 때문에 금속분을 제2류 위험물로 분류하고 있다. 연소위험성이 증가하는 이유로 잘못된 것은?

① 비표면적이 증가하여 반응면적이 증대되기 때문에
② 비열이 증가하여 열의 축적이 용이하기 때문에
③ 복사열의 흡수율이 증가하여 열의 축적이 용이하기 때문에
④ 대전성이 증가하여 정전기가 발생되기 쉽기 때문에

해설 금속분말은 분진폭발의 위험은 있으나 비열 증가로 인한 열의 축적은 없다.

Answer 6. ③ 7. ④ 8. ④ 9. ① 10. ② 11. ②

12 위험물안전관리법령상 스프링클러설비가 제4류 위험물에 대하여 적응성을 갖는 경우는?

① 연기가 충만할 우려가 없는 경우
② 방사밀도(살수밀도)가 일정수치 이상인 경우
③ 지하층의 경우
④ 수용성위험물인 경우

해설 제4류 위험물에 스프링클러설비에 방사밀도가 일정 수치 이상이 되게 안개상으로 분무할 때 적응성을 갖는다.

13 영하 20℃ 이하의 겨울철이나 한냉지에서 사용하기에 적합한 소화기는?

① 분무주수소화기 ② 봉상주수소화기
③ 물주수소화기   ④ 강화액소화기

해설 강화액 소화기는 탄산칼륨(K_2CO_3)을 보강시켜서 빙점을 $-30 \sim 25℃$까지 하여서 겨울철이나 한냉지에서 사용할 수 있다.

14 위험물안전관리 법령상 압력수조를 이용한 옥내소화전설비의 가압송수장치에서 압력수조의 최소압력(MPa)은? (단, 소방용 호스의 마찰손실 수두압은 3MPa, 배관의 마찰 손실 수두압은 1MPa, 낙차의 환산 수두압은 1.35MPa이다.)

① 5.35   ② 5.70
③ 6.00   ④ 6.35

해설 옥내소화전설비 압력수조의 압력(MPa)
= 소방용 호스 마찰손실 수두압 + 배관 마찰 손실 수두압 + 낙차환산 수두압 + 0.35MPa
= 3 + 1 + 1.35 + 0.35 = 5.7MPa

15 다음 중 화재 발생 시 물을 이용한 소화가 효과적인 물질은?

① 트리메틸알루미늄
② 황린
③ 나트륨
④ 인화칼슘

해설 황린 : 제3류 위험물로서 물에 녹지 않으므로 물속에 저장하며, 화재 시 주수소화가 효과적이다.

16 위험물안전관리 법령상 제조소등의 관계인은 제조소등의 화재예방과 재해발생시의 비상조치에 필요한 사항을 서면으로 작성하여 허가청에 제출하여야 한다. 이는 무엇에 관한 설명인가?

① 예방규정   ② 소방계획서
③ 비상계획서   ④ 화재영향평가서

해설 위험물 제조소 관계인은 위험물 제조, 저장, 취급, 운반방법 및 위험물의 누출 또는 폭발 등으로 인한 화재예방과 화재 시 비상조치계획 등을 예방규정을 정하여 허가청에 제출하여야 한다.

17 탄화칼슘과 물이 반응하였을 때 발생하는 가연성 가스의 연소범위에 가장 가까운 것은?

① 2.1~9.5vol%
② 2.5~81vol%
③ 4.1~74.2vol%
④ 15.0~28vol%

해설 $CaC_2 + 2H_2O \rightarrow Ca(OH)_2 + C_2H_2$
아세틸렌(C_2H_2)의 연소 범위 : 2.5~81%

Answer 12. ② 13. ④ 14. ② 15. ② 16. ① 17. ②

18 다음 중 기체연료가 완전 연소하기에 유리한 이유로 가장 거리가 먼 것은?

① 활성화 에너지가 크다.
② 공기 중에서 확산되기 쉽다.
③ 산소를 충분히 공급 받을 수 있다.
④ 분자의 운동이 활발하다.

해설 활성화 에너지가 크다는 것은 연소에 필요한 에너지가 크다는 의미로 연소가 어렵다는 의미이다.

19 위험물의 소화방법으로 적합하지 않은 것은?

① 적린은 다량의 물로 소화한다.
② 황화인의 소규모 화재 시에는 모래로 질식 소화한다.
③ 알루미늄분은 다량의 물로 소화한다.
④ 황의 소규모 화재 시에는 모래로 질식 소화한다.

해설 알루미늄분말 등 금속분 화재 시 주수소화하면 비산하여 분진폭발 등의 2차 화재 우려가 있다.

20 위험물안전관리법령에서 정한 소화설비의 소요단위 산정방법에 대한 설명 중 옳은 것은?

① 위험물은 지정수량의 100배를 1 소요단위로 함
② 저장소용 건축물로 외벽이 내화구조인 것은 연면적 100m^2를 1 소요단위로 함
③ 제조소용 건축물로 외벽이 내화구조가 아닌 것은 연면적 50m^2를 1 소요단위로 함
④ 저장소용 건축물로 외벽이 내화구조가 아닌 것은 연면적 25m^2를 1 소요단위로 함

해설 1 소요단위
㉠ 제조소, 취급소 건축물로 외벽이 내화구조인 것 : 100m^2
㉡ 제조소, 취급소 건축물로 외벽이 내화구조 이외의 것 : 50m^2
㉢ 저장소용 건축물로 외벽이 내화구조인 것 : 150m^2
㉣ 저장소용 건축물로 외벽이 내화구조 이외의 것 : 75m^2

Answer 18. ① 19. ③ 20. ③

21 위험물안전관리법령상 다음 (　) 안에 알맞은 수치는?

> 옥내저장소에서 위험물을 저장하는 경우 기계에 의하여 하역하는 구조로 된 용기만을 겹쳐 쌓는 경우에 있어서는 (　)미터 높이를 초과하여 용기를 겹쳐 쌓지 아니하여야 한다.

① 2　　② 4
③ 6　　④ 8

해설 위험물 옥내저장소에서 위험물을 저장하는 경우 기계에 의해 하역하는 구조로 된 용기의 겹쳐 쌓는 높이는 6m를 초과하지 않도록 한다.

22 질화면을 강면약과 약면약으로 구분하는 기준은?

① 물질의 경화도　② 수산기의 수
③ 질산기의 수　　④ 탄소 함유량

해설 질화면의 질화도 : 질화면에 포함된 질산기의 수
강면약 : N > 12.76
약면약 : N < 10.18~12.76

23 지정수량 20배 이상의 제1류 위험물을 저장하는 옥내저장소에서 내화구조로 하지 않아도 되는 것은? (단, 원칙적인 경우에 한한다.)

① 바닥　② 보
③ 기둥　④ 벽

해설 내화구조 : 벽, 기둥, 바닥
불연재료 : 보, 서까래

24 다음 중 제1류 위험물에 속하지 않는 것은?

① 질산구아니딘
② 과요오드산
③ 납 또는 요오드의 산화물
④ 염소화이소시아눌산

해설 질산구아니딘 : 제5류 위험물, 지정수량 200kg

25 다음 (　) 안에 알맞은 수치를 차례대로 옳게 나열한 것은?

> 위험물 암반 탱크의 공간 용적은 당해 탱크 내에 용출하는 (　)일간의 지하수 양에 상당하는 용적과 당해 탱크 내용적의 100분의 (　)의 용적 중에서 보다 큰 용적을 공간 용적으로 한다.

① 1, 1
② 7, 1
③ 1, 5
④ 7, 5

해설 위험물 암반 탱크의 공간 용적은 당해 탱크 내에 용출하는 (7)일간의 지하수 양에 상당하는 용적과 당해 탱크 내용적의 100분의 (1)의 용적 중에서 보다 큰 용적을 공간 용적으로 한다.

Answer 21. ③　22. ③　23. ②　24. ①　25. ②

26 주유취급소의 고정주유설비에서 펌프기기의 주유관 선단에서 최대토출량으로 틀린 것은?

① 휘발유는 분당 50리터 이하
② 경유는 분당 180리터 이하
③ 등유는 분당 80리터 이하
④ 제1석유류(휘발유 제외)는 분당 100리터 이하

해설 제1석유류 : 50L/min 이하
경유 : 180L/min 이하
등유 : 80L/min 이하

27 공기 중에서 산소와 반응하여 과산화물을 생성하는 물질은?

① 디에틸에테르
② 이황화탄소
③ 에틸알코올
④ 과산화나트륨

해설 디에틸에테르($C_2H_5OC_2H_5$) : 직사일광에 의해 분해하여 과산화물을 생성하므로 갈색병에 저장하고 황산 제1철이나 환원철을 넣어 과산화물을 제거한다.

28 위험물 이동저장탱크의 외부도장 색상으로 적합하지 않은 것은?

① 제2류 - 적색 ② 제3류 - 청색
③ 제5류 - 황색 ④ 제6류 - 회색

해설 이동저장탱크 외부 도장 색상
제1류 : 회색 제2류 : 적색
제3류 : 청색 제4류 : 색상 제한 없음
제5류 : 황색 제6류 : 청색

29 다음 중 제5류 위험물이 아닌 것은?

① 니트로글리세린
② 니트로톨루엔
③ 니트로글리콜
④ 트리니트로톨루엔

해설 니트로톨루엔($C_6H_4CH_3NO_2$)은 제4류 위험물의 제3석유류이다.

30 벤젠에 대한 설명으로 옳은 것은?

① 휘발성이 강한 액체이다.
② 물에 매우 잘 녹는다.
③ 증기의 비중은 1.5이다.
④ 순수한 것의 융점은 30℃이다.

해설 벤젠(C_6H_6) : 제4류 위험물의 제1석유류로서 독성이 강한 무색투명한 휘발성 액체이며 증기비중 2.8, 융점 6℃이며 물에 녹지 않는다.

31 칼륨의 화재시 사용 가능한 소화제는?

① 물
② 마른 모래
③ 이산화탄소
④ 사염화탄소

해설 제3류 위험물인 칼륨 화재 시 건조사, 팽창질석, 팽창진주암 등의 피복으로 질식소화가 효과적이다.

Answer 26. ④ 27. ① 28. ④ 29. ② 30. ① 31. ②

32 다음 위험물 중 발화점이 가장 낮은 것은?
① 피크린산
② TNT
③ 과산화벤조일
④ 니트로셀룰로오스

해설 발화점(착화점)
- 피크린산 : 300℃
- TNT : 300℃
- 과산화벤조일 : 125℃
- 니트로셀룰로오스 : 160~170℃

33 이황화탄소 기체는 수소 기체보다 20℃, 1기압에서 몇 배 더 무거운가?
① 11
② 22
③ 32
④ 38

해설
- 이황화탄소(CS_2) : 76g
- 수소(H_2) : 2g
- ∴ $\frac{76}{2}$ = 38배

34 건축물 외벽이 내화구조이며 연면적 300m²인 위험물 옥내저장소의 건축물에 대하여 소화설비의 소화능력 단위는 최소한 몇 단위 이상이 되어야 하는가?
① 1단위
② 2단위
③ 3단위
④ 4단위

해설 저장소용 건축물로 외벽이 내화구조인 경우 1소요 단위는 150m²이므로
∴ $\frac{300}{150}$ = 2단위

35 등유의 성질에 대한 설명 중 틀린 것은?
① 증기는 공기보다 가볍다.
② 인화점이 상온보다 높다.
③ 전기에 대해 불량도체이다.
④ 물보다 가볍다.

해설 제4류 위험물 중 제2석유류인 등유는 인화점이 40~70℃, 증기비중 4.5로 공기보다 무겁다.

36 다음 위험물 중 지정수량이 가장 작은 것은?
① 니트로글리세린
② 과산화수소
③ 트리니트로톨루엔
④ 피크르산

해설 지정수량
- 니트로글리세린 : 10kg
- 과산화수소 : 300kg
- 트리니트로톨루엔 : 200kg
- 피크르산 : 200kg

Answer 32. ③ 33. ④ 34. ② 35. ① 36. ①

37 위험물 운반에 관한 사항 중 위험물안전관리법령에서 정한 내용과 틀린 것은?

① 운반용기에 수납하는 위험물이 디에틸에테르이라면 운반 용기 중 최대용적이 1L 이하라 하더라도 규정에 따른 품명, 주의사항 등 표시사항을 부착하여야 한다.
② 운반용기에 담아 적재하는 물품이 황린이라면 파라핀, 경유 등 보호액으로 채워 밀봉한다.
③ 운반용기에 담아 적재하는 물품이 알킬알루미늄이라면 운반용기의 내용적의 90% 이하의 수납율을 유지하여야 한다.
④ 기계에 의하여 하역하는 구조로 된 경질플라스틱제 운반용기는 제조된 때로부터 5년 이내의 것이어야

해설 보호액
- 황린 : 수조(물)
- 칼륨, 나트륨 : 파라핀, 등유, 경유

38 과망간산칼륨의 위험성에 대한 설명 중 틀린 것은?

① 진한 황산과 접촉하면 폭발적으로 반응한다.
② 알코올, 에테르, 글리세린 등 유기물과 접촉을 금한다.
③ 가열하면 약 60℃에서 분해하여 수소를 방출한다.
④ 목탄, 황과 접촉시 충격에 의해 폭발할 위험성이 있다.

해설 제1류 위험물인 과망간산칼륨은 분해온도는 약 200~240℃이며, 분해 시 산소를 발생한다.

39 다음 물질 중에서 위험물안전관리법상 위험물의 범위에 포함되는 것은?

① 농도가 40중량퍼센트인 과산화수소 350kg
② 비중이 1.40인 질산 350kg
③ 직경 2.5mm의 막대 모양인 마그네슘 500kg
④ 순도가 55중량퍼센트인 유황 50kg

해설 위험물 범위
- 과산화수소 : 농도 36wt% 이상
- 질산 : 비중 1.49 이상
- 마그네슘 : 직경 2mm 이상
- 유황 : 순도 60wt% 이상

40 질산메틸에 대한 설명 중 틀린 것은?

① 액체 형태이다.
② 물보다 무겁다.
③ 알콜에 녹는다.
④ 증기는 공기보다 가볍다.

해설 질산메틸(CH_3ONO_2)은 무색투명한 액체로 비중 1.22, 증기비중 2.66으로 물보다 무겁고 공기보다 무거우며 알콜에 잘 녹는다.

Answer 37. ② 38. ③ 39. ① 40. ④

41 비스코스레이온 원료로서, 비중이 약 1.3, 인화점이 약 -30℃이고, 연소시 유독한 아황산가스를 발생시키는 위험물은?

① 황린 ② 이황화탄소
③ 테레핀유 ④ 장뇌유

해설 이황화탄소(CS_2) : 제4류 위험물의 특수인화물, 비스코스레이온 원료, 착화점 100℃, 인화점 -30℃

42 질산의 비중이 1.5일 때, 1 소요단위는 몇 L인가?

① 150 ② 200
③ 1500 ④ 2000

해설 질산 : 지정수량 300kg
위험물은 지정수량 10배가 1소요단위이므로
∴ $\frac{300 \times 10배}{1.5} = 2000L$

43 위험물안전관리법령에 따른 제3류 위험물에 대한 화재예방 또는 소화의 대책으로 틀린 것은?

① 이산화탄소, 할로겐화합물, 분말소화약제를 사용하여 소화한다.
② 칼륨은 석유, 등유 등의 보호액 속에 저장한다.
③ 알킬알루미늄은 핵산, 톨루엔 등 탄화수소용제를 희석제로 사용한다.
④ 알킬알루미늄, 알킬리튬을 저장하는 탱크에는 불활성가스의 봉입장치를 설치한다.

해설 제3류 위험물은 자연발화성 물질 및 금수성 물질로 마른 모래, 팽창질석, 팽창진주암 등이 적응성이 있다.

44 삼황화린의 연소시 발생하는 가스에 해당하는 것은?

① 이산화황
② 황화수소
③ 산소
④ 인산

해설 삼황화린 연소식
• P_4S_3(삼황화린) + $8O_2$(산소) → $2P_2O_5$(오산화린) → $3SO_2$(아황산가스)

45 위험물저장소에 다음과 같이 제3류 위험물을 저장하고 있는 경우 지정수량의 몇 배가 보관되어 있는가?

• 칼륨 : 20kg
• 황린 : 40kg
• 칼슘의 탄화물 : 300kg

① 4 ② 5
③ 6 ④ 7

해설 지정수량
• 칼륨 : 10kg
• 황린 : 20kg
• 칼슘탄화물 : 300kg
지정수량 배수 = $\frac{20}{10} + \frac{40}{20} + \frac{300}{300} = 5배$

Answer 41. ② 42. ④ 43. ① 44. ① 45. ②

46 HNO₃에 대한 설명으로 틀린 것은?
① Al, Fe은 진한 질산에서 부동태를 생성해 녹지 않는다.
② 질산과 염산을 3 : 1 비율로 제조한 것을 왕수라고 한다.
③ 부식성이 강하고 흡습성이 있다.
④ 직사광선에서 분해하여 NO₂를 발생한다.

해설) 왕수 : 진한 질산 1, 진한 염산 3으로 혼합한 용액

47 위험물을 유별로 정리하여 상호 1m 이상의 간격을 유지하는 경우에도 동일한 옥내저장소에 저장할 수 없는 것은?
① 제1류 위험물(알칼리금속의 과산화물 또는 이를 함유한 것을 제외한다.)과 제5류 위험물
② 제1류 위험물과 제6류 위험물
③ 제1류 위험물과 제3류 위험물 중 황린
④ 인화성 고체를 제외한 제2류 위험물과 제4류 위험물

해설) 유별이 다른 위험물을 옥내저장소에 저장할 수 있는 경우
㉠ ①, ②, ③항
㉡ 제2류 위험물 중 인화성 고체와 제4류 위험물

48 적린의 일반적인 성질에 대한 설명으로 틀린 것은?
① 비금속 원소이다.
② 암적색의 분말이다.
③ 승화온도가 약 260℃이다.
④ 이황화탄소에 녹지 않는다.

해설) 적린의 착화점이 260℃이다.

49 위험물안전관리법에서 정의하는 다음 용어는 무엇인가?

> 인화성 또는 발화성 등의 성질을 가지는 것으로서 대통령이 정하는 물품을 말한다.

① 위험물   ② 인화성물질
③ 자연발화성물질 ④ 가연물

해설) 위험물 : 인화성 또는 발화성 등의 성질을 가지는 것으로 대통령령으로 정하는 물품을 말한다.

50 위험물안전관리법령에 따라 위험물 운반을 위해 적재하는 경우 제4류 위험물과 혼재가 가능한 액화석유가스 또는 압축천연가스의 용기 내용적은 몇 L 미만인가?
① 120   ② 150
③ 180   ④ 200

해설) 위험물과 혼재 가능한 고압가스
㉠ 내용적 120L 미만의 용기에 충전한 불활성가스
㉡ 내용적 120L 미만의 용기에 충전한 액화석유가스 또는 압축천연가스

Answer 46. ② 47. ④ 48. ③ 49. ① 50. ①

51 제1류 위험물 중의 과산화칼륨을 다음과 같이 반응시켰을 때 공통적으로 발생되는 기체는?

> • 물과 반응을 시켰다.
> • 가열하였다.
> • 탄산가스와 반응시켰다.

① 수소　　　② 이산화탄소
③ 산소　　　④ 이산화황

해설 물과의 반응식
- $2K_2O_2 + 2H_2O \rightarrow 4KOH + O_2$
  가열분해 반응식
- $2K_2O_2 \rightarrow 2K_2O + O_2$
  탄산가스와 반응식
- $2K_2O_2 + 2CO_2 \rightarrow 2K_2CO_3 + O_2$

52 다음 중 물과 반응하여 가연성 가스를 발생하지 않는 것은?

① 리튬
② 나트륨
③ 유황
④ 칼슘

해설 유황은 물과 반응하지 않는다.

53 제2류 위험물의 종류에 해당되지 않는 것은?

① 마그네슘
② 고형알코올
③ 칼슘
④ 안티몬분

해설 칼슘, 나트륨, 칼륨은 제3류 위험물

54 위험물을 저장할 때 필요한 보호물질을 옳게 연결한 것은?

① 황린 – 석유
② 금속칼륨 – 에탄올
③ 이황화탄소 – 물
④ 금속나트륨 – 산소

해설 위험물의 보호액
- 황린 : 물
- 금속칼륨, 금속나트륨 : 등유, 경유, 파라핀유
- 이황화탄소 : 물

55 위험물안전관리법령상 위험물의 운반에 관한 기준에 따르면 알콜류의 위험등급은 얼마인가?

① 위험등급 Ⅰ
② 위험등급 Ⅱ
③ 위험등급 Ⅲ
④ 위험등급 Ⅳ

해설 위험등급Ⅱ : 제1석유류, 알콜류

56 위험물의 지정수량이 틀린 것은?

① 과산화칼륨 : 50kg
② 질산나트륨 : 50kg
③ 과망간산나트륨 : 1000kg
④ 중크롬산암모늄 : 1000kg

해설 질산나트륨($NaNO_3$) : 300kg

Answer 51. ③　52. ③　53. ③　54. ③　55. ②　56. ②

57 다음 중 "인화점 50℃"의 의미를 가장 옳게 설명한 것은?

① 주변의 온도가 50℃ 이상이 되면 자발적으로 점화원 없이 발화한다.
② 액체의 온도가 50℃ 이상이 되면 가연성 증기를 발생하여 점화원에 의해 인화한다.
③ 액체를 50℃ 이상으로 가열하면 발화한다.
④ 주변의 온도가 50℃일 경우 액체가 발화한다.

해설
• 인화점 : 위험물의 온도 상승 시 발생하는 증기가 점화원에 의해 인화하는 온도
• 착화점 : 위험물의 온도 상승 시 점화원 없이 발화하는 최저온도

58 위험물안전관리법령상 위험물 운송시 제1류 위험물과 혼재 가능한 위험물은? (단, 지정수량의 10배를 초과하는 경우이다.)

① 제2류 위험물
② 제3류 위험물
③ 제5류 위험물
④ 제6류 위험물

해설 혼재가능 위험물
㉠ 제1류 위험물과 제6류 위험물
㉡ 제4류 위험물과 제2류, 제3류 위험물
㉢ 제5류 위험물과 제2류, 제4류 위험물

59 에틸렌글리콜의 성질로 옳지 않은 것은?

① 갈색의 액체로 방향성이 있고 쓴맛이 난다.
② 물, 알콜 등에 잘 녹는다.
③ 분자량은 약 62이고, 비중은 약 1.1이다.
④ 부동액의 원료로 사용된다.

해설 에틸렌글리콜은 제4류 위험물 중 제3석유류로서 2가 알콜이며 독성이 있고 무색, 무취의 끈끈한 액체로 단맛이 난다.

60 위험물 옥외저장탱크 중 압력탱크에 저장하는 디에틸에테르 등의 저장온도는 몇 ℃ 이하이어야 하는가?

① 60
② 40
③ 30
④ 15

해설 옥외저장탱크 중 압력탱크에 저장하는 아세트알데히드 또는 디에틸에테르 등의 온도는 40℃ 이하로 유지한다.

Answer 57. ② 58. ④ 59. ① 60. ②

위험물기능사 2000제 문제은행

CBT 시험대비
▶ 2014년 10월 11일 시행

01 제조소 등의 소요단위 산정시 위험물은 지정수량의 몇 배를 1 소요 단위로 하는가?
① 5배
② 10배
③ 20배
④ 50배

해설 소요단위(1단위) 규정
- 제조소·취급소용 건축물로 외벽이 내화구조인 곳 : $100m^2$
- 제조소·취급소용 건축물로 외벽이 내화구조 이외인 곳 : $50m^2$
- 저장소용 건축물로 외벽이 내화구조인 곳 : $150m^2$
- 저장소용 건축물로 외벽이 내화구조인 이외인 곳 : $75m^2$
- 위험물 : 지정수량 10배

02 다음 중 알킬알루미늄의 소화방법으로 가장 적합한 것은?
① 팽창질석에 의한 소화
② 알콜포에 의한 소화
③ 주수에 의한 소화
④ 산·알칼리 소화약제에 의한 소화

해설 제3류 위험물인 알킬알루미늄[$(R)_3Al$]은 금수성 물질로 소화제로는 팽창질석 또는 팽창진주암 등이 적당하다.

03 다음 물질 중 분진폭발의 위험이 가장 낮은 것은?
① 마그네슘가루
② 아연가루
③ 밀가루
④ 시멘트가루

해설 분진폭발 : 밀폐된 공간 내에서 분진이 공기 중에 부유하여 분진운을 형성 시 스파크 등에 의해 폭발을 일으키며 마그네슘분, 알루미늄분, 아연분, 철분, 밀가루, 전분, 커피가루 등이 분진 폭발의 위험성이 있다.

04 위험물안전관리법령상 제5류 위험물의 화재발생 시 적응성이 있는 소화설비는?
① 분말소화설비
② 물분무소화설비
③ 이산화탄소소화설비
④ 할로겐화합물소화설비

해설 제5류 위험물은 자기반응성물질로서 화재발생 시 물분무소화설비 등의 주수소화를 한다.

Answer 1. ② 2. ① 3. ④ 4. ②

05 다음 중 제4류 위험물의 화재에 적응성이 없는 소화기는?

① 포소화기
② 봉상수소화기
③ 인산염류소화기
④ 이산화탄소소화기

해설 제4류 위험물의 인화성 액체로 물에 녹지 않고 비중이 물보다 가벼운 성질의 물질이 많으므로 물이 주성분인 봉상수 소화기는 적응성이 없다.

06 위험물안전관리법령상 자동화재탐지설비의 경계구역 하나의 면적은 몇 m² 이하이어야 하는가? (단, 원칙적인 경우에 한한다.)

① 250
② 300
③ 400
④ 600

해설 자동화재탐지설비의 하나의 경계구역의 면적은 600m² 이하로 한 변의 길이는 50m 이하로 한다.

07 플래시오버(Flash Over)에 대한 설명으로 옳은 것은?

① 대부분 화재 초기(발화기)에 발생한다.
② 대부분 화재 종기(쇠퇴기)에 발생한다.
③ 내장재의 종류와 개구부의 크기에 영향을 받는다.
④ 산소의 공급이 주요 요인이 되어 발생한다.

해설 플래시 오버(Flash Over) : 화재 발생 시 화재가 서서히 진행하다가 열과 가연성 가스가 축적되어 일순간 폭발적으로 화염에 휩싸이는 현상으로 내장재의 종류와 개구부의 크기에 영향을 받는다.

08 충격이나 마찰에 민감하고 가수분해 반응을 일으키는 단점를 가지고 있어 이를 개선하여 다이너마이트를 발명하는데 원료로 사용한 위험물은?

① 셀룰로이드
② 니트로글리세린
③ 트리니트로톨루엔
④ 트리니트로페놀

해설 다이너마이트 : 니트로글리세린을 규조토에 흡수시킨 것

09 다음은 어떤 화합물의 구조식인가?

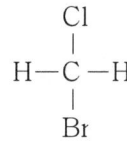

① 할론1301
② 할론1211
③ 할론1011
④ 할론2402

해설
H-1301(CF₃Br)
H-1211(CF₂ClBr)
H-1011(CH₂ClBr)
H-2402(C₂F₄Br₂)

Answer 5. ② 6. ④ 7. ③ 8. ② 9. ③

10 위험물안전관리법령상 제4류 위험물을 지정수량의 3천배 초과, 4천배 이하로 저장하는 옥외탱크저장소의 보유공지는 얼마인가?

① 6m 이상　　② 9m 이상
③ 12m 이상　　④ 15m 이상

해설

저장·취급하는 위험물의 최대수량	공지너비
지정수량의 500배	3m 이상
지정수량의 500배 초과, 1,000배 이하	5m 이상
지정수량의 1,000배 초과, 2,000배 이하	9m 이상
지정수량의 2,000배 초과, 3,000배 이하	12m 이상
지정수량의 3,000배 초과, 4,000배 이하	15m 이상

11 다음 중 분말소화약제를 방출시키기 위해 주로 사용되는 가압용 가스는?

① 산소　　② 질소
③ 헬륨　　④ 아르곤

해설 분말소화약제 가압용 가스 : 질소(N_2), 이산화탄소(CO_2)

12 연소의 연쇄반응을 차단 및 억제하여 소화하는 방법은?

① 냉각소화
② 부촉매소화
③ 질식소화
④ 제거소화

해설 부촉매효과 : 연소의 4요소인 연쇄반응을 차단하는 소화방법으로 억제소화라고도 하며, 할로겐 화합물의 소화방법이다.

13 위험물안전관리법령상 위험등급 I의 위험물로 옳은 것은?

① 무기과산화물
② 황화린, 적린, 유황
③ 제1석유류
④ 알코올류

해설
1. 위험등급 I의 위험물
   ㉠ 제1류 위험물 중 아염소산염류, 염소산염류, 과염소산염류, 무기과산화물 그 밖에 지정수량이 50kg인 위험물
   ㉡ 제3류 위험물 중 칼륨, 나트륨, 알킬알루미늄, 알킬리튬, 황린 그 밖에 지정수량이 10kg인 위험물
   ㉢ 제4류 위험물 중 특수인화물
   ㉣ 제5류 위험물 중 유기과산화물, 질산에스테르류 그 밖에 지정수량이 10kg인 위험물
   ㉤ 제6류 위험물
2. 위험등급 II의 위험물
   ㉠ 제1류 위험물 중 브롬산염류, 질산염류, 요오드산염류, 그 밖에 지정수량이 300kg인 위험물
   ㉡ 제2류 위험물 중 황화린, 적린, 유황 그 밖에 지정수량이 100kg인 위험물
   ㉢ 제3류 위험물 중 알칼리금속(칼륨 및 나트륨을 제외) 및 알칼리토금속, 유기금속화합물(알킬알루미늄 및 알킬리튬을 제외) 그 밖에 지정수량이 50kg인 위험물
   ㉣ 제4류 위험물 중 제1석유류 및 알코올류
   ㉤ 제5류 위험물 중 위험등급 I 이외의 것

Answer　10. ④　11. ②　12. ②　13. ①

14 소화기 속에 압축되어 있는 이산화탄소 1.1kg을 표준상태에서 분사하였다. 이산화탄소의 부피는 몇 m^3가 되는가?

① 0.56　　② 5.6
③ 11.2　　④ 24.6

해설 표준상태에서 CO_2는 $1kmol = 22.4m^3 = 44kg$ 이므로
$44kg : 22.4m^3$
$1.1kg : x$
$x = \dfrac{1.1kg \times 22.4m^3}{44kg} = 0.56m^3$

15 위험물안전관리법령상 자동화재탐지설비를 설치하지 않고 비상경보설비로 대신할 수 있는 것은?

① 일반취급소로서 연면적 $600m^2$인 것
② 지정수량 20배를 저장하는 옥내저장소로서 처마높이가 8m인 단층건물
③ 단층건물 외에 건축물에 설치된 지정수량 15배의 옥내탱크저장소서 소화난이도등급 Ⅱ에 속하는 것
④ 지정수량 20배를 저장·취급하는 옥내주유취급소

16 양초, 고급알코올 등과 같은 연료의 가장 일반적인 연소형태는?

① 분무연소　　② 증발연소
③ 표면연소　　④ 분해연소

해설 증발연소 : 가연물을 가열하면 열분해를 일으키지 않고 증발하여 가연성 증기를 발생시켜서 연소하는 형태로 양초, 황, 알콜, 에테르 등의 연소

17 BCF(Bromo Chlorod Fluoromethane) 소화약제의 화학식으로 옳은 것은?

① CCl_4　　② CH_2ClBr
③ CF_3Br　　④ CF_2ClBr

해설 BCF : 일취화 일염화 일불화 메탈(CF_2ClBr)
CTC : 사염화 탄소(CCl_4)
MTB : 일취화 삼불화 메탄(CF_3Br)
CB : 일염화 일취화 메탄(CH_2ClBr)

18 제2류 위험물인 마그네슘에 대한 설명으로 옳지 않은 것은?

① 2mm 체를 통과한 것만 위험물에 해당된다.
② 화재 시 이산화탄소 소화약제로 소화가 가능하다.
③ 가연성 고체로 산소와 반응하여 산화반응을 한다.
④ 주수소화를 하면 가연성의 수소가스가 발생한다.

해설 마그네슘(Mg) : 2mm 체를 통과하지 않는 덩어리 상태 또는 막대모양의 것은 위험물에서 제외되며 화재 시 탄산수소염류 분말소화기, 팽창질석, 팽창진주암, 건조사 등이 적응력이 있다.

Answer 14. ①　15. ③　16. ②　17. ④　18. ②

19 다음은 위험물안전관리법령에 따른 판매취급소에 대한 정의이다. ( )에 알맞은 말은?

> 판매취급소라 함은 점포에서 위험물을 용기에 담아 판매하기 위하여 지정수량의 (㉠)배 이하의 위험물을 (㉡)하는 장소

① ㉠ 20 ㉡ 취급 ② ㉠ 40 ㉡ 취급
③ ㉠ 20 ㉡ 저장 ④ ㉠ 40 ㉡ 저장

해설 판매 취급소 : 점포에서 위험물을 용기에 담아 판매하기 위하여 지정수량의 40배 이하의 위험물을 취급하는 장소
㉠ 1종 판매 취급소 : 지정수량의 20배 이하
㉡ 2종 판매 취급소 : 지정수량의 40배 이하

20 취급하는 제4류 위험물의 수량이 지정수량의 30만배인 일반취급소가 있는 사업장에 자체소방대를 설치함에 있어서 전체 화학소방차 중 포수용액을 방사하는 화학소방차는 몇 대 이상 두어야 하는가?

① 필수적인 것은 아니다.
② 1
③ 2
④ 3

해설

사업소의 구분	화학 소방자동차
지정수량의 12만배 미만	1대
지정수량의 12만배 이상 24만배 미만	2대
지정수량의 24만배 이상 48만배 미만	3대
지정수량의 48만배 이상	4대

21 다음 ( ) 안에 적합한 숫자를 차례대로 나열한 것은?

> 자연발화성물질 중 알킬알루미늄 등은 운반용기의 내용적의 ( )% 이하의 수납율로 수납하되, 50℃의 온도에서 ( )% 이상의 공간용적을 유지하도록 할 것

① 90, 5   ② 90, 10
③ 95, 5   ④ 95, 10

해설 자연발화성 물질 중 알킬알루미늄 등은 운반용기의 내용적의 90% 이하의 수납율로 수납하되 50℃의 온도에서 5% 이상의 공간용적을 유지하도록 할 것

22 정전기로 인한 재해방지대책 중 틀린 것은?

① 접지를 한다.
② 실내를 건조하게 유지한다.
③ 공기 중의 상대습도를 70% 유지한다.
④ 공기를 이온화 한다.

해설 정전기 예방법
㉠ 접지
㉡ 공기의 이온화
㉢ 공기 중 상대습도 70% 이상 유지

23 삼황화린의 연소 생성물을 옳게 나열한 것은?

① P_2O_5, SO_2 ② P_2O_5, H_2S
③ H_3PO_4, SO_2 ④ H_3PO_4, H_2S

해설 $P_4S_3 + 8O_2 \rightarrow 2P_2O_5 + 3SO_2$

Answer 19. ② 20. ④ 21. ① 22. ② 23. ①

24 제3류 위험물에 해당하는 것은?
① 유황 ② 적린
③ 황린 ④ 삼황화린

해설 제2류 위험물 : 유황, 적린, 삼황화린
제3류 위험물 : 황린

25 제5류 위험물 중 니트로화합물의 지정수량을 옳게 나타낸 것은?
① 10kg   ② 100kg
③ 150kg ④ 200kg

해설 니트로화합물 : 지정수량 200kg
트리니트로톨루엔, 트리니트로페놀

26 과염소산칼륨의 성질에 대한 설명 중 틀린 것은?
① 무색, 무취의 결정으로 물에 잘 녹는다.
② 화학식은 KClO₄이다.
③ 에탄올, 에테르에는 녹지 않는다.
④ 화약, 폭약, 섬광제 등에 쓰인다.

해설 과염소산칼륨(KClO₄) : 제1류 위험물, 지정수량 50kg, 물에 난용성이며 알콜, 에테르에 불용성이다.

27 0.99atm, 55℃에서 이산화탄소의 밀도는 약 몇 g/L인가?
① 0.62   ② 1.62
③ 9.65   ④ 12.65

해설
$$PM = eRT$$
$$e = \frac{PM}{RT} = \frac{0.99 \times 44}{0.082 \times (273+55)} = 1.619 \text{g}/l$$

28 위험물안전관리법령에서 정한 제5류 위험물 이동저장탱크의 외부 도장 색상은?
① 황색 ② 회색
③ 적색 ④ 청색

해설 이동저장탱크의 외부도장

유별	제1류	제2류	제3류	제5류
도장의 색상	회색	적색	청색	황색

29 제조소등의 관계인이 예방규정을 정하여야 하는 제조소등이 아닌 것은?
① 지정수량 100배의 위험물을 저장하는 옥외탱크저장소
② 지정수량 150배의 위험물을 저장하는 옥내저장소
③ 지정수량 10배의 위험물을 취급하는 제조소
④ 지정수량 5배의 위험물을 취급하는 이송취급소

해설 예방규정을 정해야 하는 제조소
㉠ 지정수량의 10배 이상의 위험물을 취급하는 제조소
㉡ 지정수량 100배 이상의 위험물을 저장하는 옥외저장소
㉢ 지정수량 150배 이상의 위험물을 저장하는 옥내저장소
㉣ 지정수량 200배 이상의 위험물을 저장하는 옥외탱크저장소
㉤ 암반탱크저장소
㉥ 이송취급소

Answer 24. ③ 25. ④ 26. ① 27. ② 28. ① 29. ①

30 위험물안전관리법령상 제5류 위험물의 공통된 취급방법으로 옳지 않은 것은?

① 용기의 파손 및 균열에 주의한다.
② 저장 시 과열, 충격, 마찰을 피한다.
③ 운반용기 외부에 주의사항으로 "화기주의" 및 "물기엄금"을 표기한다.
④ 불티, 불꽃, 고온체와의 접근을 피한다.

해설 운반용기 외부에 "화기엄금, 충격주의"를 표기한다.

31 다음 중 황 분말과 혼합했을 때 가열 또는 충격에 의해서 폭발할 위험이 가장 높은 것은?

① 질산암모늄   ② 물
③ 이산화탄소   ④ 마른 모래

해설 질산암모늄(NH_4NO_3) : 제1류의 질산염류, 지정수량 300kg
유황, 금속분, 가연성의 유기물이 섞이면 가열, 충격에 의해 폭발 위험이 크다.

32 다음은 위험물안전관리법령에서 정한 내용이다 ( ) 안에 알맞은 용어는?

( )라 함은 고형알코올 그 밖에 1기압에서 인화점이 섭씨 40℃ 미만인 고체를 말한다.

① 가연성 고체
② 산화성 고체
③ 인화성 고체
④ 자기반응성 고체

해설 인화성고체 : 제2류 위험물, 지정수량 1000kg
고형알코올 그 밖에 1기압에서 인화점이 40℃ 미만인 고체

33 유별을 달리하는 위험물을 운반할 때 혼재할 수 있는 것은? (단, 지정수량의 1/10 을 넘는 양을 운반하는 경우이다.)

① 제1류와 제3류   ② 제2류와 제4류
③ 제3류와 제5류   ④ 제4류와 제6류

해설 혼재가능 위험물
㉠ 제1류와 제6류 위험물
㉡ 제4류와 제2류, 제3류 위험물
㉢ 제5류와 제2류, 제4류 위험물

34 그림의 원통형 종으로 설치된 탱크에서 공간용적을 내용적의 10%라고 하면 탱크용량(허가용량)은 약 얼마인가?

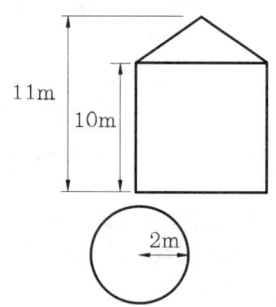

① 113.04
② 124.34
③ 129.06
④ 138.16

해설 $V = \pi r^2 l = 3.14 \times 2^2 \times 10 \times 0.9 = 113.04$

35 제4류 위험물에 속하지 않는 것은?

① 아세톤
② 실린더유
③ 트리니트로톨루엔
④ 니트로벤젠

해설 ㉠ 제4류 위험물 : 아세톤(제1석유류), 실린더유(제4석유류), 니트로벤젠(제3석유류)
㉡ 제5류 위험물 : 트리니트로 톨루엔

36 자기반응성 물질인 제5류 위험물에 해당하는 것은?

① $CH_3(C_6H_4)NO_2$
② CH_3COCH_3
③ $C_6H_2(NO_2)_3OH$
④ $C_6H_5NO_2$

해설 ㉠ 제4류 위험물 : 니트로톨루엔 [$CH_3(C_6H_4)NO_2$]
아세톤(CH_3COCH_3)
니트로벤젠($C_6H_5NO_2$)
㉡ 제5류 위험물 : 트리니트로 페놀 [$C_6H_2(NO_2)_3OH$]

37 경유 2000L, 글리세린 2000L를 같은 장소에 저장하려 한다. 지정수량의 배수의 합은 얼마인가?

① 2.5
② 3.0
③ 3.5
④ 4.0

해설 환산지정수량 = $\frac{2000}{1000} + \frac{2000}{4000} = 2.5$

38 제2석유류에 해당하는 물질로만 짝 지어진 것은?

① 등유, 경유
② 등유, 중유
③ 글리세린, 기계유
④ 글리세린, 장뇌유

해설
• 제2석유류 : 등유, 경유, 장뇌유
• 제3석유류 : 중유, 글리세린
• 제4석유류 : 기계유

39 과망간산칼륨의 위험성에 대한 설명으로 틀린 것은?

① 황산과 격렬하게 반응한다.
② 유기물과 혼합 시 위험성이 증가한다.
③ 고온으로 가열하면 분해하여 산소와 수소를 방출한다.
④ 목탄, 황 등 환원성 물질과 격리하여 저장해야 한다.

해설 $2KMnO_4 \xrightarrow{고온} K_2MnO_4 + MnO_2 + O_2$
(망간산칼륨) (이산화망간) (산소)

40 다음 중 지정수량이 나머지 셋과 다른 물질은?

① 황화린
② 적린
③ 칼슘
④ 유황

해설 지정수량
㉠ 100kg : 황화린, 적린, 유황
㉡ 50kg : 칼슘(제3류 알카리금속 및 알카리토금속류)

Answer 35. ③ 36. ③ 37. ① 38. ① 39. ③ 40. ③

41 위험물의 품명이 질산염류에 속하지 않는 것은?

① 질산메틸
② 질산칼륨
③ 질산나트륨
④ 질산암모늄

해설 ㉠ 질산염류 : 제1류 위험물로 질산칼륨, 질산나트륨, 질산암모늄
㉡ 질산에스테르류 : 제5류 위험물로 질산메틸, 질산에틸, 니트로글리세린

42 위험물과 그 보호액 또는 안정제의 연결이 틀린 것은?

① 황린 - 물
② 인화석회 - 물
③ 금속칼륨 - 등유
④ 알킬알루미늄 - 헥산

해설 인화석회(Ca_3P_2)에 물을 가하면 가연성가스가 발생한다.
$Ca_3P_2 + 6H_2O \rightarrow 2PH_3(포스핀) + 3Ca(OH)_2$

43 위험물안전관리법령상 염소화이소시아눌산은 제 몇 류 위험물인가?

① 제1류
② 제2류
③ 제5류
④ 제6류

해설 염소화이소시아눌산($C_3N_3Cl_3O_3$) : 제1류 위험물의 행정안전부령으로 정하는 위험물, 지정수량 300kg

44 경유에 대한 설명으로 틀린 것은?

① 물에 녹지 않는다.
② 비중이 1 이하이다.
③ 발화점이 인화점보다 높다.
④ 인화점은 상온 이하이다.

해설 경유 : 제2석유류, 지정수량 1000L, 인화점 50~70℃, 발화점 200℃ 전후

45 다음은 위험물 안전관리법령상 이동탱크저장소에 설치하는 게시판의 설치기준에 관한 내용이다. ( ) 안에 해당하지 않는 것은?

> 이동저장탱크의 뒷면 중 보기 쉬운 곳에는 해당 탱크에 저장 또는 취급하는 위험물의 ( ), ( ), ( ) 및 적재중량을 게시한 게시판을 설치하여야 한다.

① 최대수량
② 품명
③ 유별
④ 관리자명

해설 이동탱크저장소의 뒷면의 보기 쉬운 곳에는 당해저장탱크에 저장 또는 취급하는 위험물의 유별, 품명, 최대수량 및 적재중량을 게시한 게시판을 설치하여야 한다.

Answer 41. ① 42. ② 43. ① 44. ④ 45. ④

46 다음 중 인화점이 0℃보다 작은 것은 모두 몇 개인가?

$C_2H_5OC_2H_5$, CS_2, CH_3CHO

① 0개   ② 1개
③ 2개   ④ 3개

해설 인화점
- $C_2H_5OC_2H_5$(디에틸에테르) : −45℃
- CS_2(이황화탄소) : −30℃
- CH_3CHO(아세트알데히드) : −38℃

47 니트로셀룰로오스의 저장방법으로 올바른 것은?

① 물이나 알코올로 습윤시킨다.
② 에탄올과 에테르 혼액에 침윤시킨다.
③ 수은염을 만들어 저장한다.
④ 산에 용해시켜 저장한다.

해설 니트로 셀룰로오스 : 진한 질산과 진한 황산에 혼합시켜 제조하며 물이 함유되어 있는 함수알콜에 습윤시켜 저장한다.

48 위험물안전관리법령상 옥내소화전설비의 설치기준에서 옥내소화전은 제조소등의 건축물의 층마다 해당 층의 각 부분에서 하나의 호스 접속구까지의 수평거리가 몇 m 이하가 되도록 설치하여야 하는가?

① 5   ② 10
③ 15   ④ 25

해설 옥내소화전은 제조소등의 층마다 해당 층의 각 부분에서 하나의 호스 접속구까지의 수평거리가 25m 이하가 되도록 설치하고 옥내소화전은 각 층의 출입구 부근에 1개 이상 설치해야 한다.

49 유기과산화물의 저장 또는 운반 시 주의사항으로서 옳은 것은?

① 일광이 드는 건조한 곳에 저장한다.
② 가능한 한 대용량으로 저장한다.
③ 알콜류 등 제4류 위험물과 혼재하여 운반할 수 있다.
④ 산화제이므로 다른 강산화제와 같이 저장해도 좋다.

해설 유기과산화물(제5류)은 제4류 위험물과 혼재 운반할 수 있다.

50 지하탱크저장소에 대한 설명으로 옳지 않은 것은?

① 탱크전용실 벽의 두께는 0.3m 이상이어야 한다.
② 지하저장탱크의 윗부분은 지면으로부터 0.6m 이상 아래에 있어야 한다.
③ 지하저장탱크와 탱크전용실 안쪽과의 간격은 0.1m 이상의 간격을 유지한다.
④ 지하저장탱크에는 두께 0.1m 이상의 철근 콘크리트조로 된 뚜껑을 설치한다.

해설 두께 0.3m 이상의 철근 콘크리트조의 뚜껑을 덮는다.

Answer 46. ④ 47. ① 48. ④ 49. ③ 50. ④

51 황린의 위험성에 대한 설명으로 틀린 것은?
① 공기 중에서 자연발화의 위험성이 있다.
② 연소 시 발생되는 증기는 유독하다.
③ 화학적 활성이 커서 CO_2, H_2O와 격렬히 반응한다.
④ 강알칼리 용액과 반응하여 독성 가스를 발생한다.

해설 물과 반응하지 않고 인화수소(PH_3)의 생성을 방지하기 위하여 pH 9의 물속에 저장한다.

52 니트로셀룰로오스 5kg과 트리니트로페놀을 함께 저장하려고 한다. 이때 지정수량 1개로 저장하려면 트리니트로페놀을 몇 kg 저장하여야 하는가?
① 5 ② 10
③ 50 ④ 100

해설 지정수량 : 니트로셀룰로오스 10kg, 트리니트로 페놀 200kg
환산지정수량 $= \dfrac{5}{10} + \dfrac{x}{200} = 1$
∴ $x = 100$

53 다음 중 위험물안전관리법령에서 정한 제3류 위험물 금수성 물질의 소화설비로 적응성이 있는 것은?
① 이산화탄소 소화설비
② 할로겐화합물 소화설비
③ 인산염류 등 분말소화설비
④ 탄산수소염류 등 분말소화설비

해설 금수성물질의 소화설비 : 탄산수소염류 등 분말 소화설비, 건조사, 팽창질석 또는 팽창진주암

54 다음 설명 중 제2석유류에 해당하는 것은? (단, 1기압 상태이다.)
① 착화점이 21℃ 미만인 것
② 착화점이 30℃ 이상 50℃ 미만인 것
③ 인화점이 21℃ 이상 70℃ 미만인 것
④ 착화점이 21℃ 이상 90℃ 미만인 것

해설
- 제1석유류 : 인화점 21℃ 미만인 것
- 제2석유류 : 인화점 21℃ 이상 70℃ 미만인 것
- 제3석유류 : 인화점 70℃ 이상 200℃ 미만인 것
- 제4석유류 : 인화점 200℃ 이상 250℃ 미만인 것

55 질산암모늄의 일반적 성질에 대한 설명 중 옳은 것은?
① 불안정한 물질이고 물에 녹을 때는 흡열반응을 나타낸다.
② 물에 대한 용해도 값이 매우 작아 물에 거의 불용이다.
③ 가열 시 분해하여 수소를 발생한다.
④ 과일향의 냄새가 나는 적갈색 비결정체이다.

해설 질산암모늄(NH_4NO_3) : 제1류 위험물의 질산염류, 지정수량 300kg, 물·알콜·알칼리에 잘 녹고 물에 녹을 경우 흡열반응을 한다.

Answer 51. ③ 52. ④ 53. ④ 54. ③ 55. ①

56 아염소산염류 50kg과 질산염류 300kg을 함께 저장하는 경우 위험물의 소요단위는 얼마인가?

① 2
② 4
③ 6
④ 8

해설 지정수량
- 아염소산 염류 : 50kg
- 질산염류 : 300kg

환산지정수량 $= \dfrac{50}{50} + \dfrac{300}{300} = 2$

57 유황에 대한 설명으로 옳지 않은 것은?

① 연소 시 황색불꽃을 보이며 유독한 이황화탄소를 발생한다.
② 미세한 분말상태에서 부유하면 분진폭발의 위험이 있다.
③ 마찰에 의해 정전기가 발생할 우려가 있다.
④ 고온에서 용융된 유황은 수소와 반응한다.

해설 $S + O_2 \rightarrow SO_2$
연소 시 푸른 불꽃을 내며 유독한 이산화황을 발생한다.

58 위험물의 저장 및 취급방법에 대한 설명으로 틀린 것은?

① 적린은 화기와 멀리하고 가열, 충격이 가해지지 않도록 한다.
② 이황화탄소는 발화점이 낮으므로 물 속에 저장한다.
③ 마그네슘은 발화점이 낮으므로 물 속에 저장한다.
④ 알루미늄분은 분진폭발의 위험이 있으므로 주수 소화를 피한다.

해설 마그네슘(Mg)은 물과 반응 시 가연성 가스인 수소(H_2)를 발생하여 연소의 우려가 있으므로 주의한다.
발화점 : 약 400℃

59 과산화벤조일(벤조일퍼옥사이드)에 대한 설명 중 틀린 것은?

① 환원성 물질과 격리하여 저장한다.
② 물에 녹지 않으나 유기용매에 녹는다.
③ 희석제로 묽은 질산을 사용한다.
④ 결정성의 분말형태이다.

해설 과산화벤조일 : 제5류의 유기과산화물, 지정수량 10kg, 희석제로 프탈산디메틸, 프탈산디부틸을 사용

Answer 56. ① 57. ① 58. ③ 59. ③

60 위험물안전관리법령에 따른 위험물의 운송에 관한 설명 중 틀린 것은?

① 알킬리튬과 알킬알루미늄 또는 이 중 어느 하나 이상을 함유한 것은 운송책임자의 감독/지원을 받아야 한다.
② 이동탱크저장소에 의하여 위험물을 운송할 때의 운송책임자에는 법정의 교육을 이수하고 관련 업무에 2년 이상 경력이 있는 자도 포함된다.
③ 서울에서 부산까지 금속의 인화물 300kg을 1명의 운전자가 휴식 없이 운송해도 규정위반이 아니다.
④ 운송책임자의 감독 또는 지원방법에는 동승하는 방법과 별도의 사무실에서 대기하면서 규정된 사항을 이행하는 방법이 있다.

해설 위험물 운송자는 장거리(고속국도 340km 이상, 그 밖의 도로 200km 이상)에 걸치는 운송을 할 때에는 2명 이상의 운전자로 하며 운송 도중에 2시간 이내마다 20분씩 휴식하는 경우는 그러하지 않는다.

Answer 60. ③

위험물기능사 2000제 문제은행

2015년 1월 25일 시행

01 플래시오버에 대한 설명으로 바르지 않은 것은?
① 국소화재에서 실내의 가연물들이 연소하는 대화재로의 전이
② 환기지배형 화재에서 연료지배형 화재로의 전이
③ 실내의 천정 쪽에 축적된 미연소 가스성 증기나 가스를 통한 화염의 급격한 전파
④ 내화건축물의 실내화재 온도 상황으로 보아 성장기에서 최성기로의 진입

해설 플래시오버는 연료지배형 화재에서 환기지배형 화재로 전이되는 형태이다.

02 위험물안전관리법령상 제3류 위험물 중 금수성물질의 화재에 적응성이 있는 소화설비는 무엇인가?
① 탄산수소염류의 분말소화설비
② 이산화탄소소화설비
③ 할로겐화합물소화설비
④ 인산염류의 분말소화설비

해설 제3류 위험물의 금수성물질의 적응성 소화설비
탄산수소염류의 분말소화설비, 건조사, 팽창질석 또는 팽창 진주암

03 제1종, 제2종, 제3종 분말소화약제의 주성분에 해당하지 않는 것은 무엇인가?
① 탄산수소나트륨
② 황산마그네슘
③ 탄산수소칼륨
④ 인산암모늄

해설 제1종 : 탄산수소나트륨($NaHCO_3$)
제2종 : 탄산수소칼륨($KHCO_3$)
제3종 : 인산암모늄($NH_4H_2PO_4$)

04 가연성 액화가스의 탱크 주위에서 화재가 발생한 경우에 탱크의 가열로 인하여 그 부분의 강도가 약해져 탱크가 파열됨으로 내부의 가열된 액화가스가 급속히 팽창하면서 폭발하는 현상은 무엇인가?
① 블레비(BLEVE) 현상
② 보일오버(Boil Over) 현상
③ 플래시백(Flash Back) 현상
④ 백드래프트(Back Draft) 현상

해설 블레비(Boiling liquid expanding vapor explosion)
인화점이나 비점이 낮은 인화성 액체가 가득 차 있지 않은 탱크 주위에서 화재가 발생한 경우 탱크의 가열로 인하여 탱크의 인장력이 저하되고 탱크가 파열됨으로 내부의 가열된 액화가스가 급속히 팽창하면서 폭발하는 현상

Answer 1. ② 2. ① 3. ② 4. ①

05 소화효과에 대한 설명으로 바르지 않은 것은?

① 기화잠열이 큰 소화약제를 사용할 경우 냉각소화 효과를 기대할 수 있다.
② 이산화탄소에 의한 소화는 주로 질식소화로 화재를 진압한다.
③ 할로겐 화합물 소화약제는 주로 냉각소화를 한다.
④ 분말소화약제는 질식효과와 부촉매 효과 등으로 화재를 진압한다.

해설 할로겐화합물 소화약제는 연소의 연쇄반응을 차단하는 부촉매효과(억제소화)이다.

06 건조사와 같은 불연성 고체로 가연물을 덮는 것은 어떤 소화에 해당하는지 고르시오.

① 제거소화   ② 질식소화
③ 냉각소화   ④ 억제소화

해설 질식소화 : 공기 중의 산소농도를 15% 이하로 낮추어서 소화하는 방식으로 건조사는 가연물을 덮어서 산소를 차단하는 질식소화 방법이다.

07 금속칼륨과 금속나트륨은 어떻게 보관하여야 하는지 고르시오.

① 공기 중에 노출하여 보관
② 물 속에 넣어서 밀봉하여 보관
③ 석유 속에 넣어서 밀봉하여 보관
④ 그늘지고 통풍이 잘되는 곳에 산소 분위기에서 보관

해설 보호액 및 희석제
• Na, K : 석유, 등유, 파라핀 등에 밀봉 보관
• P_4(황린) : 알칼리성 물
• $(C_2H_5)_3Al$(알킬알루미늄) : 벤젠, 헥산

08 위험물제조소등에 설치하는 고정식의 포소화설비의 기준에서 포헤드방식의 포헤드는 방호대상물의 표면적 몇 m^2당 1개 이상의 헤드를 설치하여야 하는지 고르시오.

① 3   ② 9
③ 15   ④ 30

해설 고정식의 포소화설비의 포헤드방식의 포헤드는 방호대상물의 표면적(건축물의 경우 바닥면적) $9m^2$당 1개의 헤드를 설치해야 한다.

09 위험물안전관리법령에 따른 스프링클러헤드의 설치방법에 대한 설명으로 바르지 않은 것은?

① 개방형 헤드는 반사판으로부터 하방으로 0.45m, 수평방향으로 0.3m 공간을 보유할 것
② 폐쇄형 헤드는 가연성물질 수납부분에 설치 시 반사판으로부터 하방으로 0.9m, 수평방향으로 0.4m의 공간을 확보할 것
③ 폐쇄형 헤드 중 개구부에 설치하는 것은 해당 개구부의 상단으로부터 높이 0.15m 이내의 벽면에 설치할 것
④ 폐쇄형 헤드 설치 시 급배기용 덕트의 긴변의 길이가 1.2m를 초과하는 것이 있는 경우에만 해당 덕트의 윗부분에만 헤드를 설치할 것

해설 급배기용 닥트등의 긴 변의 길이가 1.2m를 초과하는 것이 있는 경우에는 해당 닥트등의 아랫면에도 스프링클러헤드를 설치한다.

Answer 5. ③ 6. ② 7. ③ 8. ② 9. ④

10 Mg, Na의 화재에 이산화탄소 소화기를 사용하였다. 화재현장에서 발생되는 현상은 무엇인가?

① 이산화탄소가 부착면을 만들어 질식소화가 된다.
② 이산화탄소가 방출되어 냉각소화 된다.
③ 이산화탄소가 Mg, Na과 반응하여 화재가 확대된다.
④ 부촉매효과에 의해 소화된다.

해설 마그네슘(Mg)은 탄산가스 속에서도 연소하고 나트륨(Na), 칼륨(K)도 탄산가스 속에서 폭발적으로 반응한다.

11 제3종 분말 소화약제의 열분해 반응식을 바르게 나타낸 것은 무엇인가?

① $NH_4H_2PO_4 \rightarrow HPO_3 + NH_3 + H_2O$
② $2KNO_3 \rightarrow 2KNO_2 + O_2$
③ $KClO_4 \rightarrow KCl + 2CO_2$
④ $2CaHCO_3 \rightarrow 2CaO + H_2CO_3$

해설
1종분말 : $2NaHCO_3 \rightarrow Na_2CO_3 + CO_2 + H_2O$
2종분말 : $2KHCO_3 \rightarrow K_2CO_3 + CO_2 + H_2O$
3종분말 : $NH_4H_2PO_4 \rightarrow HPO_3 + NH_3 + H_2O$

12 위험물안전관리법령상 제2류 위험물 중 지정수량이 500kg인 물질에 의한 화재는 무엇인가?

① A급 화재   ② B급 화재
③ C급 화재   ④ D급 화재

해설
• A급 화재 : 일반화재
• B급 화재 : 유류화재
• C급 화재 : 전기화재
• D급 화재 : 금속화재
철분, 마그네슘, 금속분은 제2류 위험물로 지정수량 500kg이며 D급화재에 속한다.

13 위험물제조소등의 용도폐지신고에 대한 설명으로 바르지 않은 것은?

① 용도폐지 후 30일 이내에 신고하여야 한다.
② 완성검사필증을 첨부한 용도폐지신고서를 제출하는 방법으로 신고한다.
③ 전자문서로 된 용도폐지신고서를 제출하는 경우에도 완공검사필증을 제출하여야 한다.
④ 신고의무의 주체는 해당 제조소등의 관계인이다.

해설 제조소 등의 관계인은 당해 제조소등의 용도를 폐지한 때에는 제조소등의 용도를 폐지한 날로부터 14일이며 시·도지사에게 신고해야 한다.

14 할로겐 화합물의 소화약제 중 할론 2402의 화학식은 무엇인가?

① $C_2Br_4F_2$ ② C_2ClF_2
③ $C_2Cl_4Br_2$ ④ $C_2F_4Br_2$

해설 할론 소화약제 명명 : C→F→Cl→Br 순으로 개수표시하며 H-2402는 C : 2, F : 4, Cl : 없음, Br : 2이며 $C_2F_4Br_2$(FB, 이브롬화 사불화 에탄)이다.

Answer 10. ③ 11. ① 12. ④ 13. ① 14. ④

15 위험물제조소등에 설치하여야 하는 자동화재탐지설비의 설치기준에 대한 설명 중 바르지 않은 것은?

① 자동화재탐지설비의 경계구역은 건축물 그 밖의 공작물의 2 이상의 층에 걸치도록 할 것
② 하나의 경계구역에서 그 한 변의 길이는 50m(광전식분리형 감지기를 설치할 경우에는 100m) 이하로 할 것
③ 자동화재탐지설비의 감지기는 지붕 또는 벽의 옥내에 면한 부분에 유효하게 화재의 발생을 감지할 수 있도록 설치할 것
④ 자동화재탐지설비에는 비상전원을 설치할 것

해설 자동화재 탐지설비의 경계구역은 건축물 그 밖의 공작물의 2층 이상의 층에 걸치지 아니하도록 할 것

16 다음 중 수소, 아세틸렌과 같은 가연성 가스가 공기 중 누출되어 연소하는 형식에 가장 가까운 것은 무엇인가?

① 확산 연소 ② 증발 연소
③ 분해 연소 ④ 표면 연소

해설
• 확산 연소 : 수소·아세틸렌 등 가연성 가스가 공기 중에 누출(확산)되면서 공기와 혼합하여 연소
• 증발 연소 : 가연성 액체의 가연성 증기가 증발하여 연소
• 분해 연소 : 비휘발성 액체의 온도상승으로 열분해에 의해 연소
• 표면 연소 : 금속, 나트륨, 목탄, 코크스 등 고체 표면에서 연소

17 알코올류 20,000L에 대한 소화설비 설치 시 소요단위는 무엇인가?

① 5   ② 10
③ 15 ④ 20

해설 알코올류 지정수량 : 400ℓ
위험물의 1소요 단위 : 지정수량의 10배
∴ 소요단위 $= \dfrac{20,000}{400 \times 10} = 5$

18 위험물안전관리법령상 분말소화설비의 기준에서 규정한 전역방출방식 또는 국소방출방식 분말소화설비의 가압용 또는 축압용가스에 해당하는 것은 무엇인가?

① 네온가스
② 아르곤가스
③ 수소가스
④ 이산화탄소가스

해설 분말소화설비의 가압용·축압용 가스 : N_2(질소), CO_2(이산화탄소)

19 과산화칼륨의 저장창고에서 화재가 발생하였다. 다음 중 가장 적합한 소화약제는 무엇인가?

① 물
② 이산화탄소
③ 마른 모래
④ 염산

해설 과산화칼륨(K_2O_2) : 제1류 위험물의 알카리금속의 과산화물로 화재시 건조사(마른 모래), 팽창질석 또는 팽창 진주암, 탄산수소 염류분말소화약제

Answer 15. ① 16. ① 17. ① 18. ④ 19. ③

20 위험물안전관리법령에 의해 옥외저장소에 저장을 허가받을 수 없는 위험물은 무엇인가?

① 제2류 위험물 중 유황(금속제드럼에 수납)
② 제4류 위험물 중 가솔린(금속제드럼에 수납)
③ 제6류 위험물
④ 국제해상위험물규칙(IMDG Code)에 적합한 용기에 수납된 위험물

해설 옥외저장소에 저장하는 위험물
- 제2류 위험물 중 유황 또는 인화성 고체
- 제4류 위험물 중 제1석유류(인화점이 섭씨 0℃ 이상인 것에 한한다.), 알코올류, 제2석유류, 제3석유류, 제4석유류, 동식물류
- 제6류 위험물

옥외저장소에 저장하는 특례위험물
- 제4류 위험물 중 제1석유류(가솔린)

21 다음 물질 중 제1류 위험물이 아닌 것은 무엇인가?

① Na_2O_2 ② $NaClO_3$
③ NH_4ClO_4 ④ $HClO_4$

해설 $HClO_4$(과염소산) : 제6류 위험물, 지정수량 300kg

22 소화난이도등급 Ⅰ의 옥내저장소에 설치하여야 하는 소화설비에 해당하지 않는 것은 무엇인가?

① 옥외소화전설비
② 연결살수설비
③ 스프링클러설비
④ 물분무소화설비

해설 소화난이도등급 Ⅰ의 옥내저장소에 설치해야 하는 소화설비
- 옥외소화전설비
- 스프링클러설비
- 고정식물분무설비
- 이동식 포소화설비

23 적린의 위험성에 관한 설명 중 올바른 것은?

① 공기 중에 방치하면 폭발한다.
② 산소와 반응하여 포스핀가스를 발생한다.
③ 연소 시 적색의 오산화인을 발생한다.
④ 강산화제와 혼합하면 충격·마찰에 의해 발화할 수 있다.

해설 적린
- 제2류 위험물
- 지정수량 100kg
- 공기 중에서 발화하지 않음, 공기와 반응하여 오산화린(P_2O_5)이 발생하며 흰 연기 발생

24 디에틸에테르에 대한 설명으로 올바른 것은 무엇인가?

① 연소하면 아황산가스를 발생하고, 마취제로 사용한다.
② 증기는 공기보다 무거우므로 물 속에 보관한다.
③ 에탄올을 진한 황산을 이용해 축합 반응시켜 제조할 수 있다.
④ 제4류 위험물 중 연소범위가 좁은 편에 속한다.

해설 디에틸에테르($C_2H_5-O-C_2H_5$)
- 제4류의 특수인화물
- 지정수량 50ℓ
- 공기 중에서 또는 직사광선에 의해 과산화물이 생성되므로 갈색병에 저장
- 연소범위 1.9~48%

Answer 20. ② 21. ④ 22. ② 23. ④ 24. ③

25 위험물제조소에 설치하는 안전장치 중 위험물의 성질에 따라 안전밸브의 작동이 곤란한 가압설비에 한하여 설치하는 것은 무엇인가?

① 파괴판
② 안전밸브를 병용하는 경보장치
③ 감압측에 안전밸브를 부착한 감압밸브
④ 연성계

해설 파괴판 : 안전밸브의 작동이 곤란한 가압설비에 한하여 설치

26 트리니트로톨루엔 성질에 대한 설명 중 바르지 않은 것은?

① 담황색의 결정이다.
② 폭약으로 사용된다.
③ 자연분해의 위험성이 적어 장기간 저장이 가능하다.
④ 조해성과 흡습성이 매우 크다.

해설 트리니트로 톨루엔[$C_6H_2CH_3(NO_2)_3$]
- T.N.T
- 제5류의 니트로 화합물
- 지정수량 200kg
- 물에 녹지 않으므로 조해성 여과 흡수성이 없다.

27 과산화나트륨이 물과 반응하면 어떤 물질과 산소를 발생시키는지 고르시오.

① 수산화나트륨   ② 수산화칼륨
③ 질산나트륨   ④ 아염소산나트륨

해설 $2Na_2O_2$ (과산화나트륨) $+ 2H_2O \rightarrow 4NaOH$ (수산화나트륨) $+ O_2 +$ 열

28 다음 중 물에 녹고 물보다 가벼운 물질로 인화점이 가장 낮은 것은 무엇인가?

① 아세톤   ② 이황화탄소
③ 벤젠   ④ 산화프로필렌

해설
- 산화프로필렌(OCH_2CHCH_3) : 제4류의 특수인화물, 지정수량 50ℓ, 인화점 $-37℃$
- 아세톤(CH_3COCH_3) : 제4류의 제1석유류, 인화점 $-18℃$
- 이황화탄소(CS_2) : 제4류의 특수인화물, 인화점 $-30℃$
- 벤젠(C_6H_6) : 제4류의 제1석유류, 인화점 $-11℃$

29 과염소산칼륨과 가연성고체 위험물이 혼합되는 것은 위험하다. 그 주된 이유는 무엇인지 고르시오.

① 전기가 발생하고 자연 가열되기 때문이다.
② 중합반응을 하여 열이 발생되기 때문이다.
③ 혼합하면 과염소산칼륨이 연소하기 쉬운 액체로 변하기 때문이다.
④ 가열, 충격 및 마찰에 의하여 발화·폭발 위험이 높아지기 때문이다.

해설 과염소산칼륨(제1류 위험물)은 산화성 고체로서 가연성고체(제2류 위험물)와 혼합되면 가열, 충격, 마찰 등에 의하여 발화, 폭발위험이 높아진다.

Answer 25. ① 26. ④ 27. ① 28. ④ 29. ④

30 유황의 성질을 설명한 것 중 올바른 것은?

① 전기의 양도체이다.
② 물에 잘 녹는다.
③ 연소하기 어려워 분진 폭발의 위험성은 없다.
④ 높은 온도에서 탄소와 반응하여 이황화탄소가 생긴다.

해설 유황 : 전기의 부도체, 물에 불용, 미세한 분말로 공기 중에 부유시 분진 폭발
$C + 2S \rightarrow CS_2$(이황화탄소)

31 위험물안전관리법령상의 제3류 위험물 중 금수성물질에 해당하는 것은 무엇인가?

① 황린   ② 적린
③ 마그네슘   ④ 칼륨

해설 제2류 위험물 : 가연성 고체, 적린, 마그네슘
제3류 위험물 : 칼륨, 나트륨 – 금수성물질
황린 – 물과 반응하지 않고 물 속에 저장

32 다음 중 위험성이 더욱 증가하는 경우는 무엇인가?

① 황린을 수산화칼륨 수용액에 넣었다.
② 나트륨을 등유 속에 넣었다.
③ 트리에틸알루미늄 보관용기 내에 아르곤 가스를 봉입시켰다.
④ 니트로셀룰로오스를 알코올 수용액에 넣었다.

해설 황린 : KOH, NaOH 등 강알칼리 용액과 반응하여 맹독성의 포스핀(PH_3)을 발생한다.

33 적린의 성질에 대한 설명 중 바르지 않은 것은?

① 황린과 성분원소가 같다.
② 발화온도는 황린보다 낮다.
③ 물, 이황화탄소에 녹지 않는다.
④ 브롬화인에 녹는다.

해설 • 적린 : 제2류 위험물, 지정수량 100kg, 발화온도 260℃
• 황린(백린) : 제3류 위험물, 지정수량, 발화온도 50℃

34 과산화칼륨과 과산화마그네슘이 염산과 각각 반응했을 때 공통으로 나오는 물질의 지정수량은 얼마인가?

① 50L   ② 100kg
③ 300kg   ④ 1,000L

해설 $MgO_2 + 2HCl \rightarrow MgCl_2 + H_2O_2$
$Na_2O_2 + 2HCl \rightarrow 2NaCl + H_2O_2$
∴ 과산화수소(H_2O_2)는 제6류 위험물이며 지정수량은 300kg

35 트릴메틸알루미늄이 물과 반응시 생성되는 물질은 무엇인가?

① 산화알루미늄
② 메탄
③ 메틸알코올
④ 에탄

해설 $(CH_3)_3Al + 3H_2O \rightarrow Al(OH)_3 + 3CH_4$
트릴메틸알루미늄 (메탄)
$(C_2H_5)_3Al + 3H_2O \rightarrow Al(OH)_3 + 3C_2H_6$
트리에틸알루미늄 (에탄)

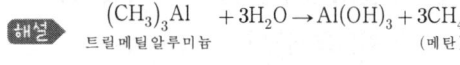

36 소화설비의 기준에서 용량 160L 팽창질석의 능력 단위는 얼마인가?

① 0.5   ② 1.0
③ 1.5   ④ 2.5

해설 능력단위
소화 전용 물통 8ℓ - 0.3 능력
수조(물통 3개 포함) 80ℓ - 1.5 능력
수조(물통 6개 포함) 190ℓ - 2.5 능력
마른 모래(삽 1개 포함) 50ℓ - 0.5 능력
팽창질석 또는 팽창 진주암(삽 1개 포함) 160ℓ - 1 능력

37 위험물안전관리법령상 위험물 운반 시 차광성이 있는 피복으로 덮지 않아도 되는 것은 무엇인가?

① 제1류 위험물
② 제2류 위험물
③ 제3류 위험물 중 자연발화성 물질
④ 제5류 위험물

해설 차광성피복을 해야 하는 위험물
제1류, 제3류의 자연발화성물질, 제4류의 특수인화물,
제5류 위험물, 제6류 위험물

38 이동탱크저장소에 의한 위험물의 운송 시 준수하여야 하는 기준에서 다음 중 어떤 위험물을 운송할 때 위험물운송자는 위험물안전카드를 휴대하여야 하는지 고르시오.

① 특수인화물 및 제1석유류
② 알코올류 및 제2석유류
③ 제3석유류 및 동식물유류
④ 제4석유류

해설 위험물(제4류 위험물에 있어서는 특수인화물 및 제1석유류에 한함)을 운송하게 하는 자는 위험물 안전카드를 위험물 운송자로 하여금 휴대하게 할 것

39 위험물안전관리법령상 총리령으로 정하는 제1류 위험물에 해당하지 않는 것은 무엇인가?

① 과요오드산
② 질산구아니딘
③ 차아염소산염류
④ 염소화이소시아눌산

해설 총리령으로 정하는 제1류 위험물
과요오드산염류, 과요오드산, 크롬·납 또는 요오드의 산화물, 아질산염류, 염소화이소시아눌산, 퍼옥소이황산염류, 퍼옥소붕산염류
(※ 행정자치부령으로 정하는 제1~6류의 위험물 → 총리령으로 정하는 위험물로 바뀌었음.)

40 흑색화약의 원료로 사용되는 위험물의 유별을 바르게 나타낸 것은 무엇인가?

① 제1류, 제2류
② 제1류, 제4류
③ 제2류, 제4류
④ 제4류, 제5류

해설 흑색화약 : 질산칼륨(제1류) + 숯가루 + 황가루(제2류)

Answer 36. ② 37. ② 38. ① 39. ② 40. ①

41 위험물제조소의 건축물 구조기준 중 연소의 우려가 있는 외벽은 출입구 외의 개구부가 없는 내화구조의 벽으로 하여야 한다. 이 때 연소의 우려가 있는 외벽은 제조소가 설치된 부지의 경계선에서 몇 m 이내에 있는 외벽을 말하는지 고르시오. (단, 단층 건물일 경우)

① 3 ② 4
③ 5 ④ 6

해설 연소 우려가 있는 외벽은 제조소가 설치된 부지의 경계선에서 3m 이내의 외벽을 말한다.

42 다음 중 위험물안전관리법령상 제6류 위험물에 해당하는 것은 무엇인가?

① 황산 ② 염산
③ 질산염류 ④ 할로겐화합물

해설 할로겐간 화합물(오플로우화브롬, 삼플로우화브롬, 오플로우화요오드) : 총리령으로 정하는 제6류 위험물

43 질산이 직사일광에 노출될 때 어떻게 되는지 고르시오.

① 분해되지는 않으나 붉은 색으로 변한다.
② 분해되지는 않으나 녹색으로 변한다.
③ 분해되어 질소를 발생한다.
④ 분해되어 이산화질소를 발생한다.

해설 질산(HNO₃) : 공기중이나 직사일광에 분해되어 유독한 이산화질소(NO₂)가 발생한다.

44 위험물안전관리법령상 제2류 위험물의 위험등급에 대한 설명으로 올바른 것은?

① 제2류 위험물은 위험등급 I에 해당되는 품명이 없다.
② 제2류 위험물 중 위험등급Ⅲ에 해당되는 품명은 지정 수량이 500kg인 품명만 해당된다.
③ 제2류 위험물 중 황화린, 적린, 유황 등 지정수량이 100kg인 품명은 위험등급 I에 해당한다.
④ 제2류 위험물 중 지정수량이 1,000kg인 인화성고체는 위험등급 Ⅱ에 해당한다.

해설 제2류 위험물 위험등급
- 위험등급Ⅱ : 황화린, 적린, 황 - 지정수량 100kg
- 위험등급Ⅲ : 철분, 마그네슘, 금속분 - 지정수량 500kg
- 위험등급Ⅲ : 인화성고체 - 지정수량 1,000kg

45 위험물 저장탱크의 공간용적은 탱크 내용적의 얼마 이상, 얼마 이하로 하는지 고르시오.

① $\frac{2}{100}$ 이상, $\frac{3}{100}$ 이하
② $\frac{2}{100}$ 이상, $\frac{5}{100}$ 이하
③ $\frac{5}{100}$ 이상, $\frac{10}{100}$ 이하
④ $\frac{10}{100}$ 이상, $\frac{20}{100}$ 이하

해설 탱크의 공간용적은 탱크 내용적의 $\frac{5}{100}$ 이상 $\frac{10}{100}$ 이하의 용적

Answer 41. ① 42. ④ 43. ④ 44. ① 45. ③

46 칼륨이 에틸알코올과 반응할 때 나타나는 현상은 무엇인가?

① 산소가스를 생성한다.
② 칼륨에틸레이트를 생성한다.
③ 칼륨과 물이 반응할 때와 동일한 생성물이 나온다.
④ 에틸알코올이 산화되어 아세트알데히드를 생성한다.

해설 알콜과 칼륨이 반응하여 알콜라이드가 생성된다.
$2K + 2C_2H_5OH \rightarrow 2C_2H_5OK + H_2$

47 지정수량 20배의 알코올류를 저장하는 옥외탱크저장소의 경우 펌프실 외의 장소에 설치하는 펌프설비의 기준으로 바르지 않은 것은?

① 펌프설비 주위에는 3m 이상의 공지를 보유한다.
② 펌프설비 그 직하의 지반면 주위에 높이 0.15m 이상의 턱을 만든다.
③ 펌프설비 그 직하의 지반면의 최저부에는 집유설비를 만든다.
④ 집유설비에는 위험물이 배수구에 유입되지 않도록 유분리장치를 만든다.

해설 집유설비의 위험물이 배수구에 유입되지 않도록 유분리장치를 해야하는 위험물은 제4류 위험물로 온도 20℃에서 용해도 1 미만의 것에 한한다.

48 제5류 위험물 중 유기과산화물 30kg과 히드록실아민 500kg을 함께 보관하는 경우 지정수량의 몇 배인지 고르시오.

① 3배   ② 8배
③ 10배 ④ 18배

해설 환산지정수량 = $\frac{A저장수량}{A지정수량} + \frac{B저장수량}{B지정수량}$
$= \frac{30}{10} + \frac{500}{100} = 8배$

49 위험물안전관리법령상 품명이 금속분에 해당하는 것은 무엇인가? (단, 150μm의 체를 통과하는 것이 50wt% 이상인 경우이다.)

① 니켈분   ② 마그네슘분
③ 알루미늄분 ④ 구리분

해설 금속분 : 구리, 니켈분과 150μm의 체를 통과하는 것이 50wt% 이상인 것. 알루미늄분, 아연분, 안티몬분, 은분 등

50 아세톤의 성질에 대한 설명으로 올바른 것은?

① 자연발화성 때문에 유기용제로서 사용할 수 없다.
② 무색, 무취이고 겨울철에 쉽게 응고한다.
③ 증기비중은 약 0.79이고 요오드포름 반응을 한다.
④ 물에 잘 녹으며 끓는점이 60℃보다 낮다.

해설 아세톤(CH_3COCH_3)
• 제4류 위험물의 제1석유류
• 지정수량 400ℓ
• 수용성
• 끓는점 56℃로 60℃보다 낮다.

Answer 46. ② 47. ④ 48. ② 49. ③ 50. ④

51 위험물의 품명 분류가 잘못된 것은?
① 제1석유류 : 휘발유
② 제2석유류 : 경유
③ 제3석유류 : 포름산
④ 제4석유류 : 기어류

해설 포름산(의산, 개미산, HCOOH) : 제2석유류

52 다음 중 발화점이 가장 낮은 것은 무엇인가?
① 이황화탄소
② 산화프로필렌
③ 휘발유
④ 메탄올

해설
- 이황화탄소(CS_2) : 100℃
- 산화프로필렌 : 465℃
- 벤젠 : 562℃
- 휘발유 : 300℃

53 제5류 위험물의 위험성에 대한 설명으로 바르지 않은 것은?
① 가연성 물질이다.
② 대부분 외부의 산소 없이도 연소하며, 연소속도가 빠르다.
③ 물에 잘 녹지 않으며 물과 반응위험성이 크다.
④ 가열, 충격, 타격 등에 민감하여 강산화제 또는 강산류와 접촉시 위험하다.

해설 제5류 위험물은 대부분 물에 잘 녹지 않고 물과 반응하지 않는다.

54 질산칼륨에 대한 설명 중 올바른 것은?
① 유기물 및 강산에 보관할 때 매우 안정하다.
② 열에 안정하여 1,000℃를 넘는 고온에서도 분해되지 않는다.
③ 알코올에는 잘 녹으나 물, 글리세린에는 잘 녹지 않는다.
④ 무색, 무취의 결정 또는 분말로서 화약 원료로 사용된다.

해설 질산칼륨(KNO_3, 초석)
- 제1류 위험물
- 지정수량 300kg
- 흑색 화약원료
- 강한 산화재료
- 400℃로 가열하면 산소(O_2) 발생
- 물, 알코올, 글리세린에 잘 녹음

55 [보기]에서 설명하는 물질은 무엇인지 고르시오.

[보기]
- 살균제 및 소독제로도 사용된다.
- 분해할 때 발생하는 발생기산소[O]는 난분해성 유기물질을 산화시킬 수 있다.

① $HClO_4$
② CH_3O
③ H_2O_2
④ H_2SO_4

해설 과산화수소(H_2O_2)
- 제6류의 산화성 액체
- 지정수량 300kg
- 분해시 발생하는 발생기 산소[O]는 난분해성 유기물을 산화
- 안정제로 인산(H_3PO_4), 요산($C_6H_4N_4O_3$)

Answer 51. ③ 52. ① 53. ③ 54. ④ 55. ③

56 [보기]의 위험물 중 비중이 물보다 큰 것은 모두 몇 개인지 고르시오.

> **보기**
> 과염소산, 과산화수소, 질산

① 0
② 1
③ 2
④ 3

해설 제6류 위험물(과염소산, 과산화수소, 질산)은 비중이 1보다 크며 물에 잘 녹는다.

57 다음 중 위험물안전관리법령상 위험물 제조소와의 안전거리가 가장 먼 것은 무엇인가?
① 「고등교육법」에서 정하는 학교
② 「의료법」에 따른 병원급 의료기관
③ 「고압가스 안전관리법」에 의하여 허가를 받은 고압가스제조시설
④ 「문화재보호법」에 의한 유형문화재와 기념물 중 지정문화재

해설 안전거리
- 3m : 7,000V 이상 35,000V 이하의 특고압 전선
- 5m : 35,000V 초과 특고압 전선
- 10m : 주택
- 20m : 고압가스 시설
- 30m : 학교, 병원, 영화관, 복지시설(20인 이상)
- 50m : 문화재

58 칼륨을 물에 반응시키면 격렬한 반응이 일어난다. 이 때 발생하는 기체는 무엇인지 고르시오.
① 산소
② 수소
③ 질소
④ 이산화탄소

해설
$$\begin{matrix} K \\ Na \end{matrix} + H_2O \rightarrow \underset{(수소가스\ 발생)}{H_2}$$

$$2K + 2H_2O \rightarrow 2KOH + H_2$$

59 위험물안전관리법령상의 위험물 운반에 관한 기준에서 액체위험물은 운반용기 내용적의 몇 % 이하의 수납율로 수납하여야 하는지 고르시오.
① 80
② 85
③ 90
④ 98

해설
- 고체 위험물 수납률 : 95% 이하
- 액체 위험물 수납률 : 98% 이하

60 메틸알코올의 위험성으로 바르지 않은 것은 무엇인가?
① 나트륨과 반응하여 수소기체를 발생한다.
② 휘발성이 강하다.
③ 연소범위가 알코올류 중 가장 좁다.
④ 인화점이 상온(25℃)보다 낮다.

해설 메틸알콜(CH_3OH)
- 연소범위가 7.3~36%로 에틸알콜의 연소범위 4.3~19% 보다 넓다.
- 목정, 독성이 있다.

Answer 56. ④ 57. ④ 58. ② 59. ④ 60. ③

2015년 4월 4일 시행

01 위험물안전관리법에서 정한 정전기를 유효하게 제거할 수 있는 방법에 해당하지 않는 것은?
① 위험물 이송시 배관 내 유속을 빠르게 하는 방법
② 공기를 이온화하는 방법
③ 접지에 의한 방법
④ 공기 중의 상대습도를 70% 이상으로 하는 방법

해설 유속이 빨라지면 운동에너지가 커지고 배관 내 마찰이 커지면서 정전기 발생이 증가한다.

02 다음 중 물이 소화약제로 쓰이는 이유로 가장 거리가 먼 것은?
① 쉽게 구할 수 있다.
② 제거소화가 잘된다.
③ 취급이 간편하다.
④ 기화잠열이 크다.

해설 물소화약제의 장점
㉠ 쉽게 구할 수 있다.
㉡ 취급이 간편하다.
㉢ 기화잠열이 크다.
㉣ 냉각소화가 잘된다.

03 위험물안전관리법령상 전기설비에 적응성이 없는 소화설비는?
① 포소화설비
② 이산화탄소소화설비
③ 할로겐화합물소화설비
④ 물분무소화설비

해설 전기설비 적응성 소화기
물분무소화설비, 이산화탄소소화설비, 할로겐화합물소화설비, 분말소화설비(인산염류, 탄산수소염류)
※ 포소화설비 : 전기설비, 제1류의 알카리금속의 과산화물, 제2류의 금속분, 제3류의 금수성물질에는 적응성이 없다.

04 다음 중 가연물이 고체 덩어리보다 분말 가루일 때 화재 위험성이 큰 이유로 가장 옳은 것은?
① 공기와의 접촉 면적이 크기 때문이다.
② 열전도율이 크기 때문이다.
③ 흡열반응을 하기 때문이다.
④ 활성에너지가 크기 때문이다.

해설 분진폭발
㉠ 밀폐된 공간 내에서 분말이 공기 중에 부유하여 분진운을 형성하고 있을 때 점화원에 의해 폭발하는 것
㉡ 분말가루일 때가 덩어리 상태보다 표적면이 커서 공기와의 접촉면적이 크므로 화재 위험성이 크다.

Answer 1. ① 2. ② 3. ① 4. ①

05 B, C급 화재뿐만 아니라 A급 화재까지도 사용이 가능한 분말소화약제는?

① 제1종 분말소화약제
② 제2종 분말소화약제
③ 제3종 분말소화약제
④ 제4종 분말소화약제

해설 분말소화약제의 적응화재
제1종, 제2종, 제4종 분말 : BC급 화재
제3종 분말 : ABC급 화재

06 위험물안전관리법령에서 정한 자동화재탐지 설비에 대한 기준으로 틀린 것은? (단, 원칙적인 경우에 한한다.)

① 경계구역은 건축물 그 밖의 공작물의 2 이상의 층에 걸치지 아니하도록 할 것
② 하나의 경계구역의 면적은 600m^2 이하로 할 것
③ 하나의 경계구역의 한 변 길이는 30m 이하로 할 것
④ 자동화재탐지설비에는 비상전원을 설치할 것

해설 자동화재탐지설비설치기준
하나의 경계 구역의 면적은 600m^2 이하로 하고 한 변의 길이는 50m 이하로 할 것

07 할론 1301의 증기 비중은? (단, 불소의 원자량은 19, 브롬의 원자량은 80, 염소의 원자량은 35.5이고 공기의 분자량은 29이다.)

① 2.14
② 4.15
③ 5.14
④ 6.15

해설
㉠ H-1301(CF_3Br)의 분자량
$= 12 + 19 \times 3 + 80 = 149$
㉡ 증기비중 $= \dfrac{\text{할론 분자량}}{\text{공기의 분자량}} = \dfrac{149}{29} = 5.137$

08 니트로셀룰로오스의 저장·취급방법으로 틀린 것은?

① 직사광선을 피해 저장한다.
② 되도록 장기간 보관하여 안정화된 후에 사용한다.
③ 유기과산화물류, 강산화제와의 접촉을 피한다.
④ 건조상태에 이르면 위험하므로 습한 상태를 유지한다.

해설 니트로셀룰로오스(NC, 질화면, 질화약) : 제5류 위험물의 질산에스테르류
장기간 보관시 자연발화의 위험성이 증가하므로 저장·운반시 함수알콜에 습윤시킨다.

09 위험물안전관리법령상 제3류 위험물의 금수성물질 화재 시 적응성이 있는 소화약제는?

① 탄산수소염류분말
② 물
③ 이산화탄소
④ 할로겐화합물

해설 제3류 위험물의 금수성 물질 적응성 소화약제
탄산수소 염류 분말, 건조사, 팽창질석·팽창진주암

Answer 5.③ 6.③ 7.③ 8.② 9.①

10 위험물안전관리법령에 따라 다음 ( ) 안에 알맞은 용어는?

> 주유취급소 중 건축물의 2층 이상의 부분을 점포·휴게음식점 또는 전시장의 용도로 사용하는 것에 있어서는 당해 건축물의 2층 이상으로부터 주유취급소의 부지 밖으로 통하는 출입구와 당해 출입구로 통하는 통로·계단 및 출입구에 ( )을(를) 설치하여야 한다.

① 피난사다리 ② 경보기
③ 유도등   ④ CCTV

11 제5류 위험물의 화재시 적응성이 있는 소화설비는?

① 분말 소화설비
② 할로겐화합물 소화설비
③ 물분무 소화설비
④ 이산화탄소 소화설비

해설 제5류 위험물은 자기 반응성 물질로서 화재 초기에 대량의 물로 소화를 하며 분말소화설비나 할로겐 화합물소화설비, 이산화탄소소화설비는 적응성이 없다.

12 가연성 물질과 주된 연소형태의 연결이 틀린 것은?

① 종이, 섬유 - 분해연소
② 셀룰로이드, TNT - 자기연소
③ 목재, 석탄 - 표면연소
④ 유황, 알코올 - 증발연소

해설 분해연소 : 목재, 석탄
표면 연소 : 목탄, 코크스, 금속분

13 20℃의 물 100kg이 100℃ 수증기로 증발하면 최대 몇 kcal의 열량을 흡수할 수 있는가? (단, 물의 증발잠열은 540cal/g이다.)

① 540
② 7800
③ 62000
④ 108000

해설
$$Q = G \cdot C \cdot \Delta t + Gr$$
$$= \{100 \times 1 \times (100-20)\} + \{100 \times 540\}$$
$$= 62,000 \text{kcal}$$

Q : 열량(kcal)
C : 물의 비열(1kcal/kg·℃)
Δt : 온도차
G : 질량(kg)
r : 물의 증발잠열
∴ 540cal/g=540kcal/kg

14 물과 접촉하면 열과 산소가 발생하는 것은?

① $NaClO_2$
② $NaClO_3$
③ $KMnO_4$
④ Na_2O_2

해설 제1류 위험물의 알카리금속의 과산화물(K_2O_2, Na_2O_2)은 물과 접촉하여 열과 산소가 발생한다.
Na_2O_2 + $2H_2O$ → $4NaOH$ + O_2
(과산화나트륨) (물) (수산화나트륨) (산소)

Answer 10. ③ 11. ③ 12. ③ 13. ③ 14. ④

15 유류화재 시 발생하는 이상 현상인 보일오버(Boil over)의 방지대책으로 가장 거리가 먼 것은?
① 탱크하부에 배수관을 설치하여 탱크 저면의 수층을 방지한다.
② 적당한 시기에 모래나 팽창질석, 비등석을 넣어 물의 과열을 방지한다.
③ 냉각수를 대량 첨가하여 유류와 물의 과열을 방지한다.
④ 탱크 내용물의 기계적 교반을 통하여 에멀션상태로 하여 수층형성을 방지한다.

해설 보일오버(boil over)
㉠ 연소열에 의하여 탱크 저부의 수분층이 팽창으로 윗부분의 기름이 넘쳐 나오는 현상
㉡ 냉각수를 대량 첨가하면 기름이 빠르게 넘쳐 나오므로 화재가 확대된다.

16 위험물제조소에서 국소방식의 배출설비 배출능력은 1시간당 배출장소 용적의 몇 배 이상인 것으로 하여야 하는가?
① 5
② 10
③ 15
④ 20

해설 제조소 배출설비의 배출능력
㉠ 국소방식 : 1시간당 배출 장소 용적의 20배 이상
㉡ 전역방식 : 바닥면적 $1m^2$당 $18m^3$ 이상

17 다음 중 산화성 물질이 아닌 것은?
① 무기과산화물 ② 과염소산
③ 질산염류   ④ 마그네슘

해설 산화성물질 : 제1류 위험물, 제6류 위험물
㉠ 산화성고체 : 제1류 위험물(무기과산화물, 질산염류)
㉡ 산화성액체 : 제6류 위험물(과염소산)
㉢ 가연성고체 : 제2류 위험물(마그네슘)

18 소화약제로 사용할 수 없는 물질은?
① 이산화탄소   ② 제1인산암모늄
③ 탄산수소나트륨 ④ 브롬산암모늄

해설 브롬산 암모늄(NH_4BrO_3) : 제1류 위험물이며 소화약제가 아니다.

19 위험물안전관리법령상 간이탱크저장소에 대한 설명 중 틀린 것은?
① 간이저장탱크의 용량은 $600l$ 이하여야 한다.
② 하나의 간이탱크저장소에 설치하는 간이저장탱크는 5개 이하여야 한다.
③ 간이저장탱크는 두께 3.2mm 이상의 강판으로 흠이 없도록 제작하여야 한다.
④ 간이저장탱크는 70kPa의 압력으로 10분간의 수압시험을 실시하여 새거나 변형되지 않아야 한다.

해설 하나의 간이 탱크 저장소에 설치하는 간이탱크 수는 3개 이하
동일 품질의 위험물의 간이탱크는 2개 이상 설치하지 않는다.

Answer 15. ③ 16. ④ 17. ④ 18. ④ 19. ②

20 식용유 화재시 제1종 분말소화약제를 이용하여 화재의 제어가 가능하다. 이 때의 소화원리에 가장 가까운 것은?

① 촉매효과에 의한 질식소화
② 비누화 반응에 의한 질식소화
③ 요오드화에 의한 냉각소화
④ 가수분해 반응에 의한 냉각소화

해설 제1분말소화약제($NaHCO_3$)는 식용유 화재시 비누화 반응을 일으켜 질식소화를 한다.

21 다음 위험물의 지정수량 배수의 총합은 얼마인가?

| 질산 150kg |
| 과산화수소 420kg |
| 과염소산 300kg |

① 2.5   ② 2.9
③ 3.4   ④ 3.9

해설 환산지정수량
$= \dfrac{A저장수량}{A지정수량} + \dfrac{B저장수량}{B지정수량} + \dfrac{C저장수량}{C지정수량}$
$= \dfrac{150}{300} + \dfrac{420}{300} + \dfrac{300}{300} = 2.9$

22 위험물안전관리법령상 해당하는 품명이 나머지 셋과 다른 하나는?

① 트리니트로페놀
② 트리니트로톨루엔
③ 니트로셀루로오스
④ 테트릴

해설 제5류위험물
㉠ 니트로 화합물 : 트리니트로톨루엔, 트리니트로페놀, 테트릴
㉡ 질산에스테르류 : 니트로셀룰로오스, 니트로글리세린, 질산메틸, 질산에틸

23 위험물에 대한 설명으로 틀린 것은?

① 적린은 연소하면 유독성 물질이 발생한다.
② 마그네슘은 연소하면 가연성의 수소가스가 발생한다.
③ 유황은 분진폭발의 위험이 있다.
④ 황화린에는 P_4S_3, P_2S_5, P_4S_7 등이 있다.

해설 마그네슘(Mg)은 연소하면 푸른색의 산화마그네슘(MgO)이 생성된다.
$2Mg + O_2 \rightarrow 2MgO$

24 위험물안전관리법령상 혼재할 수 없는 위험물은? (단, 위험물은 지정수량의 1/10을 초과하는 경우이다.)

① 적린과 황린
② 질산염류와 질산
③ 칼륨과 특수인화물
④ 유기과산화물과 유황

해설 혼재 가능 위험물
㉠ 제1류와 제6류 위험물
㉡ 제4류와 제2류, 제3류 위험물
㉢ 제5류와 제2류, 제4류 위험물
적린(제2류)과 황린(제3류)은 혼재할 수 없다.

Answer 20. ② 21. ② 22. ③ 23. ② 24. ①

25 질산과 과염소산의 공통성질에 해당하지 않는 것은?

① 산소를 함유하고 있다.
② 불연성 물질이다.
③ 강산이다.
④ 비점이 상온보다 낮다.

해설 질산(HNO_3, 비점 86℃)과 과염소산($HClO_4$, 비점 39℃)은 제6류 위험물이며 비점은 상온 이상이다.

26 위험물안전관리법령에서 정한 메틸알코올의 지정수량을 kg 단위로 환산하면 얼마인가? (단, 메틸알코올의 비중은 0.8이다.)

① 200   ② 320
③ 400   ④ 460

해설 ㉠ 메틸알코올(CH_3OH)의 지정수량 : 400l
㉡ kg으로 환산 = 400l × 0.8kg/l = 320kg

27 다음 반응식과 같이 벤젠 1kg이 연소할 때 발생되는 CO_2의 양은 몇 m^3인가?
(단, 27℃, 750mmHg 기준이다.)

① 0.72   ② 1.22
③ 1.92   ④ 2.42

해설
㉠ $C_6H_6 + 7.5O_2 \rightarrow 6CO_2 + 3H_2O$
    78kg   : 6 × 22.4m^3
    1kg   : x

$x = \dfrac{1kg \times 6 \times 22.4m^3}{78kg} = 1.72m^3$
(0℃, 1atm 상태)

㉡ 27℃, 750mmHg에서 CO_2의 양(m^3)

$\dfrac{P_1 V_1}{T_1} = \dfrac{P_2 V_2}{T_2}$

$\dfrac{760 \times 1.72}{273} = \dfrac{750 \times V_2}{(27+273)}$

$V_2 = \dfrac{760 \times 1.72 \times 300}{273 \times 750} = 1.92$

28 디에틸에테르의 성질에 대한 설명으로 옳은 것은?

① 발화온도는 400℃이다.
② 증기는 공기보다 가볍고, 액상은 물보다 무겁다.
③ 알코올에 용해되지 않지만 물에 잘 녹는다.
④ 연소범위는 1.9~48% 정도이다.

해설 디에틸에테르($C_2H_5OC_2H_5$) : 제4류의 특수위험물
연소범위 1.9~48%, 발화온도 180℃, 액비중 0.72
물에 약간 녹고 알콜에 잘 녹음

29 과염소산암모늄에 대한 설명으로 옳은 것은?

① 물에 용해되지 않는다.
② 청녹색의 침상결정이다.
③ 130℃에서 분해하기 시작하여 CO_2 가스를 방출한다.
④ 아세톤, 알코올에 용해된다.

해설 과염소산 암모늄(NH_4ClO_4) : 제1류위험물
무색, 무취의 수용성, 130℃에서 분해하여 산소 방출

Answer 25. ④ 26. ② 27. ③ 28. ④ 29. ④

30 위험물의 품명과 지정수량이 잘못 짝지어진 것은?

① 황화린 – 50kg
② 마그네슘 – 500kg
③ 알킬알루미늄 – 10kg
④ 황린 – 20kg

해설 황화린 : 제2류 위험물, 지정수량 100kg
삼황화린(P_4S_3), 오황화린(P_2S_5), 칠황화린(P_4S_7) 등이 있음

31 위험물안전관리법령상 특수인화물의 정의에 관한 내용이다. ( )에 알맞은 수치를 차례대로 나타낸 것은?

> "특수인화물"이라 함은 이황화탄소, 디에틸에테르 그 밖에 1기압에서 발화점이 섭씨 100도 이하인 것 또는 인화점이 섭씨 영하 ( )도 이하이고 비점이 섭씨 ( )도 이하인 것을 말한다.

① 40, 20   ② 20, 40
③ 20, 100   ④ 40, 100

32 「자동화재탐지설비 일반점검표」의 점검내용이 "변형·손상의 유무, 표시의 적부, 경계구역 일람도의 적부, 기능의 적부"인 점검항목은?

① 감지기   ② 중계기
③ 수신기   ④ 발신기

해설 자동화재탐지설비 일반점검표
수신기 : ㉠ 변형 손상의 유무, 표시의 적부, 경계구역, 일람도의 적부를 육안 점검
㉡ 기능의 적부를 작동 확인

33 제4류 위험물을 저장 및 취급하는 위험물제조소에 설치함 "화기엄금" 게시판의 색상으로 올바른 것은?

① 적색바탕에 흑색문자
② 흑색바탕에 적색문자
③ 백색바탕에 적색문자
④ 적색바탕에 백색문자

해설 게시판 색상
㉠ 화기엄금, 화기주의 : 적색바탕, 백색문자
㉡ 물기엄금 : 청색바탕, 백색 문자
㉢ 주유 중 엔진 정지 : 황색바탕, 흑색문자

34 위험물안전관리법령에서 정한 아세트알데히드 등을 취급하는 제조소의 특례에 관한 내용이다. ( )안에 해당하는 물질이 아닌 것은?

> "아세트알데히드 등을 취급하는 설비는 ( )·( )·( )·( ) 또는 이들을 성분으로 하는 합금으로 만들지 아니할 것"

① 동
② 은
③ 금
④ 마그네슘

해설 아세트알데히드, 산화프로필렌 취급설비는 구리, 마그네슘, 은, 수은 또는 이들을 함유하는 합금으로 만들지 아니할 것

Answer 30. ① 31. ② 32. ③ 33. ④ 34. ③

35 1분자 내에 포함된 탄소의 수가 가장 많은 것은?

① 아세톤　　② 톨루엔
③ 아세트산　④ 이황화탄소

해설 아세톤[(CH₃)₂CO], 톨루엔(C₆H₅CH₃)
아세트산(CH₃COOH), 이황화탄소(CS₂)

36 휘발유의 일반적인 성질에 관한 설명으로 틀린 것은?

① 인화점이 0℃보다 낮다.
② 위험물안전관리법령상 제1석유류에 해당한다.
③ 전기에 대해 비전도성 물질이다.
④ 순수한 것은 청색이나 안전을 위해 검은색으로 착색해서 사용해야 한다.

해설 가솔린(휘발유) : 제1석유류, 인화점 -43~-20℃
무색투명한 휘발성액체이나 첨가물이 포함되어 청색 또는 오렌지색으로 착색해서 사용한다.

37 페놀을 황산과 질산의 혼산으로 니트로화하여 제조하는 제5류 위험물은?

① 아세트산　　② 피크르산
③ 니트로글리콜　④ 질산에틸

해설 트리니트로 페놀[C₆H₂(NO₂)₃OH, 피크린산]
제5류 위험물, 지정수량 200kg

$$\text{(페놀)} + 3HNO_3 \xrightarrow{C-H_2SO_4} \text{(피크린산)} + 3H_2O$$

38 과산화수소의 성질에 대한 설명으로 옳지 않은 것은?

① 산화성이 강한 무색투명한 액체이다.
② 위험물안전관리법령상 일정 비중 이상일 때 위험물로 취급한다.
③ 가열에 의해 분해하면 산소가 발생한다.
④ 소독약으로 사용할 수 있다.

해설 과산화수소(H₂O₂) : 제6류위험물
위험물 안전관리법령상 농도 36(중량)% 이상일 때 위험물로 취급한다.

39 금속염을 불꽃반응 실험을 한 결과 노란색의 불꽃이 나타났다. 이 금속염에 포함된 금속은 무엇인가?

① Cu　　② K
③ Na　　④ Li

해설 불꽃 반응 색상
Na : 노란색, K : 보라색

40 니트로셀룰로오스의 안전한 저장을 위해 사용하는 물질은?

① 페놀　　② 황산
③ 에탄올　④ 아닐린

해설 니트로셀룰로오스 : 질화면
제5류의 질산에스테르류, 지정수량 10kg
안전한 저장을 위하여 함수알콜에 저장

Answer 35. ②　36. ④　37. ②　38. ②　39. ③　40. ③

41 등유에 관한 설명으로 틀린 것은?

① 물보다 가볍다.
② 녹는점은 상온보다 높다.
③ 발화점은 상온보다 높다.
④ 증기는 공기보다 무겁다.

해설 등유
- 제4류위험물의 제2석유류
- 녹는점(-46℃)은 상온보다 낮음
- 발화점(210℃)은 상온보다 높음
- 증기비중 4.5

42 벤조일퍼옥사이드에 대한 설명으로 틀린 것은?

① 무색, 무취의 투명한 액체이다.
② 가급적 소분하여 저장한다.
③ 제5류 위험물에 해당한다.
④ 품명은 유기과산화물이다.

해설 과산화벤조일(벤조일퍼옥사이드) : 무색, 무취의 백색분말 또는 결정(고체)

43 위험물안전관리법령상 그림과 같이 횡으로 설치한 원형탱크의 용량은 약 몇 m³인가?

(단, 공간용적은 내용적의 $\frac{10}{100}$이다.)

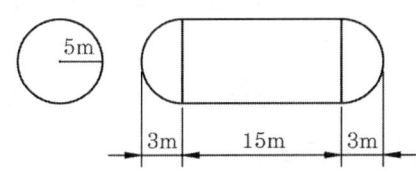

① 1690.9
② 1335.1
③ 1268.4
④ 1201.7

해설
$V = \pi r^2 \left(l + \frac{l_1 + l_2}{3} \right) = 3.14 \times 5^2 \left(15 + \frac{3+3}{3} \right)$
$= 1,334.5 \times 0.9 = 1,201\,\mathrm{m}^3$

44 다음 물질 중 위험물 유별에 따른 구분이 나머지 셋과 다른 하나는?

① 질산은
② 질산메틸
③ 무수크롬산
④ 질산암모늄

해설 제1류위험물 : 질산은, 무수크롬산, 질산암모늄
제5류위험물 : 질산메틸

45 [보기]에서 나열한 위험물의 공통 성질을 옳게 설명한 것은?

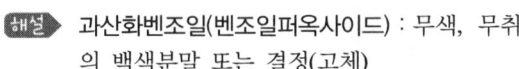
보기
나트륨, 황린, 트리에틸알루미늄

① 상온, 상압에서 고체의 형태를 나타낸다.
② 상온, 상압에서 액체의 형태를 나타낸다.
③ 금수성 물질이다.
④ 자연발화의 위험이 있다.

해설
- 자연발화성 : 나트륨, 황린, 트리에틸알루미늄
- 금수성 : 나트륨, 황린
- 액체 : 트리에틸알루미늄

Answer 41. ② 42. ① 43. ④ 44. ② 45. ④

46 2가지 물질을 섞었을 때 수소가 발생하는 것은?
① 칼륨과 에탄올
② 과산화마그네슘과 염화수소
③ 과산화칼륨과 탄산가스
④ 오황화린과 물

해설 칼륨과 에탄올이 반응하여 수소와 칼륨알콜레이트 생성
$2K + 2C_2H_5OH \rightarrow H_2 + 2C_2H_5OK$

47 다음 물질 중 인화점이 가장 낮은 것은?
① CH_3COCH_3
② $C_2H_5OC_2H_5$
③ $CH_3(CH_2)_3OH$
④ CH_3OH

해설 인화점
아세톤(CH_3COCH_3) : $-18°C$
디에틸에테르($C_2H_5OC_2H_5$) : $-45°C$
프로필알콜[$CH_3(CH_2)_3OH$] : $15°C$
메틸알콜(CH_3OH) : $11°C$

48 위험물안전관리법령에 의한 위험물에 속하지 않는 것은?
① CaC_2 ② S
③ P_2O_5 ④ K

해설
- CaC_2 : 탄화칼슘, 제3류위험물
- S : 유황, 제2류위험물
- K : 금속칼륨, 제3류위험물
- P_2O_5(오산화린) : 황화린, 적린 등의 연소 생성물

49 톨루엔에 대한 설명으로 틀린 것은?
① 휘발성이 있고 가연성 액체이다.
② 증기는 마취성이 있다.
③ 알코올, 에테르, 벤젠 등과 잘 섞인다.
④ 노란색 액체로 냄새가 없다.

해설 톨루엔($C_6H_5CH_3$) : 제4류 위험물의 제1석유류 무색투명하고 독성이 있는 방향성 액체

50 위험물안전관리법령상 지정수량 10배 이상의 위험물을 저장하는 제조소에 설치하여야 하는 경보설비의 종류가 아닌 것은?
① 자동화재탐지서비
② 자동화재속보설비
③ 휴대확성기
④ 비상방송설비

해설 지정수량 10배 이상의 제조소 등에 설치해야 할 경보설비
자동화재탐지설비, 비상경보설비, 확성장치, 비상방송설비 중 1종 이상

51 위험물안전관리법령상 위험등급 I의 위험물에 해당하는 것은?
① 무기과산화물
② 황화린, 적린, 유황
③ 제1석유류
④ 알코올류

해설 위험등급
무기과산화물 : I
황화린, 적린, 유황 : II
제1석유류, 알코올류 : II

Answer 46. ① 47. ② 48. ③ 49. ④ 50. ② 51. ①

52 위험물안전관리법령상 제3류 위험물에 해당하지 않는 것은?

① 적린
② 나트륨
③ 칼륨
④ 황린

해설 적린 : 제2류 위험물

53 위험물안전관리법령상 옥내저장탱크와 탱크전용실의 벽과의 사이 및 옥내저장탱크의 상호간에는 몇 m 이상의 간격을 유지하여야 하는가? (단, 탱크의 점검 및 보수에 지장이 없는 경우는 제외한다.)

① 0.5 ② 1
③ 1.5 ④ 2

해설 옥내 탱크 저장실 유지 거리
㉠ 탱크와 탱크 전용실 벽과의 거리 : 0.5m 이상
㉡ 탱크와 탱크와의 거리 : 0.5m 이상

54 위험물안전관리법령상 제4류 위험물 운반용기의 외부에 표시해야 하는 사항이 아닌 것은?

① 규정에 의한 주의사항
② 위험물의 품명 및 위험등급
③ 위험물의 관리자 및 지정수량
④ 위험물의 화학명

해설 ①, ②, ④항 외에도 위험물 수량, 수용성 등을 표시하여야 한다.

55 산화성액체인 질산의 분자식으로 옳은 것은?

① HNO_2 ② HNO_3
③ NO_2 ④ NO_3

해설 질산(HNO_3) : 제6류 위험물, 지정수량 300kg
㉠ 위험물 : 비중 1.49 이상
㉡ 공기 중이나 직사일광에 분해하여 이산화질소(NO_2) 발생

56 제4류 위험물의 옥외저장탱크에 설치하는 밸브 없는 통기관은 직경이 얼마 이상인 것으로 설치해야 되는가? (단, 압력 탱크는 제외한다.)

① 10mm ② 20mm
③ 30mm ④ 40mm

해설 옥외 저장탱크 중 압력 탱크 외의 탱크에는 밸브 없는 통기관 또는 대기부착밸브 통기관을 설치하며 밸브 없는 통기관은 직경 30mm 이상일 것

57 다음 중 위험물안전관리법령에 따라 정한 지정수량이 나머지 셋과 다른 것은?

① 황화린
② 적린
③ 유황
④ 철분

해설 제2류 위험물의 지정수량
100kg : 황화린, 적린, 유황
500kg : 철분, 마그네슘분, 금속분

Answer 52. ① 53. ① 54. ③ 55. ② 56. ③ 57. ④

58 벤젠(C_6H_6)의 일반 성질로서 틀린 것은?

① 휘발성이 강한 액체이다.
② 인화점은 가솔린보다 낮다.
③ 물에 녹지 않는다.
④ 화학적으로 공명구조를 이루고 있다.

해설 벤젠(C_6H_6) : 제4류 위험물의 제1석유류
인화점이 -11℃로 휘발유(-20℃)보다 높고 화학적으로 공명구조를 이루고 있어 매우 안정

59 위험물안전관리법령상 제1류 위험물의 질산염류가 아닌 것은?

① 질산은
② 질산암모늄
③ 질산섬유소
④ 질산나트륨

해설 제1류 위험물의 질산염류
질산칼륨, 질산나트륨, 질산암모늄, 질산은

60 위험물안전관리법령상 운송책임자의 감독·지원을 받아 운송하여야 하는 위험물은?

① 알킬리튬
② 과산화수소
③ 가솔린
④ 경유

해설 운송책임자의 감독지원을 받아 운송하는 위험물
알킬알루미늄, 알킬리튬

Answer 58. ② 59. ③ 60. ①

위험물기능사 2000제 문제은행

2015년 7월 19일 시행

01 피난설비를 설치하여야 하는 위험물 제조소 등에 해당하는 것은?
① 건축물의 2층 부분을 자동차 정비소로 사용하는 주유취급소
② 건축물의 2층 부분을 전시장으로 사용하는 주유취급소
③ 건축물의 1층 부분을 주유사무소로 사용하는 주유취급소
④ 건축물의 1층 부분을 관계자의 주거시설로 사용하는 주유취급소

해설 피난설비를 설치하여야 하는 위험물 제조소 등 주유 취급소 중 2층 이상의 부분을 점포, 휴게 음식점 또는 전시장 용도로 사용하는 것

02 제1종 분말소화약제의 적응 화재 종류는?
① A급
② BC급
③ AB급
④ ABC급

해설 분말 소화 약제 종별 및 적응화재
제1종 : 탄산수소나트륨($NaHCO_3$), BC급
제2종 : 탄산수소칼륨($KHCO_3$), BC급
제3종 : 인산암모늄($NH_4H_2PO_4$), ABC급

03 연소의 3요소를 모두 포함하는 것은?
① 과염소산, 산소, 불꽃
② 마그네슘분말, 연소열, 수소
③ 아세톤, 수소, 산소
④ 불꽃, 아세톤, 질산암모늄

해설 연소의 3요소
• 가연물 : 아세톤
• 산소공급원 : 질산암모늄
• 점화원 : 불꽃

04 액화 이산화탄소 1kg이 25℃, 2atm에서 방출되어 모두 기체가 되었다. 방출된 기체상의 이산화탄소 부피는 약 몇 L인가?
① 238
② 278
③ 308
④ 340

해설
$$PV = \frac{W}{M}RT, \quad V = \frac{WRT}{PM}$$

여기서, P(압력) : 2atm
V(부피) : ℓ
W(질량) : 1kg = 1000g
R(기체정수) : $0.082\ell \cdot atm/mol°k$
T(절대온도) : 273 + 25℃ = 298°k
M(분자량) : 44

$\therefore V = \frac{WRT}{PM} = \frac{1000 \times 0.082 \times 298}{2 \times 44} = 277.7\ell$

Answer 1. ② 2. ② 3. ④ 4. ②

05 소화약제에 따른 주된 소화효과로 틀린 것은?

① 수성막포소화약제 : 질식효과
② 제2종 분말소화약제 : 탈수탄화효과
③ 이산화탄소소화약제 : 질식효과
④ 할로겐화합물소화약제 : 화학억제 효과

해설 제2종 분말소화약제 : 질식효과

06 위험물안전관리법령에서 정한 "물분무등소화설비"의 종류에 속하지 않는 것은?

① 스프링클러설비
② 포소화설비
③ 분말소화설비
④ 이산화탄소소화설비

해설 물분무등 소화설비 : 물분무 소화설비, 포소화설비, 이산화탄소 소화설비, 할로겐화소화설비, 분말소화설비

07 혼합물인 위험물이 복수의 성상을 가지는 경우에 적용하는 품명에 관한 설명으로 틀린 것은?

① 산화성 고체의 성상 및 가연성 고체의 성상을 가지는 경우 : 산화성 고체의 품명
② 산화성 고체의 성상 및 자기반응성 물질의 성상을 가지는 경우 : 자기반응성 물질의 품명
③ 가연성 고체의 성상과 자연발화성 물질의 성상 및 금수성 물질의 성상을 가지는 경우 : 자연발화성 물질 및 금수성 물질의 품명
④ 인화성 액체의 성상 및 자기반응성 물질의 성상을 가지는 경우 : 자기반응성 물질의 품명

해설 산화성 고체의 성상과 가연성 고체의 성상을 가지는 경우 : 제2류 위험물의 품명

08 위험물시설에 설비하는 자동화재탐지설비의 하나의 경계구역 면적과 그 한 변의 길이의 기준으로 옳은 것은? (단, 광전식분리형 감지기를 설치하지 않은 경우이다.)

① $300m^2$ 이하, 50m 이하
② $300m^2$ 이하, 100m 이하
③ $600m^2$ 이하, 50m 이하
④ $600m^2$ 이하, 100m 이하

해설 자동화재탐지설비의 하나의 경계구역 면적과 한 변의 길이
㉠ 하나의 경계 구역의 면적 $600m^2$ 이하, 한 변의 길이 50m 이하
㉡ 광전식 분리형 감지기 설치시 100m 이하

Answer 5. ② 6. ① 7. ① 8. ③

09 다음 위험물의 저장 창고에 화재가 발생하였을 때 주수(注水)에 의한 소화가 오히려 더 위험한 것은?

① 염소산칼륨　② 과염소산나트륨
③ 질산암모늄　④ 탄화칼슘

해설 탄화칼슘(CaC_2)
제3류 위험물로 화재시 주수소화하면 가연성 가스인 아세틸렌(C_2H_2)이 발생하여 더욱 위험하다.

$$CaC_2 + 2H_2O \rightarrow \underset{(아세틸렌)}{C_2H_2} + \underset{(소석회)}{Ca(OH)_2}$$

10 옥외저장소에 덩어리 상태의 유황만을 지반면에 설치한 경계표시의 안쪽에서 저장할 경우 하나의 경계표시의 내부면적은 몇 m^2 이하이어야 하는가?

① 75　② 100
③ 150　④ 300

해설 하나의 경계 표시의 내부 면적 : $100m^2$ 이하
두 개의 경계 표시의 내부 면적 : 합산면적 $1000m^2$ 이하

11 과산화나트륨의 화재시 물을 사용한 소화가 위험한 이유는?

① 수소와 열을 발생하므로
② 산소와 열을 발생하므로
③ 수소를 발생하고 이 가스가 폭발적으로 연소하므로
④ 산소를 발생하고 이 가스가 폭발적으로 연소하므로

해설 과산화나트륨(Na_2O_2)은 제1류 위험물의 무기과산화물로 화재시 물 소화기를 사용하면 산소와 열을 발생한다.

12 위험물안전관리법령상 경보설비로 자동화재 탐지설비를 설치해야 할 위험물 제조소의 규모의 기준에 대한 설명으로 옳은 것은?

① 연면적 $500m^2$ 이상인 것
② 연면적 $1000m^2$ 이상인 것
③ 연면적 $1500m^2$ 이상인 것
④ 연면적 $2000m^2$ 이상인 것

해설 자동화재 탐지설비를 설치해야 하는 제조소 및 일반 취급소 규모 : 연면적 $500m^2$ 이상인 것

13 $NH_4H_2PO_4$이 열분해하여 생성되는 물질 중 암모니아와 수증기의 부피 비율은?

① 1 : 1
② 1 : 2
③ 2 : 1
④ 3 : 2

해설 인산암모늄($NH_4H_2PO_4$)
- 제3종 분말 소화기
- ABC화재 적응성

$$NH_4H_2PO_4 \rightarrow \underset{(메타인산)}{HPO_3} + \underset{(암모니아)}{NH_3} + \underset{(수증기)}{H_2O}$$
$$\qquad\qquad\qquad 1 \quad : \quad 1$$

Answer 9. ④　10. ②　11. ②　12. ①　13. ①

14 위험물안전관리법령에서 정한 탱크안전성능검사의 구분에 해당하지 않는 것은?

① 기초·지반검사
② 충수·수압검사
③ 용접부 검사
④ 배관검사

해설 탱크안전성능검사 구분
- 기초·지반검사
- 충수·수압검사
- 용접부 검사
- 암반 탱크 검사

15 제3류 위험물 중 금수성 물질에 적응성이 있는 소화설비는?

① 할로겐화합물 소화설비
② 포소화설비
③ 이산화탄소 소화설비
④ 탄산수소염류등 분말소화설비

해설 제3류 위험물 중 금수성 물질소화설비 : 탄산수소염류등 분말성 소화설비, 건조사, 팽창질석 또는 팽창진주암

16 제5류 위험물을 저장 또는 취급하는 장소에 적응성이 있는 소화설비는?

① 포소화설비
② 분말소화설비
③ 이산화탄소 소화설비
④ 할로겐화합물 소화설비

해설 제5류 소화설비 : 대량의 주수소화, 포소화설비

17 화재의 종류와 가연물이 옳게 연결된 것은?

① A급 - 플라스틱
② B급 - 섬유
③ A급 - 페인트
④ B급 - 나무

해설 A급 일반화재 : 종이, 목재, 고무, 플라스틱류, 섬유

18 팽창진주암(삽 1개 포함)의 능력단위 1은 용량이 몇 L인가?

① 70   ② 100
③ 130 ④ 160

해설
- 팽창질석 또는 팽창진주암(삽 1개 포함) 능력단위 1 : 160 L
- 마른 모래(삽 1개 포함) 능력 단위 1 : 100 L

19 위험물안전관리법령상 위험물을 유별로 정리하여 저장하면서 서로 1m 이상의 간격을 두면 동일한 옥내저장소에 저장할 수 있는 경우는?

① 제1류 위험물과 제3류 위험물 중 금수성 물질을 저장하는 경우
② 제1류 위험물과 제4류 위험물을 저장하는 경우
③ 제1류 위험물과 제6류 위험물을 저장하는 경우
④ 제2류 위험물 중 금속분과 제4류 위험물 중 동식물유류를 저장하는 경우

Answer 14. ④ 15. ④ 16. ① 17. ① 18. ④ 19. ③

20 제6류 위험물을 저장하는 장소에 적응성이 있는 소화설비가 아닌 것은?

① 물분무소화설비
② 포소화설비
③ 이산화탄소 소화설비
④ 옥내 소화전설비

해설 제6류 위험물의 적응소화설비 : 물분무 소화설비, 스프링클러 소화설비, 소화전 설비, 포소화설비, 건조사, 팽창질석 또는 팽창진주암

21 염소산염류 250kg, 요오드산 염류 600kg, 질산염류 900kg을 저장하고 있는 경우 지정수량의 몇 배가 보관되어 있는가?

① 5배
② 7배
③ 10배
④ 12배

해설 지정수량
염소산염류 50kg, 요오드산염류 300kg, 질산염류 300kg

환산지정수량 = $\frac{저장수량}{지정수량} = \frac{250}{50} + \frac{600}{300} + \frac{900}{300}$
= 10배

22 옥외저장소에서 저장 또는 취급할 수 있는 위험물이 아닌 것은? (단, 국제해상위험물 규칙에 적합한 용기에 수납된 위험물의 경우는 제외한다.)

① 제2류 위험물 중 유황
② 제1류 위험물 중 과염소산염류
③ 제6류 위험물
④ 제2류 위험물 중 인화점이 10℃인 인화성 고체

해설 옥외 저장소에 저장 또는 취급할 수 있는 위험물
• 제2류 위험물 중 유황 또는 인화성 고체(인화점 0℃ 이상인 위험물)
• 제4류 위험물 중 제1석유류(인화점 0℃ 이상인 것), 알코올류, 제2석유류, 제3석유류, 동식물류
• 제6류 위험물

23 히드라진에 대한 설명으로 틀린 것은?

① 외관은 물과 같이 무색 투명하다.
② 가열하면 분해하여 가스를 발생한다.
③ 위험물안전관리법령상 제4류 위험물에 해당한다.
④ 알코올, 물 등의 비극성 용매에 잘 녹는다.

해설 히드라진(N_2H_4)
• 제4류 위험물 중 제2석유류
• 수용성
• 지정수량 2000ℓ
• 물, 알코올, 암모니아, 아민 등 극성용매에 잘 녹음

24 다음 중 제2석유류만으로 짝지어진 것은?

① 시클로헥산 - 피리딘
② 염화아세틸 - 휘발유
③ 시클로헥산 - 중유
④ 아크릴산 - 포름산

해설
• 제2석유류 : 아크릴산, 포름산
• 제1석유류 : 시클로헥산, 피리딘

Answer 20. ③ 21. ③ 22. ② 23. ④ 24. ④

25 시약(고체)의 명칭이 불분명한 시약병의 내용물을 확인하려고 뚜껑을 열어 시계접시에 소량을 담아놓고 공기 중에서 햇빛을 받는 곳에 방치하던 중 시계접시에서 갑자기 연소현상이 일어났다. 다음 물질 중 이 시약의 명칭으로 예상할 수 있는 것은?

① 황 ② 황린
③ 적린 ④ 질산암모늄

해설 황린(P_4)
- 제3류 위험물
- 지정수량 20kg
- 발화점이 매우 낮아 공기 중에 노출되면 서서히 자연발화를 일으키고 어두운 곳에서 청백색의 인광을 낸다.

26 위험물제조소 및 일반취급소에 설치하는 자동화재탐지설비의 설치기준으로 틀린 것은?

① 하나의 경계구역은 $600m^2$ 이하로 하고, 한 변의 길이는 50m 이하로 한다.
② 주요한 출입구에서 내부 전체를 볼 수 있는 경우 경계구역은 $1000m^2$ 이하로 할 수 있다.
③ 광전식분리형 감지기를 설치할 경우에는 하나의 경계구역을 $1000m^2$ 이하로 할 수 있다.
④ 비상전원을 설치하여야 한다.

해설 하나의 경계구역의 면적은 $600m^2$ 이하로 하고 한 변의 길이는 50m 이하로 할 것. 다만, 광전식분리형감지기를 설치할 경우에는 하나의 경계구역을 $100m^2$ 이하로 할 것

27 무기과산화물의 일반적인 성질에 대한 설명으로 틀린 것은?

① 과산화수소의 수소가 금속으로 치환된 화합물이다.
② 산화력이 강해 스스로 쉽게 산화한다.
③ 가열하면 분해되어 산소를 발생한다.
④ 물과의 반응성이 크다.

해설 무기과산화물은 물과 반응하여 산소(O_2)가 발생한다.

28 다음 중 물과의 반응성이 가장 낮은 것은?

① 인화알루미늄
② 트리에틸알루미늄
③ 오황화린
④ 황린

해설 황린(백린, P_4)
- 제3류 위험물
- 지정수량 20kg
- 착화점 : 50℃
- 물에 녹지 않으므로 물 속에 저장

29 다음 위험물 중 비중이 물보다 큰 것은?

① 디에틸에테르 ② 아세트알데히드
③ 산화프로필렌 ④ 이황화탄소

해설 이황화탄소(CS_2)
- 제4류 위험물의 특수인화물
- 인화점 : -30℃
- 착화점 : 100℃
- 연소범위 : 1~44%
- 액비중 : 1.26

Answer 25. ② 26. ③ 27. ② 28. ④ 29. ④

30. 위험물안전관리자를 해임할 때에는 해임한 날로부터 며칠 이내에 위험물안전관리자를 다시 선임하여야 하는가?

① 7   ② 14
③ 30 ④ 60

해설 ① 7일 : 위험물 제조소의 품명변경 신고
② 14일 : 안전관리자 선임, 해임, 퇴직시 소방본부장에게 신고
③ 30일 : 안전관리자 재선임

31. 황의 성상에 관한 설명으로 틀린 것은?

① 연소할 때 발생하는 가스는 냄새를 가지고 있으나 인체에 무해하다.
② 미분이 공기 중에 떠있을 때 분진폭발의 우려가 있다.
③ 용융된 황을 물에서 급냉하면 고무상황을 얻을 수 있다.
④ 연소할 때 아황산가스를 발생한다.

해설 황(S)
- 제2류 위험물
- 지정수량 100kg
- 순도 60wt% 이상시 위험물이 공기 중에서 연소하여 푸른 불꽃을 내면서 유독한 아황산가스를 발생
$S + O_2 \rightarrow SO_2$

32. 과산화수소의 성질에 대한 설명 중 틀린 것은?

① 알칼리성 용액에 의해 분해될 수 있다.
② 산화제로 사용할 수 있다.
③ 농도가 높을수록 안정하다.
④ 열, 햇빛에 의해 분해될 수 있다.

해설 과산화수소(H_2O_2)
- 제6류 위험물
- 지정수량 300kg
- 농도 36wt% 이상시 위험물
- 3% → 옥시풀
- 30~40% → 표백제, 병원 감염 전파 방지제
- 60% 이상 → 단독 폭발 가능

33. 위험물안전관리법령상 위험물의 운송에 있어서 운송책임자의 감독 또는 지원을 받아 운송하여야 하는 위험물에 속하지 않는 것은?

① $Al(CH_3)_3$ ② CH_3Li
③ $Cd(CH_3)_2$ ④ $Al(C_4H_9)_3$

해설 운송 책임자의 감독, 지원을 받아 운송해야 하는 위험물
㉠ 알킬 알루미늄 : $Al(CH_3)_3$(트리메틸 알루미늄), $Al(C_4H_9)_3$(트리부틸 알루미늄)
㉡ 알킬리튬 : CH_3Li(메틸리튬)

34. 무색의 액체로 융점이 -112°C이고 물과 접촉하면 심하게 발열하는 제6류 위험물은?

① 과산화수소   ② 과염소산
③ 질산   ④ 오불화요오드

해설 과염소산($HClO_4$)
- 제6류 위험물
- 지정수량 300kg
- 융점 -112°C
- 물과 접촉시 심하게 발열하며 고체수화물을 만듦

Answer 30. ③ 31. ① 32. ③ 33. ③ 34. ②

35 위험물안전관리법령에서 정한 특수인화물의 발화점 기준으로 옳은 것은?

① 1기압에서 100℃ 이하
② 0기압에서 100℃ 이하
③ 1기압에서 25℃ 이하
④ 0기압에서 25℃ 이하

해설 특수인화물
- 1기압에서 발화점 100℃ 이하인 액체
- 인화점 −20℃ 이하이고 비등점이 40℃ 이하인 액체

36 알킬알루미늄등 또는 아세트알데히드등을 취급하는 제조소의 특례기준으로서 옳은 것은?

① 알칼알루미늄등을 취급하는 설비에는 불활성기체 또는 수증기를 봉입하는 장치를 설치한다.
② 알킬알루미늄등을 취급하는 설비는 은·수은·동·마그네슘을 성분으로 하는 것으로 만들지 않는다.
③ 아세트알데히드등을 취급하는 탱크에는 냉각장치 또는 보냉장치 및 불활성기체 봉입장치를 설치한다.
④ 아세트알데히드등을 취급하는 설비의 주위에는 누설범위를 국한하기 위한 설비와 누설되었을 때 안전한 장소에 설치된 저장실에 유입시킬 수 있는 설비를 갖춘다.

해설 알킬 알루미늄 또는 아세트 알데히드등을 취급하는 제조소의 특례기준
㉠ 알킬 알루미늄등을 취급하는 설비에는 불활성기체를 봉입하는 장치를 갖출 것
㉡ 아세트 알데히드등을 취급하는 설비에는 은, 수은, 동, 마그네슘 또는 이들 성분으로 하는 것으로 만들지 않을 것
㉢ 알킬 알루미늄등을 취급하는 설비 주위에는 누설 범위를 국한하기 위한 설비와 누설되었을 때 안전한 장소에 설치된 저장실에 유입시킬 수 있는 설비를 갖출 것

37 디에틸에테르의 보관·취급에 관한 설명으로 틀린 것은?

① 용기는 밀봉하여 보관한다.
② 환기가 잘 되는 곳에 보관한다.
③ 정전기가 발생하지 않도록 취급한다.
④ 저장용기에 빈 공간이 없게 가득 채워 보관한다.

해설 디에틸 에테르($C_2H_5OC_2H_5$)
제4류 위험물 중 특수 인화물 휘발성 액체로 체적 팽창이 크므로 저장용기에 공간용적 2% 이상의 여유 공간을 둔다.

Answer 35. ① 36. ③ 37. ④

38 그림의 시험장치는 제 몇 류 위험물의 위험성 판정을 위한 것인가? (단, 고체 물질의 위험성 판정이다.)

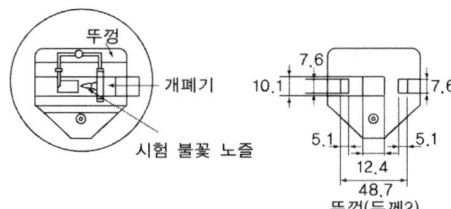

① 제1류 ② 제2류
③ 제3류 ④ 제5류

해설) 세타밀폐식 인화점 측정기로 제2류 위험물의 위험성을 판정하는 장치이다.

39 과산화나트륨에 대한 설명 중 틀린 것은?
① 순수한 것은 백색이다.
② 상온에서 물과 반응하여 수소 가스를 발생한다.
③ 화재 발생시 주수소화는 위험할 수 있다.
④ CO 및 CO_2 제거제를 제조할 때 사용된다.

해설) 과산화 나트륨(Na_2O_2) : 제1류 위험물의 무기 과산화물 상온에서 물과 반응하여 산소가스와 수산화나트륨이 생성

40 위험물안전관리법령상 품명이 "유기과산화물"인 것으로만 나열된 것은?
① 과산화벤조일, 과산화메틸에틸케톤
② 과산화벤조일, 과산화마그네슘
③ 과산화마그네슘, 과산화메틸에틸케톤
④ 과산화초산, 과산화수소

해설) 유기과산화물
• 제5류 위험물
• 지정수량 10kg
• 과산화 벤조일, 과산화 메틸에틸케톤, 과산화초산

41 탄소 80%, 수소 14%, 황 6%인 물질 1kg이 완전연소하기 위해 필요한 이론 공기량은 약 몇 kg인가? (단, 공기 중 산소는 23wt%이다.)
① 3.31
② 7.05
③ 11.62
④ 14.41

해설) $A_o = 11.49C + 34.5\left(H - \dfrac{O}{8}\right) + 4.31S$
$= 11.49 \times 0.8 + 34.5\left(0.14 - \dfrac{0.23}{8}\right) + 4.31 \times 0.06$
$= 13.28kg$

Answer 38. ② 39. ② 40. ① 41. ④

42 다음 중 요오드 값이 가장 낮은 것은?
① 해바라기유 ② 오동유
③ 아마인유 ④ 낙화생유

해설 요오드값
- 건성유(요오드값 130 이상) :
  해바라기유, 아마인유, 동유(오동유)
- 반건성유(요오드값 100 이상 130 미만) :
  옥수수유, 참기름, 콩기름
- 불건성유(요오드값 100 미만) :
  쇠기름, 돼지기름, 낙화생유(땅콩기름), 야자유

43 시클로헥산에 관한 설명으로 가장 거리가 먼 것은?
① 고리형 분자구조를 가진 방향족 탄화수소화합물이다.
② 화학식은 C_6H_{12}이다.
③ 비수용성 위험물이다.
④ 제4류 제1석유류에 속한다.

해설 시클로헥산(C_6H_{12})
- 제1류 위험물
- 비수용성으로 지정수량 200ℓ
- 고리형 분자구조이나 방향족 화합물은 아님

44 제6류 위험물을 저장하는 옥내 탱크저장소로서 단층건물에 설치된 것의 소화 난이도 등급은?
① Ⅰ등급 ② Ⅱ등급
③ Ⅲ등급 ④ 해당 없음

해설 제6류 위험물을 저장하는 옥내 탱크저장소는 소화난이도 등급에 제외된다.

45 이황화탄소를 화재예방상 물속에 저장하는 이유는?
① 불순물을 물에 용해시키기 위해
② 가연성 증기의 발생을 억제하기 위해
③ 상온에서 수소가스를 발생시키기 때문에
④ 공기와 접촉하면 즉시 폭발하기 때문에

해설 이황화탄소(CS_2)는 물보다 무겁고 물에 녹지 않으므로 가연성 증기의 발생을 억제하기 위해서 물속에 저장한다.

46 위험물안전관리법령상 판매취급소에 관한 설명으로 옳지 않은 것은?
① 건축물의 1층에 설치하여야 한다.
② 위험물을 저장하는 탱크시설을 갖추어야 한다.
③ 건축물의 다른 부분과는 내화구조의 격벽으로 구획하여야 한다.
④ 제조소와 달리 안전거리 또는 보유공지에 관한 규제를 받지 않는다.

해설 판매취급소 건축물은 내화구조 또는 불연재료로 하고 판매취급소로 사용되는 부분과 다른 부분과의 격벽은 내화구조로 하며 탱크시설을 갖출 필요는 없음.

Answer 42. ④ 43. ① 44. ④ 45. ② 46. ②

47 $C_6H_2CH_3(NO_2)_3$을 녹이는 용제가 아닌 것은?

① 물
② 벤젠
③ 에테르
④ 아세톤

해설 트리니트로 톨루엔[$C_6H_2CH_3(NO_2)_3$]
- 제5류 위험물의 니트로화합물
- 지정수량 200kg
- 물에 녹지 않고 알코올, 벤젠, 아세톤, 에테르 등에 잘 녹음

48 질산의 저장 및 취급법이 아닌 것은?

① 직사광선을 차단한다.
② 분해방지를 위해 요산, 인산 등을 가한다.
③ 유기물과 접촉을 피한다.
④ 갈색병에 넣어 보관하다.

해설 질산(HNO_3)
- 제6류 위험물
- 지정수량 300kg
- 햇빛에 의해 분해하여 NO_2를 발생하므로 갈색병에 넣어 보관한다.
※ 과산화수소(H_2O_2) : 분해를 막기 위해 인산, 요산 등의 안정제를 가한다.

49 다음 중 위험물 운반용기의 외부에 "제4류"와 "위험등급Ⅱ"의 표시만 보이고 품명이 잘 보이지 않을 때 예상할 수 있는 수납 위험물의 품명은?

① 제1석유류
② 제2석유류
③ 제3석유류
④ 제4석유류

해설
- 위험등급Ⅰ : 특수인화물
- 위험등급Ⅱ : 제1석유류, 알코올류
- 위험등급Ⅲ : 제2석유류, 제3석유류, 제4석유류, 동식물류

50 과염소산의 성질로 옳지 않은 것은?

① 산화성 액체이다.
② 무기화합물이며 물보다 무겁다.
③ 불연성 물질이다.
④ 증기는 공기보다 가볍다.

해설 과염소산($HClO_4$) : 제6류 위험물, 지정수량 300kg
- 분자량 : $1 + 35.5 + 16 \times 4 = 100.5$
- 증기비중 = $\frac{100.5}{29} = 3.47$
- 증기는 공기보다 무겁다.

51 황린에 관한 설명 중 틀린 것은?

① 물에 잘 녹는다.
② 화재시 물로 냉각소화 할 수 있다.
③ 적린에 비해 불안정하다.
④ 적린과 동소체이다.

해설 황린(백린, P_4)
- 제3류 위험물의 자연발화성
- 물에 녹지 않으므로 인화수소의 생성을 방지하기 위해 약알칼리성(pH 9)의 물에 저장한다.

Answer 47. ① 48. ② 49. ① 50. ④ 51. ①

52 위험물 옥내 저장소에 과염소산 300kg, 과산화수소 300kg을 저장하고 있다. 저장창고에는 지정수량 몇 배의 위험물을 저장하고 있는가?

① 4　　② 3
③ 2　　④ 1

해설
- 지정수량 : 과염소산 300kg, 과산화수소 300kg
- 환산지정수량 $= \dfrac{A저장수량}{A지정수량} + \dfrac{B저장수량}{B지정수량}$
  $= \dfrac{300}{300} + \dfrac{300}{300} = 2$

53 금속나트륨, 금속칼륨 등을 보호액 속에 저장하는 이유를 가장 옳게 설명한 것은?

① 온도를 낮추기 위하여
② 승화하는 것을 막기 위하여
③ 공기와의 접촉을 막기 위하여
④ 운반시 충격을 적게 하기 위하여

해설 금속나트륨과 금속칼륨은 공기중에서 빠르게 산화되는 것을 막기 위해 석유, 등유 등의 보호액 속에 저장한다.

54 위험물안전관리법령에서 정한 품명이 서로 다른 물질을 나열한 것은?

① 이황화탄소, 디에틸에테르
② 에틸알코올, 고형알코올
③ 등유, 경유
④ 중유, 클레오소트유

해설
- 이황화탄소, 디에틸에테르 : 특수인화물
- 등유, 경유 : 제2석유류
- 중유, 클레오소트유 : 제3석유류
- 에틸알코올 : 알코올류
- 고형알코올 : 제2류 위험물

55 안전물안전관리법령에 의한 위험물 운송에 관한 규정으로 틀린 것은?

① 이동탱크저장소에 의하여 위험물을 운송하는 자는 당해 위험물을 취급할 수 있는 국가기술자격자 또는 안전교육을 받은 자이어야 한다.
② 안전관리자·탱크시험자·위험물운송자 등 위험물의 안전관리와 관련된 업무를 수행하는 자는 시·도지사가 실시하는 안전교육을 받아야 한다.
③ 운송책임자의 범위, 감독 또는 지원의 방법 등에 관한 구체적인 기준은 총리령으로 정한다.
④ 위험물운송자는 이동탱크저장소에 의하여 위험물을 운송하는 때에는 총리령으로 정하는 기준을 준수하는 등 당해 위험물의 안전확보를 위하여 세심한 주의를 기울여야 한다.

해설 안전관리자, 탱크시험자, 위험물운송자 등 위험물 안전관리와 관련된 업무를 수행하는 자는 국민안전처장관이 실시하는 교육을 받아야 한다.

Answer　52. ③　53. ③　54. ②　55. ②

56 다음 아세톤의 완전 연소 반응식에서 ( )에 알맞은 계수를 차례대로 옳게 나타낸 것은?

$$CH_3COCH_3 + (\ )O_2 \rightarrow (\ )CO_2 + 3H_2O$$

① 3, 4 ② 4, 3
③ 6, 3 ④ 3, 6

57 위험물탱크의 용량은 탱크의 내용적에서 공간용적을 뺀 용적으로 한다. 이 경우 소화약제 방출구를 탱크 안의 윗부분에 설치하는 탱크의 공간용적은 당해 소화설비의 소화약제 방출구 아래의 어느 범위의 면으로부터 윗부분의 용적으로 하는가?

① 0.1미터 이상 0.5미터 미만 사이의 면
② 0.3미터 이상 1미터 미만 사이의 면
③ 0.5미터 이상 1미터 미만 사이의 면
④ 0.5미터 이상 1.5미터 미만 사이의 면

58 위험물의 지정수량이 잘못된 것은?

① $(C_2H_5)_3Al$: 10kg
② Ca : 50kg
③ LiH : 300kg
④ Al_4C_3 : 500kg

해설 Al_4C_3(탄화알루미늄) : 300kg

59 위험물안전관리법령상 에틸렌글리콜과 혼재하여 운반할 수 없는 위험물은? (단, 지정수량의 10배일 경우이다.)

① 유황
② 과망간산나트륨
③ 알루미늄분
④ 트리니트로톨루엔

해설 에틸렌글리콜(제4류 위험물)은 제2류와 제3류, 제5류 위험물과 혼재가 가능하고 제1류 위험물(과망간산나트륨)과 혼재할 수 없다.

60 다음 중 위험등급 Ⅰ의 위험물이 아닌 것은?

① 무기과산화물
② 적린
③ 나트륨
④ 과산화수소

해설 적린(제2류 위험물) : 위험등급Ⅱ

Answer 56. ② 57. ② 58. ④ 59. ② 60. ②

위험물기능사 2000제 문제은행

CBT 시험대비
● 2015년 10월 10일 시행

01 위험물안전관리법령에 따라 위험물을 유별로 정리하여 서로 1m 이상의 간격을 두었을 때 옥내저장소에서 함께 저장하는 것이 가능한 경우가 아닌 것은?

① 제1류 위험물(알칼리금속의 과산화물 또는 이를 함유한 것을 제외한다)과 제5류 위험물을 저장하는 경우

② 제3류 위험물 중 알킬알루미늄과 제4류 위험물(알킬알루미늄 또는 알킬리튬을 함유한 것에 한한다)을 저장하는 경우

③ 제1류 위험물과 제3류 위험물 중 금수성 물질을 저장하는 경우

④ 제2류 위험물 중 인화성 고체와 제4류 위험물을 저장하는 경우

해설
- 제1류 위험물과 제6류 위험물을 저장하는 경우
- 제1류와 제3류 위험물 중 자연발화성 물질(황린 또는 이를 함유한 것)을 저장하는 경우
- 제4류 위험물 중 유기과산화물 또는 이를 함유한 것과 제5류 위험물 중 유기과산화물 또는 이를 함유한 것을 저장하는 경우

02 소화설비의 설치기준에서 유기과산화물 1,000kg은 몇 소요단위에 해당하는가?

① 10
② 20
③ 100
④ 200

해설 제5류 위험물의 유기과산화물·지정수량 10kg
위험물의 1소요단위 : 지정수량의 10배

소요단위 : $\dfrac{1000kg}{10kg} \div 10 = 10$단위

Answer 1. ③ 2. ①

03 위험물안전관리자에 대한 설명 중 옳지 않은 것은?

① 이동탱크저장소는 위험물안전관리자 선임대상에 해당하지 않는다.
② 위험물안전관리자가 퇴직한 경우 퇴직한 날부터 30일 이내에 다시 안전관리자를 선임하여야 한다.
③ 위험물안전관리자를 선임한 경우에는 선임한 날부터 14일 이내에 소방본부장 또는 소방서장에게 선고하여야 한다.
④ 위험물안전관리자가 일시적으로 직무를 수행할 수 없는 경우에는 안전교육을 받고 6개월 이상 실무경력이 있는 사람을 대리자로 지정할 수 있다.

해설) 위험물 안전관리자가 일시적으로 직무를 수행할 수 없는 경우에는 국가기술자격법에 따른 위험물의 취급에 관한 자격취득자 또는 위험물 안전에 관한 기본 지식과 경험이 있는 자를 대리자로 지정하여야 한다.

04 철분, 금속분, 마그네슘의 화재에 적응성이 있는 소화약재는?

① 탄산수소염류 분말
② 할로겐화합물
③ 물
④ 이산화탄소

해설) 철분, 마그네슘, 금속분 적응성 소화
건조사, 팽창질석, 팽창진주암, 탄산수소염류 등 금속화재용 분말소화 약제 등을 사용

05 주유취급소의 벽(담)에 유리를 부착할 수 있는 기준에 대한 설명으로 옳은 것은?

① 유리 부착 위치는 주입구, 고정주유설비로부터 2m 이상 이격되어야 한다.
② 지반면으로부터 50센티미터를 초과하는 부분에 한하여 설치하여야 한다.
③ 하나의 유리판 가로의 길이는 2m 이내로 한다.
④ 유리의 구조는 기준에 맞는 강화유리로 하여야 한다.

해설) ① 유리 부착위치는 주입구, 고정주유설비로부터 4m 이상 이격될 것
② 지반면으로부터 70cm를 초과하는 부분에 한하여 유리를 부착할 것
③ 유리의 구조는 접합유리로 할 것

06 위험물안전관리법령상 개방형 스프링클러헤드를 이용하는 스프링클러설비에서 수동식 개방밸브를 개방 조작하는 데 필요한 힘은 얼마 이하가 되도록 설치하여야 하는가?

① 5kg
② 10kg
③ 15kg
④ 20kg

해설) • 수동식 개방밸브를 조작하는데 필요한 힘이 15kg 이하가 되도록 설치할 것
• 일제개방밸브의 수동식개방밸브는 화재시 쉽게 접근 가능한 바닥면으로부터 1.5m 이하의 높이에 설치할 것

Answer 3. ④ 4. ① 5. ③ 6. ③

07 제조소의 옥외에 모두 3기의 휘발유 취급탱크를 설치하고 그 주위에 방유제를 설치하고자 한다. 방유제 안에 설치하는 각 취급탱크의 용량이 5만L, 3만L, 2만L일 때 필요한 방유제의 용량은 몇 L 이상인가?

① 66000　　② 60000
③ 33000　　④ 30000

해설 제조소의 옥외에 있는 위험물취급탱크의 방유제 용량은,
탱크 2개 이상 : 가장 큰 탱크의 50%와 나머지 탱크용량의 합계의 10%를 더한 값 이상
5만×0.5 + (3만+2만)×0.1 = 30000ℓ

08 제1종 분말소화약제의 주성분으로 사용되는 것은?

① $KHCO_3$　　② H_2SO_4
③ $NaHCO_3$　　④ $NH_4H_2PO_4$

해설
제1종 $NaHCO_3$: 백색, BC 화재
제2종 $KHCO_3$: 보라색, BC 화재
제3종 $NH_4H_2PO_4$: 담홍색, ABC 화재
제4종 $KHCO_3+(NH_2)_2CO$: 회백색, BC 화재

09 트리에틸알루미늄의 화재 시 사용할 수 있는 소화약제(설비)가 아닌 것은?

① 마른 모래　　② 팽창질석
③ 팽창진주암　　④ 이산화탄소

해설 트리에틸알루미늄은 금수성 물품으로 탄산수소염류, 마른 모래, 팽창질석과 팽창진주암 등이 적응성 소화제이다.

10 금속화재를 옳게 설명한 것은?

① C급 화재이고, 표시색상은 청색이다.
② C급 화재이고, 별도의 표시색상은 없다.
③ D급 화재이고, 표시색상은 청색이다.
④ D급 화재이고, 별도의 표시색상은 없다.

해설 A급화재 : 일반화재, B급화재 : 유류화재
C급화재 : 전기화재, D급화재 : 금속화재

11 위험물안전관리법령상 옥내 주유취급소에 있어서 해당 사무소 등의 출입구 및 피난구와 당해 피난구로 통하는 통로·계단 및 출입구에 무엇을 설치해야 하는가?

① 화재감지기
② 스프링클러설비
③ 자동화재탐지설비
④ 유도등

해설 ① 주유취급소 중 건축물의 2층 이상의 부분을 점포, 휴게음식점 또는 전시장의 용도로 사용하는 경우 유도등을 설치할 것
② 옥내주유취급소에 있어서는 당해 사무소 등의 출입구 및 피난구와 당해 피난구를 통하는 통로, 계단 및 출입구에 유도등을 설치할 것

12 다음 중 스프링클러 설비의 소화작용으로 가장 거리가 먼 것은?

① 질식작용　　② 희석작용
③ 냉각작용　　④ 억제작용

해설 스프링클러 설비의 소화작용은 냉각작용, 희석작용, 질식작용에 의한 소화이며 할로겐 소화설비는 억제작용에 의한 소화이다.

Answer 7. ④　8. ③　9. ④　10. ④　11. ④　12. ④

13 다음 중 위험물관리법령에서 정한 지정수량이 나머지 셋과 다른 물질은?

① 아세트산
② 히드라진
③ 클로로벤젠
④ 니트로벤젠

해설 지정수량
- 아세트산(CH_3COOH), 히드라진(N_2H_4) : 제2석유류, 수용성, 2000ℓ
- 클로로벤젠(C_6H_5Cl) : 제2석유류, 비수용성, 1000ℓ
- 니트로벤젠($C_6H_5NO_2$) : 제3석유류, 비수용성, 2000ℓ

14 가연물이 되기 쉬운 조건이 아닌 것은?

① 산소와 친화력이 클 것
② 열전도율이 클 것
③ 발열량이 클 것
④ 활성화에너지가 작을 것

해설 가연물의 조건
㉠ 산소와 친화력이 클 것
㉡ 활성화 에너지가 작을 것
㉢ 발열량이 클 것
㉣ 열전도율이 작을 것

15 Halon 1211에 해당하는 물질의 분자식은?

① CBr_2FCl
② CF_2ClBr
③ CCl_2FBr
④ FC_2BrCl

해설 C, F, Cl, Br의 순서대로 개수를 표기한다.
Halon 1211 → $C_1F_2Cl_1Br_1$ → CF_2ClBr

16 위험물안전관리법령상 주유취급소에서의 위험물 취급기준으로 옳지 않은 것은?

① 자동차에 주유할 때에는 고정 주유설비를 이용하여 직접 주유할 것
② 자동차에 경우 위험물을 주유할 때에는 자동차의 원동기를 반드시 정지시킬 것
③ 고정주유설비에는 당해 주유설비에 접속한 전용탱크 또는 간이탱크의 배관 외의 것을 통하여서는 위험물을 공급하지 아니할 것
④ 고정주유설비에 접속하는 탱크에 위험물을 주입할 때에는 당해 탱크에 접속된 고정주유설비의 사용을 중지할 것

17 표준상태에서 탄소 1몰이 완전히 연소하면 몇 L의 이산화탄소가 생성되는가?

① 11.2
② 22.4
③ 44.8
④ 56.8

해설 표준상태에서 모든 기체 1mol이 차지하는 부피는 22.4ℓ
1mol = 22.4ℓ = 분자량
$C + O_2 \rightarrow CO_2$
1mol : 22.4ℓ

Answer 13. ③ 14. ② 15. ② 16. ② 17. ②

18 제3류 위험물을 취급하는 제조소는 300명 이상을 수용할 수 있는 극장으로부터 몇 m 이상의 안전거리를 유지하여야 하는가?

① 5　　② 10
③ 30　　④ 70

해설 안전거리 30m 이상
  ㉠ 학교, 병원
  ㉡ 300인 이상의 영화상영관
  ㉢ 20인 이상의 아동복지시설, 노인복지시설, 장애인 복지시설

19 다음 중 할로겐 화합물 소화약제의 주된 소화효과는?

① 부촉매효과
② 희석효과
③ 파괴효과
④ 냉각효과

해설 할로겐 화합물소화약제의 소화효과 : 연쇄반응을 차단하는 억제효과, 부촉매효과

20 과산화바륨과 물이 반응하였을 때 발생하는 것은?

① 수소
② 산소
③ 탄산가스
④ 수성가스

해설 과산화바륨의 물과 반응시 산소가스가 발생
$2BaO_2 + 2H_2O \rightarrow 2Ba(OH)_2 + O_2 \uparrow$

21 위험물안전관리법령상 운송책임자의 감독, 지원을 받아 운송하여야 하는 위험물에 해당하는 것은?

① 알킬알루미늄, 산화프로필렌, 알킬리튬
② 알킬알루미늄, 산화프로필렌
③ 알킬알루미늄, 알킬리튬
④ 산화프로필렌, 알킬리튬

해설 알킬알루미늄, 알킬리튬은 위험물의 운송책임자의 감독하에 안전하게 운송하여야 한다.

22 다음은 위험물을 저장하는 탱크의 공간용적 산정기준이다. ( )에 알맞은 수치로 옳은 것은?

> 암반탱크에 있어서는 당해 탱크 내에 용출하는 ( )일 간의 지하수의 양에 상당하는 용적과 당해 탱크의 내용적의 ( )의 용적 중에서 보다 큰 용적을 공간용적으로 한다.

① 7, 1/100
② 7, 5/100
③ 10, 1/100
④ 10, 5/100

해설 암반탱크 공간용적 산정 : 아래 둘 중 큰 쪽 용적을 공간용적으로 함
• 당해 탱크 내에 흘러들어온 7일 간의 지하수의 양에 해당하는 용적
• 당해 탱크 내용적×0.01

Answer 18. ③　19. ①　20. ②　21. ③　22. ①

23 분자량이 약 110인 무기과산화물로 물과 접촉하여 발열하는 것은?

① 과산화마그네슘
② 과산화벤젠
③ 과산화칼슘
④ 과산화칼륨

해설 과산화칼륨
- 제1류 위험물의 무기과산화물 지정수량 50kg
- 분자량이 약 110
- 물과 반응하여 산소가스 발생

24 위험물안전관리법령에서 정한 알킬알루미늄 등을 저장 또는 취급하는 이동탱크저장소에 비치해야 하는 물품이 아닌 것은?

① 방호복
② 고무장갑
③ 비상조명등
④ 휴대용 확성기

해설 알킬알루미늄 등을 저장 또는 취급하는 이동탱크저장소에 비치해야 하는 물품
소화기, 방호복, 고무장갑, 확성기, 밸브 등의 결합공구

25 다음 중 산을 가하면 이산화염소를 발생시키는 물질로 분자량이 약 90.5인 것은?

① 아염소산나트륨
② 브롬산나트륨
③ 옥소산칼륨(요오드산칼륨)
④ 중크롬산나트륨

해설 아염소산나트륨
- 제1류 위험물
- 지정수량 50kg
- 무색 결정성분말, 조해성이 있고, 물에 잘 녹는다.
- 산을 가할 경우 이산화염소(ClO_2)의 유독 가스 발생
- 단독폭발, 분해온도 350℃ 이상

26 위험물안전관리법령에서 정한 주유취급소의 고정주유설비 주위에 보유하여야 하는 주유공지의 기준은?

① 너비 10m 이상, 길이 6m 이상
② 너비 15m 이상, 길이 6m 이상
③ 너비 10m 이상, 길이 10m 이상
④ 너비 15m 이상, 길이 10m 이상

해설 주유취급소의 고정주유설비의 주유공지
너비 15m 이상, 길이 6m 이상

27 위험물안전관리법령에서 정한 소화설비의 설치기준에 따라 다음 (　)에 알맞은 숫자를 차례대로 나타낸 것은?

> 제조소등에 전기설비(전기배선, 조명기구 등은 제외한다)가 설치된 경우에는 당해 장소의 면적 (　)m² 마다 소형수동식 소화기를 (　)개 이상 설치할 것

① 50, 1
② 50, 2
③ 100, 1
④ 100, 2

해설 제소등에 전기설비가 설치된 경우 당해 장소의 면적 100m² 마다 소형 수동식 소화기를 1개 이상 설치할 것

Answer 23. ④ 24. ③ 25. ① 26. ② 27. ③

28 과산화벤조일 취급시 주의사항에 대한 설명 중 틀린 것은?

① 수분을 포함하고 있으면 폭발하기 쉽다.
② 가열, 충격, 마찰을 피해야 한다.
③ 저장용기는 차고 어두운 곳에 보관한다.
④ 희석제를 첨가하여 폭발성을 낮출 수 있다.

해설 과산화벤조일
- 제5류 위험물의 유기과산화물
- 지정수량 10kg
- 무색, 무취의 백색분말 또는 결정
- 물에 불용·알코올에 약간 녹으며 에테르 등 유기용제에 녹음
- 건조상태에서 마찰·충격으로 폭발 위험
- 수분 및 희석제를 첨가하면 분해·폭발을 억제
- 저장용기는 차고 어두운 곳에 보관

29 위험물안전관리법령상 다음 ( )에 알맞은 수치를 모두 합한 값은?

- 과염소산의 지정수량은 ( )kg이다.
- 과산화수소는 농도가 ( )wt% 미만인 것은 위험물에 해당하지 않는다.
- 질산은 비중이 ( ) 이상인 것만 위험물로 규정한다.

① 349.36
② 549.36
③ 337.49
④ 537.49

해설 제6류 위험물 산화성 액체
- 과염소산 : 지정수량 300kg
- 과산화수소 : 위험물의 농도 36wt% 이상
- 질산 : 위험물의 비중 1.49 이상인 것
300 + 36 + 1.49 = 337.49

30 위험물안전관리법령에서 정한 아세트알데히드 등을 취급하는 제조소의 특례에 따라 다음 ( )에 해당하지 않는 것은?

아세트알데히드 등을 취급하는 설비는 ( )·( )·동·( ) 또는 이들을 성분으로 하는 합금으로 만들지 아니할 것

① 금
② 은
③ 수은
④ 마그네슘

해설 아세트알데히드, 산화프로필렌 취급설비는 구리, 마그네슘, 은, 수은 또는 이들을 함유하는 합금으로 만들지 아니할 것

31 $CH_3COC_2H_5$의 명칭 및 지정수량을 옳게 나타낸 것은?

① 메틸에틸케톤, 50L
② 메틸에틸케톤, 200L
③ 메틸에틸에테르, 50L
④ 메틸에틸에테르, 200L

해설 $CH_3COC_2H_5$(메틸에틸케톤) : MEK
제1석유류 · 비수용성 · 지정수량 200L

Answer 28. ① 29. ③ 30. ① 31. ②

32 위험물안전관리법령상 정기점검 대상인 제조소등의 조건이 아닌 것은?

① 예방규정 작성대상인 제조소 등
② 지하탱크저장소
③ 이동탱크저장소
④ 지정수량 5배의 위험물을 취급하는 옥외탱크를 둔 제조소

해설 정기점검 대상 제조소
   ㉠ 지하탱크 저장소
   ㉡ 이동탱크 저장소
   ㉢ 지하에 매설탱크가 있는 제조소, 주유취급소, 일반취급소
   ㉣ 지정수량이 10배인 위험물을 취급하는 제조소
   ㉤ 지정수량이 100배인 위험물을 저장하는 옥외저장소
   ㉥ 지정수량이 150배인 위험물을 저장하는 옥내저장소
   ㉦ 지정수량이 200배인 위험물을 저장하는 옥외탱크저장소
   ㉧ 암반탱크저장소
   ㉨ 이송취급소
   ㉩ 지정수량이 10배 이상의 위험물 일반 취급소

33 위험물제조소등의 종류가 아닌 것은?

① 간이탱크저장소
② 일반취급소
③ 이송취급소
④ 이동판매취급소

해설 위험물 제조소 등의 종류
   ㉠ 제조소
   ㉡ 저장소
   ㉢ 취급소(주유취급소, 판매취급소, 일반취급소)

34 다음 물질 중 물에 대한 용해도가 가장 낮은 것은?

① 아크릴산   ② 아세트알데히드
③ 벤젠   ④ 글리세린

해설
- 아크릴산, 아세트알데히드, 글리세린 : 주용성
- 벤젠 : 비수용성, 제4류 위험물에 제1석유류

35 니트로글리세린에 관한 설명으로 틀린 것은?

① 상온에서 액체 상태이다.
② 물에는 잘 녹지만 유기 용매에는 녹지 않는다.
③ 충격 및 마찰에 민감하므로 주의해야 한다.
④ 다이너마이트의 원료로 쓰인다.

해설 니트로글리세린
- 제5류위험물 질산에스테르류
- 지정수량 10kg
- 무색 투명한 기름 형태의 액체
- 물에 거의 녹지 않으나 메탄올, 벤젠, 아세톤, 클로로포름 등에 녹음
- 가열, 마찰, 충격에 대단히 민감
- 규조토에 흡수시킨 것을 다이너마이트라 한다.

Answer 32. ④ 33. ④ 34. ③ 35. ②

36 1차 알코올에 대한 설명으로 가장 적절한 것은?

① OH 기의 수가 하나이다.
② OH 기가 결합된 탄소 원자에 붙은 알킬기의 수가 하나이다.
③ 가장 간단한 알코올이다.
④ 탄소의 수가 하나인 알코올이다.

해설
- 1차(급)알코올 : OH기가 결합된 탄소 원자에 붙은 알킬기(R)수가 하나
- 1가 알코올 : OH기의 수가 하나

37 위험물안전관리법령상 제4류 위험물 운반용기의 외부에 표시하여야 하는 주의사항을 모두 옳게 나타낸 것은?

① 화기엄금 및 충격주의
② 가연물 접촉주의
③ 화기엄금
④ 화기주의 및 충격주의

해설
- 물기엄금 : 제1류 위험물의 알칼리성 금속의 과산화물
  제3류 위험물의 금수성 물질
- 화기주의 : 제2류 위험물(인화성 고체 제외)
- 화기엄금 : 제2류 위험물의 인화성 고체
  제3류 위험물의 자연 발화성 물질
  제4류 위험물
  제5류 위험물
- 충격주의 : 제5류 위험물
- 가연물 접촉주의 : 제1류 위험물의 알칼리성 금속의 과산화물
  제6류 위험물

38 다음 중 지정수량이 가장 큰 것은?

① 과염소산칼륨
② 트리니트로톨루엔
③ 황린
④ 유황

해설 지정수량
- 과염소산칼륨 : 50kg
- 트리니트로톨루엔 : 200kg
- 황린 : 20kg
- 유황 : 100kg

39 알루미늄분이 염산과 반응하였을 경우 생성되는 가연성 가스는?

① 산소
② 질소
③ 메탄
④ 수소

해설 알루미늄 분이 산과 반응하여 수소를 발생

$$2Al + 6HCl \rightarrow 2AlCl_3 + 3H_2$$
(알루미늄) (염산) (염화알루미늄) (수소)

Answer 36. ② 37. ③ 38. ② 39. ④

40 위험물안전관리법령상 벌칙의 기준이 나머지 셋과 다른 하나는?

① 제조소등에 대한 긴급 사용정지 제한명령을 위반한 자
② 탱크시험자로 등록하지 아니하고 탱크시험자의 업무를 한 자
③ 저장소 또는 제소등이 아닌 장소에서 지정수량 이상의 위험물을 저장 또는 취급한 자
④ 제조소등의 완공검사를 받지 아니하고 위험물을 저장·취급한 자

해설
- 1년 이하의 징역 또는 1천만 원 이하의 벌금 : ①, ②, ③항
- 500만 원 이하의 벌금 : ④항

41 니트로셀룰로오스의 위험성에 대하여 옳게 설명한 것은?

① 물과 혼합하면 위험성이 감소된다.
② 공기 중에서 산화되지만 자연발화의 위험은 없다.
③ 건조할수록 발화의 위험성이 낮다.
④ 알코올과 반응하여 발화한다.

해설 니트로셀룰로오스
제5류 위험물, 질산에스테르류, 지정수량 10kg
- 물에 녹지 않고 저장 중에는 함수알코올로 습면시킨다.
- 분해온도 130℃
- 자연발화온도 180℃
- 직사일광 및 산의 존재하에서 자연발화한다.

42 휘발유의 성질 및 취급시의 주의사항에 관한 설명 중 틀린 것은?

① 증기가 모여 있지 않도록 통풍을 잘 시킨다.
② 인화점이 상온이므로 상온 이상에서는 취급시 각별한 주의가 필요하다.
③ 정전기 발생에 주의해야 한다.
④ 강산화제 등과 혼촉시 발화할 위험이 있다.

해설 휘발유
- 제1류 위험물
- 비수용성
- 지정수량 200ℓ
- 인화점 : $-43 \sim -20$℃
- 증기비중 $3 \sim 4$
- 비중 $0.65 \sim 0.80$
- 연소범위 : $1.4 \sim 7.6\%$
- 물에는 녹지 않으나 유기용제에 잘 녹으며 고무, 수지, 유지 등을 잘 용해시킨다.
- 물보다 가볍고 전기의 부도체
- 불순물에 의해 연소시 유독한 아황산(SO_2) 가스 발생하며 고온에서 질소 산화물을 생성
- 온도상승에 의한 체적 팽창을 감안하여 용기에 저장시 10% 정도의 여유공간을 준다.
- 소화방법 : 포말소화나 CO_2, 분말 등의 질식소화

Answer 40. ④ 41. ① 42. ②

43 제2류 위험물에 대한 설명으로 옳지 않은 것은?

① 대부분 물보다 가벼우므로 주수소화는 어려움이 있다.
② 점화원으로부터 멀리하고 가열을 피한다.
③ 금속분은 물과의 접촉을 피한다.
④ 용기 파손으로 인한 위험물의 누설에 주의한다.

해설 제2류 위험물
- 가연성 고체
- 냉각소화
- 낮은 온도에서 착화되기 쉬운 가연물
- 유독성이 있으며 연소시 유독가스를 발생하는 것도 있음
- 연소속도가 빠른 고체
- 금속분는 물과 산의 접촉으로 발열 및 폭발하므로 피할 것
- 점화원과 멀리하고 가열을 피할 것
- 산화제와의 접촉을 피할 것
- 용기의 파손에 의한 위험물의 누설에 주의할 것

44 아세트산에틸의 일반 성질 중 틀린 것은?

① 과일 냄새를 가진 휘발성 액체이다.
② 증기는 공기보다 무거워 낮은 곳에 체류한다.
③ 강산화제와의 혼촉은 위험하다.
④ 인화점은 −20℃ 이하이다.

해설 아세트산 에틸($CH_3COOC_2H_5$)
- 제1석유류
- 비수용성
- 지정수량 200ℓ
- 인화점 −4℃
- 과일 냄새의 무색 가연성 액체로 약간 녹고 유기용매에 잘 녹음

45 위험물안전관리법령에서 정하는 위험등급 Ⅱ에 해당하지 않는 것은?

① 제1류 위험물 중 질산염류
② 제2류 위험물 중 적린
③ 제3류 위험물 중 유기금속화합물
④ 제4류 위험물 중 제2석유류

해설 1. 위험등급 Ⅱ의 위험물
   ㉠ 제1류 위험물의 브롬산염류, 요오드산염류, 질산염류, 그밖에 지정수량이 300kg인 위험물
   ㉡ 제2류 위험물 중 황화린, 적린, 유황, 그 밖에 지정수량이 100kg인 화합물
   ㉢ 제3류 위험물 중 알칼리금속(칼륨 및 나트륨을 제외) 그 밖에 지정수량이 50kg인 위험물
   ㉣ 제4류 위험물 중 제1석유류 및 알코올류
   ㉤ 제5류 위험물 중 니트로화합물, 니트로소화합물, 아조화합물, 디아조화합물, 히드라진 유도체, 히드록실아민, 히드록아민염류 그 밖에 지정수량이 100kg 또는 200kg인 위험물

2. 위험등급 Ⅲ의 위험물
   ㉠ 제1류 위험물 중 과망간산염류, 중크롬산 염류, 그 밖에 지정수량이 1000kg인 위험물
   ㉡ 제2류 위험물 중 철분, 마그네슘, 금속분, 인화성고체, 그 밖에 지정이 500kg인 위험물
   ㉢ 제3류 위험물 중 금속수소화합물, 칼슘 또는 알루미늄의 탄화물, 그 밖에 지정수량이 300kg인 위험물
   ㉣ 제4류 위험물 중 제2석유류, 제3석유류, 제4석유류, 동·식물유류

Answer 43. ① 44. ④ 45. ④

46 유황의 특성 및 위험성에 대한 설명 중 틀린 것은?

① 산화성 물질이므로 환원성 물질과 접촉을 피해야 한다.
② 전기의 부도체이므로 전기 절연체로 쓰인다.
③ 공기 중 연소 시 유해가스를 발생한다.
④ 분말상태인 경우 분진폭발의 위험성이 있다.

해설 유황
- 제2류 화합물
- 지정수량 100kg
- 순도 60% 이상 위험물
- 환원제로서 산화제와 접촉하면 폭발
- 전기의 부도체, 물에 불용, 분진폭발
- 다량의 물에 의한 냉각소화
- $S + O_2 \rightarrow SO_2$(이산화황)

47 공기를 차단하고 황린을 약 몇 ℃로 가열하면 적린이 생성되는가?

① 60
② 100
③ 150
④ 260

해설 공기를 차단하고 약 250℃로 가열하면 적린 생성
황린 $\xrightarrow{250℃}$ 적린
적린의 착화점은 260℃이다.

48 위험물안전관리법령상 제4석유류를 저장하는 옥내저장탱크의 용량은 지정수량의 몇 배 이하이어야 하는가?

① 20
② 40
③ 100
④ 150

해설 옥내 저장소에 있어서 저장탱크의 용량은 지정수량 40배 이하이어야 한다. 특히 제4석유류 및 동식물류 외의 제4석유류 위험물에 있어서는 수량이 20,000ℓ를 초과할 때에는 20,000ℓ까지 허용된다.

49 알루미늄 분말의 저장 방법 중 옳은 것은?

① 에틸알코올 수용액에 넣어 보관한다.
② 밀폐 용기에 넣어 건조한 곳에 보관한다.
③ 폴리에틸렌병에 넣어 수분이 많은 곳에 보관한다.
④ 염산 수용액에 넣어 보관한다.

해설 알루미늄 분말
- 제2류 위험물
- 지정수량 500kg
- 전선, 연성이 풍부하며 열전도율 및 전기전도가 크다.
- 분진폭발하면 소화가 곤란하므로 화기에 주의할 것
- 산화제와 혼합물은 가열, 충격, 마찰에 의하여 착화
- 수분 및 할로겐 원소와 접촉하면 자연발화의 위험

Answer 46. ① 47. ④ 48. ② 49. ②

50 나트륨에 관한 설명으로 옳은 것은?

① 물보다 무겁다.
② 융점이 100℃보다 높다.
③ 물과 격렬히 반응하여 산소를 발생시키고 발열한다.
④ 등유는 반드시 반응이 일어나지 않아 저장에 사용된다.

해설 나트륨
- 제3류 위험물
- 지정수량 10kg
- 물과 반응하여 수소가 발생하고 발열반응 (+Qkcal)
- 나트륨의 보호액 : 등유, 경유, 유동파라핀

51 $C_6H_2(NO_2)_3OH$와 CH_3NO_3의 공통성질에 해당하는 것은?

① 니트로화합물이다.
② 인화성과 폭발성이 있는 액체이다.
③ 무색의 방향성 액체이다.
④ 에탄올에 녹는다.

해설 $C_6H_2(NO_2)_3OH$(트리니트로페놀)
- 피크린산
- 제5류 위험물의 니트로화합물
- 지정수량 200kg
- 휘황색의 침상결정으로 쓴맛이 있으며 독성이다.
- 찬물에 녹지 않으나 온수, 알코올, 에테르, 벤젠에 잘 녹는다.
- 단독으로 마찰 충격에 둔감하고 구리·납·아연·철 등과 피크린산염을 생성한다.

52 제4류 위험물에 대한 일반적인 설명으로 옳지 않은 것은?

① 대부분 연소 하한값이 낮다.
② 발생증기는 가연성이며 대부분 공기보다 무겁다.
③ 대부분 무기화합물이므로 정전기 발생에 주의한다.
④ 인화점이 낮을수록 화재 위험성이 높다.

해설 제4류 위험물
- 인화성 액체
- 대단히 인화되기 쉽다.
- 대부분 물보다 가볍고 물에 녹지 않는다.
- 증기는 공기보다 무겁다.
- 착화온도가 낮은 것은 위험하다.
- 증기는 공기와 약간 혼합되어도 연소의 우려가 있다.
- 화기 및 점화원으로부터 멀리할 것
- 정전기의 발생에 주의할 것
- 용기는 밀전하며 통풍이 잘되는 찬 곳에 저장할 것

53 분말의 형태로서 150마이크로미터의 체를 통과하는 것이 50중량 퍼센트 이상인 것만 위험물로 취급되는 것은?

① Zn
② Fe
③ Ni
④ Cu

해설 구리·니켈분과 $150\mu m$의 체를 통과하는 것이 50wt% 이상인 것은 알루미늄분, 아연분, 안티몬분, 은분 등

Answer 50. ④ 51. ④ 52. ③ 53. ①

54 과염소칼륨의 성질에 대한 설명 중 틀린 것은?

① 무색, 무취의 결정이다.
② 알코올, 에테르에 잘 녹는다.
③ 진한 황산과 접촉하면 폭발할 위험이 있다.
④ 400℃ 이상으로 가열하면 분해하여 산소가 발생할 수 있다.

해설 과염소산칼륨
- 제1류 위험물 지정수량 50kg
- 무색·무취의 사방정계 결정
- 물에 난용성이며 알코올, 에테르에 불용성
- 인·황·탄소·유기물 등과 혼합되었을 때 가열, 마찰, 충격으로 폭발
- 진한 황산과 접촉하면 폭발성 가스 생성
- 400℃에서 분해하고 60℃ 정도에서 완전 분해하여 산소가스 발생
- 화약·폭약·섬광제 등에 쓰인다.

55 위험물제조소의 환기설비 중 급기구는 급기구가 설치된 실의 바닥면적 몇 m^2 마다 1개 이상으로 설치하여야 하는가?

① 100
② 150
③ 200
④ 800

해설 급기구 : 바닥면적 $150m^2$ 마다 1개 이상 설치하며, 크기는 $800cm^2$ 이상

56 살충제 원료로 사용되기도 하는 암회색 물질로 물과 반응하여 포스핀 가스를 발생할 위험이 있는 것은?

① 인화아연
② 수소화나트륨
③ 칼륨
④ 나트륨

해설 인화아연(Zn_3P_2)
- 제3류 위험물의 금속인 화합물
- 지정수량 300kg
- 물과 반응하여 포스핀가스 발생
- 살충제 원료 사용

57 위험물안전관리법령상 예방규정을 정하여야 하는 제조소등의 관계인은 위험물제조소등에 대하여 기술기준에 적합한지의 여부를 정기적으로 점검하여야 한다. 법적 최소 점검주기에 해당하는 것은? (단, 100만리터 이상의 옥외 탱크저장소는 제외한다.)

① 월 1회 이상
② 6개월 1회 이상
③ 연 1회 이상
④ 2년 1회 이상

해설 위험물 제조소 정기점검은 연 1회 이상 실시한다.

Answer 54. ② 55. ② 56. ① 57. ③

58 위험물안전관리법령상 이동탱크저장소에 의한 위험물의 운송 시 장거리에 걸친 운송을 하는 때에는 2명 이상의 운전자로 하는 것이 원칙이다. 다음 중 예외적으로 1명의 운전자가 운송하여도 되는 경우의 기준으로 옳은 것은?

① 운송 도중에 2시간 이내마다 10분 이상씩 휴식하는 경우
② 운송 도중에 2시간 이내마다 20분 이상씩 휴식하는 경우
③ 운송 도중에 4시간 이내마다 10분 이상씩 휴식하는 경우
④ 운송 도중에 4시간 이내마다 20분 이상씩 휴식하는 경우

해설 1명의 운전자가 운송해도 되는 경우
㉠ 운송도중에 2시간 이내마다 20분 이상씩 휴식하는 경우
㉡ 운송책임자를 동승시킨 경우
㉢ 운송위험물이 제2류 위험물, 제3류 위험물(칼슘 또는 알루미늄의 탄화물인 경우), 제4류 위험물(특수인화물 제외)인 경우

59 위험물안전관리법령상 산화성 액체에 대한 설명으로 옳은 것은?

① 과산화수소는 농도와 밀도가 비례한다.
② 과산화수소는 농도가 높을수록 끓는점이 낮아진다.
③ 질산은 상온에서 불연성이지만 고온으로 가열하면 스스로 발화한다.
④ 질산을 황산과 일정 비율로 혼합하여 왕수를 제조할 수 있다.

해설
• 왕수 : 질산(1)과 황산(3)의 비율
• 질산을 가열하면 O_2가 발생하며 강한 산화작용

60 다음 물질 중 인화점이 가장 높은 것은?

① 아세톤
② 디에틸에테르
③ 메탄올
④ 벤젠

해설 인화점
• 아세톤(CH_3COCH_3) : $-18℃$
• 디에틸에테르($C_2H_5OC_2H_5$) : $-45℃$
• 메탄올(CH_3OH) : $11℃$
• 벤젠(C_6H_6) : $-11℃$

Answer 58. ② 59. ① 60. ③

위험물기능사 문제 2000제

CBT 시험대비
◎ 2016년 1월 24일 시행

01 연소가 잘 이루어지는 조건으로 거리가 먼 것은?
① 가연물의 발열량이 클 것
② 가연물의 열전도율이 클 것
③ 가연물과 산소와의 접촉표면이 클 것
④ 가연물의 활성화에너지가 작을 것

해설 ▶ 열전도율이 크면 열이 축적되지 않고 열이 전달되므로 연소가 잘 이루어지지 않는다.

02 위험물안전관리법령상 위험등급 Ⅰ의 위험물에 해당하는 것은?
① 무기과산화물
② 황화린
③ 제1석유류
④ 유황

해설 ▶ 제1류 위험물의 위험등급(Ⅰ, Ⅱ, Ⅲ)

Ⅰ등급	아염소산 염류, 염소산 염류, 과염소산 염류, 무기과산화물
Ⅱ등급	브롬산 염류, 요오드산 염류, 질산 염류
Ⅲ등급	과망간산 염류, 중크롬산 염류

03 위험물안전관리법령상 제6류 위험물에 적응성이 없는 것은?
① 스프링클러설비
② 포소화설비
③ 불활성가스소화설비
④ 유황

해설 ▶ 제6류 위험물 적응성 소화 설비
• 스프링쿨러, 물분무 소화설비, 포소화설비
• 인산염류 분말 소화설비
• 건조사, 팽창질석, 팽창진주암

04 피크르산의 위험성과 소화방법에 대한 설명으로 틀린 것은?
① 금속과 화합하여 예민한 금속염이 만들어질 수 있다.
② 운반시 건조한 것보다는 물에 젖게 하는 것이 안전하다.
③ 알코올과 혼합된 것은 충격에 의한 폭발 위험이 있다.
④ 화재시에는 질식소화가 효과적이다.

해설 ▶ 피크르산(트리니트로페놀, TNP)
$C_6H_2OH(NO_2)_3$
제5류 니트로 화합물로 화재시 대량의 주수 소화한다.

Answer 1. ② 2. ① 3. ③ 4. ④

05 석유류가 연소할 때 발생하는 가스로 강한 자극적인 냄새가 나며 취급하는 장치를 부식시키는 것은?

① H_2
② CH_4
③ NH_3
④ SO_2

해설 석유류가 연소시 불순물인 황(S)이 연소되어서 유독하며 자극성인 이산화황(SO_2)이 생성되어 장치를 부식시킨다.

06 다음 중 연소의 3요소를 모두 갖춘 것은?

① 휘발유 + 공기 + 수소
② 적린 + 수소 + 성냥불
③ 성냥불 + 황 + 염소산암모늄
④ 알코올 + 수소 + 염소산암모늄

해설 연소의 3요소 : 가연물(황), 점화원(성냥불), 산소 공급원(염소산암모늄)

07 위험물을 취급함에 있어서 정전기를 유효하게 제거하기 위한 설비를 설치하고자 한다. 위험물안전관리법령상 공기 중의 상대 습도를 몇 % 이상 되게 하여야 하는가?

① 50
② 60
③ 70
④ 80

해설 습도가 높으면 전기가 축적되지 않고 방전되기 때문에 정전기가 발생하지 않으므로 상대 습도를 70% 이상 유지한다.

08 그림과 같이 횡으로 설치한 원통형 위험물 탱크에 대하여 탱크의 용량을 구하면 약 몇 m^3인가? (단, 공간용적은 탱크내용적의 100분의 5로 한다.)

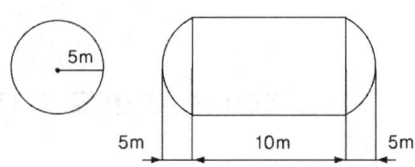

① 52.4
② 261.6
③ 994.8
④ 1047.2

해설 $V = \pi r^2 \left(\ell + \dfrac{\ell_1 + \ell_2}{3} \right)$

$= 3.14 \times 5^2 \left(10 + \dfrac{5+5}{3} \right) = 1046.6 m^3$

∴ 공간 용적을 5%로 하므로
$V = 1046.6 \times 0.95 = 994.3 m^3$

09 위험물제조소의 경우 연면적이 최소 몇 m^2이면 자동화재탐지설비를 설치해야 하는가? (단, 원칙적인 경우에 한한다.)

① 100
② 300
③ 500
④ 1000

해설 위험물 제조소 및 일반 취급소의 자동화재탐지 설비 설치기준
① 연면적 $500m^2$ 이상일 것
② 옥내에서 지정수량의 100배 이상 취급하는 것

Answer 5. ④ 6. ③ 7. ③ 8. ③ 9. ③

10 제3종 분말소화약제의 열분해시 생성되는 메타인산의 화학식은?

① H_3PO_4 ② HPO_3
③ $H_4P_2O_7$ ④ $CO(NH_2)_2$

해설 제3종 분말소화약제의 열분해
$NH_4H_2PO_4 \longrightarrow NH_3 + H_2O + HPO_3$
(인산암모늄)　(암모니아)　(물)　(메타인산)

11 주된 연소형태가 증발연소인 것은?

① 나트륨
② 코크스
③ 양초
④ 니트로셀룰로오스

해설
- 증발연소 : 고체를 가열하면 증발하여 가연성 증기가 발생하여 연소되며 양초, 고체 알콜
- 표면연소 : 나트륨, 코크스
- 자기연소 : 니트로셀룰로오스

12 위험물안전관리법령상 제조소 등의 관계인은 예방규정을 정하여 누구에게 제출하여야 하는가?

① 국민안전처장관 또는 행정자치부장관
② 국민안전처장관 또는 소방서장
③ 시·도지사 또는 소방서장
④ 한국소방안전협회장 또는 국민안전처장관

해설 제조소 등의 관계인 등은 화재예방과 화재 등 재해발생시의 비상조치를 위하여 예방규정을 정하여 제조소 등의 사용을 시작하기 전에 시·도지사에 제출하여야 한다.

13 금속화재에 마른 모래를 피복하여 소화하는 방법은?

① 제거소화 ② 질식소화
③ 냉각소화 ④ 억제소화

해설 마른 모래를 피복하여 가연물을 덮는 것은 산소 공급원을 차단하는 질식 소화

14 단층건물에 설치하는 옥내탱크저장소의 탱크전용실에 비수용성의 제2석유류 위험물을 저장하는 탱크 1개를 설치할 경우, 설치할 수 있는 탱크의 최대용량은?

① 10,000 L ② 20,000 L
③ 40,000 L ④ 80,000 L

해설 단층건물에 설치하는 옥내 탱크 저장소의 탱크 전용실에 비수용성의 제2석유류 위험물을 저장하는 탱크 1개를 설치하는 경우 탱크의 최대용량은 20,000 L

15 메틸알콜 8000리터에 대한 소화능력으로 삽을 포함한 마른 모래를 몇 리터 설치하여야 하는가?

① 100 ② 200
③ 30 ④ 400

해설 메틸알콜 지정수량 : 400ℓ
위험물의 1소요 단위 : 지정수량의 10배,
$400 \times 10 = 4000 ℓ$
마른 모래(삽 1개 포함) 50ℓ의 능력 단위 : 0.5
메틸알콜 8000 L의 능력 단위 $= \frac{8000}{4000} = 2$능력 단위
∴ 소요 마른 모래 $= 50 \times 4 = 200 ℓ$

Answer 10. ② 11. ③ 12. ③ 13. ② 14. ② 15. ②

16 위험물안전관리법령상 옥내저장소에서 기계에 의하여 하역하는 구조로 된 용기만을 겹쳐 쌓아 위험물을 저장하는 경우 그 높이는 몇 미터를 초과하지 않아야 하는가?

① 2
② 4
③ 6
④ 8

해설 옥내 저장소에 위험물 저장시 용기를 겹쳐 쌓는 높이
① 기계에 의해 하역하는 구조로 된 용기 : 6m
② 제4류 위험물 중 제3석유류, 제4석유류, 동식물유류 수납 용기 : 4m
③ 기타 : 3m

17 위험물안전관리법령상 위험물의 운반에 관한 기준에서 적재시 혼재가 가능한 위험물을 옳게 나타낸 것은? (단, 각각 지정수량의 10배 이상인 경우다.)

① 제1류와 제4류
② 제3류와 제6류
③ 제1류와 제5류
④ 제2류와 제4류

해설 혼재 가능 위험물
① 제1류와 제6류 위험물
② 제4류와 제2류, 제3류 위험물
③ 제5류와 제2류, 제4류 위험물

18 지정수량의 몇 배 이상의 위험물을 취급하는 제조소에는 화재발생시 이를 알릴 수 있는 경보설비를 설치하여야 하는가?

① 5
② 10
③ 20
④ 100

해설 제조소 경보 설비 설치대상 : 위험물 지정수량의 10배 이상

19 위험물제조소 표지 및 게시판에 대한 설명이다. 위험물안전관리법령상 옳지 않은 것은?

① 표지는 한 변의 길이가 0.3m, 다른 한 변의 길이가 0.6m 이상으로 하여야 한다.
② 표지의 바탕은 백색, 문자는 흑색으로 하여야 한다.
③ 취급하는 위험물에 따라 규정에 의한 주의사항을 표시한 게시판을 설치하여야 한다.
④ 제2류 위험물(인화성고제 제외)은 "화기엄금" 주의사항 게시판을 설치하여야 한다.

해설 제2류 위험물(인화성 고체 제외)은 "화기주의"

Answer 16. ③ 17. ④ 18. ② 19. ④

20 위험물안전관리법령상 위험물옥외탱크저장소에 방화에 관하여 필요한 사항을 게시한 게시판에 기재하여야 하는 내용이 아닌 것은?

① 위험물의 지정수량의 배수
② 위험물의 저장최대수량
③ 위험물의 품명
④ 위험물의 성질

해설 게시판 내용
① 위험물의 유별·품명
② 위험물의 저장최대수량, 취급최대수량
③ 위험물 지정수량의 배수
④ 안전관리자의 성명 또는 직명

21 위험물안전관리법령상 자동화재탐지설비의 설치기준으로 옳은 것은?

① 경계구역은 건축물의 최소 2개 이상의 층에 걸치도록 할 것
② 하나의 경계구역의 면적은 600m² 이하로 할 것
③ 감지기는 지붕 또는 벽의 옥내에 면한 부분에 유효하게 화재의 발생을 감지할 수 있도록 설치할 것
④ 비상전원을 설치할 것

해설 자동화재탐지설비의 경계구역은 건축물 그 밖의 공작물의 2 이상의 층에 걸치지 않도록 할 것

22 연소할 때 연기가 거의 나지 않아 밝은 곳에서 연소상태를 잘 느끼지 못하는 물질로 독성이 매우 강해, 먹으면 실명 또는 사망에 이를 수 있는 것은?

① 메틸알코올
② 에틸알코올
③ 등유
④ 경유

해설 메틸알콜(CH_3OH) : 목정, 지정수량 400 L
독성이 강하여 식용하면 실명이나 치사.
수소대비 탄소 함량이 적어 연소시 그을음이 없다.

23 위험물안전관리법령상 옥내저장소 저장창고의 바닥은 물이 스며 나오거나 스며들지 아니하는 구조로 하여야 한다. 다음 중 반드시 이 구조로 하지 않아도 되는 위험물은?

① 제1류 위험물 중 알칼리금속의 과산화물
② 제4류 위험물
③ 제5류 위험물
④ 제2류 위험물 중 철분

해설 저장 창고의 바닥에 물이 스며들지 아니하는 구조로 하는 위험물
① 제1류 위험물 중 알카리 금속의 과산화물
② 제2류 위험물 중 철분·금속분·마그네슘
③ 제3류 위험물 중 금수성 물질
④ 제4류 위험물

24 위험물안전관리법령상 제조소에서 취급하는 제4류 위험물의 최대수량의 합이 지정수량의 12만배 미만의 사업소에 두어야 하는 화학소방자동차 및 자체소방대원의 수의 기준으로 옳은 것은?

① 1대 - 5인   ② 2대 - 10인
③ 3대 - 15인 ④ 4대 - 20인

해설 자체소방대에 두는 화학소방자동차 및 인원
① 지정수량의 12만배 미만 : 1대 - 5인
② 지정수량의 12만배 이상 24만배 미만 : 2대 - 10인
③ 지정수량의 24만배 이상 48만배 미만 : 3대 - 15인
④ 지정수량의 48만배 이상 : 4대 - 20인

25 가솔린의 연소범위(vol%)에 가장 가까운 것은?

① 1.4~7.6
② 8.3~11.4
③ 12.5~19.7
④ 22.3~32.8

해설 가솔린(휘발유) : 제4류의 제1석유류, 지정수량 200 L
연소범위 1.4~7.6%

26 위험물안전관리법령상 품명이 나머지 셋과 다른 하나는?

① 트리니트로 톨루엔
② 니트로글리세린
③ 니트로글리콜
④ 셀룰로이드

해설 제5류 위험물 품명
질산에스테르류 : 니트로글리세린, 니트로셀룰로오스, 니트로글리콜, 셀룰로이드
니트로 화합물 : 트리니트로 톨루엔, 트리니트로 페놀

27 다음 중 위험물안전관리법에서 정의한 "제조소"의 의미로 가장 옳은 것은?

① "제조소"라 함은 위험물을 제조할 목적으로 지정수량 이상의 위험물을 취급하기 위하여 허가를 받은 장소임
② "제조소"라 함은 지정수량 이상의 위험물을 제조할 목적으로 위험물을 취급하기 위하여 허가를 받은 장소임
③ "제조소"라 함은 지정수량 이상의 위험물을 제조할 목적으로 지정수량 이상의 위험물을 취급하기 위하여 허가를 받은 장소임
④ "제조소"라 함은 위험물을 제조할 목적으로 위험물을 취급하기 위하여 허가를 받은 장소임

해설
• 제조소 : 위험물을 제조할 목적으로 지정수량 이상의 위험물을 취급하기 위하여 허가 받을 장소
• 제조소등 : 제조소, 저장소, 취급소

Answer 24. ① 25. ① 26. ① 27. ①

28 위험물안전관리법령상 위험물 운반 시 방수성 덮개를 하지 않아도 되는 위험물은?

① 나트륨
② 적린
③ 철분
④ 과산화칼륨

해설 ▶ 방수성 덮개를 해야 하는 위험물
① 제1류 위험물 중 알카리 금속의 과산화물
  - 과산화칼륨
② 제2류 위험물 중 철분, 금속분, 마그네슘
③ 제3류 위험물 중 금수성 물질-나트륨

29 위험물안전관리법령상 운반차량에 혼재해서 적재할 수 없는 것은? (단, 각각의 지령수량은 10배인 경우이다.)

① 염소화규소화합물-특수인화물
② 고형알콜-니트로화합물
③ 염소산염류-질산
④ 질산구아니딘-황린

해설 ▶ 혼재 가능 위험물
① 제1류와 제6류 위험물
② 제4류와 제2류, 제3류 위험물
③ 제5류와 제2류, 제4류 위험물
염소화규소화합물(제3류), 특수인화물(제4류)
고형알콜(제2류), 니트로화합물(제5류)
염소산염류(제1류), 질산(제6류)
질산구아니딘(제5류), 황린(제3류)

30 제4류 위험물의 화재예방 및 취급방법으로 옳지 않은 것은?

① 이황화탄소는 물 속에 저장한다.
② 아세톤은 일광에 의해 분해될 수 있으므로 갈색병에 보관한다.
③ 초산은 내산성 용기에 저장하여야 한다.
④ 건성유는 다공성 가연물과 함께 보관한다.

해설 ▶ 건성유는 다공성 가연물에 배어들어 장기 방치될 때 자연발화를 일으키므로 섬유류나 다공성 물질에 스며들지 않도록 하여야 한다.

31 위험물안전관리법령상 운송책임자의 감독 · 지원을 받아 운송하여야 하는 위험물에 해당하는 것은?

① 특수인화물
② 알킬리튬
③ 질산구아니딘
④ 히드라진 유도체

해설 ▶ 운송 책임자의 감독, 지원을 받아 운송하여야 하는 위험물
① 알킬알루미늄
② 알킬리튬

Answer 28. ② 29. ④ 30. ④ 31. ②

32 다음 중 산화성고체 위험물에 속하지 않는 것은?

① Na_2O_2 ② $HClO_4$
③ NH_4ClO_4 ④ $KClO_3$

해설 산화성 고체 : 제1류 위험물
Na_2O_2(과산화나트륨)
NH_4ClO_4(과염소산암모늄)
$KClO_3$(염소산칼륨)
산화성 액체 : 제6류 위험물
$HClO_4$(과염소산)

33 질산암모늄에 대한 설명으로 옳은 것은?

① 물에 녹을 때 발열반응을 한다.
② 가열하면 폭발적으로 분해하여 산소와 암모니아를 생성한다.
③ 소화방법으로 질식소화가 좋다.
④ 단독으로도 급격한 가열, 충격으로 분해·폭발할 수 있다.

해설 질산 암모늄(NH_4NO_3) : 제1류 위험물, 지정수량 300kg
물, 알콜, 알카리에 녹고 흡열 반응을 한다.

34 상온에서 액체인 물질로만 조합된 것은?

① 질산메틸, 니트로글리세린
② 피크린산, 질산메틸
③ 트리니트로톨루엔, 디니트로벤젠
④ 니트로글리콜, 테트릴

해설 제5류 위험물의 상태
① 고체 : 피크린산, 트리니트로톨루엔, 디니트로벤젠, 테트릴
② 액체 : 질산메틸, 니트로글리세린, 니트로글리콜

35 위험물안전관리법령상 위험물 운반용기의 외부에 표시하여야 하는 사항에 해당하지 않는 것은?

① 위험물에 따라 규정된 주의사항
② 위험물의 지정수량
③ 위험물의 수량
④ 위험물의 품명

해설 위험물 운반용기의 외부에 표시사항
① 위험물의 품명·위험등급·화학명 및 수용성
② 위험물 수량
③ 수납하는 위험물 규정에 의한 주의사항

36 니트로화합물, 니트로소화합물, 질산에스테르류, 히드록실아민을 각각 50킬로그램씩 저장하고 있을 때 지정수량의 배수가 가장 큰 것은?

① 니트로화합물
② 니트로소화합물
③ 질산에스테르류
④ 히드록실아민

해설 제5류 위험물 지정수량
니트로화합물 200kg, 니트로소화합물 200kg
질산에스테르류 10kg, 히드록실아민 100kg

$$환산지정수량 = \frac{저장수량}{지정수량}$$

이므로 지정수량이 작을수록 지정수량의 배수가 커진다.

Answer 32. ② 33. ④ 34. ① 35. ② 36. ③

37 다음 위험물 중 착화온도가 가장 높은 것은?

① 이황화탄소
② 디에틸에테르
③ 아세트알데히드
④ 산화프로필렌

해설 착화온도
이황화탄소(100℃), 디에틸에테르(180℃)
아세트알데히드(185℃), 산화프로필렌(465℃)

38 저장 또는 취급하는 위험물의 최대수량이 지정수량의 500배 이하일 때 옥외저장 탱크의 측면으로부터 몇 m 이상의 보유 공지를 유지하여야 하는가? (단, 제6류 위험물은 제외한다.)

① 1   ② 2
③ 3   ④ 4

해설 옥외 저장탱크 저장소 보유공지

저장·취급하는 위험물의 최대수량	공지너비
지정수량의 500배	3m 이상
지정수량의 500배 초과 1,000배 이하	5m 이상
지정수량의 1,000배 초과 2,000배 이하	9m 이상
지정수량의 2,000배 초과 3,000배 이하	12m 이상
지정수량의 3,000배 초과 4,000배 이하	15m 이상

39 적린이 연소하였을 때 발생하는 물질은?

① 인화수소   ② 포스겐
③ 오산화인   ④ 이산화황

해설 적린(붉은 인) : 제2류 위험물, 지정수량 100kg
$4P + 5O_2 \rightarrow 2P_2O_5$
(오산화인)

40 니트로글리세린은 여름철(30℃)과 겨울철(0℃)에 어떤 상태인가?

① 여름-기체, 겨울-액체
② 여름-액체, 겨울-액체
③ 여름-액체, 겨울-고체
④ 여름-고체, 겨울-고체

해설 니트로글리세린 : $C_3H_5(ONO_2)_3$, NG, 제5류 위험물의 질산에스테르류, 지정수량 10kg, 융점이 2.8~13.5℃로 여름에는 액체상이고 겨울은 고체상이다.

41 동·식물유류에 대한 설명 중 틀린 것은?

① 연소하면 열에 의해 액온이 상승하여 화재가 커질 위험이 있다.
② 요오드값이 낮을수록 자연발화의 위험이 높다.
③ 동유는 건성유이므로 자연발화의 위험이 있다.
④ 요오드 값이 100~130인 것을 반건성유라고 한다.

해설 동식물유의 요오드값 : 불건성유 100 미만, 반건성유 100 이상 130 미만, 건성유 130 이상으로 요오드값이 큰 건성유는 자연 발화 위험이 크다.

Answer 37. ④ 38. ③ 39. ③ 40. ③ 41. ②

42 위험물의 인화점에 대한 설명으로 옳은 것은?

① 톨루엔이 벤젠보다 낮다.
② 피리딘이 톨루엔보다 낮다.
③ 벤젠이 아세톤보다 낮다.
④ 아세톤이 피리딘보다 낮다.

해설 제4류 위험물의 인화점
아세톤 −18℃, 벤젠 −11℃, 톨루엔 4℃, 피리딘 20℃, 아세톤(−18℃)이 피리딘(20℃)보다 낮다.

43 위험물안전관리법령상 지령수량이 50kg인 것은?

① $KMnO_4$
② $KClO_2$
③ $NaIO_3$
④ NH_4NO_3

해설 제1류 위험물의 지정수량
과망간산칼륨($KMnO_4$) 100kg
아염소산 칼륨($KClO_2$) 50kg
요오드산 나트륨($NaIO_3$) 300kg
질산암모늄(NH_4NO_3) 300kg

44 특수인화물 200L와 제4석유류 12000L를 저장할 때 각각의 지정수량 배수의 합은 얼마 인가?

① 3 ② 4
③ 5 ④ 6

해설 지정수량의 배수 = $\dfrac{200}{50} + \dfrac{12000}{6000} = 6$배

45 저장하는 위험물의 최대수량이 지정수량의 15배일 경우, 건축물의 벽·기둥 및 바닥이 내화구조로 된 위험물옥내저장소의 보유공지는 몇 m 이상이어야 하는가?

① 0.5
② 1
③ 2
④ 3

해설 옥내 저장소의 보유 공지

저장, 취급하는 위험물의 최대수량	공지의 너비	
	벽·기둥 및 바닥이 내화구조로 된 건축물	그 밖의 건축물
지정수량의 5배 이하		0.5m 이상
지정수량의 5배 초과 10배 이하	1m 이상	1.5m 이상
지정수량의 10배 초과 20배 이하	2m 이상	3m 이상
지정수량의 20배 초과 50배 이하	3m 이상	5m 이상
지정수량의 50배 초과 200배 이하	5m 이상	10m 이상
지정수량의 200배 초과	10m 이상	15m 이상

Answer 42. ④ 43. ② 45. ④ 45. ③

46 제조소 등의 위치·구조 또는 설비의 변경 없이 해당 제조소등에서 저장하거나 취급하는 위험물의 품명·수량 또는 지정수량의 배수를 변경하고자 하는 자는 변경하고자 하는 날의 며칠 전까지 총리령이 정하는 바에 따라 시·도지사에게 신고하여야 하는가?

① 7일　　② 14일
③ 21일　④ 30일

해설 제조소등에서 저장·취급, 위험물의 품명, 수량, 지정수량의 배수를 변경하고자 할 때 7일 전까지 시·도지사에게 신고한다.

47 위험물의 저장방법에 대한 설명으로 옳은 것은?

① 황화린은 알코올 또는 과산화물 속에 저장하여 보관한다.
② 마그네슘은 건조하면 분진폭발의 위험성이 있으므로 물에 습윤하여 저장한다.
③ 적린은 화재예방을 위해 할로겐 원소와 혼합하여 저장한다.
④ 수소화리튬은 저장용기에 아르곤과 같은 불활성 기체를 봉입한다.

해설 수소화리튬(LiH) : 제3류 위험물로 물 또는 공기와 접촉을 피하기 위하여 저장용기에 아르곤과 같은 불활성 기체를 봉입한다.

48 부틸리튬(n-Butyl lithium)에 대한 설명으로 옳은 것은?

① 무색의 가연성고체이며 자극성이 있다.
② 증기는 공기보다 가볍고 점화원에 의해 선화의 위험이 있다.
③ 화재발생시 이산화탄소소화설비는 적응성이 없다.
④ 탄화수소나 다른 극성의 액체에 용해가 잘 되며 휘발성은 없다.

해설 부틸리튬($CH_3(CH_2)_3Li$)
제3류 위험물의 알칼리튬, 지정수량 10kg
무색자극성의 가연성 액체, 휘발성이 크며 비극성 액체에 잘녹는다.
CO_2와 격렬하게 반응하므로 CO_2소화설비와 적응성이 있다.

49 과산화벤조일과 과염소산의 지정수량의 합은 몇 kg인가?

① 310
② 350
③ 400
④ 500

해설 지정수량 : 과산화벤조일 10kg, 과염소산 300kg

Answer　46. ①　47. ④　48. ③　49. ①

50 질산과 과산화수소의 공통적인 성질을 옳게 설명한 것은?
① 물보다 가볍다.
② 물에 녹는다.
③ 점성이 큰 액체로서 환원제이다.
④ 연소가 매우 잘된다.

해설 질산(HNO_3)과 과산화수소(H_2O_2) : 제6류 위험물
물보다 무겁고 물에 잘 녹음, 산화성액체, 불연성

51 제3류 위험물 중 금수성 물질을 제외한 위험물에 적응성이 있는 소화설비가 아닌 것은?
① 분말소화설비 ② 스프링클러설비
③ 옥내소화전설비 ④ 포소화설비

해설 제3류 위험물 중 금수성 물질을 제외한 위험물은 분말소화설비, 이산화탄소소화설비, 할로겐화합물소화설비 등은 적응성이 없다.

52 위험물안전관리법령상 "연소의 우려가 있는 외벽"은 기산점이 되는 선으로부터 3m(2층 이상의 층에 대해서는 5m) 이내에 있는 제조소등의 외벽을 말하는데 이 기산점이 되는 선에 해당하지 않은 것은?
① 동일 부지 내의 다른 건축물과 제조소 부지 간의 중심선
② 제조소등에 인접한 도로의 중심선
③ 제조소등이 설치된 부지의 경계선
④ 제조소등의 외벽과 동일 부지 내의 다른 건축물의 외벽간의 중심선

해설 기산점이 되는 선
① 제조소 등이 설치된 부지의 경계선
② 제조소 등에 인접한 도로의 중심선
③ 제조소 등의 외벽과 동일 부지 내의 다른 건축물의 외벽간의 중심선

53 위험물에 대한 설명으로 틀린 것은?
① 과산화나트륨은 산화성이 있다.
② 과산화나트륨은 인화점이 매우 낮다.
③ 과산화바륨과 염산을 반응시키면 과산화수소가 생긴다.
④ 과산화바륨의 비중은 물보다 크다.

해설 과산화나트륨(Na_2O_2)은 제1류 위험물의 무기과산화물로 산화성 고체로 인화의 위험이 없다.

54 위험물안전관리법령에 명기된 위험물의 운반용기 재질에 포함되지 않는 것은?
① 고무류
② 유리
③ 도자기
④ 종이

해설 위험물 운반 용기 재질 : 강판, 알루미늄판, 양철판, 유리, 금속판, 종이, 플라스틱, 섬유판, 합성섬유, 삼, 짚, 나무

Answer 50. ② 51. ① 52. ① 53. ② 54. ③

55 염소산칼륨의 성질에 대한 설명으로 옳은 것은?

① 가연성 고체이다.
② 강력한 산화제이다.
③ 물보다 가볍다.
④ 열분해하면 수소를 발생한다.

해설 염소산칼륨($KClO_3$) : 제1류 위험물, 지정수량 50kg
산화성 고체, 물보다 무겁고 열분해하면 산소가스를 발생한다.

56 황가루가 공기 중에 떠있을 때의 주된 위험성에 해당하는 것은?

① 수증기 발생
② 전기감전
③ 분진폭발
④ 인화성 가스 발생

해설 황가루가 미세한 분말상태로 공기 중에 부유하면 분진폭발을 일으킨다.

57 위험물의 저장방법에 대한 설명 중 틀린 것은?

① 황린은 공기와의 접촉을 피해 물속에 저장한다.
② 황은 정전기의 축적을 방지하여 저장한다.
③ 알루미늄 분말은 건조한 공기 중에서 분진폭발의 위험이 있으므로 정기적으로 분무상의 물을 뿌려야 한다.
④ 황화린은 산화제와의 혼합을 피해 격리해야 한다.

해설 알루미늄분에 물을 뿌리면 수소가스가 발생하므로 피한다.
$2Al + 6H_2O \rightarrow 2Al(OH)_3 + 3H_2\uparrow$
(수소)

58 정기점검 대상 제조소등에 해당하지 않는 것은?

① 이동탱크저장소
② 지정수량 120배의 위험물을 저장하는 옥외저장소
③ 지정수량 120배의 위험물을 저장하는 옥내저장소
④ 이송취급소

해설 정기 점검대상 제조소
① 지하탱크저장소
② 이동탱크저장소
③ 지정수량 10배 이상의 위험물을 취급하는 제조소
④ 지정수량 100배 이상의 위험물을 저장하는 옥외저장소
⑤ 지정수량 150배 이상의 위험물을 저장하는 옥내저장소
⑥ 이송 취급소

59 다음은 P_2S_5와 물의 화학반응이다. ( )에 알맞은 숫자를 차례대로 나열한 것은?

$$P_2S_5 + (\quad)H_2O \rightarrow (\quad)H_2S + (\quad)H_3PO_4$$

① 2, 8, 5
② 2, 5, 8
③ 8, 5, 2
④ 8, 2, 5

해설 $P_2S_5 + 8H_2O \rightarrow 5H_2S + 2H_3PO_4$
(오황화린)　　　　　(황화수소)　(인산)

Answer 55. ② 56. ③ 57. ③ 58. ③ 59. ③

60 탄화칼슘의 성질에 대하여 옳게 설명한 것은?

① 공기 중에서 아르곤과 반응하여 불연성 기체를 발생한다.
② 공기 중에서 질소와 반응하여 유독한 기체를 낸다.
③ 물과 반응하면 탄소가 생성된다.
④ 물과 반응하여 아세틸렌 가스가 생성된다.

해설 $CaC_2 + 2H_2O \rightarrow Ca(OH)_2 + C_2H_2$
(탄화칼슘)   (소석회)   (아세틸렌)

Answer 60. ④

위험물기능사 2000제 문제은행

CBT 시험대비
● 2016년 4월 2일 시행

01 다음 중 제4류 위험물의 화재 시 물을 이용한 소화를 시도하기 전에 고려해야 하는 위험물의 성질로 가장 옳은 것은?
① 수용성, 비중
② 증기비중, 끓는점
③ 색상, 발화점
④ 분해온도, 녹는점

해설 제4류 위험물은 인화성 액체로 대단히 인화되기 쉬우므로 화재시 위험물의 수용성, 비중 등을 고려하여 화재면 확대 여부 및 화재 적응성 등을 고려하여 소화를 해야 한다.

02 다음 점화에너지 중 물리적 변화에서 얻어지는 것은?
① 압축열   ② 산화열
③ 중합열   ④ 분해열

해설
- 물리적 변화 : 압축열
- 화학적 변화 : 산화열, 중합열, 분해열

03 금속분의 연소 시 주수소화 하면 위험한 원인으로 옳은 것은?
① 물에 녹아 산이 된다.
② 물과 작용하여 유독가스를 발생한다.
③ 물과 작용하여 수소가스를 발생한다.
④ 물과 작용하여 산소가스를 발생한다.

해설 철분, 금속분, 마그네슘 등은 물과 반응하여 수소 가스를 발생한다.

04 다음 중 유류저장 탱크화재에서 일어나는 현상으로 거리가 먼 것은?
① 보일오버
② 플래쉬오버
③ 슬롭오버
④ BELVE

해설 유류저장 탱크화재
① 보일오버 : 연소열에 의하여 탱크저부의 수분층 팽창으로 윗부분의 기름이 넘쳐 흐르는 현상
② 슬롭오버 : 화재면의 액체가 포말과 함께 혼합되어 넘쳐 흐르는 현상
③ BELVE(Boiling Expanding Liquid Vapor Explosion) : 비등 액체 증기 폭발
※ 플래쉬오버 : 화재가 천장으로 타고 오르는 현상

Answer 1. ① 2. ① 3. ③ 4. ②

05 다음 중 정전기 방지대책으로 가장 거리가 먼 것은?

① 접지를 한다.
② 공기를 이온화한다.
③ 21% 이상의 산소농도를 유지하도록 한다.
④ 공기의 상대습도를 70% 이상으로 한다.

해설 정전기 방지 대책
① 접지
② 공기의 이온화
③ 상대습도 70% 이상 유지

06 폭발의 종류에 따른 물질이 잘못 짝지어진 것은?

① 분해폭발 - 아세틸렌, 산화에틸렌
② 분진폭발 - 금속분, 밀가루
③ 중합폭발 - 시안화수소, 염화비닐
④ 산화폭발 - 히드라진, 과산화수소

해설 산화폭발 : 산소와 반응하여 폭발하는 것으로 가연성 가스와 공기와의 혼합에 의한 폭발

07 착화 온도가 낮아지는 원인과 가장 관계가 있는 것은?

① 발열량이 적을 때
② 압력이 높을 때
③ 습도가 높을 때
④ 산소와의 결합력이 나쁠 때

해설 착화점이 낮아지는 경우
① 발열량이 클 때
② 압력이 높을 때
③ 습도가 낮을 때
④ 산소와의 친화력이 클 때

08 제5류 위험물의 화재예방상 유의사항 및 화재 시 소화방법에 관한 설명으로 옳지 않은 것은?

① 대량의 주수에 의한 소화가 좋다.
② 화재초기에는 질식소화가 효과적이다.
③ 일부 물질의 경우 운반 또는 저장 시 안정제를 사용해야 한다.
④ 가연물과 산소공급원이 같이 있는 상태이므로 점화원의 방지에 유의하여야 한다.

해설 제5류 위험물은 자기 반응성 물질로 화재발생 시 폭발적으로 연소하므로 화재 초기에 대량의 주수 소화(냉각 소화)를 한다.

Answer 5. ③ 6. ④ 7. ② 8. ②

09 과염소산의 화재 예방에 요구되는 주의사항에 대한 설명으로 옳은 것은?

① 유기물과 접촉 시 발화의 위험이 있기 때문에 가연물과 접촉시키지 않는다.
② 자연발화의 위험이 높으므로 냉각시켜 보관한다.
③ 공기 중 발화하므로 공기와의 접촉을 피해야 한다.
④ 액체 상태는 위험하므로 고체 상태로 보관한다.

해설 과염소산($HClO_4$) : 제6류 위험물의 산화성액체
① 매우 불안정하여 강력한 산화성, 불연성, 유독성, 자극성, 부식성 물질
② 유기물과 접촉시 폭발적으로 발화
③ 염소산 중 가장 강력한 산

10 15℃의 기름 100g에 8000J의 열량을 주면 기름의 온도는 몇 ℃가 되겠는가? (단, 기름의 비열은 2J/g·℃이다.)

① 25
② 45
③ 50
④ 55

해설 $Q = G \cdot C \cdot \Delta t = G \cdot C \cdot (t_2 - t_1)$
$8000 = 100 \times 2 \times (t_2 - 15)$
$\therefore t_2 = 55℃$

11 제6류 위험물의 화재에 적응성이 없는 소화설비는?

① 옥내소화전설비
② 스프링클러설비
③ 포소화설비
④ 불활성가스소화설비

해설 제6류 위험물의 적응 소화 설비 : 옥내·옥외 소화설비, 물분무소화설비, 포소화설비 등 주수소화 설비
불활성 가스소화설비는 적응성이 없음

12 소화약제로서 물의 단점인 동결현상을 방지하기 위하여 주로 사용되는 물질은?

① 에틸알콜
② 글리세린
③ 에틸렌글리콜
④ 탄산칼슘

해설 물의 동결현상을 방지하기 위해 첨가하는 물질
탄산칼륨(K_2CO_3), 에틸렌글리콜

13 다음 중 B급 화재에 해당하는 것은?

① 플라스틱 화재
② 휘발유 화재
③ 나트륨 화재
④ 전기 화재

해설 화재의 종류
A급 화재 : 일반화재, 목재, 종이
B급 화재 : 유류화재(휘발유 등)
C급 화재 : 전기화재
D급 화재 : 금속화재, 나트륨, 칼륨

Answer 9. ① 10. ④ 11. ④ 12. ③ 13. ②

14 위험물안전관리법령상 철분, 금속분, 마그네슘에 적응성이 있는 소화설비는?

① 불활성가스소화설비
② 할로겐화합물소화설비
③ 포소화설비
④ 탄산수소염류소화설비

해설) 제2류 위험물 중 금속분, 철분, 마그네슘 등의 적응성 소화설비 : 탄산수소염류소화설비, 건조사, 팽창질석, 팽창진주암

15 위험물안전관리법령상 제4류 위험물에 적응성이 없는 소화설비는?

① 옥내소화전설비
② 포소화설비
③ 불활성가스소화설비
④ 할로겐화합물소화설비

해설) 제4류 위험물은 비수용성이고, 물보다 가벼운 물질이 많으므로 화재시 주수소화(옥내 소화전)를 하면 화재 확대 우려가 있다.

16 물은 냉각소화가 주된 대표적인 소화약제이다. 물의 소화효과를 높이기 위하여 무상 주수를 함으로써 부가적으로 작용하는 소화효과로 이루어진 것은?

① 질식소화작용, 제거소화작용
② 질식소화작용, 유화소화작용
③ 타격소화작용, 유화소화작용
④ 타격소화작용, 피복소화작용

해설) 물은 무상 주수하면 냉각효과와 질식소화 효과 및 표면에 형성된 유화층이 물과 기름의 중간 성질을 나타내 엷은 막으로 산소를 차단시키는 유화 소화 효과를 기대할 수 있다.

17 다음 중 소화약제 강화액의 주성분에 해당하는 것은?

① K_2CO_3
② K_2O_2
③ CaO_2
④ $KBrO_3$

해설) 강화액 소화기 : 물은 한냉지역 및 겨울철 사용시 동결되는 문제점을 탄산칼륨(K_2CO_3)을 넣어 얼지 않게 한 소화기

18 위험물안전관리법령상 소화설비의 적응성에 관한 내용이다. 옳은 것은?

① 마른 모래는 대상물 중 제1류~제6류 위험물에 적응성이 있다.
② 팽창질석은 전기설비를 포함한 모든 대상물에 적응성이 있다.
③ 분말소화약제는 셀룰로이드류의 화재에 가장 적당하다.
④ 물분무소화설비는 전기설비에 사용할 수 없다.

해설) 마른 모래와 팽창질석은 전기설비와 건축물을 제외한 제1~6류 위험물에 적응성이 있다.

19 다음 중 공기포 소화약제가 아닌 것은?

① 단백포 소화약제
② 합성계면활성제포 소화약제
③ 화학포 소화약제
④ 수성막포 소화약제

해설) 공기포 소화약제 : 단백포, 합성계면활성제포, 수성막포

Answer 14. ④ 15. ① 16. ② 17. ① 18. ① 19. ③

20 분말소화약제 중 제1종과 제2종 분말이 각각 열분해 될 때 공통적으로 생성되는 물질은?

① N_2, CO_2
② N_2, O_2
③ H_2O, CO_2
④ H_2O, N_2

해설 ▶ 분말소화 약제의 열분해식
① 제1종 분말
$2NaHCO_3 \longrightarrow Na_2CO_3 + CO_2 + H_2O$
(탄산수소나트륨) (탄산나트륨) (탄산가스) (물)
② 제2종 분말
$2KHCO_3 \longrightarrow K_2CO_3 + CO_2 + H_2O$
(탄산수소칼륨) (탄산칼륨) (탄산가스) (물)

21 포름산에 대한 설명으로 옳지 않은 것은?

① 물, 알코올, 에테르에 잘 녹는다.
② 개미산이라고도 한다.
③ 강한 산화제이다.
④ 녹는점이 상온보다 낮다.

해설 ▶ 포름산($HCOOH$) : 의산, 개미산, 제4류 위험물의 제2석유류, 지정수량 200ℓ
① 강한 자주성 냄새가 있고 강한 산성, 신맛이 있다.
② 강한 환원제이다.

22 제3류 위험물에 해당하는 것은?

① NaH
② Al
③ Mg
④ P_4S_3

해설 ▶ NaH(수소화나트륨) : 제3류 위험물의 금속수소화합물, 지정수량 3kg
Al : 제2류 위험물의 금속분, 지정수량 500kg
Mg : 제2류 위험물, 지정수량 500kg
P_4S_3 : 제2류 위험물, 지정수량 100kg

23 지방족 탄화수소가 아닌 것은?

① 톨루엔
② 아세트알데히드
③ 아세톤
④ 디에틸에테르

해설 ▶ 방향족 탄화수소

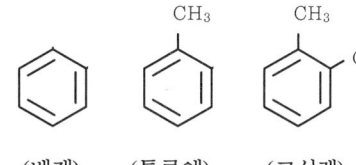

(벤젠)   (톨루엔)   (크실렌)

24 위험물안전관리법령상 위험물의 지정수량으로 옳지 않은 것은?

① 니트로셀룰로오스 : 10kg
② 히드록실아민 : 100kg
③ 아조벤젠 : 50kg
④ 트리니트로페놀 : 200kg

해설 ▶ 제5류 위험물의 지정수량
• 니트로셀룰로오스 : 10kg
• 히드록실아민 : 100kg
• 아조벤젠 : 200kg
• 트리니트로페놀 : 200kg

25 셀룰로이드에 대한 설명으로 옳은 것은?

① 질소가 함유된 무기물이다
② 질소가 함유된 유기물이다.
③ 유기의 염화물이다.
④ 무기의 염화물이다.

해설 ▶ 셀룰로이드 : 제5류 위험물의 질산에스테르류 질소가 함유된 유기물이며 질화도가 낮은 니트로셀룰로오스에 장치와 알콜을 녹여서 교질상태로 제조

Answer 20. ③ 21. ③ 22. ① 23. ① 24. ③ 25. ②

26 에틸알코올의 증기 비중은 약 얼마인가?
① 0.72　② 0.91
③ 1.13　④ 1.59

해설 에틸알콜 증기 비중 = $\dfrac{분자량}{29} = \dfrac{46}{29} = 1.59$

에틸알콜 분자량 : C_2H_5OH : $12 \times 2 + 5 + 16 + 1 = 46$

27 과염소산나트륨의 성질이 아닌 것은?
① 물과 급격히 반응하여 산소를 발생한다.
② 가열하면 분해되어 조연성 가스를 방출한다.
③ 융점은 400℃보다 높다.
④ 비중은 물보다 무겁다.

해설 과염소산나트륨($NaClO_4$)
① 130℃ 이상 가열하면 분해하여 산소(조연성)가스를 발생
② 조해성이 있으며 물에 잘 녹는다.

28 인화칼슘이 물과 반응할 경우에 대한 설명 중 틀린 것은?
① 발생 가스는 가연성이다.
② 포스겐 가스가 발생한다.
③ 발생 가스는 독성이 강하다
④ $Ca(OH)_2$가 생성된다.

해설 인화칼슘(Ca_3P_2) : 제3류 위험물의 금속인 화합물, 지정수량 300kg, 물 또는 약산과 반응하여 포스핀(PH_3) 가스가 발생한다.
$Ca_3P_2 + 6H_2O \longrightarrow 2PH_3 + 3Ca(OH)_2$

29 화학적으로 알코올을 분류할 때 3가 알코올에 해당하는 것은?
① 에탄올　② 메탄올
③ 에틸렌글리콜　④ 글리세린

해설 1가 알콜 : OH 수가 1개, CH_3OH(메탄올), C_2H_5OH(에탄올)
2가 알콜 : OH 수가 2개, $C_2H_4(OH)_2$(에틸렌글리콜)
3가 알콜 : OH 수가 3개, $C_3H_5(OH)_3$(글리세린)

30 위험물안전관리법령상 품명이 다른 하나는?
① 니트로글리콜　② 니트로글리세린
③ 셀룰로이드　④ 테트릴

해설 제5류 위험물의 품명
① 질산에스테르류 : 니트로글리콜, 니트로글리세린, 셀룰로이드
② 니트로 화합물 : 테트릴, TNT, TNP

31 주수소화를 할 수 없는 위험물은?
① 금속분　② 적린
③ 유황　④ 과망간산칼륨

해설 철분, 금속분, 마그네슘 화재시 주수소화하면 가연성 가스(수소)가 발생하고, 분진 폭발의 우려가 있음

32 제1류 위험물 중 흑색화약의 원료로 사용되는 것은?
① KNO_3　② $NaNO_3$
③ BaO_2　④ NH_4NO_3

해설 흑색화약 : 질산칼륨(KNO_3) + 숯가루 + 황가루

Answer　26. ④　27. ①　28. ②　29. ④　30. ④　31. ①　32. ①

33 다음 중 제6류 위험물에 해당하는 것은?
① IF_5
② $HClO_3$
③ NO_3
④ H_2O

해설 행정자치부령으로 정하는 제6류 위험물
할로겐간화합물[오플로우화브롬(BrF_5), 삼플로우화브롬(BrF_3), 오플로우화요오드(IF_5)]

34 다음 중 제4류 위험물에 해당하는 것은?
① $Pb(N_3)_2$
② CH_3ONO_2
③ N_2H_4
④ NH_2OH

해설 제5류 위험물
아지드화납[$Pb(N_3)_2$]
질산메틸(CH_3ONO_2)
히드록실아민(NH_2OH)
제4류 위험물
히드라진(N_2H_4)

35 다음의 분말은 모두 150마이크로미터의 체를 통과하는 것이 50중량퍼센트 이상이 된다. 이들 분말 중 위험물안전관리법령상 품명이 "금속분"으로 분류되는 것은?
① 철분
② 구리분
③ 알루미늄분
④ 니켈분

해설 금속분 : 알루미늄분, 아연분, 안티몬분, 금분, 은분, 150μm의 체를 통과하고 50중량퍼센트 이상의 것

36 다음 중 분자량이 가장 큰 위험물은?
① 과염소산
② 과산화수소
③ 질산
④ 히드라진

해설 분자량
$HClO_4$ ($1+35.5+16\times4=100.5$)
H_2O_2 ($1\times2+16\times2=34$)
HNO_3 ($1+14+16\times3=63$)
N_2H_4 ($14\times2+1\times4=32$)

37 인화칼슘, 탄화알루미늄, 나트륨이 물과 반응하였을 때 발생하는 가스에 해당하지 않는 것은?
① 포스핀가스
② 수소
③ 이황화탄소
④ 메탄

해설 물과 반응식
① 인화칼슘
$Ca_3P_2 + 6H_2O \rightarrow 2PH_3 + 3Ca(OH)_2$
(포스핀)
② 탄화알루미늄
$Al_4C_3 + 12H_2O \rightarrow 4Al(OH)_3 + 3CH_4$
(메탄)
③ 나트륨
$2Na + 2H_2O \rightarrow 2NaOH + H_2$
(수소)

38 연소 시 발생하는 가스를 옳게 나타낸 것은?
① 황린 - 황산가스
② 황 - 무수인산가스
③ 적린 - 아황산가스
④ 삼황화사인(삼황화린) - 아황산가스

해설 황린 - 이황산가스(SO_2)
황 - 이황산가스(SO_2)
적린 - 오산화린(P_2O_5)
삼황화린 - 이황산가스(SO_2)

Answer 33. ① 34. ③ 35. ③ 36. ① 37. ③ 38. ④

39 염소산나트륨에 대한 설명으로 틀린 것은?

① 조해성이 크므로 보관용기는 밀봉하는 것이 좋다.
② 무색·무취의 고체이다.
③ 산과 반응하여 유독성의 이산화나트륨 가스가 발생한다.
④ 물, 알코올, 글리세린에 녹는다.

[해설] 염소산나트륨($NaClO_3$) : 산과 반응하여 유독한 이산화염소(ClO_2)가 발생한다.

40 질산칼륨을 약 400℃에서 가열하여 열분해시킬 때 주로 생성되는 물질은?

① 질산과 산소
② 질산과 칼륨
③ 아질산칼륨과 산소
④ 아질산칼륨과 질소

[해설] $2KNO_3 \xrightarrow[\triangle]{400℃} 2KNO_2 + O_2$
(아질산칼륨) (산소)

41 위험물안전관리법령에서 정한 피난설비에 관한 내용이다. ( )에 알맞은 것은?

> 주유취급소 중 건축물의 2층 이상의 부분을 점포·휴게음식점 또는 전시장의 용도로 사용하는 것에 있어서는 해당 건축물의 2층 이상으로부터 주유취급소의 부지 밖으로 통하는 출입구와 해당 출입구로 통하는 통로·계단 및 출입구에 ( )을(를) 설치하여야 한다.

① 피난사다리
② 유도등
③ 공기호흡기
④ 시각경보기

[해설] ① 주유취급소 중 건축물의 2층 이상의 부분을 점포 휴게음식점 또는 전시장의 용도로 사용하는 것에 있어서는 당해 건축물의 2층 이상으로부터 주유취급소의 부지 밖으로 통하는 통로 계단 및 출입구에 유도등을 설치해야 한다.
② 옥내주유취급소에 있어서는 당해 사무소 등의 출입구 및 피난구와 당해 피난구로 통하는 통로·계단 및 출입구 등에 유도등을 설치해야 한다.

Answer 39. ③ 40. ③ 41. ②

42 옥내저장소에 제3류 위험물인 황린을 저장하면서 위험물안전관리 법령에 의한 최소한의 보유공지로 3m를 옥내저장소 주위에 확보하였다. 이 옥내저장소에 저장하고 있는 황린의 수량은? (단, 옥내저장소의 구조는 벽·기둥 및 바닥이 내화구조로 되어 있고 그 외의 다른 사항은 고려하지 않는다.)

① 100kg 초과 500kg 이하
② 400kg 초과 1000kg 이하
③ 500kg 초과 5000kg 이하
④ 1000kg 초과 40000kg 이하

해설 황린의 지정수량 20kg
옥내 저장탱크 저장소 보유공지

저장, 취급하는 위험물의 최대수량	공지의 너비	
	벽·기둥 및 바닥이 내화구조로 된 건축물	그 밖의 건축물
지정수량의 5배 이하		0.5m 이상
지정수량의 5배 초과 10배 이하	1m 이상	1.5m 이상
지정수량의 10배 초과 20배 이하	2m 이상	3m 이상
지정수량의 20배 초과 50배 이하	3m 이상	5m 이상
지정수량의 50배 초과 200배 이하	5m 이상	10m 이상
지정수량의 200배 초과	10m 이상	15m 이상

벽·기둥 및 바닥이 내화구조로 된 건축물의 보유공지 3m 이상은 지정수량의 20배 초과 50배 이하이므로
황린 20×20배 = 400kg
20×50배 = 1000kg이므로
∴ 400kg 초과 1000kg 이하

43 위험물안전관리법령상 이동탱크저장소에 의한 위험물운송 시 위험물운송자는 장거리에 걸치는 운송을 하는 때에는 2명 이상의 운전자로 하여야 한다. 다음 중 그러하지 않아도 되는 경우가 아닌 것은?

① 적린을 운송하는 경우
② 알루미늄의 탄화물을 운송하는 경우
③ 이황화탄소를 운송하는 경우
④ 운송 도중에 2시간 이내마다 20분 이상씩 휴식하는 경우

해설 장거리 운송시 2명 이상의 운전자가 필요 없는 경우
① 운송책임자 동승시
② 제2류 위험물
③ 칼슘 또는 알루미늄의 탄화물의 제3류 위험물
④ 특수인화물을 제외한 제4류 위험물
⑤ 2시간 이내마다 20분 이상씩 휴식하는 경우
∴ 이황화탄소는 특수인화물이므로 제외

44 각각 지정수량의 10배인 위험물을 운반할 경우 제5류 위험물과 혼재 가능한 위험물에 해당하는 것은?

① 제1류 위험물
② 제2류 위험물
③ 제3류 위험물
④ 제6류 위험물

해설 혼재 가능 위험물
① 제1류 위험물과 제6류 위험물
② 제4류 위험물과 제2류, 제3류 위험물
③ 제5류 위험물과 제2류, 제4류 위험물
∴ 제5류 위험물과 제2류 위험물은 혼재하여 운반 할 수 있다.

Answer 42. ② 43. ③ 44. ②

45 위험물안전관리법령상 옥외탱크저장소의 기준에 따라 다음의 인화성 액체 위험물을 저장하는 옥외저장탱크 1~4호를 동일의 방유제 내에 설치하는 경우 방유제에 필요한 최소 용량으로서 옳은 것은? (단, 암반탱크 또는 특수액체위험물탱크의 경우는 제외한다.)

> 1호 탱크 - 등유 1500kL
> 2호 탱크 - 가솔린 1000kL
> 3호 탱크 - 경유 500kL
> 4호 탱크 - 중유 250kL

① 1650kL ② 1500kL
③ 500kL   ④ 250kL

해설 인화성 액체 위험물을 옥외 탱크저장소에 설치시 방유제 용량
① 탱크 1기 : 탱크용량의 110% 이상
② 탱크 2기 이상 : 탱크 중 용량이 최대인 것의 용량의 110% 이상
∴ $1500 \times 1.1 = 1,656$kL

46 위험물안전관리법령상 사업소의 관계인이 자체소방대를 설치 하여야 할 제조소등의 기준으로 옳은 것은?
① 제4류 위험물을 지정수량의 3천배 이상 취급하는 제조소 또는 일반취급소
② 제4류 위험물을 지정수량의 5천배 이상 취급하는 제조소 또는 일반취급소
③ 제4류 위험물 중 특수인화물을 지정수량의 3천배 이상 취급하는 제조소 또는 일반취급소
④ 제4류 위험물 중 특수인화물을 지정수량의 5천배 이상 취급하는 제조소 또는 일반취급소

해설 자체 소방대를 설치해야 할 사업소
제4류 위험물을 취급하는 제조소 또는 일반취급소로 지정수량 3000배 이상의 사업소를 말한다.

47 소화난이도등급Ⅱ의 제조소에 소화설비를 설치할 때 대형수동식소화기와 함께 설치하여야 하는 소형수동식소화기등의 능력단위에 관한 설명으로 맞는 것은?
① 위험물의 소요단위에 해당하는 능력단위의 소형수동식소화기등을 설치할 것
② 위험물의 소요단위의 1/2 이상에 해당하는 능력단위의 소형수동식소화기등을 설치할 것
③ 위험물의 소요단위의 1/5 이상에 해당하는 능력단위의 소형수동식소화기등을 설치할 것
④ 위험물의 소요단위의 10배 이상에 해당하는 능력단위의 소형수동식소화기등을 설치할 것

해설 소화난이도 등급 Ⅱ의 제조소에 소화 설비 설치시 능력단위
방사능력 범위 내에 당해 건축물, 그 밖의 공작물 및 위험물이 포함되도록 대형 수동식 소화기를 설치하고, 당해 위험물의 소요단위의 $\frac{1}{5}$ 이상에 해당되는 능력단위의 소형 수동식 소화기등을 설치할 것

Answer 45. ① 46. ① 47. ③

48 다음 중 위험물안전관리법이 적용되는 영역은?

① 항공기에 의한 대한민국 영공에서의 위험물의 저장, 취급 및 운반
② 궤도에 의한 위험물의 저장, 취급 및 운반
③ 철도에 의한 위험물의 저장, 취급 및 운반
④ 자가용승용차에 의한 지정수량 이하의 위험물의 저장, 취급 및 운반

해설 위험물 안전관리 적용 제외 위험물 : 항공기, 선박, 철도 및 궤도에 의한 위험물의 저장·취급

49 위험물안전관리법령상 위험물의 운반 시 운반용기는 다음의 기준에 따라 수납 적재하여야 한다. 다음 중 틀린 것은?

① 수납하는 위험물과 위험한 반응을 일으키지 않아야 한다.
② 고체 위험물은 운반용기 내용적의 95% 이하로 수납하여야 한다.
③ 액체위험물은 운반용기 내용적의 95% 이하로 수납하여야 한다.
④ 하나의 외장용기에는 다른 종류의 위험물을 수납하지 않는다.

해설 운반용기 수납율
① 고체 위험물은 내용적의 95% 이하
② 액체 위험물은 내용적의 98% 이하

50 위험물안전관리법령상 위험물을 운반하기 위해 적재할 때 예를 들어 제6류 위험물은 1가지 유별(제1류 위험물)하고만 혼재할 수 있다. 다음 중 가장 많은 유별과 혼재가 가능한 것은? (단, 지정수량의 1/10을 초과하는 위험물이다.)

① 제1류
② 제2류
③ 제3류
④ 제4류

해설 제4류 위험물은 제2류 위험물과 제3류, 제5류 위험물과 혼재 가능하다.

51 다음 위험물 중에서 옥외저장소에서 저장·취급할 수 없는 것은? (단, 특별시·광역시 또는 도의 조례에서 정하는 위험물과 IMDG Code에 적합한 용기에 수납된 위험물의 경우는 제외한다.)

① 아세트산
② 에틸렌글리콜
③ 크레오소트유
④ 아세톤

해설 옥외 저장소 저장 위험물
① 제4류 위험물 중 제1석유류(인화점 0℃ 이상인 것에 한함), 알콜류, 제2석유류, 제3석유류, 제4석유류 및 동식물류
② 아세톤 : 제1석유류로 인화점 -18℃로 제외

52 디에틸에테르에 대한 설명으로 틀린 것은?

① 일반식은 R-CO-R이다.
② 연소범위는 약 1.9~48%이다.
③ 증기비중 값이 비중 값보다 크다.
④ 휘발성이 높고 마취성을 가진다.

해설 ▶ 디에틸에테르($C_2H_5-O-C_2H_5$) : 제4류 위험물의 특수인화물,
지정수량 50ℓ, 일반식 R-O-R'
케톤일반식 R-CO-R'

53 위험물안전관리상 지하탱크저장소 탱크전용실의 안쪽과 지하저장탱크와의 사이는 몇 m 이상의 간격을 유지하여야 하는가?

① 0.1
② 0.2
③ 0.3
④ 0.5

해설 ▶ 지하탱크 저장소는 탱크 전용실에 설치시 유지거리
탱크 전용실 안쪽 : 0.1m 이상
저장탱크 2기 인접 설치시 : 1m 이상
저장탱크 윗부분과 지면 : 0.6m 이상

54 다음 ( ) 안에 들어갈 수치를 순서대로 바르게 나열한 것은? (단, 제4류 위험물에 적응성을 갖기 위한 살수밀도기준을 적용하는 경우를 제외한다.)

> 위험물제조소등에 설치하는 폐쇄형 헤드의 스프링클러설비는 30개의 헤드를 동시에 사용할 경우 각 선단의 방사 압력이 ( )kPa 이상이고 방수량이 1분당 ( ) 이상이어야 한다.

① 100, 80
② 120, 80
③ 100, 100
④ 120, 100

해설 ▶ 위험물 제조소 등에 설치하는 폐쇄형헤드의 스프링클러설비는 30개의 헤드를 동시에 사용할 경우 각 선단의 방사압력이 100kPa 이상이고 방수량이 1분당 80ℓ 이상이어야 한다.

55 위험물안전관리법령상 제조소등의 위치·구조 또는 설비 가운데 총리령이 정하는 사항을 변경허가를 받지 아니하고 제조소등의 위치·구조 또는 설비를 변경한 때 1차 행정처분기준으로 옳은 것은?

① 사용정지 15일
② 경고 또는 사용정지 15일
③ 사용정지 30일
④ 경고 또는 업무정지 30일

해설 ▶ 허가받지 아니하고 제조소 등의 설비를 변경 시 행정처분
① 1차-경고 또는 사용정지 15일
② 2차-사용정지 60일
③ 3차-허가 취소

Answer 52. ① 53. ① 54. ① 55. ②

56 위험물안전관리법령상 제조소등의 관계인이 정기적으로 점검하여야 할 대상이 아닌 것은?

① 지정수량의 10배 이상의 위험물을 취급하는 제조소
② 지하탱크저장소
③ 이동탱크저장소
④ 지정수량의 100배 이상의 위험물을 저장하는 옥외탱크저장소

해설 정기점검 대상 제조소
① 지정수량 10배 이상 취급하는 제조소
② 지정수량 200배 이상 저장하는 옥외탱크저장소
③ 지하탱크저장소
④ 이동탱크저장소

57 위험물안전관리법령상 위험물제조소의 옥외에 있는 하나의 액체위험물 취급탱크 주위에 설치하는 방유제의 용량은 해당 탱크 용량의 몇 % 이상으로 하여야 하는가?

① 50% ② 60%
③ 100% ④ 110%

해설 ① 하나의 탱크 주위에 설치하는 방유제 용량: 탱크 용량의 50% 이상
② 2 이상의 탱크 주위에 하나의 방유제 설치 시 용량: 탱크 중 최대인 것의 50%에 나머지 용량합계의 10% 가산한 양 이상

58 위험물안전관리법령상 이송취급소에 설치하는 경보·설비의 기준에 따라 이송기지에 설치하여야 하는 경보설비로만 이루어진 것은?

① 확성장치, 비상벨장치
② 비상방송설비, 비상경보설비
③ 확성장치, 비상방송설비
④ 비상방송설비, 자동화재탐지설비

해설 이송 취급소에 설치하는 경보 설비의 기준에 의한 이송기지 설치 경보설비: 확성장치, 비상벨 장치

59 위험물안전관리법령상 위험물의 탱크 내용적 및 공간용적에 관한 기준으로 틀린 것은?

① 위험물을 저장 또는 취급하는 탱크의 용량은 해당 탱크의 내용적에서 공간용적을 뺀 용적으로 한다.
② 탱크의 공간용적은 탱크의 내용적의 100분의 5 이상 100분의 10 이하의 용적으로 한다.
③ 소화설비(소화약제 방출구를 탱크 안의 윗부분에 설치하는 것에 한한다)를 설치하는 탱크의 공간용적은 해당 소화설비의 소화약제 방출구 아래의 0.3m 이상 1m 미만 사이의 면으로부터 윗부분의 용적으로 한다.
④ 암반탱크에 있어서는 해당 탱크 내에 용출하는 30일 간의 지하수의 양에 상당하는 용적과 해당 탱크의 내용적의 100분의 1의 용적 중에서 보다 큰 용적을 공간용적으로 한다.

해설 암반탱크에 있어서는 해당 탱크 내에 용출하는 7일간 지하수의 양에 상당하는 용적과 당해 탱크의 내용적의 100분의 1의 용적 중에서 보다 큰 용적을 공간 용적으로 한다.

Answer 56. ④ 57. ① 58. ① 59. ④

60 위험물안전관리법령상 위험등급의 종류가 나머지 셋과 다른 하나는?

① 제1류 위험물 중 중크롬산염류
② 제2류 위험물 중 인화성고체
③ 제3류 위험물 중 금속의 인화물
④ 제4류 위험물 중 알콜류

해설 ① 위험물 등급 Ⅲ등급
　　　제1류 위험물 중 중크롬산염류
　　　제2류 위험물 중 인화성고체
　　　제3류 위험물 중 금속의 인화물
② 위험물 등급 Ⅱ등급 : 알콜류

Answer　60. ④

위험물기능사 2000제 문제은행

2016년 7월 10일 시행

---

01 다음과 같은 반응에서 5m³의 탄산가스를 만들기 위해 필요한 탄산수소나트륨의 양은 약 몇 kg인가? (단, 표준상태이고 나트륨의 원자량은 23이다. $2NaHCO_3 \rightarrow Na_2CO_3 + CO_2 + H_2O$)

① 18.75
② 37.5
③ 56.25
④ 75

해설 $2NaHCO_3 \rightarrow Na_2CO_3 + CO_2 + H_2O$
　　$2 \times 84kg$: $22.4m^3$
　　　x　　=　$5m^3$
　　$x = \dfrac{2 \times 84 \times 5}{22.4} = 37.5kg$

02 연소의 3요소인 산소의 공급원이 될 수 없는 것은?

① H_2O_2
② KNO_3
③ HNO_3
④ CO_2

해설 • 산소 공급원 : 제1류 위험물(KNO_3)
　　　　　　　제6류 위험물(H_2O_2, HNO_3)

03 탄화칼슘은 물과 반응 시 위험성이 증가하는 물질이다. 주수 소화 시 물과 반응하면 어떤 가스가 발생하는가?

① 수소
② 메탄
③ 에탄
④ 아세틸렌

해설 CaC_2 + $2H_2O$ → C_2H_2 + $Ca(OH)_2$
　　탄화칼슘　물　　아세틸렌

04 위험물의 자연발화를 방지하는 방법으로 가장 거리가 먼 것은?

① 통풍을 잘 시킬 것
② 저장실의 온도를 낮출 것
③ 습도가 높은 곳에 저장할 것
④ 정촉매 작용을 하는 물질과의 접촉을 피할 것

해설 자연 발화 방지법
① 습도가 높은 곳을 피할 것
② 열이 쌓이지 않게 할 것
③ 통풍을 잘 시킬 것
④ 저장실의 온도를 낮출 것

Answer 1. ② 2. ④ 3. ④ 4. ③

05 공기 중의 산소농도를 한계산소량 이하로 낮추어 연소를 중지시키는 소화방법은?
① 냉각소화
② 제거소화
③ 억제소화
④ 질식소화

해설
- 질식소화 : 공기 중의 산소농도를 15% 이하로 낮추어 연소를 중지시키는 소화법
- 억제소화 : 연소의 4요소인 연쇄반응을 차단하는 소화법
- 냉각소화 : 가연물의 열을 빼앗아 발화점 이하로 온도를 낮추는 소화법
- 제거소화 : 가연물을 제거하는 소화법

06 다음 중 제5류 위험물의 화재시에 가장 적당한 소화방법은?
① 물에 의한 냉각소화
② 질소에 의한 질식소화
③ 사염화탄소에 의한 부촉매 소화
④ 이산화탄소에 의한 질식소화

해설 제5류 위험물 화재 시 다량의 물에 의한 냉각소화가 효과적이다.

07 인화칼슘이 물과 반응하였을 때 발생하는 가스는?
① 수소
② 포스겐
③ 포스핀
④ 아세틸렌

해설 $Ca_3P_2 + 6H_2O \rightarrow 2PH_3 + 3Ca(OH)_2$
인화칼슘   포스핀

08 위험물안전관리법령상 제3류 위험물 중 금수성 물질의 제조소에 설치하는 주의사항 게시판의 바탕색과 문자색을 옳게 나타낸 것은?
① 청색바탕에 황색문자
② 황색바탕에 청색문자
③ 청색바탕에 백색문자
④ 백색바탕에 청색문자

해설
① 물기 엄금 : 청색바탕, 백색문자
　제1류 위험물 중 알칼리 금속의 과산화물
　제3류 위험물 중 금수성 물질
② 화기 엄금 : 적색바탕, 백색문자
　제2류 위험물(인화성 고체 제외)
　제3류 위험물 중 자연발화성 물질
　제4류 위험물, 제5류 위험물

09 폭굉유도거리(DID)가 짧아지는 경우는?
① 정상 연소속도가 작은 혼합가스일수록 짧아진다.
② 압력이 높을수록 짧아진다.
③ 관지름이 넓을수록 짧아진다.
④ 점화원 에너지가 약할수록 짧아진다.

해설 폭굉유도거리(DID)가 짧아지는 조건
① 정상 연소속도가 큰 혼합가스일수록
② 압력이 높을수록
③ 관 속에 방해물이 있거나 관경이 작을수록
④ 점화원의 에너지가 클수록

Answer 5. ④ 6. ① 7. ③ 8. ③ 9. ②

10 연소에 대한 설명으로 옳지 않은 것은?

① 산화되기 쉬운 것일수록 타기 쉽다.
② 산소와의 접촉면적이 큰 것일수록 타기 쉽다.
③ 충분한 산소가 있어야 타기 쉽다.
④ 열전도율이 큰 것일수록 타기 쉽다.

해설 열전도율이 크면 열이 축적되지 않고 방출되므로 연소하기 어렵다.

11 위험물안전관리법령상 제4류 위험물에 적응성이 있는 소화기가 아닌 것은?

① 이산화탄소소화기
② 봉상강화액소화기
③ 포소화기
④ 인산염류분말소화기

해설 제4류 위험물은 인화성 액체로 일반적으로 물에 녹지 않고 비중이 물보다 가볍기 때문에 봉상강화액소화기 같은 물을 사용하면 화재면이 확대되어 위험성이 증대된다.

12 위험물안전관리법령상 알칼리금속 과산화물에 적응성이 있는 소화설비는?

① 할로겐화합물소화설비
② 탄산수소염류분말소화설비
③ 물분무소화설비
④ 스프링클러설비

해설 제1류 위험물인 알칼리금속의 과산화물의 적응성 소화기는 탄산수소염류분말소화기, 건조사, 팽창질석 또는 팽창진주암 등이 적합하다.

13 수성막포소화약제에 사용되는 계면활성제는?

① 염화단백포 계면활성제
② 산소계 계면활성제
③ 황산계 계면활성제
④ 불소계 계면활성제

해설 수성막포는 유면에 뜰 수 있는 얇은 막을 형성하도록 하는 불소계(탄화불소) 계면활성제를 함유한 포소화 약제이다.

14 다음 중 강화액 소화약제의 주된 소화원리에 해당하는 것은?

① 냉각소화
② 절연소화
③ 제거소화
④ 발포소화

해설 강화액 소화액제는 물을 겨울철에 사용 시 동결되는 문제점을 탄산칼륨(K_2CO_3)을 첨가하여 얼지 않도록 한 소화기로 물의 증발잠열을 연소면의 열을 빼앗는 냉각소화 원리를 이용한다.

15 Halon 1001의 화학식에서 수소 원자의 수는?

① 0
② 1
③ 2
④ 3

해설 H-1001의 넘버 표기방법
① C, F, Cl, Br 순서로 개수 표기하므로
C → 1개, F → 0개, Cl → 0개, Br → 1개이고 나머지는 수소 개수

② $$H-\underset{H}{\overset{H}{C}}-Br$$

∴ H → 3개

Answer 10. ④ 11. ② 12. ② 13. ④ 14. ① 15. ④

16 다음 중 탄산칼륨을 물에 용해시킨 강화액 소화약제의 pH에 가장 가까운 값은?

① 1 ② 4
③ 7 ④ 12

해설 강화액 소화약제 : 물에 탄산칼륨(K_2CO_3)을 첨가한 소화기로 수용액의 pH는 약알카리성인 12에 가깝다.

17 이산화탄소 소화약제에 관한 설명 중 틀린 것은?

① 소화약제에 의한 오손이 없다.
② 소화약제 중 증발잠열이 가장 크다.
③ 전기 절연성이 있다.
④ 장기간 저장이 가능하다.

해설 CO_2 소화기의 특징
① 오손, 부식, 손상의 우려가 없고 소화 후 흔적이 없다.
② 전기 절연성이 있다.
③ 장기간 사용가능하다.
④ 증거보존이 양호

18 질소와 아르곤과 이산화탄소의 용량비가 52대 40대 8인 혼합물 소화약제에 해당하는 것은?

① IG-541
② HCFC BLEND A
③ HFC-125
④ HFC-23

해설 IG-541 : N_2 52%, Ar 40%, CO_2 8%의 용량비로 구성된 청정소화약제로서 A, B, C급 화재에 적응성이 있다.

19 불활성가스 청정소화약제의 기본 성분이 아닌 것은?

① 헬륨 ② 질소
③ 불소 ④ 아르곤

해설 불활성 청정 소화제 : N_2, Ar, He, Ne 중 하나 이상의 원소를 기본적인 성분으로 사용한다.

20 물과 친화력이 있는 수용성 용매의 화재에 보통의 포소화약제를 사용하면 포가 파괴되기 때문에 소화 효과를 잃게 된다. 이와 같은 단점을 보완한 소화약제로 가연성인 수용성 용매의 화재에 유효한 효과를 가지고 있는 것은?

① 알코올형포소화약제
② 단백포소화약제
③ 합성계면활성제포소화약제
④ 수성막포소화약제

해설 알코올형포소화약제 : 수용성 용매의 화재에 포소화약제를 사용하면 포가 파괴되는 현상이 생기므로 단백질의 가수분해물에 합성세제를 혼합해서 제조한 알코올형포 소화기를 사용하며 수용성 용매의 화재에 효과적이다.

21 질산과 과염소산의 공통성질이 아닌 것은?

① 가연성이며 강산화제이다.
② 비중이 1보다 크다.
③ 가연물과 혼합으로 발화의 위험이 있다.
④ 물과 접촉하면 발열한다.

해설 질산(HNO_3)과 과염소산($HClO_4$)은 제6류 위험물의 산화성 액체로 조연성 액체이며 강산화제이다.

Answer 16. ④ 17. ② 18. ① 19. ③ 20. ① 21. ①

22 물과 반응하여 가연성 가스를 발생하지 않는 것은?

① 칼륨
② 과산화칼륨
③ 탄화알루미늄
④ 트리에틸알루미늄

해설 물과 반응 시 발생 가스
① 칼륨(K) → 수소(H_2)
② 과산화칼륨(K_2O_2) → 산소(O_2)
③ 탄화알루미늄(Al_4C_3) → 메탄(CH_4)
④ 트리에틸알루미늄[$(C_2H_5)_3Al$] → 에탄(C_2H_6)

23 위험물안전관리법령에서는 특수인화물을 1기압에서 발화점이 100℃ 이하인 것 또는 인화점은 얼마 이하이고 비점이 40℃ 이하인 것으로 정의 하는가?

① -10℃
② -20℃
③ -30℃
④ -40℃

해설 특수인화물
① 1기압에서 액체로 인화점이 -20℃ 이하이고 비점이 40℃ 이하인 것
② 1기압에서 액체로 발화점이 100℃ 이하인 것

24 다음 중 제6류 위험물이 아닌 것은?

① 할로겐간화합물
② 과염소산
③ 아염소산
④ 과산화수소

해설 제6류 위험물 : 과염소산, 과산화수소, 질산, 할로겐간화합물

25 다음 중 제1류 위험물에 해당되지 않는 것은?

① 염소산칼륨
② 과염소산암모늄
③ 과산화바륨
④ 질산구아니딘

해설 질산구아니딘[$H_2NC(NH)NHNO_2$] : 제5류 위험물

26 니트로글리세린에 대한 설명으로 옳은 것은?

① 물에 매우 잘 녹는다.
② 공기 중에서 점화하면 연소하나 폭발의 위험은 없다.
③ 충격에 대하여 민감하여 폭발을 일으키기 쉽다.
④ 제5류 위험물의 니트로화합물에 속한다.

해설 니트로글리세린[$C_3H_5(ONO_2)_3$], NC
물에 거의 녹지 않고, 벤젠, 아세톤, 메탄올, 클로로포름 등에 용해, 연소가 시작되면 폭발적으로 진행, 제5류 위험물의 질산에스테르류에 속한다.

27 과산화나트륨에 대한 설명으로 틀린 것은?

① 알코올에 잘 녹아서 산소와 수소를 발생시킨다.
② 상온에서 물과 격렬하게 반응한다.
③ 비중이 약 2.8이다.
④ 조해성 물질이다.

해설 과산화나트륨(Na_2O_2)은 알코올에 녹지 않으나 산에 녹아 과산화수소(H_2O_2)를 발생한다.

Answer 22. ② 23. ② 24. ③ 25. ④ 26. ③ 27. ①

28 다음 위험물 중 지정수량이 나머지 셋과 다른 하나는?

① 마그네슘
② 금속분
③ 철분
④ 유황

해설 제2류 위험물의 지정수량
철분, 마그네슘분, 금속분 : 500kg
유황 : 100kg

29 제4류 위험물의 일반적인 성질에 대한 설명 중 틀린 것은??

① 대부분 유기화합물이다.
② 액체 상태이다.
③ 대부분 물보다 가볍다.
④ 대부분 물에 녹기 쉽다.

해설 제4류 위험물은 인화성 액체로 대부분 물보다 무겁고 물에 녹지 않는다.

30 다음 물질 중 과염소산칼륨과 혼합했을 때 발화폭발의 위험이 가장 높은 것은?

① 석면
② 금
③ 유리
④ 목탄

해설 과염소산 칼륨($KClO_4$)은 제1류 위험물로 인, 황, 탄소(목탄), 유기물 등과 혼합되었을 때 가열, 마찰, 충격으로 폭발 위험이 크다.

31 피리딘의 일반적인 성질에 대한 설명 중 틀린 것은?

① 순수한 것은 무색 액체이다.
② 약알칼리성을 나타낸다.
③ 물보다 가볍고, 증기는 공기보다 무겁다.
④ 흡습성이 없고, 비수용성이다.

해설 피리딘(C_6H_5N) : 제4류 위험물의 제1석유류로 수용성이며 흡습성이 있다.

32 메틸리튬과 물의 반응 생성물로 옳은 것은?

① 메탄, 수소화리튬
② 메탄, 수산화리튬
③ 에탄, 수소화리튬
④ 에탄, 수산화리튬

해설 메틸리튬(CH_3Li)은 제3류 위험물의 알킬리튬에 속하며 물과 반응하면 메탄과 수산화리튬이 생성된다.
$CH_3Li + H_2O \rightarrow CH_4 + LiOH$

33 위험물의 성질에 대한 설명 중 틀린 것은?

① 황린은 공기 중에서 산화할 수 있다.
② 적린은 $KClO_3$와 혼합하면 위험하다.
③ 황은 물에 매우 잘 녹는다.
④ 황화인은 가연성 고체이다.

해설 황(유황) : 제2류 위험물로 사방정계황, 단사정계황, 비정계황이 있고 물에 녹지 않는다.

Answer 28. ④ 29. ④ 30. ④ 31. ④ 32. ② 33. ③

34 다음 중 인화점이 가장 높은 것은?

① 등유
② 벤젠
③ 아세톤
④ 아세트알데히드

해설 제4류 위험물의 인화점
- 아세트알데히드 : -38℃
- 아세톤 : -18℃
- 벤젠 : -11℃
- 등유 : 40~70℃

35 다음 위험물 중 물보다 가벼운 것은?

① 메틸에틸케톤
② 니트로벤젠
③ 에틸렌글리콜
④ 글리세린

해설 메틸에틸케톤($CH_3COC_2H_5$) : 제4류 위험물의 제1석유류, 액비중 0.81

36 트리니트로톨루엔의 작용기에 해당하는 것은?

① -NO
② -NO_2
③ -NO_3
④ -NO_4

해설 $C_6H_2(NO_2)CH_3$: 트리니트로톨루엔, TNT 제5류 위험물의 니트로 화합물로 벤젠핵에 니트로(NO_2)가 3개 있는 화합물이다.

[TNT]

37 다음 중 제5류 위험물로만 나열되지 않은 것은?

① 과산화벤조일, 질산메틸
② 과산화초산, 디니트로벤젠
③ 과산화요소, 니트로글리콜
④ 아세토니트릴, 트리니트로톨루엔

해설 아세토니트릴(CH_3CN) : 제4류 위험물의 제1석유류, 400L(수용성)

38 제4류 위험물인 클로로벤젠의 지정수량으로 옳은 것은?

① 200L
② 400L
③ 1000L
④ 2000L

해설 클로로벤젠(C_6H_5Cl) : 제4류 위험물의 제2석유류, 지정수량 1000L

39 알루미늄분의 성질에 대한 설명으로 옳은 것은?

① 금속 중에서 연소열량이 가장 작다.
② 끓는 물과 반응해서 수소를 발생한다.
③ 수산화나트륨 수용액과 반응해서 산소를 발생한다.
④ 안전한 저장을 위해 할로겐 원소와 혼합한다.

해설 알루미늄분(Al) : 제2류 위험물, 끓는 물, 산, 알칼리와 반응하여 수소(H_2)를 발생한다.

Answer 34. ① 35. ① 36. ② 37. ④ 38. ③ 39. ②

40 아조화합물 800kg, 히드록실아민 300kg, 유기과산화물 40kg의 총 양은 지정수량의 몇 배에 해당하는가?

① 7배
② 9배
③ 10배
④ 11배

해설 환산지정수량
$= \dfrac{\text{저장수량}}{\text{지정수량}} = \dfrac{200}{800} + \dfrac{100}{300} + \dfrac{10}{40} = 11\text{개}$

- 아조화합물 : 200kg
- 히드록실아민 100kg
- 유기과산화물 10kg

41 위험물안전관리법령상 위험물제조소에 설치하는 배출설비에 대한 내용으로 틀린 것은?

① 배출설비는 예외적인 경우를 제외하고는 국소방식으로 하여야 한다.
② 배출설비는 강제배출 방식으로 한다.
③ 급기구는 낮은 장소에 설치하고 인화방지망을 설치한다.
④ 배출구는 지상 2m 이상 높이에 연소의 우려가 없는 곳에 설치한다.

해설 급기구는 높은 곳에 설치하고 가는 눈의 구리망 또는 인화방지망을 설치한다.

42 위험물안전관리법령상 주유취급소 중 건축물의 2층을 휴게음식점의 용도로 사용하는 것에 있어 해당 건축물의 2층으로부터 직접 주유취급소의 부지 밖으로 통하는 출입구와 해당 출입구로 통하는 통로·계단에 설치하여야 하는 것은?

① 비상경보설비
② 유도등
③ 비상조명등
④ 확성장치

해설 주유 취급소 중 건축물의 2층 이상의 부분을 점포, 휴게음식점 또는 전시장의 용도로 사용하는 것에 있어서는 당해 건축물의 2층 이상으로부터 주유 취급소의 부지 밖으로 통하는 출입구와 해당 출입구로 통하는 통로, 계단에 유도등을 설치하여야 한다.

43 아염소산나트륨의 저장 및 취급 시 주의사항으로 가장 거리가 먼 것은?

① 물속에 넣어 냉암소에 저장한다.
② 강산류와의 접촉을 피한다.
③ 취급시 충격, 마찰을 피한다.
④ 가연성 물질과 접촉을 피한다.

해설 아염소산나트륨($NaClO_2$) : 제1류 위험물로 산화성 고체이며 무색결정으로 조해성물질이므로 물속에 넣어서 저장하면 녹는다.

Answer 40. ④ 41. ③ 42. ② 43. ①

44 인화점이 21℃ 미만인 액체위험물의 옥외저장탱크 주입구에 설치하는 "옥외저장탱크 주입구"라고 표시한 게시판의 바탕 및 문자색을 옳게 나타낸 것은?

① 백색바탕 – 적색문자
② 적색바탕 – 백색문자
③ 백색바탕 – 흑색문자
④ 흑색바탕 – 백색문자

해설 인화점 21℃ 미만인 옥외저장탱크 주입구에 설치하는 게시판
① 크기 : 한 변 0.3m 이상, 다른 한 변 0.6m 이상의 직사각형
② 백색바탕에 흑색문자

45 위험물의 운반에 관한 기준에서 다음 ( )에 알맞은 온도는 몇 ℃인가?

> 적재하는 제5류 위험물 중 ( )℃ 이하의 온도에서 분해될 우려가 있는 것은 보냉 컨테이너에 수납하는 등 적정한 온도관리를 유지하여야 한다.

① 40　　② 50
③ 55　　④ 60

해설 적재하는 제5류 위험물 중 (55℃) 이하의 온도에서 분해될 우려가 있는 것은 보냉 컨테이너에 수납하는 등 적정한 온도관리를 유지하여야 한다.

46 위험물안전관리법령상 배출설비를 설치하여야 하는 옥내저장소의 기준에 해당하는 것은?

① 가연성 증기가 액화할 우려가 있는 장소
② 모든 장소의 옥내저장소
③ 가연성 미분이 체류할 우려가 있는 장소
④ 인화점이 70℃ 미만인 위험물의 옥내저장소

47 위험물안전관리법령상 연면적이 450m² 인 저장소의 건축물 외벽이 내화구조가 아닌 경우 이 저장소의 소화기 소요단위는?

① 3
② 4.5
③ 6
④ 9

해설 저장소 건축물의 1소요 단위
① 외벽이 내화구조인 경우 150m²
② 외벽이 내화구조가 아닌 경우 75m²
∴ $\frac{450m^2}{75m^2} = 6$

Answer　44. ③　45. ③　46. ④　47. ③

48 위험물안전관리법령상 위험물안전관리자의 책무에 해당하지 않는 것은?

① 화재 등의 재난이 발생한 경우 소방관서 등에 대한 연락 업무
② 화재 등의 재난이 발생한 경우 응급조치
③ 위험물의 취급에 관한 일지의 작성·기록
④ 위험물안전관리자의 선임·신고

해설 안전관리자의 선임·신고는 제조소 등의 관계인이 한다.

49 위험물안전관리법령상 옥내소화전설비의 기준에 따르면 펌프를 이용한 가압송수장치에서 펌프의 토출량은 옥내소화전의 설치개수가 가장 많은 층에 대해 해당 설치개수(5개 이상인 경우에는 5개)에 얼마를 곱한 양 이상이 되도록 하여야 하는가?

① 260L/min
② 360L/min
③ 460L/min
④ 560L/min

해설 옥내소화전 설비
① 수원의 수량 = 설치개수(최대 5개) × 7.8m³
② 방수압력 350kPa 이상, 방수량 260L/min 이상

50 위험물안전관리법령상 주유취급소에 설치·운영할 수 없는 건축물 또는 시설은?

① 주유취급소를 출입하는 사람을 대상으로 하는 그림 전시장
② 주유취급소를 출입하는 사람을 대상으로 하는 일반음식점
③ 주유원 주거시설
④ 주유취급소를 출입하는 사람을 대상으로 하는 휴게음식점

해설 주유취급소에 출입하는 사람을 대상으로 한 점포, 휴게음식점, 전시장 등은 운영할 수 있으나 일반음식점 건축물은 설치할 수 없다.

51 제2류 위험물 중 인화성 고체의 제조소에 설치하는 주의사항 게시판에 표시할 내용을 옳게 나타낸 것은?

① 적색바탕에 백색문자로 "화기엄금" 표시
② 적색바탕에 백색문자로 "화기주의" 표시
③ 백색바탕에 적색문자로 "화기엄금" 표시
④ 백색바탕에 적색문자로 "화기주의" 표시

해설 ① 화기엄금 : 적색바탕, 백색문자
제2류 위험물 중 인화성 고체
제3류 위험물 중 자연발화성 물질
제4류 위험물 중, 제5류 위험물
② 물기엄금 : 청색바탕, 백색문자
제1류 위험물 중 알칼리 금속의 과산화물
제3류 위험물 중 금수성 물질

Answer 48. ④ 49. ① 50. ② 51. ①

52 위험물안전관리법령상 옥내탱크저장소의 기준에서 옥내저장탱크 상호간에는 몇 m 이상의 간격을 유지하여야 하는가?

① 0.3
② 0.5
③ 0.7
④ 1.0

해설 옥내탱크 저장실 기준
① 탱크와 탱크와의 거리 - 0.5m 이상
② 탱크와 탱크 전용실 벽과의 거리 - 0.5m 이상

53 위험물안전관리법령상 소화전용물통 8L의 능력단위는?

① 0.3
② 0.5
③ 1.0
④ 1.5

해설 능력단위
- 소화전용 물통 : 8L - 0.3 단위
- 수조(물통 3개 포함) : 80L - 1.5 단위
- 주소(물통 6개 포함) : 190L - 2.5 단위
- 마른 모래(삽 1개) : 50L - 0.5 단위
- 팽창질석, 팽창진주암(삽 1개) : 160L - 1.0 단위

54 위험물안전관리법령상 제4류 위험물의 품명에 따른 위험등급과 옥내저장소 하나의 저장창고 바닥면적 기준을 옳게 나열한 것은? (단, 전용의 독립된 단층건물에 설치하며, 구획된 실이 없는 하나의 저장창고인 경우에 한한다.)

① 제1석유류 : 위험등급Ⅰ, 최대 바닥면적 1000m^2
② 제2석유류 : 위험등급Ⅰ, 최대 바닥면적 2000m^2
③ 제3석유류 : 위험등급Ⅱ, 최대 바닥면적 2000m^2
④ 알코올류 : 위험등급Ⅱ, 최대 바닥면적 1000m^2

해설 제4류 위험물 저장창고 바닥면적
1000m^2 이하 : 특수인화물, 위험등급 Ⅰ
제1석유류, 위험등급 Ⅱ
알코올류, 위험등급 Ⅱ
2000m^2 이하 : 그 외의 제4류 위험물

Answer 52. ② 53. ① 54. ④

55 위험물옥외저장탱크의 통기관에 관한 사항으로 옳지 않은 것은?

① 밸브없는 통기관의 직경은 30mm 이상으로 한다.
② 대기밸브부착 통기관은 항시 열려 있어야 한다.
③ 밸브 없는 통기관의 선단은 수평면보다 45도 이상 구부려 빗물 등의 침투를 막는 구조로 한다.
④ 대기밸브부착 통기관은 5kPa 이하의 압력차이로 작동할 수 있어야 한다.

해설 ▶ 밸브 없는 통기관의 경우 저장탱크에 위험물을 주입하는 경우를 제외하고 항상 개방되는 구조로 한다.

56 다음 중 위험물안전관리법령상 지정수량의 $\frac{1}{10}$을 초과하는 위험물을 운반할 때 혼재할 수 없는 경우는?

① 제1류 위험물과 제6류 위험물
② 제2류 위험물과 제4류 위험물
③ 제4류 위험물과 제5류 위험물
④ 제5류 위험물과 제3류 위험물

해설 ▶ 혼재 가능 위험물
• 제1류와 제6류 위험물
• 제4류와 제2류, 제3류 위험물
• 제5류와 제2류, 제4류 위험물

57 이동저장탱크에 알킬알루미늄을 저장하는 경우에 불활성 기체를 봉입하는데 이때의 압력은 몇 kPa 이하이어야 하는가?

① 10
② 20
③ 30
④ 40

58 위험물 옥외저장소에서 지정수량 200배 초과의 위험물을 저장할 경우 경계표시 주위의 보유공지 너비는 몇 m 이상으로 하여야 하는가? (단, 제4류 위험물과 제6류 위험물이 아닌 경우이다.)

① 0.5
② 2.5
③ 10
④ 15

해설 ▶ 옥외저장소 보유 공지

저장 또는 취급하는 위험물의 최대수량	공지너비
지정수량의 10배 이하	3m 이상
지정수량의 10배 초과 20배 이하	5m 이상
지정수량의 20배 초과 50배 이하	9m 이상
지정수량의 50배 초과 200배 이하	12m 이상
지정수량의 200배 초과	15m 이상

Answer 55. ② 56. ④ 57. ② 58. ④

59 위험물안전관리법령상 옥외저장소 중 덩어리상태의 유황만을 지반면에 설치한 경계표시의 안쪽에서 저장 또는 취급할 때 경계표시의 높이는 몇 m 이하로 하여야 하는가?

① 1 　　② 1.5
③ 2 　　④ 2.5

해설 옥외저장소 중 덩어리 상태의 유황만을 지반면에 설치한 경계표시의 안쪽에서 저장·취급하는 것의 기술 기준
① 경계표시의 높이 1.5m 이하로 할 것
② 천막 등을 고정하는 장치는 경계표시의 길이가 2m마다 한 개 이상 설치
③ 하나의 경계표시 내부면적은 100m² 이하일 것

60 그림과 같은 위험물 저장탱크의 내용적은 약 몇 m³인가?

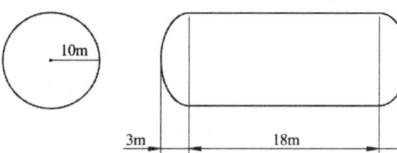

① 4681 　　② 5482
③ 6283 　　④ 7080

해설 $V = \pi r^2 \left(\ell + \dfrac{\ell_1 + \ell_2}{3} \right)$
$= 3.14 \times 10^2 \left(18 + \dfrac{3+3}{3} \right) = 6280 \text{m}^3$

Answer 59. ② 60. ③

위험물기능사 2000제 문제은행

CBT 시험대비
● CBT 5회 기출복원 문제

- **기출복원 문제란?**
  2016년 5회부터 반영되는 CBT시행에 따라 저자께서 수검자들의 도움으로 최대한 유형에 가깝게 복원한 문제입니다.
  앞으로도 높은 적중률을 위해 노력하겠습니다.

01 위험물제조소등에 자동화탐지설비를 설치하는 경우, 당해 건축물 그 밖에 공작물의 주요한 출입구에서 그 내부의 전체를 볼 수 있는 경우에 하나의 경계구역의 면적은 최대 몇 m^2까지 할 수 있는가?

① 300
② 600
③ 1000
④ 1200

해설 자동화재탐지 설비의 설치기준
① 하나의 경계구역 면적 $600m^2$ 이하, 한 변의 길이는 50m 이하로 할 것
② 그 내부 전체를 볼 수 있는 경우 하나의 경계구역의 면적은 $1000m^2$ 이하로 할 수 있음

02 자연발화가 잘 일어나는 경우와 거리가 먼 것은?

① 주변의 온도가 높을 것
② 습도가 높을 것
③ 표면적이 넓을 것
④ 열전도율이 클 것

해설 열전도율이 크면 열이 축적되지 않으므로 자연발화가 잘 일어나지 않는다.

03 위험물안전관리에 관한 세부기준에 따르면 이산화탄소 소화설비 저장용기는 온도가 몇 ℃ 이하인 장소에 설치하여야 하는가?

① 35
② 40
③ 45
④ 50

해설 이산화탄소 소화설비 저장용기는 40℃ 이하의 장소에 설치한다.

04 위험장소 중 0종 장소에 대한 설명으로 올바른 것은?

① 정상상태에서 위험 분위기가 장시간 지속적으로 존재하는 장소
② 정상상태에서 위험 분위기가 주기적 또는 간헐적으로 생성될 우려가 있는 장소
③ 이상상태 하에서 위험 분위기가 단시간 동안 생성될 우려가 있는 장소
④ 이상상태 하에서 위험 분위기가 장시간 동안 생성될 우려가 있는 장소

해설 위험장소 0종 장소 : 정상상태에서 가연성가스의 농도가 연속해서 폭발하한계 이상으로 되는 장소

Answer 1. ③ 2. ④ 3. ② 4. ①

05 제1종 분말소화약제의 화학식과 색상이 옳게 연결된 것은?

① $NaHCO_3$ – 백색
② $KHCO_3$ – 백색
③ $NaHCO_3$ – 담홍색
④ $KHCO_3$ – 담홍색

해설 1종 분말 – $NaHCO_3$ – 백색
2종 분말 – $KHCO_3$ – 보라색
3종 분말 – NH_4H_2PO – 담홍색
4종 분말 – $KHCO_3 + (NH_2)_2CO$ – 회백색

06 다음 중 가연물이 될 수 없는 것은?

① 질소
② 나트륨
③ 니트로셀룰로오스
④ 나프탈렌

해설 질소(N_2) : 불연성
나트륨(Na) : 제3류, 물과 반응 시 연소
니트로셀룰로오스 : 제5류
나프탈렌 : 가연성 고체

07 분진 폭발 시 소화방법에 대한 설명으로 틀린 것은?

① 금속분에 대하여는 물을 사용하지 말아야 한다.
② 분진 폭발 시 직사주수에 의하여 순간적으로 소화하여야 한다.
③ 분진폭발은 보통 단 한 번으로 끝나지 않을 수 있으므로 제2차, 3차의 폭발에 대비하여야 한다.
④ 이산화탄소와 할로겐화합물의 소화약제는 금속분에 대하여 적절하지 않다.

해설 분진 폭발 시 직사주수하면 폭발물질이 비산하여 제2, 제3의 폭발우려가 있다.

08 유류화재에 해당하는 표시 색상은?

① 백색
② 황색
③ 청색
④ 흑색

해설 ① A급 화재 : 일반화재 – 백색
② B급 화재 : 유류화재 – 황색
③ C급 화재 : 전기화재 – 청색
④ D급 화재 : 금속화재 – 색 없음

Answer 5. ① 6. ① 7. ② 8. ②

09 디에틸에테르의 저장 시 소량의 염화칼슘을 넣어 주는 목적은?

① 정전기 발생 방지
② 과산화물 생성 방지
③ 저장용기의 부식 방지
④ 동결 방지

해설 디에틸에테르는 동식물성 섬유로 여과 시 정전기가 발생하므로 소량의 염화칼슘을 넣어 정전기 발생을 방지한다.

10 대형수동식소화기의 설치기준을 방호대상물의 각 부분으로부터 하나의 대형수동식소화기까지의 보행거리가 몇 m 이하가 되도록 설치하여야 하는가?

① 10 ② 20
③ 30 ④ 40

해설
- 대형수동식소화기 : 보행거리 30m 이하에 1개
- 소형수동식소화기 : 보행거리 20m 이하에 1개

11 건축물 화재 시 성장기에서 최성기로 진행될 때 실내온도가 급격히 상승하기 시작하면서 화염이 실내 전체로 급격히 확대되는 연소현상은?

① 슬롭오버(Slop over)
② 플래시오버(Flash over)
③ 보일오버(Boil over)
④ 프로스오버(Froth over)

해설 플래시오버 : 화재가 발생 시 서서히 진행하다가 시간이 경과함에 따라 실내에 열과 가연성가스가 축적되고 발화온도에 이르게 되어 일순간 폭발적으로 화재가 실내 전체로 확대되는 연소(순발연소)

12 가연물이 되기 쉬운 조건이 아닌 것은?

① 산화반응의 활성이 크다.
② 표면적이 넓다.
③ 활성화 에너지가 크다.
④ 열전도율이 낮다.

해설 ①, ②, ④ 외에 활성화 에너지가 작을 것, 산소와의 친화력이 클 것

13 연소범위에 대한 설명으로 옳지 않은 것은?

① 연소범위는 연소하한값부터 연소상한값까지이다.
② 연소범위의 단위는 공기 또는 산소에 대한 가스의 % 농도이다.
③ 연소하한이 낮을수록 위험이 크다.
④ 온도가 높아지면 연소범위가 좁아진다.

해설 연소범위는 온도가 높아지고 압력이 올라갈수록 넓어진다.

Answer 9. ① 10. ③ 11. ② 12. ③ 13. ④

14 적린의 위험성에 대한 설명으로 옳은 것은?

① 물과 반응하여 발화 및 폭발한다.
② 공기 중에 방치하면 자연발화한다.
③ 염소산칼륨과 혼합하면 마찰에 의한 발화의 위험이 있다.
④ 황린보다 불안정하다.

해설 적린(P) : 제2류 위험물, 지정수량 100kg
① 산화제인 염소산칼륨과 혼합하면 발화 위험이 있다.
② 물에 불용이며 황린에 비해 안정하고 공기 중에서 발화하지 않는다.

15 지정수량이 50킬로그램이 아닌 위험물은?

① 염소산나트륨 ② 리튬
③ 과산화나트륨 ④ 디에틸에테르

해설
• 50kg : 염소산나트륨(제1류), 리튬(제3류), 과산화나트륨(제1류)
• 50L : 디에틸에테르(제4류의 특수인화물)

16 니트로화합물, 니트로소화합물, 질산 에스테르류, 히드록실아민을 각각 50킬로그램씩 저장하고 있을 때 지정수량의 배수가 가장 큰 것은?

① 니트로화합물
② 니트로소화합물
③ 질산에스테르류
④ 히드록실아민

해설 지정수량 : 니트로화합물(200kg), 니트로소화합물(200kg), 질산에스테르류(10kg), 히드록실아민(100kg) 지정수량이 작을수록 같은 양을 저장 시 지정수량의 배수가 커진다.

17 알킬알루미늄의 저장 및 취급방법으로 옳은 것은?

① 용기는 완전밀봉하고 CH_4, C_3H_4 등을 봉입한다.
② C_6H_6 등의 희석제를 넣어준다.
③ 용기의 마개에 다수의 미세한 구멍을 뚫는다.
④ 통기구가 달린 용기를 사용하여 압력상승을 방지한다.

해설 알킬알루미늄 : 제3류 위험물, 지정수량 10kg
① 저장 시 용기는 완전 밀봉하여 공기 및 물과의 접촉을 피하고 용기 상부는 불연성가스로 봉입한다.
② 희석제로 벤젠(C_6H_6), 헥산(C_6H_{14}) 등을 넣어준다.

18 지정수량 20배의 알코올류 옥외탱크저장소에 펌프실 외의 장소에 설치하는 펌프설비의 기준으로 틀린 것은?

① 펌프설비 주위에는 3m 이상의 공지를 보유한다.
② 펌프설비 그 직하의 지반면 주위에 높이 0.15m 이상의 턱을 만든다.
③ 펌프설비 그 직하의 지반면의 최저부에는 집유설비를 만든다.
④ 집유설비에는 위험물이 배수구에 유입되지 않도록 유분리장치를 만든다.

해설 ④의 경우는 제4류 위험물의 비수용성으로 제한되는 규정이다.

Answer 14. ③ 15. ④ 16. ③ 17. ② 18. ④

19 과망간산칼륨의 성질에 대한 설명 중 옳은 것은?

① 강력한 산화제이다.
② 물에 녹아서 연한 분홍색을 나타낸다.
③ 물에는 용해하나 에탄올에 불용이다.
④ 묽은 황산과는 반응을 하지 않지만 진한 황산과 접촉하면 서서히 반응한다.

해설 과망간산칼륨($KMnO_4$) : 제1류 위험물, 지정수량 1000kg, 강한 산화제, 물에 녹아 보라색, 에탄올, 아세톤에 용해, 진한 황산과 격렬한 반응하며 폭발한다.

20 톨루엔의 화재 시 가장 적합한 소화방법은?

① 산·알칼리 소화기에 의한 소화
② 포에 의한 소화
③ 다량의 강화액에 의한 소화
④ 다량의 주수에 의한 냉각소화

해설 톨루엔(제4류의 제1석유류)을 소화 시 포말, 분말, CO_2 등의 질식소화를 한다.

21 제3종 분말 소화약제의 열분해 반응식을 옳게 나타낸 것은?

① $NH_4H_2PO_4 \rightarrow HPO_3 + NH_3 + H_2O$
② $2KNO_3 \rightarrow 2KNO_2 + O_2$
③ $KClO_4 \rightarrow KCl + 2O_2$
④ $2CaHCO_3 \rightarrow 2CaO + H_2CO_3$

해설 제3종 분말 열분해식
$NH_4H_2PO_4 \rightarrow HPO_3 + NH_3 + H_2O$
(인산암모늄) (메타인산) (암모니아) (물)

22 목조건축물의 일반적인 화재현상에 가장 가까운 것은?

① 저온단시간형
② 저온장시간형
③ 고온단시간형
④ 고온장시간형

해설 목조건축물 화재 시 단시간에 고온으로 상승하고 가연물이 다 타면 단 시간에 소화된다.

23 제2류 위험물 중 지정수량이 500kg인 물질에 의한 화재는?

① A급 화재
② B급 화재
③ C급 화재
④ D급 화재

해설 제2류 위험물 중 지정수량이 500kg인 것은 철분, 마그네슘, 금속분 등으로 D급 화재인 금속화재에 해당한다.

Answer 19. ① 20. ② 21. ① 22. ③ 23. ④

24 위험물제조소등에 설치하여야 하는 자동화재탐지설비의 설치기준에 대한 설명 중 틀린 것은?

① 자동화재탐지설비의 경계구역은 건축물 그 밖의 공작물의 2 이상의 층에 걸치도록 할 것
② 하나의 경계구역에서 그 한 변의 길이는 50m(광전식분리형 감지기를 설치할 경우에는 100m) 이하로 할 것
③ 자동화재탐지설비의 감지기는 지붕 또는 벽의 옥내에 면한 부분에 유효하게 화재의 발생을 감지할 수 있도록 설치할 것
④ 자동화재탐지설비에는 비상전원을 설치할 것

해설 자동화재탐지설비의 경계구역은 건축물 그 밖의 공작물의 2 이상의 층에 걸치지 아니하도록 할 것

25 위험물은 지정수량의 몇 배를 1 소요단위로 하는가?

① 1   ② 10
③ 50   ④ 100

해설 1 소요단위 : 위험물 지정수량의 10배

26 낮은 온도에서 잘 얼지 않는 다이너마이트를 제조하기 위해 니트로글리세린의 일부를 대체하여 첨가하는 물질은?

① 니트로셀룰로오스
② 니트로글리콜
③ 트리니트로톨루엔
④ 디니트로벤젠

해설 니트로글리세린을 규조토에 흡수시켜 다이나마이트를 제조하며 겨울철에 동결을 방지하기 위해 니트로글리콜을 대체하여 첨가한다.

27 제6류 위험물을 수반한 용기에 표시하여야 하는 주의사항은?

① 가연물 접촉주의
② 화기엄금
③ 화기·충격주의
④ 물기엄금

해설
• 제4류 위험물 : 화기엄금
• 제5류 위험물 : 화기엄금, 충격주의
• 제6류 위험물 : 가연물 접촉주의

28 황린에 대한 설명으로 틀린 것은?

① 환원력이 강하다.
② 담황색 또는 백색의 고체이다.
③ 벤젠에는 불용이나 물에 잘 녹는다.
④ 마늘 냄새와 같은 자극적인 냄새가 난다.

해설 황린 : 제3류 위험물, 지정수량(20kg)
벤젠, 이황화탄소에는 잘 녹고 물에 녹지 않아서 물속에 저장한다.

Answer 24. ① 25. ② 26. ② 27. ① 28. ③

29 이산화탄소소화설비의 기준에서 저장용기 설치 기준에 관한 내용으로 틀린 것은?
① 방호구역 외의 장소에 설치할 것
② 온도가 50℃ 이하이고 온도 변화가 적은 장소에 설치할 것
③ 직사광선 및 빗물이 침투할 우려가 적은 장소에 설치할 것
④ 저장용기에는 안전장치를 설치할 것

해설 온도가 40℃ 이하로 온도 변화가 적은 장소에 설치한다.

30 $HO-CH_2CH_2-OH$의 지정수량은 몇 L인가?
① 1000　　② 2000
③ 4000　　④ 6000

해설 에틸렌글리콜[$C_2H_4(OH)_2$] : 제4류 위험물의 제3석유류로 비수용성, 지정수량 4000L

31 과산화수소의 저장 및 취급방법으로 옳지 않은 것은?
① 갈색 용기를 사용한다.
② 직사광선을 피하고 냉암소에 보관한다.
③ 농도가 클수록 위험성이 높아지므로 분해방지 안정제를 넣어 분해를 억제시킨다.
④ 장기간 보관 시 철분을 넣어 유리 용기에 보관한다.

해설 과산화수소(H_2O_2)는 금속 미립자 및 알칼리성 용액에 의해 분해된다.

32 자기반응성 물질에 해당하는 물질은?
① 과산화칼륨
② 벤조일퍼옥사이드
③ 트리에틸알루미늄
④ 메틸에틸케톤

해설 ① 산화성 고체
② 자기반응성 물질
③ 자연발화성 물질
④ 인화성 액체

33 요리용 기름의 화재 시 비누화 반응을 일으켜 질식효과와 재발화 방지 효과를 나타내는 소화약제는?
① $NaHCO_3$
② $KHCO_3$
③ $BaCl_2$
④ $NH_4H_2PO_4$

34 지정수량이 50kg인 것은?
① 칼륨
② 리튬
③ 나트륨
④ 알킬알루미늄

해설 ① 10kg
② 50kg
③ 10kg
④ 10kg

Answer 29. ② 30. ③ 31. ④ 32. ② 33. ① 34. ②

35 지중탱크 누액 방지판의 구조에 관한 기중으로 틀린 것은?
① 두께는 4.5mm 이상의 강판으로 할 것
② 용접은 맞대기 용접으로 할 것
③ 침하 등에 의한 지중탱크 본체의 변위영향을 흡수하지 아니할 것
④ 일사 등에 의한 열의 영향 등에 대하여 안전할 것

36 이황화탄소를 화재 예방상 물속에 저장하는 이유는?
① 불순물을 물에 용해시키기 위해
② 가연성 증기의 발생을 억제하기 위해
③ 상온에서 수소가스를 발생시키기 때문에
④ 공기와 접촉하면 즉시 폭발하기 때문에

해설 ▶ 이황화탄소(CS_2) : 제4류 특수인화물로 가연성 증기의 발생을 억제하기 위해서 물탱크에 저장한다.

37 물분무소화설비의 방사구역은 몇 m^2 이상이어야 하는가? (단, 방호대상물의 표면적이 300m^2이다.)
① 100 ② 150
③ 300 ④ 450

해설 ▶ 물분무소화설비의 방사구역 : 150m^2 이상 (단 방호대상물의 표면적이 150m^2 미만인 경우 당해 표면적)

38 허가량이 1000만 리터인 위험물옥외저장탱크의 바닥판 전면 교체 시 법적절차 순서로 옳은 것은?
① 변경허가 - 기술검토 - 안전성능검사 - 완공검사
② 기술검토 - 변경허가 - 안전성능검사 - 완공검사
③ 변경허가 - 안전성능검사 - 기술검토 - 완공검사
④ 안전성능검사 - 변경허가 - 기술검토 - 완공검사

39 알루미늄분의 위험성에 대한 설명 중 틀린 것은?
① 뜨거운 물과 접촉 시 격렬하게 반응한다.
② 산화제와 혼합하면 가열, 충격 등으로 발화할 수 있다.
③ 연소 시 수산화알루미늄과 수소를 발생한다.
④ 염산과 반응하여 수소를 발생한다.

해설 ▶ $4Al + 3O_2 \rightarrow 2AlO_2$
연소 시 다량의 열을 발생하고 광택을 내고 흰 연기를 내면서 연소하므로 소화 곤란하다.

Answer 35. ③ 36. ② 37. ② 38. ② 39. ③

40 위험물안전관리법령의 위험물 운반에 관한 기준에서 고체위험물은 운반용기 내용적의 몇 % 이하의 수납률로 수납하여야 하는가?
① 80　　② 85
③ 90　　④ 95

해설 ▶ 위험물 수납률
고체 : 95% 이하
액체 : 98% 이하

41 탄화칼슘을 물과 반응시키면 무슨 가스가 발생하는가?
① 에탄　　② 에틸렌
③ 메탄　　④ 아세틸렌

해설 ▶ $CaC_2 + 2H_2O \rightarrow C_2H_2 + Ca(OH)_2$
　　　　　　　　　　(아세틸렌)　(소석회)

42 물과 친화력이 있는 수용성 용매의 화재에 보통의 포소화약제를 사용하면 포가 파괴되기 때문에 소화 효과를 잃게 된다. 이와 같은 단점을 보완한 소화약제로 가연성인 수용성 용매의 화재에 유효한 효과를 가지고 있는 것은?
① 알콜형포 소화약제
② 단백포 소화약제
③ 합성계면활성제포 소화약제
④ 수성막포 소화약제

해설 ▶ 일반화학포소화기를 수용성인 가연물 화재에 사용 시 포가 터져서(소포) 소화효과가 떨어지므로 알코올 포를 사용한다.

43 제1류 위험물이 아닌 것은?
① 과요오드산염류
② 퍼옥소붕산염류
③ 요오드의 산화물
④ 금속의 아지화합물

해설 ▶ 제5류 위험물 : 금속의 아지화합물(아지화 아연, 아지화 납, 아지화 구리)

44 톨루엔의 위험성에 대한 설명으로 틀린 것은?
① 증기비중은 약 0.87이므로 높은 곳에 체류하기 쉽다.
② 독성이 있으나 벤젠보다는 약하다.
③ 약 4℃의 인화점을 갖는다.
④ 유체 마찰 등으로 정전기가 생겨 인화하기도 한다.

해설 ▶ 증기비중은 3.1로 낮은 곳에 체류한다.
톨루엔($C_6H_5CH_3$)의 분자량 92이므로
증기비중 = $\frac{92}{29}$ = 3.17

45 제3류 위험물이 아닌 것은?
① 마그네슘
② 나트륨
③ 칼륨
④ 칼슘

해설 ▶ 마그네슘 : 제2류 위험물

Answer　40. ④　41. ④　42. ①　43. ④　44. ①　45. ①

46 적재 시 일광의 직사를 피하기 위하여 차광성 있는 피복으로 가려야 하는 위험물은?

① 아세트알데히드
② 아세톤
③ 에틸알콜
④ 아세트산

해설 ▶ 운반 시 차광성 피복을 해야 하는 위험물
① 제1류 위험물 ② 제3류 중 자연 발화성물품 ③ 제4류 중 특수위험물(아세트알데히드, 산화프로필렌, 이황화탄소, 에테르) ④ 제5류 위험물 ⑤ 제6류 위험물

47 다음 중 삼황화인이 가장 잘 녹는 물질은?

① 차가운 물 ② 이황화탄소
③ 염산   ④ 황산

해설 ▶ 삼황화인(P_4S_3) : 제2류 위험물, 지정수량 100kg, 이황화탄소에 잘 녹는다.

48 제조소 등의 위치·구조 또는 설비의 변경없이 당해 제조소 등에서 취급하는 위험물의 품명을 변경하고자 하는 자는 변경하고자 하는 날의 며칠(개월) 전까지 신고하여야 하는가?

① 7일   ② 14일
③ 1개월   ④ 6개월

해설 ▶ • 위험물의 품경변경 신고 : 7일
• 안전관리자 해임 신고 : 14일

49 금속칼륨의 보호액으로 가장 적합한 것은?

① 물   ② 아세트산
③ 등유   ④ 에틸알콜

해설 ▶ 금속칼륨, 금속나트륨 보호액 : 등유, 유동파라핀, 석유

50 알루미늄분에 대한 설명으로 옳지 않은 것은?

① 알칼리수용액에서 수소를 발생한다.
② 산과 반응하여 수소를 발생한다.
③ 물보다 무겁다.
④ 할로겐 원소와는 반응하지 않는다.

해설 ▶ 알루미늄분 : 제2류의 금속분, 지정수량 500kg 양쪽성 물질로 산 및 알칼리와 반응하여 수소를 발생하고 질소와 할로겐과 반응하여 질화물과 할로겐화물을 생성한다.

51 적린과 황린의 공통적인 사항으로 옳은 것은?

① 연소할 때는 오산화인의 흰 연기를 낸다.
② 냄새가 없는 적색 가루이다.
③ 물, 이황화탄소에 녹는다.
④ 맹독성이다.

해설 ▶ 적린(제2류), 황린(제3류)은 동소체로서 연소하면 오산화인(P_2O_5)을 생성한다.

Answer 46. ① 47. ② 48. ① 49. ③ 50. ④ 51. ①

52 비중은 약 2.5, 무취이며 알콜, 물에 잘 녹고 조해성이 있으며 산과 반응하여 유독한 ClO_2를 발생하는 위험물은?

① 염소산칼륨
② 과염소산암모늄
③ 염소산나트륨
④ 과염소산칼륨

> 해설: 산과 반응하여 이산화염소(ClO_2)를 발생하는 물질 : 염소산나트륨(비중 2.5), 염소산칼륨(비중 2.32)

53 물과 접촉하면 발열하면서 산소를 방출하는 것은?

① 과산화칼륨
② 염소산암모늄
③ 염소산칼륨
④ 과망간산칼륨

> 해설: 알칼리금속의 무기과산화물(과산화칼륨, 과산화나트륨)은 물과 접촉 시 발열하면서 산소를 방출한다.

54 연소범위가 약 1.4~7.6%인 제4류 위험물은?

① 가솔린
② 에테르
③ 이황화탄소
④ 아세톤

> 해설: 연소범위
> 가솔린(1.47 ~ 7.6%), 에테르(1.9~48%), 이황화탄소(1~44%)

55 위험물안전관리법령상 셀룰로이드의 품명과 지정수량을 옳게 연결한 것은?

① 니트로화합물 – 200kg
② 니트로화합물 – 10kg
③ 질산에스테르류 – 200kg
④ 질산에스테르류 – 10kg

> 해설: 질산에스테르류 : 10kg
> 질산메틸, 질산에틸, 니트로글리세린, 니트로셀룰로오스, 셀룰로오스

56 위험물의 운반기준에 있어서 차량 등에 적재하는 위험물의 성질에 따라 강구하여야 하는 조치로 적합하지 않은 것은?

① 제5류 위험물 또는 제6류 위험물은 방수성이 있는 피복으로 덮는다.
② 제2류 위험물 중 철분·금속분·마그네슘은 방수성이 있는 피복으로 덮는다.
③ 제1류 위험물 중 알칼리금속의 과산화물 또는 이를 함유한 것은 차광성과 방수성이 모두 있는 피복으로 덮는다.
④ 제5류 위험물 중 55℃ 이하의 온도에서 분해될 우려가 있는 것은 보냉 컨테이너에 수납하는 등의 방법으로 적정한 온도관리를 한다.

> 해설: ① 차광 덮개를 해야 하는 위험물 : 제1류, 제3류 중 자연발화성물품, 제4류의 특수인화물, 제5류, 제6류 위험물
> ② 방수 덮개를 해야 하는 위험물 : 제1류의 알칼리 금속의 과산화물, 제2류의 금속분류 위험물, 제3류의 금수성물품의 위험물

Answer 52. ③ 53. ① 54. ① 55. ④ 56. ①

57 제6류 위험물의 화재예방 및 진압 대책으로 옳은 것은?

① 과산화수소는 화재 시 주수소화를 절대 금한다.
② 질산은 소량의 화재 시 다량의 물로 희석한다.
③ 과염소산은 폭발 방지를 위해 철제 용기에 저장한다.
④ 제6류 위험물의 화재에는 건조사만 사용하여 진압할 수 있다.

해설 제6류 위험물은 산화성 액체로 화재 시 대량의 물로 소화한다.

58 제2류 위험물의 위험성에 대한 설명 중 틀린 것은?

① 삼황화린은 약 100℃에서 발화한다.
② 적린은 공기 중에 방치하면 상온에서 자연발화한다.
③ 마그네슘은 과열수증기와 접촉하면 격렬하게 반응하여 수소를 발생한다.
④ 은(Ag)분은 고농도의 과산화수소와 접촉하면 폭발 위험이 있다.

해설 적린 : 제2류 위험물, 지정수량 100kg
무독성이며 황린(제3류)에 비해 안정하고 공기 중에서 발화하지 않는다.

59 마그네슘이 염산과 반응할 때 발생하는 기체는?

① 수소   ② 산소
③ 이산화탄소   ④ 염소

해설 마그네슘(Mg) : 제2류 위험물, 지정수량 500kg
Mg은 산이나 물과 반응 시 수소를 발생한다.
$2Mg + 4HCl \rightarrow 2MgCl_2 + 2H_2$

60 중크롬산칼륨의 화재예방 및 진압대책에 관한 설명 중 틀린 것은?

① 가열, 충격, 마찰을 피한다.
② 유기물, 가연물과 격리하여 저장한다.
③ 화재 시 물과 반응하여 폭발하므로 주수소화를 금한다.
④ 소화작업시 폭발 우려가 있으므로 충분한 안전거리를 확보한다.

해설 중크롬산칼륨($K_2Cr_2O_7$) : 제1류 위험물로 화재시 주수소화 한다. 단 제1류 중 알칼리금속의 과산화물은 주수소화를 금한다.

Answer 57. ② 58. ② 59. ① 60. ③

CBT 시험대비
위험물기능사 2000제 문제은행

초 판 인쇄 | 2017년 1월 5일
초 판 발행 | 2017년 1월 10일

저 자 | 손종호·김영석
발행인 | 조규백
발행처 | **도서출판 구민사**
　　　　(07299) 서울특별시 영등포구 당산로2길 12. 1004호
전화 (02) 701-7421(~2)
팩스 (02) 3273-9642
홈페이지 www.kuhminsa.co.kr

등 록 | 제14-29호 (1980년 2월 4일)
ISBN | 979-11-5813-371-9　13500

값 16,000원

※ 낙장 및 파본은 구입하신 서점에서 바꿔드립니다.
※ 본서를 허락없이 부분 또는 전부를 무단복제, 게재행위는 저작권법에 저촉됩니다.